钢结构技术总览

［实例篇］

［日］日本钢结构协会　著

陈以一　傅功义　严敏　黄晓平　译

中国建筑工业出版社

著作权合同登记图字: 01-2001-0578 号

图书在版编目(CIP)数据

钢结构技术总览 [实例篇] ／ [日] 日本钢结构协会著. 陈以一, 傅功义等译. —北京: 中国建筑工业出版社, 2004
ISBN 7-112-05368-4

Ⅰ.钢… Ⅱ.①日…②陈…③傅… Ⅲ.钢结构-
技术 Ⅳ.TU391

中国版本图书馆 CIP 数据核字 (2003) 第 097295 号

鋼構造技術総覧 [建築編] 事例集
Copyright © 1998 by 日本鋼構造協会
Chinese translation rights arranged with Gihodo Shuppan
through Japan UNI Agency, Inc., Tokyo

本书由日本技报堂出版社授权翻译出版

责任编辑: 赵梦梅
责任设计: 郑秋菊
责任校对: 赵明霞

钢结构技术总览
[实例篇]

[日] 日本钢结构协会 著
陈以一 傅功义 严敏 黄晓平 译
*
中国建筑工业出版社出版、发行(北京西郊百万庄)
新华书店经销
北京海通创为图文设计有限公司制作
北京建筑工业印刷厂印刷
*
开本: 787 × 1092 毫米 1/16 印张: 24¾ 字数: 500 千字
2004 年 4 月第一版 2004 年 4 月第一次印刷
定价: **59.00** 元
ISBN 7-112-05368-4
TU · 4706(10982)

《钢结构技术总览》是由日本钢结构协会组织、日本钢结构协会钢结构设计体系小委员会主任田中淳夫教授主编，东京大学、京都大学、国立横浜大学、千叶大学近10位教授，新日铁、日建设计、大林组、川崎重工等相关的钢铁、制作、设计、安装企业的10多位技术专家分别执笔。全书分两册，于1998年出版。前册题为"建筑篇"，后册题为"实例篇"。

"实例篇"共收录91件近年完成的钢结构建筑实例，分为高层建筑、大空间建筑、塔楼、开启式屋盖结构、特殊框架、组合结构、使用耐火钢的结构、使用高性能钢材的结构、不锈钢结构、振动控制结构、自动化施工等12大类。除文字介绍外，附有1000多幅结构布置图和节点构造详图。

两册图书反映了日本最近建筑钢结构技术发展的主要脉络，偏重实用技术。本书可供高校结构工程专业的教师、研究生、高年级本科生参考。对从事建筑和结构设计、钢结构制作、安装的技术人员、管理人员都有极大帮助。由于本书包含钢结构理论入门的基本阐述，对钢结构有兴趣的人们，即使没有受过系统的结构知识训练，也能读懂此书的大部分内容。

译 者 序

本书是《钢结构技术总览》的姊妹篇，分91个独立的短篇介绍了20世纪90年代的日本建筑钢结构(包括部分组合结构和混合结构)的实例。事实上每一个建筑单体都是结构、材料、设备、施工方法等多种技术的集成，将其分类是一件不容易的事。所以本书的原编集者在分章安排各短篇时，有的是按结构物的外在表现区分，如高层、大跨、塔式建筑(高耸结构)，有的是按其特种技术分类，如开闭式屋盖结构、采用振动控制的结构、采用全自动施工技术的结构，还有的是按新型材料的类别区分，如使用耐火钢、高性能钢、不锈钢的建筑等。

大体说来，日本的建筑钢结构是处于领跑地位的。虽然近年日本的经济不景气使得其钢结构技术的实际应用受到制约，但已经成熟的一些钢结构技术仍然值得我国的结构技术工作者认真研讨和学习。举例来说，大跨度的开闭式结构，在日本已经有十多年的发展，这对处于场馆建设热潮中的我国来说，不少技术值得引进和消化；有些重要的结构细节，在本书的介绍中多少有涉及，可供结构工程师们参考。再比如对耐火钢的开发、对钢结构耐火性能的认识和利用，特别是在何种条件下可以使用裸露的或较薄防火涂料的钢结构等，日本的结构技术工作者做了细致的研究，并结合建筑物的功能、构件的使用部位等进行了具体的规定，而这些规定又通过技术文件的方式得到政府主管部门的认可，这方面的工作，颇值得我们借鉴。由于国情不同，有的技术在我国得到应用可能还需假以时日，例如全自动的钢结构楼房施工技术，但是知晓国外同行在这方面的进展，对我们也会带来有价值的启发。

中国的建筑钢结构在突飞猛进的发展，给了国内的工程师和研究者们许多实践的机会。如果本书的翻译，能为国内同行的工程实践多少提供一些帮助，译者们便觉劳有所获了。

本书[1]、[2]、[3]章由黄晓平、陈以一译，[4]、[5]、[7]章由陈以一译，[6]、[8]、[10]章由严敏译，[9]、[11]、[12]章由傅功义译。部分译文参考了陈以一主编的《世界建筑结构设计精品选—日本篇》的有关内容。译文的失当之处，恭听指正。

译 者

2003 年 10 月

原　　序

日本钢结构协会1995年3月迎来其创建30周年，为纪念这一日子筹办了若干活动。本书的出版即是所计划的活动之一。1994年春天，成立了由七位委员组成的编辑委员会，本书的计划和内容的确定、执笔者的选择和委托、初成原稿的调整等工作渐次完成。其间由于发生了阪神—淡路大地震，编辑工作一度停止，使得预定的完稿时间大大推迟，但现在《钢结构技术总览》终于能够付梓了。

本书编写的基本方针有以下诸项：

（1）与钢结构建筑相关的技术作为收录对象。

（2）记述建筑钢结构基本技术，尽可能反映最新的技术。

（3）大量使用图表，使得技术表达更容易被理解。

（4）尽可能多的展示从各种不同技术观点考察的实例。

确定这样的编辑方针后，本书决定由两册组成，即以各种技术问题为对象的技术篇和收集了众多设计项目的实例篇。从完成的书稿看，虽然不能说完全达到预想的要求，但可认为基本实现了上述方针。

本书的构成方法，已经考虑到不必通读全书，而是根据需要选读对应的内容，就可以理解所关心的部分，也即是说本书是关于钢结构建筑技术的辞典性读物。因此书中的各个部分，都按上述基本方针并委托相关的权威执笔。编辑委员会将各执笔者提出的原稿加以阅读、对全书的风格予以调整，至于内容则全部由执笔者负责，避免加注繁琐的注解。因此，各部分所记述的内容，其深度、表现方法等虽仍能看出一些差别，但就全书而言，其风格统一是没有问题的。

我们期望与钢结构建筑有关的技术工作者们能从本书获益，不仅如此，也希望对从今开始深入掌握结构相关技术的年轻人和研究生院的学生们会有很大帮助。作为一本能方便地利用的参考书籍，如果诸多人士能加以应用，则编者幸甚。

最后，向虽然工作繁忙但仍挤出宝贵时间对本书编辑尽力工作的各位编辑委员、以及作为编辑委员会常设机构给本书以大力协助的日本钢结构协会服部三千彦先生，表示由衷的谢意。

编辑委员长　田中　淳夫

钢结构技术总览 "实例篇" 原执笔者

安 达 守 弘	鹿岛建设(株)设计·工程总事业本部
石 谷 充	(株)梓设计设计本部
矶 田 和 彦	清水建设(株)设计本部
板 垣 胜 善	(株)大林组本店建筑设计第6部
伊 藤 源 昭	前田建设工业(株)技术部
伊 藤 优	(株)日本设计结构设计群
鹈 饲 邦 夫	(株)日建设计大阪本社结构部
梅 田 干 夫	(株)日本设计结构设计群
浦 川 智 志	三菱重工业(株)铁构建设事业本部
榎 本 锳 雄	(株)莱蒙德设计事务所工程设计部
大 越 俊 男	(株)日本设计结构设计群
大 岛 基 义	(株)竹中工务店东京本店设计部
太 田 道 彦	(株)竹中工务店东京本店设计部
大 畠 胜 之	(株)大林组建筑生产本部工务部
大和田精一	(株)日建设计大阪本社结构部
冈 本 隆 之 祐	(株)山下设计结构设计事务所
奥 薗 敏 文	(株)结构规划研究所结构设计部
小 田 岛 敦	(株)竹中工务店东京本店设计部
五十殿侑弘	鹿岛建设(株)设计·工程总事业本部
加 瀬 善 弥	鹿岛建设(株)设计·工程总事业本部
加 藤 宪 和	(株)熊谷组建筑本部
川 口 卫	川口卫结构设计事务所
木 原 硕 美	(株)日建设计东京本社结构部
木 村 俊 彦	(株)木村俊彦结构设计事务所
久 保 田 勤	(株)藤田东京支店设计部
黑 田 英 二	住友建设(株)建筑本部
计良光一郎	(社)钢材俱乐部
越 田 和 宪	清水建设(株)建筑本部技术部
儿 岛 一 雄	鹿岛建设(株)A/E总事业本部
小 寺 正 孝	大成建设(株)设计推进部
今 野 知 则	(株)日总研
坂 井 吉 彦	(株)松田平田结构设计部
榊 间 隆 之	清水建设(株)设计本部
佐 桥 睦 雄	(株)竹中工务店名古屋支店设计部
皿 海 康 行	清水建设(株)电力·能源本部
清 水 敬 三	(株)大林组设计第12部
杉 林 秀 夫	(株)竹中工务店东京本店设计部
杉 本 裕 志	清水建设(株)设计本部

铃木孝夫	ORS事务所
高桥正明	清水建设(株)设计本部
田中耕太郎	(株)大林组设计第6部
田辺憲一	(社)不锈钢结构建筑协会
长 惠祥	(株)大林组建筑生产本部
辻井 刚	大成建设(株)设计本部
津田佳昭	(株)间组建筑本部
筒井 勋	(株)竹中工务店大阪本店生产本部
陶器浩一	(株)日建设计大阪本社结构部
富田幸助	(株)间组建筑本部
内藤龙夫	鹿岛建设(株)建筑技术本部
中井政义	(株)竹中工务店东京本店设计部
长田升次	三菱地所(株)第一建筑部
中本浩二	(株)日本设计结构设计群
西田 致	前田建设工业(株)技术本部
西山正直	(株)竹中工务店名古屋支店技术部
长谷川茂	(株)藤田营业本部
畠山一宏	清水建设(株)关东支店设计部
林 诚	(株)竹中工务店大阪本店技术部
原 克巳	(株)日建设计大阪本社结构部
播 繁	鹿岛建设(株)设计·工程总事业本部
深沢义和	三菱地所(株)第二建筑部
福田昌幸	(株)结构规划研究所结构设计部
福本早苗	(株)大林组本店建筑设计部
福山国夫	(株)竹中工务店大阪本店设计部
堀 富博	清水建设(株)设计本部
前田纯一郎	清水建设(株)机械本部
增子友介	(株)梓设计设计本部
松本敏夫	大成建设(株)技术本部
村上勇治	清水建设(株)设计本部
村瀬忠之	清水建设(株)广岛支店设计部
森冈 洋	清水建设(株)东京支店设计部
山崎 亨	川口卫结构设计事务所
山田作男	(株)熊谷组设计本部
山田周平	三菱地所(株)技术开发室
山田俊一	鹿岛建设(株)抗震结构研究部
渡辺邦夫	(株)结构设计集团
渡辺左千男	(株)日本设计
渡辺诚一	(株)伊藤建筑设计事务所

[按假名顺序排列]

目　　录

[1] 高层建筑

1 日本电气总公司大楼

[建筑物概况]

所 在 地: 东京都港区芝5-7-15

业　　主: 日本电气（株）

建 筑 设 计: 日建设计

结 构 设 计: 日建设计

施　　工: 鹿岛建设、大林组联合体

楼层总面积: 145 272.00m²

层　　数: 地下4层，地上43层，塔顶1层

用　　途: 办公楼

高　　度: 180m

钢结构加工: 石川岛播磨重工业、片山Stru Tech、
　　　　　　川岸工业、川崎重工业、驹井铁工、
　　　　　　日本车辆制造、横河桥梁

竣工年月: 1990年1月

[结构概况]

结构类别:

基　　础: 高层下方　钢筋混凝土筏式基础
　　　　　停车场　　钢筋混凝土独立基础
　　　　　　　　　　现场灌注混凝土桩

结　　构: 高层上部　钢结构巨型框架
　　　　　高层地下　钢骨混凝土
　　　　　停车场　　钢筋混凝土

图 1-1-1　建筑外观

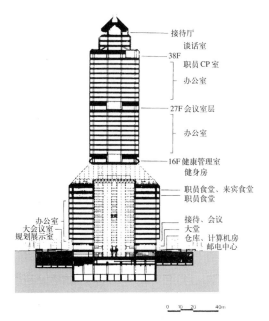

图 1-1-2　剖面图

图 1-1-3　框架透视图

1. 前言

日本电气总公司大楼和平时常见的盒子型大楼不同，设计为向上分3段变细的特异形状，主体轮廓即使在远处也很醒目。由于这种向上大幅内缩的形体和中间所设通风孔穴相结合，达到了将大楼局域风对周边地区的影响减为最小限度的目的。

为了缓和大楼风一般采用以下方法:

① 将大楼的低层部扩展变宽，遮住吹到高层部后向下的风，使得步行者高度范围内免除局域风影响。

② 将大楼边角部的角去掉，缩小大楼角隅的强风区域。

③ 用防风网、栽植高树来使得步行者高度范围内免除局域风影响。

④ 在大楼的墙面上开孔作为风的通道，缓和大楼侧面的强风。

为了将这些已知方法在大楼中实际应用，对8种形状的模型进行了风洞预备实验(图1-1-4)。其结果，风影响最小的是圆柱型大楼（模型H），影响最大的是常见的盒子型大楼（模型A），另外，在建筑物上设风穴的话，周边的风速增加区域就减少。通过实验确认风穴越集中，效果越明显。根据预备实验结果，最终决定以效果较好的E和F形体为基础，采用类似航天飞机的外形。除采用这种利于环境保护的形体之外，建筑物的周围密集栽植8m左右的高大树木，保持了该区域建设前的风环境。

预备实验中的8种建筑物形状（箭头为风向，B、E、F方案中都有风穴）

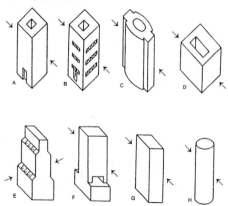

图1-1-4 预备风洞实验模型

2. 结构方案概要

(1) 高层框架

对于形体分为3段向内缩进，上窄下宽、低层部顶面设有宽44m×高16m风穴的超高层大楼，结构方案的目标是找出能够有效的处理竖向荷载和水平荷载的框架结构。

在研究结构的合理性和钢材的用量等因素后采用了巨型框架。巨型框架是指用通常的柱和梁加上支撑构件形成组合立柱(巨型柱)、组合梁(巨型梁)，然后组成更加大型的框架结构。在这幢大楼中每隔11层集中使用桥梁桁架一样的钢结构将大楼两边的组合立柱组成一体，成为能支承建筑物自重和地震力等的一体化结构。

X方向的框架为4榀（沿I、J、K、L轴）目字型框架，16层以上每隔10层的办公室楼层面板的竖向载荷由桁架梁承受后向核心部分的组合立柱传递，在起支承作用的同时，能够承担地震时的水平力和保持很高的刚度。

Y方向的巨型框架为东西核心部分配置的4榀（沿4、6、12、14轴）框架。在宽度较狭窄的目字型框架上，13～15层处加上了倾角为45°的腰桁架。

组合立柱的间距在X方向为11.2m，在Y方向为10.8m，由支撑件构成腹板。

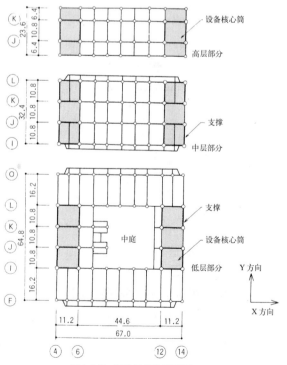

图1-1-5 标准层结构平面图

为使组合柱整体弯曲时支撑件的受力不受柱子轴向力变化的影响而只负担剪力,采用K型支撑。因为一部分组合立柱的中间为各层出入口,在层高较低的楼层采用了偏心K型支撑。在巨型框架中纵横各4榀框架面的交点处集中配置的16根单柱成为负担建筑物的中高层总重量的大型构件,也是当时日本建筑上未见先例的采用100mm极厚钢板的焊接结构。

桁架梁是由上下弦杆和腹杆构成高6.5m的构件,在X方向框架中每隔7.2m插入辅助框架柱作为约束构件。

巨型框架之间所插入的构件以及周边的框架都称为辅助框架,其骨架均为纯框架结构。

中高层部的辅助框架柱主要是将各层楼面重量传递至桁架梁,为了明确竖向荷载的传递路线,制定了26层及37层的柱(辅助框架柱)在楼层面板混凝土浇注结束后设置的施工计划。

(2) 高层栋的地下结构

为了使地上钢结构部分和钢筋混凝土基础间的应力平滑传递,高层的地下采用型钢钢筋混凝土(SRC)结构,特别是设置在地下1至2层横跨的SRC桁架梁,成为巨型框架的基础梁。

(3) 基础结构

高层底下为筏式基础,计划中以GL-24m深处的地基作为支承地基。高层基础底面的平均压力为380kN/m²,而核心筒部位底下由于巨型框架的特性,载荷集中,最大压力为720kN/m²。

停车场的基础深度较浅,现场灌注混凝土桩,GL-22m附近的东京砾石层及以下的地层作为支承地基。

3. 构件设计

(1) 巨型框架

巨型框架中采用的钢构件的外包尺寸,组合立柱中的单柱为1 000mm×1 000mm,组合立柱中的支撑构件为500mm×500mm,桁架梁的弦杆构件和腹杆构件为1 000mm×(900~600)mm的SM50级大型焊接H形截面工字钢。这些构件即使在地震等级为2时(60 cm/s),应力也不会达到其设计强度。

因为是大型构件,构件的长细比必然减小,组合立柱中的单柱为20左右,桁架梁的弦杆和腹杆构件为15左右,都在不会产生弹性失稳的范围之内。在强度方面,支撑、腹杆的安全系数比组合立柱、桁架梁的弦杆的安全系数要大,万一支撑、腹杆向失稳模态转换,也不会产生滑移式大变形。

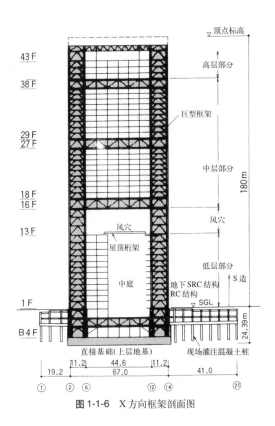

图 1-1-6 X方向框架剖面图

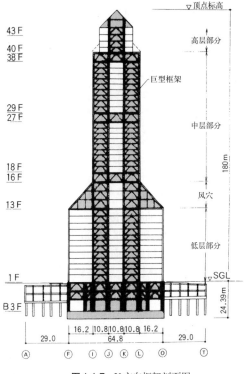

图 1-1-7 Y方向框架剖面图

组合立柱的单柱和桁架梁结合部分的详细说明如图1-1-8所示。图的左右方向显示为 X 方向，Y 方向的构件用虚线表示。

正因为巨型框架的构件都是大型构件，所以不论形状尺寸如何，构件节点处的接头受力传递的效率左右其安全性。

巨型框架在 X 方向45m跨度的桁架梁上受到很大的竖直永久荷载，这个荷载传递至组合立柱上形成很大的弯矩和剪力。为此，柱和桁架梁的弦杆、腹杆采用强轴对应面外弯曲的焊接 H 型截面工字钢，构件内力的大部分能在翼缘面内平滑传递，得到了效果很好的接头。另外，因为 H 型截面是开口截面，厚板的焊接工作容易进行；其优点还在于设计焊缝位置时，可以避开构件节点应力集中的地方。

在主要受力集中的翼缘交点部，进行 FEM 分析后决定采用能缓和应力集中的板形。

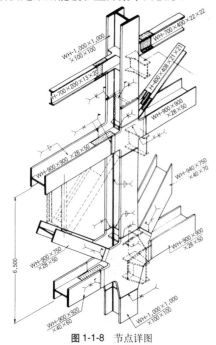

图 1-1-8 节点详图

(2) 辅助框架的构件设计

辅助框架的柱，低层部为600mm × 600mm，板厚22mm的焊接箱型截面，中高层部为500系列翼缘厚30mm的热轧 H 型工字钢。大梁，低层部为高850mm的焊接 H 型工字钢，中高层部为高700mm的热轧 H 型工字钢。

4. 钢材的规格和钢结构工程的施工管理

(1) 极厚钢材的材质规格和质量管理

使用的钢材根据板厚而规格不同，如下所示：

● 板厚

$t \leqslant 36$mm 的钢材—JIS 规格 SM50A

$40 \leqslant t \leqslant 70$ mm 的钢材—JIS 规格 SM50A

$80 \leqslant t \leqslant 100$ mm 的钢材—JIS 规格 SM50B 并且确保WES3008-1981规格的Z25（厚度方向的性能要求）。

极厚钢材必须用于 H 型截面等比较容易制作的构件中。100mm钢材必须在JIS规格之内。90mm以下钢材必须在日本国内有实际加工业绩或在日本加工过海外结构及海洋结构件的实际业绩。根据这些条件，材料选定为SM50B。对于超过80mm的钢材，除采用SM50B的规格外，为了确保 T 型对接部位的焊接性能，还具有WES规格中Z25的抗层状撕裂的钢材特性。而且，因为连续铸造法的厚板制造限度被认为在100mm左右，铸锭规定用分段轧制法。厚板钢材的强度和韧性历来在板厚方向上较差，用热轧水冷及空冷后再进行正火处理的方法改善了强度特性，特别是板厚方向上的强度特性。

(2) 构件节点部的试制和实验

在钢结构工程着手进行之前，对实际当中使用的钢材进行了下述的试验，在确定详细的施工方法的同时还确定了力学性能上的安全性。

这些试验计划和试验结果的评价由极厚钢板性能研究委员会（委员长：加藤勉 东京大学教授）进行。

① 极厚钢板的基本性能试验

试验项目：拉伸试验，弯曲试验，冲击试验，化学成分测试。

② 十字型、斜十字型对接焊接性能试验

目测检验，拉伸试验，冲击试验，硬度试验，超声波探伤试验

③ 巨型框架节点接头部试制试验

焊接引起的收缩量，各部腹板翼缘的弯折，预热温度的确认，制作后的残余应力，焊接部的质量。

④ 柱、梁焊接接头部试验

极厚钢板焊接部位的强度及变形形状的确认。

⑤ UT 适用性试验

超声波探伤法对厚板钢材适用性的确认。

5. 结束语

城市的建筑中，对空间形式的多样化、高度化以及对环境的保护与协调有了进一步的要求，作为解决方法之一，采用巨型框架结构的建筑物正在增加，本结构即作为先行的实例予以介绍。

2 大阪东京海上保险公司大厦

[建筑概要]

所 在 地：大阪市中央区城见 2-2-8

业　　主：东京海上火灾保险

设 计 监 理：鹿岛建设

施　　工：鹿岛建设

基地面积：10 721.15m²

建筑面积：3 094.98m²

楼层总面积：56 113.16m²

层　　数：地上 27 层，地下 3 层

总 高 度：107.9m

最高高度：118.3m

用　　途：办公楼，商场

钢结构加工：横河桥梁、川崎重工、日本桥梁、日立造船、日本钢管、石川岛播磨重工业

工　　期：1988 年 7 月～1990 年 10 月

[结构概要]

结构类别：地上　钢结构

地下　钢骨混凝土，钢筋混凝土

基础　桩基础

图 1-2-1　建筑外观

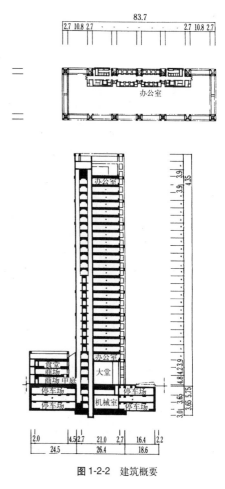

图 1-2-2　建筑概要

1. 前言

建筑用地位于大阪商业园区东北处，邻接读卖电视广播大厦和KDD大阪大厦，呈东西长的形状。所以，设计方案为短边26.4m、长边83.7m，一侧有核心筒（非结构核心筒）的简单矩形。平面方案中采用2.7m×2.7m的模数，为了实现办公室能自由配置的空间，提出了边长为2.7m见方的组合柱方案，在组合柱外露的巨型框架结构中实现了高2.7m，面积1 650m²的无柱空间。连接组合柱的大梁跨度长边方向为10.8m，短边方向为21m，露出在外的大梁每隔3层配置一道。露出在外的结构体用铝合金装饰面板包装，形式具有韵律，表现出木制结构的格调。

2. 结构方案

在这个结构系统中，组合柱作为一体来看的话任何一层都可以有3层高的空间。本建筑中高层的进口大厅天顶高11.7m（3层高），周边敞开的底层和融合了透明感的玻璃幕墙组合在一起，创造出了和外界高度结合的开放式空间。

在周边敞开的底层部分，考虑到设计造型上的重要因素，采用了梁以X形状将4根柱子结合起来的特殊的组合柱。

2.1 含有组合柱框架的力学性能

短跨度的梁和柱构成组合柱然后组成的框架结构在力学性能上不同于平均跨度的框架结构。

(1) 竖向荷载的传递

在本建筑中组合柱的内柱和外柱由于支承受力面积大不相同，承受的竖向力差异很大，竖向变形的差异不能忽视。因此，希望柱的轴向受力能均等传递。根据考虑了施工顺序影响后所作的长期应力分析，确认了内柱的竖向受力通过短跨度梁向外柱传递的事实。尽管因支承面积而承受的竖向力大不相同，4根柱中都产生大约为总竖向荷载4分之1的均等的轴力(图1-2-5)。

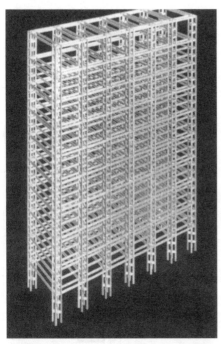

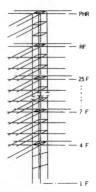

图1-2-4 常时内力分析模型

图1-2-3 框架

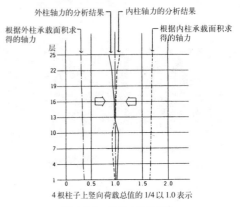

4根柱子上竖向荷载总值的1/4以1.0表示

图1-2-5 柱轴力的均等化

(2) 短跨度梁在地震时的内力

中低层建筑物中的短跨度梁常因为刚度比高产生应力集中，早期在低荷载水准时端部先产生塑性铰。可是在本建筑这样的高层大楼中柱的轴向刚度起支配性的作用，如图1-2-6所示短跨度梁的内力比长跨度梁的内力小（为了比较，柱的轴向刚度取为无限大、柱的轴向变形受约束时的内力如图1-2-7所示）。

根据静力荷载增量弹塑性分析，梁的塑性铰并非在短跨度梁上而是在长跨度梁上先行发生。

长跨度梁的端部在大约整个层面上发生塑性铰时，即使荷载相当大，组合柱内也未发生塑性铰（图1-2-8）。可以说本框架是长跨度梁先行屈服型的，具有塑性化特性的抗震性极高的结构系统。

地震时反应分析结果如图1-2-9所示。

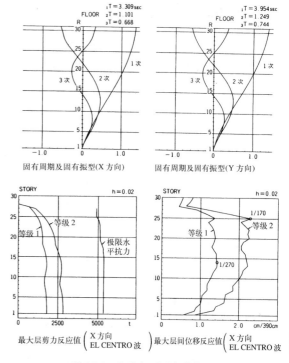

固有周期及固有振型(X方向)　　固有周期及固有振型(Y方向)

图 1-2-9　地震时反应分析的结果

3. 无墙框架部分组合柱的失稳行为

这个建筑物的1～3层是无墙的框架，14根组合柱高达12.9m独立向上。特别是在这部分中将4根柱子构成一体化组合柱的短跨度梁，由于设计造型上的要求，平面上不是以口字形状而是以X形状配置。

对于这种特殊的框架结构，由于担心组合柱整体扭曲失稳的现象发生，用NASTRAN程序对组合柱在设定的长期轴向受力状态进行了弹性失稳分析。

从分析结果(图1-2-12)可以明白以下几点。

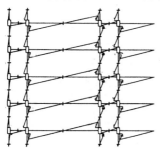

图 1-2-6　地震时内力图

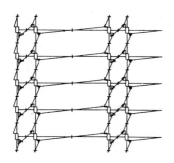

图 1-2-7　柱轴没有变形时的内力图

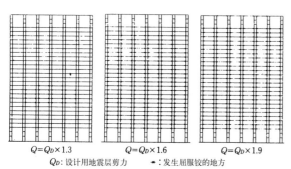

$Q = Q_D \times 1.3$　　$Q = Q_D \times 1.6$　　$Q = Q_D \times 1.9$

Q_D：设计用地震层剪力　　➡：发生屈服铰的地方

图 1-2-8　塑性铰的发生状况

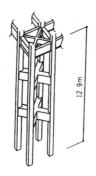

图 1-2-10　底层的组合立柱

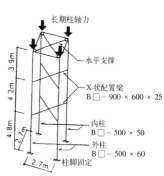

图 1-2-11　稳定分析模型

1) 1次, 2次失稳模态和通常的框架一样, 为与框架方向并行的失稳模态。

2) 所担心的组合柱整体扭曲失稳模态作为更高次的3次模态出现, 设计上不成为问题。

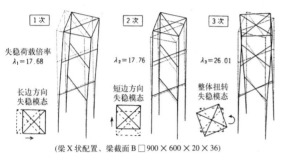

(梁 X 状配置、梁截面 B □ 900 × 600 × 20 × 36)

图 1-2-12 失稳模态 (原框架)

4. X 形状组合柱的制作

进口大厅的组合柱由500mm见方的箱形截面柱和900mm×600mm的矩形截面大梁构成, 焊接接头为完全熔透焊接。考虑到现场的可操作性和管理, 柱的长度为3m, 和大梁组合的构件按图1-2-14所示顺序在工厂边确认尺寸精度边制作。

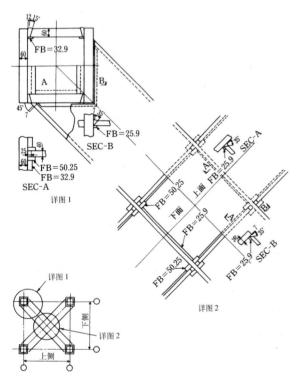

图 1-2-13 柱和大梁的连接

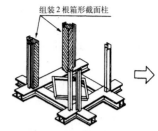

1. 在组装夹具上组装2根箱形截面柱

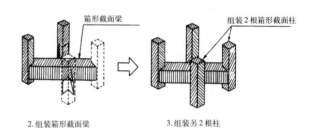

2. 组装箱形截面梁　　　3. 组装另2根柱

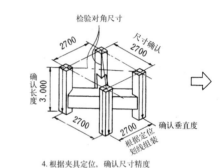

4. 根据夹具定位, 确认尺寸精度

图 1-2-14 X 状组合立柱的制作顺序和精度确认要领

5. 结束语

霞关大楼完成20年后的当时, 从一边倒的现代超高层大楼开始到要求创造重视设计造型、功能和内容丰富的环境空间。本建筑物是被问及作为结构设计师的主张在设计造型中能多大程度上反映出来的作品, 也是空间结构组织首次在高层大楼中应用的一个例子。

3 世纪大厦

[建筑概要]

所 在 地: 东京都文京区本乡2-2-9

业 　 主: 旺文社集团

建 筑 设 计: 福斯特、大林组

结 构 设 计: 欧伯·阿拉布·安德·帕特纳斯
（基本设计）。大林组（施工设计，
施工监理）

施 　 工: 大林组

楼层总面积: 26 470.99m^2

层 　 数: 地下2层，地上21层，塔楼2层

主 要 用 途: 办公楼

高 　 度: 91.14m

钢结构加工: 泷上工业、宫地铁工所、驹井铁
工、川岸工业

竣 工 年 月: 1991年4月

[结构概要]

结 构 类 别: 基础　现浇混凝土桩(OWS施工
法及钻孔扩充桩施工法)

框 　 架: 地上　钢结构偏心支撑框架及钢
结构纯框架
地下　钢骨钢筋混凝土结构
部分钢筋混凝土结构

图 1-3-1　建筑外观

图 1-3-2　主要框架透视

图 1-3-3　截面透视

1. 前言

本建筑是世界闻名的建筑师诺曼·福斯特首次在日本着手设计的作品。作为智能型办公楼符合高度信息化时代的同时，内部没有柱子的办公空间和中庭采用自然光线等提示出一些重要的构思观念。为了在地震多发的日本实现这些构思，采用了一些崭新的结构技术。下面进行介绍。

2. 结构方案

2.1 结构方案概要

本建筑由地面21层高的南楼和18层高的北楼加上夹在中间的中庭构成双塔式结构大厦，两楼之间仅在奇数层相连接。各楼顶上有4层电梯机械用房和设备房，南楼的顶上还设置了离地面130m高的桅杆。

南北方向为纯框架结构，B轴和E轴的主框架分担了绝大部分的水平力。东西方向，南北各楼的两侧面4榀框架每两层配置一偏心K型支撑构成巨型框架（图1-3-4，图1-3-5）。在这个框架面上只有奇数层设有大梁，跨度为23.4m，大梁中间与支撑相交，相交位置的平面直角方向架设小梁，并从小梁上用悬挂构件吊住偶数层楼板。

2.2 部分连接的双塔结构

南北两楼中间隔着中庭，平面对称，楼面板完全不连接(图1-3-6，图1-3-7，图1-3-8)。中庭的屋顶和东西两面墙计划用玻璃幕墙，所以两楼在水平方向受力时，相对变形量必须非常小。为了满足此要求，如下述那样设计将两楼作部分有效的结合，调整各楼的刚度，减少扭转变形。

在两个楼的结合上，首先在构思方案中利用中庭内的水平搁栅板（遮蔽板）。在连接部的最上层（19层）和中间层（11层）用钢结构的水平K型桁架紧密连接南北两个楼的楼面板，并在该层楼面板上铺上兼作混凝土模板用的压型钢板，以确保楼面板的面内刚度（图1-3-8）。

其次，在两个楼的B和E轴框架的奇数层，用箱型截面的大梁直接连接构成连续框架，以期得到结构一体化工作的效应和改善整体的弯曲性能（图1-3-4）。

在大楼受到水平方向力时，为了使主体框架主要产生水平平动变形、而使扭转变形最小，将两栋楼部分连接产生结构一体化的工作效应是必要的。这里，南北两栋楼加上电梯机械用房和桅杆，高度、荷载条件不一样，东西两框架（B，E轴）间的荷载条件也不一样，不仅在弹性范围内，在非弹性（弹塑性）范围内对扭转也加以考虑后，对各框架面的初期刚度和承载力进行了调整。

如果将南北两栋的偏心K型支撑框架及东西两列的纯框架的构件截面进行比较，其结果，即使在同一层，梁宽、梁板厚和柱板厚都有程度很大的变化。根据选定的构件截面最后用模拟空间模型对两栋楼连接后的弹性和弹塑性反应进行分析研究，从而确认在弹性和弹塑性范围内，扭转

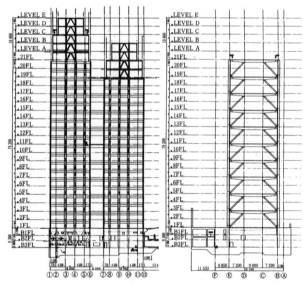

图1-3-4 框架立面图(E轴)　图1-3-5 偏心K型支撑框架立面图(6轴)

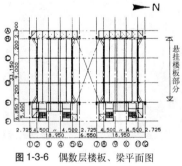

图1-3-6 偶数层楼板、梁平面图

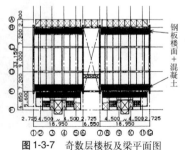

图1-3-7 奇数层楼板及梁平面图

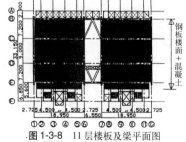

图1-3-8 11层楼板及梁平面图

的影响很小，而且对南北两栋的连接部分的作用力也最小。

2.3 2层构成的大型偏心K型支撑

在奇数层的大梁上，每两层为一单位加上八字形的支撑构件，即所谓偏心K型支撑。偏心支撑在大变形破坏前，能避免框架的承载力和刚度产生急剧下降，其稳定的滞回特性，能吸收掉很大的地震能量。设计中要求大梁在八字形支撑中间的部位（连梁部分）先行屈服，支撑构件的轴力不会大于其轴向失稳临界力。本设计中支撑的失稳临界力为极限状态时轴力的1.3倍，支撑使用500mm角钢组合成的箱型截面，最大板厚为36mm。

一方面考虑到大梁中连梁段两端因弯曲屈服产生塑性变形，另一方面，立柱上连接支撑的部位不能先于大梁屈服破坏，为此采取立柱翼缘加厚的措施。其次，还在大梁和支撑的交点处配置小梁来约束框架的面外变形。此外，大梁考虑采用箱型截面，以得到稳定的抗扭转性能。

本次设计的偏心支撑构成23.4m的大跨度，偶数层的楼面板上的荷载包括悬挂楼面板的悬挂构件的作用力，大约有7成作用于偏心支撑的顶部，偏心支撑兼有立柱的作用，使大梁的实际跨度变小，当然也就可以减小型材截面，并能减小梁的挠度。

2.4 悬挂结构和钢板楼面加强

由偏心支撑框架构成的23.4m大跨度中，可以看到在奇数层大梁与支撑的交点处配有两列小梁（主梁），在支撑框架面上没有大梁的偶数层楼面板的同一位置处也同样配置了两列主梁，偶数层主梁的两端由上面奇数层主梁两端的悬挂构件吊住（图1-3-11）。悬挂构件设计时，将南楼角上的四分之一部分作成模型进行了振动分析研究，按上下方等级1地震考虑（地动最大速度25cm/s），这时悬挂构件产生的最大轴向应力为长期轴向应力的四成左右，构件截面设计时，将相当于此应力值2倍的长期应力值再乘以2作为短期荷载进行了计算。此外，将偏心支撑框架中包括悬挂构件、主梁和其他小梁都建入模型，将步行的作用力模拟波形在任意点上输入，根据反应计算，进行了舒适度的检验。

偶数层的悬挂楼面板的东西两端直接支承在纯框架上，悬挂楼面板上的水平力通过该框架传递。比如，框架平行方向产生的水平力依靠悬挂楼面板的面内刚度传递至两端的框架。同时，框架垂直方向产生的水平力通过楼面板成为框架面外的作用力，依靠框架柱的面外刚度将这个力传递至上下奇数层楼面板，通过楼面板，最终还会传递至偏心支撑框架面。为了确保内力以上述方式传递，沿两端框架约2.5m宽的范围内，在混凝

图1-3-9 从中庭的一边看北楼

图1-3-10 二层高的偏心K型支撑结构

图1-3-11 悬挂楼板结构（偶数层楼板）

图1-3-12 奇数层框架边缘铺设加强用楼面钢板

土楼板下铺上结构钢板，以加强楼面板的面内刚度和承载力(图1-3-7，图1-3-12)。

由于采用了悬挂结构，即使在一层和最上层都有两层高的无柱空间的情况下，在纯框架方向、偏心支撑框架方向和高度方向全都能规则配置抗震框架，尤其在振动分析中获得了良好的特性。

3. 钢材规格和材料实验结果

3.1 使用钢材和特别规格

立柱一般使用SM490A钢，构成偏心支撑框架的南北各楼角柱，长期荷载作用下及受到水平荷载作用时都承受很大的轴力，中庭一侧的角柱到10层为止，南北两楼的各角柱到6层为止都采用SM570Q钢，截面形状全部采用焊接箱型组合截面[500mm×(1 000～1 200)mm]，板厚分别为60，70，80mm。虽然设计时以梁先行屈服作为前提条件（偏心支撑框架中则在连梁部分先行屈服），但也考虑由于意外原因使立柱局部产生塑性化的可能。但是一般的80kg级钢材其屈强比高于0.9时塑性变形能力小，还有因为板厚，焊接时输入热量大，担心焊接后带来脆化，为此在表1-3-1中标明钢材化学成分和机械特性的同时，还特别加上了对SM570Q钢夏氏韧性值的要求（L方向－5℃时50J以上）。

大梁使用SM490A和SM400A钢，不仅是偏心支撑框架上的大梁，所有框架上的大梁都采用箱型截面。特别规格中的屈服点的上限或下限值都是考虑到梁和立柱在屈服破坏时梁必须先于立柱屈服破坏而设定，这是因为本建筑物由比较少的框架面构成而特别留意设定的。

3.2 材料实验结果

对于前述特别规格，实际施工中各制造厂商在板厚32mm以上时都使用了TMCP钢。以下可以看到实际施工中使用的钢材特别是厚板钢材，用SM570Q及SM490A制成的TMCP钢的实验结果（表1-3-1的规格记号为4901，4905）。

图1-3-13中对钢材的各种机械性能用柱状图进行了汇总。立柱用的SM570Q钢屈服点（$Y_p \geq$ 440MPa）及屈强比（≤ 0.8）满足特别规格中的要求。还有，主要在立柱中使用的SM490A钢（规格记号4901）Y_p=360MPa，主要在大梁翼缘和隔板中使用的SM490A钢（规格记号4905）330 $\leq Y_p \leq$ 410MPa，都满足特别规格中的要求。

另外，对规格中没有提到的板厚方向（Z方向）的抗拉强度和屈服点也进行了试验，目标值定为钢材轧制方向值的90%，试验结果在所有的场合下都100%满足要求。

4. 结束语

以上介绍了为完成这幢具有特色的建筑物而在结构设计中采用的各种方法和新技术。在本建筑从设计到施工的各个阶段，语言、习惯各异的日、英建筑师和技术人员为谋求最佳解决方案进行了日以继夜的论证和共同作业，终于于1991年竣工。

表1-3-1　使用钢材的规格

部位	材质	板厚	S	C_eq	屈服点	屈强比	记号
角柱1	SM 570 Q	60≤t≤80	≤0.006%	≤0.45%	≥44 kgf/mm²	≤0.80	570 Q
角柱2	SM 490 A	36≤t≤60	≤0.006%	≤0.39%	≥36 kgf/mm²	无指定	4901
中柱	SM 490 A	32≤t≤60	无指定	≤0.39%	≥36 kgf/mm²	无指定	4901
		19≤t≤28	无指定	无指定	≥36 kgf/mm²	无指定	4903
地下柱	SM 490 A	32≤t≤60	≤0.006%	≤0.39%	无指定	无指定	4906
大梁翼缘1隔板	SM 490 A	32≤t≤40	无指定	≤0.39%	33≤σ≤41	无指定	4905
		t≤28	无指定	无指定	33≤σ≤41	无指定	4904
大梁翼缘2	SM 490 A	32≤t≤60	≤0.006%	≤0.39%	≥36 kgf/mm²	无指定	4901
		t≤28	无指定	无指定	≥36 kgf/mm²	无指定	4903
支撑1	SM 490 A	32≤t≤45	无指定	≤0.39%	无指定	无指定	4902
		t≤28	无指定	无指定	无指定	无指定	4900
大梁腹板支撑2	SM 490 A		无指定	无指定	无指定	无指定	4900

(注)·南北各楼的角柱中，中庭一侧的B2F、10F和外侧的B2F、6F为"角柱1"，其他各层的角柱为"角柱2"。另外角柱以外的刚性框架内的柱称为"中柱"。

·刚性框架中所有的大梁，偏心支撑框架面上的大梁中和角柱安装连接的部分以及弯矩连接部分为"大梁翼缘1"，其他所有的大梁翼缘部分称为"大梁翼缘2"。

·支撑框架竖直面内两侧的支撑为"支撑1"，其余都称为"支撑2"。

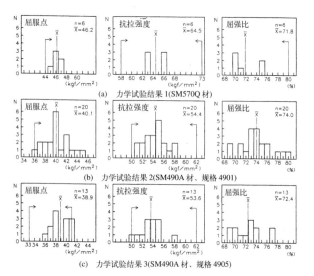

(a)　力学试验结果1(SM570Q材)

(b)　力学试验结果2(SM490A材、规格4901)

(c)　力学试验结果3(SM490A材、规格4905)

图1-3-13　使用钢材的力学试验结果

4 东京都新都厅

[建筑概要]

所 在 地: 东京都新宿区西新宿 2-8-1

业　　主: 东京都

建筑设计: 丹下健三都市建筑设计研究所

结构设计: Muto 联合公司

竣工年月: 1991 年 4 月

[建筑物各部分]

见右表

	第一厅舍	第二厅舍	议会楼
建筑施工	大林等 11 社	鹿岛等 9 社	熊谷等 7 社
楼层总面积	195567m²	139950m²	44996m²
高度	241.9m	162.3m	40.5m
层数	48/B3	34/B3	7/B1
钢结构加工	川岸等 11 社	横河等 6 社	沈上工业等二社
结构类别	S/SRC	S/SRC	SRC
基础	直接基础	直接基础	直接基础

图 1-4-1　建筑外观

1. 前言

东京都新都厅是由48层高的第一厅舍，34层高的第二厅舍和围绕都民广场的7层高的议会楼组成的复合建筑群。竞标结果，由丹下健三都市建筑设计研究所承担设计，结构设计在竞标方案的规划阶段，由丹下先生委托已故武藤清先生协助，从设计之初即紧密连手实施合作而成。

确定设计方案之初丹下先生的要求是，特别对于2栋高层，能够实现对应办公自动化的灵活分割的无柱办公空间，和周围保持和谐的同时要有象征特性，具有独立性的同时又要有以防灾据点为要点的安全性和结构的坚固性。具体来说，在超高层大楼中实现具有通常梁高和层高的约20m×100m的无柱空间，随建筑由下而上变化其外形，另外，在下层部设各种各样的都民设施、大厅等大空间，解决和历来盒形超高层大楼不同结构的问题。

下面介绍针对这些课题而精心考虑的结构方案。

2. 结构方案概要

2.1 第一厅舍

第一厅舍的平面设计中以3.2m作为一个标准模数，以6格（19.2m）为内边尺寸，在四个角上规则配置四个边长为2格（6.4m）的正方形核心筒，成为一个32m见方的模块。32层以下由3个模块构成，左右模块外侧三面突出部分长19.2m，宽6.4m。然后在32层以上去掉了中间的模块，左右模块成独立双塔状的立面图形（图1-4-3）。

这就是说，在标准层建筑平面设计中着眼于规则地布置建筑及设备用竖井，将6.4m见方的核心筒部作为垂直方向结构的要点。在建筑物的外边角部，8个核心筒四角上的箱形柱和梁用K型支撑连接形成巨大的立柱（巨型立柱），这些巨型立柱相互之间在各层两个方向上与2根大梁（1 000mm高，19.2m跨度）连接，特别在高度方向的重要之处，设置了相当于1层4m高的加K型支撑的大梁（巨型大梁）与各巨型立柱紧密连接，构成一个立体的巨型框架结构（图1-4-2）。

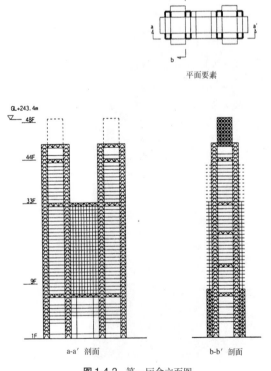

图 1-4-2　第一厅舍立面图

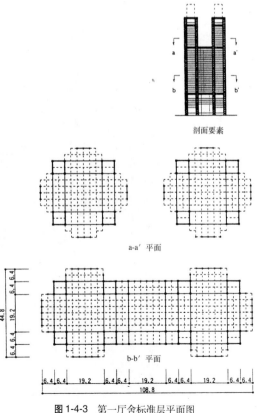

图 1-4-3　第一厅舍标准层平面图

根据这个结构方案，平时竖向荷载主要由核心筒部支承，在地震和暴风时对短边方向增大的由倾覆力矩引起的轴力能够有效的抵抗作用。另外，对短边方向的高宽比为7.6的细长的建筑物，提供了很高的水平刚度，提高了居住的舒适性。

这样，因为由如此坚固的巨型立柱构成，结构上受到制约很少，所以在下层部中能够合理的包容进口大厅、特别会议场等大空间。

还有，建筑外形随高度增长看上去复杂，但这些向外突出的变化部分都采用辅助结构处理，主框架直至上层，形成明快的结构形式。

2.2 第二厅舍

第二厅舍受力框架的考虑方法和第一厅舍基本相同。但是，因为这个建筑的形状呈阶梯状收缩，受地震作用时不可避免地会产生扭转，所以配置巨型梁来控制扭转变形。即在短边方向的巨型结构中，最高的框架设2层巨型大梁，中间框架中设1层巨型大梁，较低的框架中则不配置。在柱、梁、支撑构件的截面性能方面，也是高的框架中构件截面尺寸大，低的框架中构件截面小，根据各个框架进行调整，将扭转控制在允许范围之内(图1-4-4，图1-4-5)。

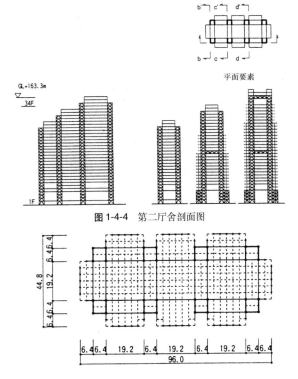

图1-4-4 第二厅舍剖面图

图1-4-5 第二厅舍标准层平面图

2.3 议会楼

议会楼的平面设计形状是从矩形中切去都民广场的半椭圆形而成。

适用于这个平面设计的受力框架和前面所述的高层一样，左右模块的近四角处配置6.4m×9.6m及6.4m见方的核心筒作为主要受力要素的同时，在外周配置框架柱列。根据这样的结构方案，由坚固的6.4m×9.6m的核心筒围起的中央部分能够在下层部形成天顶很高的进口大厅和在最上层形成作为会议厅的大空间(图1-4-6，图1-4-7)。

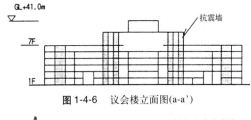

图1-4-6 议会楼立面图(a-a')

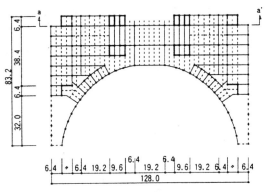

图1-4-7 议会楼标准层平面图

3. 使用钢材及钢结构施工

3.1 TMCP钢的应用

核心筒部的柱构件，第一厅舍为1 000mm见方的箱型截面，第二厅舍为800mm见方的箱型截面，板厚在第一、第二厅舍最大都是80mm。主要的大梁在第一、第二厅舍都是高为1 000mm的I型截面，最大板厚控制在40mm。

柱构件因为使用大型的极厚钢板，对于钢结构的制作，特别是焊接施工，必须十分注意。像这样的极厚钢板如用传统的方法制造，为了确保钢材的强度，碳当量必然较高，焊接性能则变差。由于这个原因，为了防止焊接时的焊接缺陷发生，对预热管理和焊接方法不得不给予细心的注意。

因此，对柱构件中使用的板厚50mm以上的钢材，为了弥补上述缺点，采用了低碳当量并能确保所定强度的热加工控制工艺（Thermal Mechanical Control Process）制作的钢材，即TMCP钢。在本工程中使用的钢材量全部大约有77 000t，其中TMCP钢使用了约10 000t。

3.2 屈强比的设定

用于主要骨架中的结构用轧制钢材在当时的JIS规格里，虽规定了抗拉强度（σ_m）的上、下限值，但对于屈服强度（σ_y）只规定了下限值。因此，即使同一钢种一般屈服点越高，离散性越大，其结果钢材的屈强比（σ_y/σ_m）变大。

如果这个倾向增加，由于屈服点的离散性，刚性框架在地震作用时，构件实际上的屈服顺序与设计时的设定不同，框架的性能与设计意图会有不一样。而且，如果屈强比变大，构件的变形能力低下，令人担心不能确保所期待的框架结构整体的塑性变形能力。

因此，为了使作为主要结构构件的柱、梁、支撑材料的屈强比不能过大，设定了其目标值和上限值。同时考虑到钢材的焊接性能，对厚板的碳当量作了限制。使用的钢材材质及性能要求如表1-4-1中所示。

表1-4-1 钢材的规格

板厚（t）及使用构件	材质／性能要求
$t<50$mm 柱、大梁、支撑	SM50A
	屈强比：上限值0.80，目标值0.75以下
$t \geqslant 50$mm，柱	SM50B、TMCP钢
	屈强比：上限值0.80，目标值0.75以下 碳当量：0.04%以下

3.3 使用钢材的机械性能的调查

为了确认实际中使用的钢材是否满足前面所设定的性能要求，根据各钢厂提出的钢材产品记录进行了调查。

本建筑物的抗震设计在弹塑性地震反应分析用的恢复力特性的设定中，钢材的屈服强度一律为名义值的1.1倍，应变硬化系数也定为0.01。但是，钢材的实际屈服强度及屈强比在柱、梁、支撑件中是如何分布的，与设计时的分析设定有多大程度相差，对此进行了调查。

以下即介绍对第一厅舍的调查结果的一部分。关于带支撑的柱、梁、支撑件的屈服强度及屈强比的分布，这里由于篇幅的限制割爱略去，各部位分别调查的屈服强度及屈强比的最大值、最小值及平均值如表1-4-2所示。

表1-4-2 钢材的规格

	屈服强度(MPa)			屈强比(%)		
	最大值	最小值	平均值	最大值	最小值	平均值
柱	460	330	385	78.5	63	70.7
梁	400	330	362	74	62.0	68.3
支撑	410	340	384	75.9	65.4	71.3

从表中屈服强度的平均值看，梁和设计时弹塑性分析中设定的值（363MPa）大约相等，柱和支撑件的值稍微高一点。本建筑的框架因为是以柱不产生屈服梁先行屈服的模式设计，从平均值来看可以知道设计时的设定还是妥当的。

并且，屈强比的平均值都在目标值75%以下，最大值也未超过设定的上限值80%。

4. 结束语

东京都新都厅已于1991年春竣工，对工程中携手相关的各位借此篇幅表示感谢。

[文 献]

1) K. Muto, M. Adachi, M. Nagata : J. Construct. Steel Research, Structural Design of New Tokyo City Hall Complex, vol. 13, Nos. 2&3, pp. 223～247, 1989
2) M. Adachi, M. Nagata : Tall Buildings, Structural Design and Analysis of New Tokyo City Hall Tower, 2 000 and Beyond, Fourth World Congress, Hong-Kong, Council on Tall Buildings and Urban Habitat, pp. 833～843, 1990. 11
3) 安達守弘, 長田正至：東京都新都庁舎, JSSC, No. 1, pp. 36～41, 1991
4) 安達守弘, 長田正至：日本建築センター編・発行, 東京都新都庁舎, ビルディングレター, pp. 1～22, 1991. 7

5 幕张东京海上保险公司大厦

[建筑概要]

所　在　地: 千叶市美浜区中濑1-4

业　　　主: 东京海上火灾保险

建　筑　设　计: 三菱地所一级建筑士事务所

结　构　设　计: 三菱地所一级建筑士事务所

施　　　工: 清水建设、新日本制铁企业联合体

楼层总面积: 36 049.0m²

层　　　数: 地下3层，地上15层，塔楼1层

用　　　途: 办公楼，商场

高　　　度: 70.5m

钢结构加工: 川崎重工业、IHI、NKK、米山铁工所

竣　工　年　月: 1992年6月

[结构概要]

结　构　类　别: 基础　现场灌注混凝土桩，地基加固

框架　地下　带抗震墙钢骨混凝土

地上　支撑钢框架

使　用　材　料: 钢结构　柱 SM50A、SM53B

梁 SM50A、SS41

支撑 SM50A

混凝土　地上 LC210

地下 PC240

图 1-5-2　框架透视

图 1-5-1　建筑外观

1. 前言

本建筑位于千叶市的幕张新都心规划地，作为损害保险会社总部的办公楼以及商场而建设。在规划中，主要着眼于有效地利用京叶线海滨幕张站前细长的建筑用地和创造具有高度弹性和舒适快捷的办公空间。

高层为大跨度办公室，为了确保抗震性，采用了门字型巨型框架。下面就将介绍以这一点为中心的方案和设计。

2. 建筑设计概要

建筑用地为东西方向170m，南北方向35～50m的细长形状，位于JR线海滨幕张站广场的正面，业务设施区的入口，也可以说成是幕张新都心的门户。因此，作为街区的重要地点，以建立人们行走交往、繁荣热闹的空间为目的，极力确保车站周围广场状的空地，以广场为中心，将人工地面、低层商场和体育设施等进行立体的和谐配置。这里和其他的街区以空中轻轨相连，进一步扩展了都市的空间。

办公楼配置在用地的西侧，在综合研究了容积率限制、标准层的构成等因素后，将标准层面积定为1 500m²，高度为15层左右。地下设置停车场、设备房，其位置在比较研究了确保人流线、地面上建筑的平衡、工程施工的便利性之后，集中设在高层下面，因此，高层地下定为3层。

标准层楼层面积为1 500m²左右，为了能够自由应对今后业务内容的变化，使用了大房间方式，并采用能够实现无柱办公空间的大跨度结构。

平面设计以大跨度结构为前提，考虑低层部和外部的连接、地下停车、设备房的布置等的谐调后予以确定。实际结构的核心筒区域位于平面四边角，其间设置楼梯间、厕所间和各层的设备房，从而确保了30m×30m的无柱大空间和150m²的办公室，实现了典型的以大跨度为前提的平面设计。

办公空间追求的是高度的信息化和能够充分应对业务内容变化需要的智能化。

3. 结构方案的要点

3.1 骨架方案

在符合平面设计的方案中，对图1-5-6所示几种柱、梁、支撑的配置设想进行了比较和研究。在这些研究方案中有的方案不符合原来创造无柱空间的概念，但是为了把握大跨度化带来的工程费用的增加，对此也进行了研究。对于各种方案都尽可能详细地进行了包括振动分析在内的研究和比较。

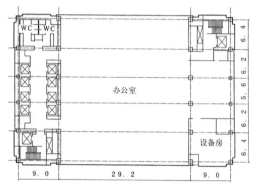

图1-5-3 标准层平面图

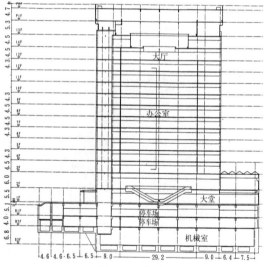

图1-5-4 截面图

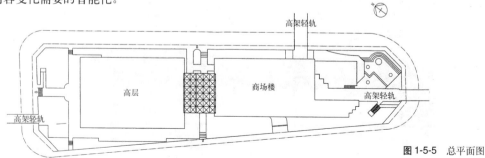

图1-5-5 总平面图

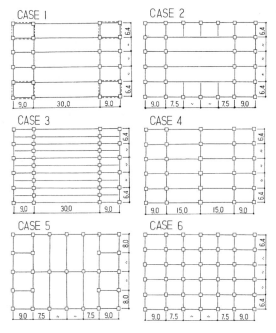

图 1-5-6 框架结构预案

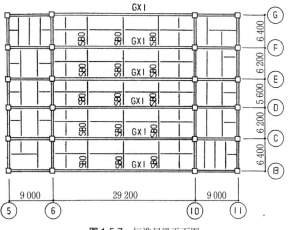

图 1-5-7 标准层梁平面图

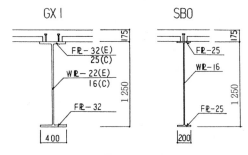

图 1-5-8 梁截面图

结果，与非大跨度化的方案相比，虽然钢结构工程费用增加35%左右，但骨架组合平衡良好、地下层和基础组合也良好的方案1的结构被认为和建筑计划相符。

在这个方案中，建筑物四边配置带支撑的箱型大型立柱，15层和塔楼的2层大型立柱与顶部桁架连接，整体上形成门字形巨型框架的集合体。由这个巨型框架，将所有的骨架立体地结合在一起，形成了刚度很大的结构。

3.2 大跨度楼层的结构方案

30m×30m的无柱空间用6根大梁支承。大跨度楼面层结构和通常的楼面层结构相比，有以下需要研究的课题，即：

1) 永久竖向荷载作用下的内力大。

2) 楼面振动的固有周期长，有因振动导致使用上问题的担心。

3) 必须研究地震时上下振动的影响。

对于这些问题，设计中作了以下对应的处理：

1) 大梁，小梁均为组合梁，以使楼面和梁成为整体。

2) 对于大梁的截面，在发挥其组合梁效果的同时，充分考虑跨度中央截面上正弯矩作用时的安全性和在端部正负弯矩作用时的安全性（图1-5-8）。

3) 对于楼面振动，由于有效质量较大，大梁相互之间在跨度中央连接。这个连接梁和大梁的刚度比为1/2以上，且和大梁刚性连接。

4) 大梁端部设置横向支承。

5) 进行楼面振动分析确认振动破坏不会发生。

6) 对地震时上下振动进行反应分析，与水平振动组合后确认其安全性。

3.3 基础方案

建筑用地位于东京湾沿海地带，80年代前后填土而成。地盘由表层开始按填土层，稀松细砂的冲积砂层，冲积粘性土层，洪积粘性土层，洪积砂层的顺序平坦构成。

能够支承建筑物的地层判断为洪积砂层，在大约GL-45m深处作为桩基础的持力层。另一方面，根据对上部的冲积砂层的调查结果可以知道，遇地面加速度为200Gal以上的地震时，有液化的危险。因此，在考虑基础结构防止液化对策时，参考了周围建筑物的设计实例，对钢管桩，连续桩墙，现场灌注桩三方案作了比较和研究。研究项目为工程施工费用、工期、施工性、对周边的影响和与上部结构的共同工作性能等，在对这些项目进行综合判断后，采用了图1-5-9所示的扩底逆作钻孔法现场灌注混凝土桩加上砂桩致密的地基加固再加上水泥稳定土桩挡土墙的作法。

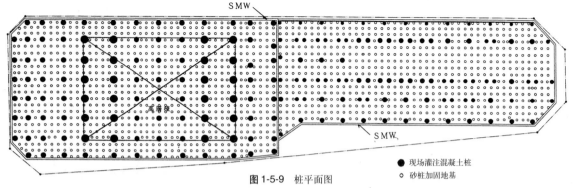

SMW

SMW

● 现场灌注混凝土桩
○ 砂桩加固地基

图 1-5-9　桩平面图

4.　结构设计的要点

根据结构方案和各种分析研究的结果，高层地上部分的结构设计概要如下。

4.1　抗震设计

建筑物的第一周期约 1.4s，对于地震等级 1（25cm/s）时的输入，最大层间变形为 1/382，对于地震等级 2（50cm/s）时的输入，最大塑性率为 1.6。

在考虑上下振动的反应分析中，设定地震等级为 2，对 El Centro，Taft 上下动最大加速度为 304gal，238gal 时产生的内力和水平动产生的内力，按平方和求根，即使在这种情况下，也只是梁的一端有塑性铰发生，在柱和支撑件中没有发生塑性铰。

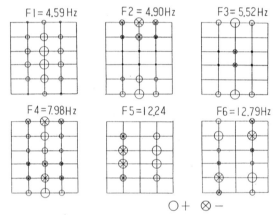

F1=4.59Hz　　F2=4.90Hz　　F3=5.52Hz

F4=7.98Hz　　F5=12.24　　F6=12.79Hz

○ +　⊗ −

图 1-5-11　楼面结构振动分析结果

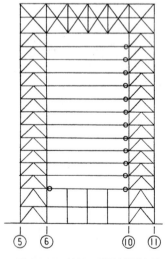

⑤　⑥　　⑩　⑪

图 1-5-10　等级 2 时塑性铰假定图

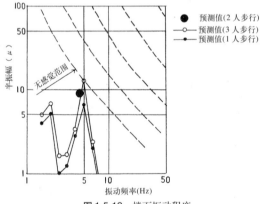

● 预测值(2 人步行)
○ 预测值(3 人步行)
● 预测值(1 人步行)

无感觉范围

半振幅（μ）

振动频率(Hz)

图 1-5-12　楼面振动程度

在建筑物竣工时，实际测得一次固有频率为 5Hz，步行时的振幅水平如图 1-5-12 所示，表明分析结果是妥当的，没有振动引起的使用不便问题。

5.　结束语

本建筑物实现了合理、安全的大跨度巨型框架结构。为了实现与建筑方案的一致性，以结构方案为基本对象，进行了各种分析和研究，从而完成了这项工程。

4.2　楼面板振动

将楼面结构置换成质点模型后进行了振动分析，固有值分析结果如图 1-5-11 所示。根据图 1-5-11 结果预测 2 人步行时的振幅如图 1-5-12 所示，为无感觉范围。

6 P&G日本总公司技术中心大厦

[建筑概要]

所 在 地：兵库县神户市东滩区向洋町中 1-17

业 主：普罗库塔·阿德·盖伯尔，法因斯托伊克

设计·监理：竹中工务店大阪本店一级建筑士事务所

施 工：竹中工务店大阪本店

用 途：办公楼，研究所

底 层 面 积：2 496m²

楼层总面积：41 161m²

层 数：地下1层，地上31层，塔楼2层

高 度：117.6m

最 高 高 度：131.4m

钢结构加工：川崎重工业播磨工厂、川田工业四国工厂、石川岛播磨重工业相生工厂

工 期：1990年10月~1993年2月（29个月）

[结构概要]

结构类别：地下 钢骨钢筋混凝土 + 钢筋混凝土

地上 钢结构

图 1-6-1 建筑外观

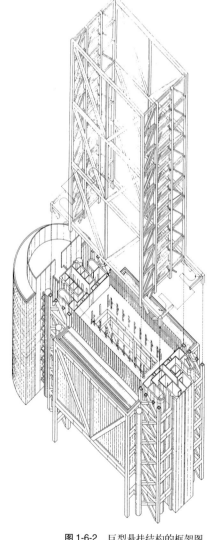

图 1-6-2 巨型悬挂结构的框架图

23

1. 前言

1993年3月竣工的P&G日本总公司技术中心大厦位于神户市海边填海造地而成的六甲岛的中央地带。规划将P&G公司在日本的总公司和研究所集中于一处，整个建筑由31层高的高层楼和10层高的半月形状的低层楼构成，高层楼的主要用途是办公室和研究室，低层楼主要是会场和研究室。

业主和建筑上的要求是：（1）看到该建筑就能明白是P&G公司（具有象征性）。（2）创造富有弹性的空间。（3）以表现结构的设计造型作为要点。

根据这些要求，结构设计就是要创造出一个将结构和造型设计相融合的新作品。而下述开发技术的运用使这个目标得到了实现。

2. 巨型悬挂式钢结构

高层楼在设计上的特征是：1～11层的低层部中央有一个中庭，两侧是办公空间，12～31层覆盖在中庭上面构成高层部空间，高层部为通常的刚性框架结构，其支柱林立于低层部两侧的办公空间中。

在结构方案中，采用了每6层为一单元的巨型悬挂式钢结构。因为采用了这种巨型悬挂式钢结构，所以在平面和立体上都有很高自由度的空间，同时，将这种巨型结构的造型露出于外，创造出了有特征的外表造型。

巨型悬挂式结构在高层部为1开间3个单元，低层部为2开间1个单元，架设在南北服务中心之间，高层部的跨度为39.6m×23.2m，低层部的跨度为39.6m×14.3m，内部是完全没有柱子的空间。采用巨型悬挂式结构后，扩大了垂直方向设计的自由度，可以在此结构中安插十分宽敞的内部空间。在本建筑物中，1~4层的进口大厅，11~12层的图书室及15~16层的餐厅，这些都是自由度很高的两层或四层高的空间。

低层部的中庭从1层的进口大厅高至12层，大小为9m×12m，高度为42m，将自然光线从上面引向两侧的办公空间。

巨型钢结构的柱、梁、悬挂支撑构件都采用箱形组合截面，柱、梁截面为900mm×1200mm，支撑构件截面为900mm×1100mm，板厚19mm~100mm。采用这样的构件设计后即使是地震等级为2(40cm/s)时产生的应力都低于设计容许应力。

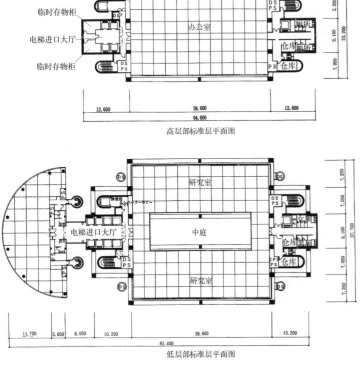

高层部标准层平面图

低层部标准层平面图

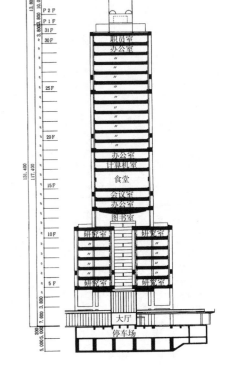

图 1-6-3 平面图、剖面图

3. 高强度耐火钢 SM520B-NFR

上述巨型钢结构中采用了在日本还是首次使用的高强度耐火钢 SM520B-NFR。600℃ 高温时强度能确保为屈服强度 2/3 的 FR 钢，在当时仅仅开发出强度级别为 490N/mm² 的 SM490B-NFR 钢。

开发 SM520B-NFR 钢是在 SM490B-NFR 钢的基础上，通过试验调整化学成分来得到更高的强度，但当机械性能满足要求时，C_{eq} 值（碳当量）高达 0.5，留下了焊接性能上的问题。根据多次试验失败后总结的经验，最后在轧制时控制温度，使 C_{eq} 值为 0.46，P_{cm}（焊接裂缝敏感度）为 0.20，成功地制造出了在焊接性能上没有问题的 SM520B-NFR 钢。然后，又进行了各种材料试验及焊接性能试验，确认 SM520B-NFR 钢在强度和焊接上都没有问题后，使用于本建筑物中。使用这种高强度耐火钢，防火涂层的最大厚度可以控制在 10mm 内，装修完毕后能确保设计造型的要求，即显示大型结构的细巧。

图 1-6-5 钢结构制作状况

表 1-6-1 高强度耐火钢原材料性能试验项目

试 验 项 目	宽度位置		厚 度 位 置				方 向			备 注
	W/4	W/2	表面	t/4	t/2	全厚	L	C	Z	
化学成分分析	○₂	—	○₁	○₂	—	—	—	—	—	单边机械切削至厚度的1/2，轧制面置于弯曲的内侧
常温拉伸试验	○₂	—	—	○₂	—	—	○	○	—	
高温拉伸试验	○₂₁	—	—	○	○₂	—	○₂	—	—	
厚度方向拉伸试验	○₂	○	—	—	—	—	—	—	○	
弯曲试验	○₂	—	—	—	—	○	—	—	—	
冲击试验	○₂	—	○	○₂	○	—	○	○	—	−40，−20，0，20，40℃
Vickers硬度试验	○₂	—	—	—	—	○	—	—	—	
硫印试验	—	○₂	—	○₁	—	—	—	—	—	
宏观试验	—	○₂	—	○₂	—	—	—	—	—	
微观试验	○₂₁	—	—	○₂	—	—	—	—	—	钢板的厚度方向两面切削加工，试件中心为钢板板厚中心
音速	○₂	—	—	—	—	—	—	—	—	
斜Y形焊接裂纹试验	○	—	（参照备注）			—	—	—	—	
焊接热影响区最高硬度试验	○₂	—	—	—	—	—	—	—	—	

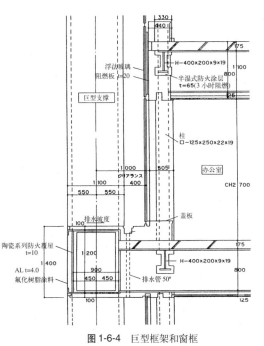

```
浮法玻璃
阻燃板 t=20

半湿式防火涂层
t=65（3小时阻燃）

H-400×200×9×19

柱
□-125×250×22×19

巨型支撑

办公室

クリアランス

CH2 700

550   550
1 100   400

排水坡度

盖板

陶瓷系列防火覆层
t=10

AL t=4.0
氟化树脂涂料

H-400×200×9×19

排水管 50ø
```

图 1-6-4 巨型框架和窗框

表 1-6-2 焊接试验项目和接头形状

试验项目	焊接方法	试验钢材（板厚 mm）	焊接姿势	试验种类	接头形状
对接接头焊缝试验	埋弧焊	SM520B (t=100)；SM520B-NFR (t=100)	俯焊	外观检查、接头拉伸试验、弯曲试验、冲击试验、目测检验、硬度试验、超声波探伤	
十字型接头焊缝试验	电渣焊 + 半自动气体保护焊	SM520B (t=100 + t=80)；SM520B-NFR (t=100 + t=80)	立焊 + 俯焊	外观检查、十字型接头拉伸试验、弯曲试验、冲击试验、目测试验、硬度试验、超声波试验	
角接头焊缝试验	埋弧焊	SM520B (t=100)；SM520B-NFR (t=100)		外观检查	
	半自动气体保护焊	SM520B (t=100)；SM520B-NFR (t=100)	俯焊	接头拉伸试验、冲击试验、目测检验、硬度试验	
	半自动气体保护焊 + 埋弧焊	SM520B (t=100)；SM520B-NFR (t=100)		超声波探伤	

4. 高透明度的玻璃幕墙

本建筑的进口大厅是根据巨型悬挂式结构而开创出的4层高的无柱空间，给人一种延伸外部空间的印象。

建筑上的要求是，进口大厅与外部的界面采用透明度尽可能高的薄面围护材料。据此，界面上玻璃的支承采用了在强化玻璃的四角用螺栓固定的施工法，背框支架用直径101.6mm的不锈钢管和直径25mm的不锈钢拉杆形成桁架结构。这是在日本首次使用的无框玻璃幕墙。

背框支架在受正压时，相当于一个桁架在起作用，在受反向负压时，由于不锈钢管的中间有两点斜向拉杆支承，相当于一个三跨连续梁在起作用。另外，为了使不锈钢拉杆和连接部件尽可能细小一些，使用了高压涡轮机等机械上用的高强度不锈钢SUS630。

由此实现了透明度非常高的玻璃幕墙要求。

5. 结束语

本建筑物以建筑师所追求的"有序建筑"的实现为目的，在造型和结构的融合方面尽了最大的努力。力的传递的合理性，直至建筑造型的追求是古今中外结构设计者梦寐以求的理想，通过这次设计，可以确信对此理想又更近了一步。

图 1-6-6　进口大厅两侧的玻璃幕墙

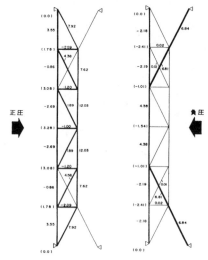

图 1-6-7　背框支架的承载结构

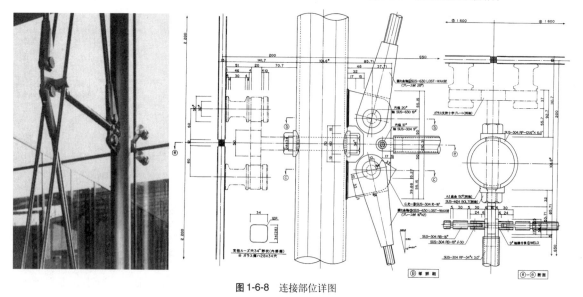

图 1-6-8　连接部位详图

7 梅田摩天大厦

[建筑概要]

所 在 地: 大阪府大阪市北区大淀中1

结 构 设 计: 木村俊彦结构设计事务所

结构协助设计: 佐佐木睦朗结构研究所、结构设计集团（SDG）、佐久间建筑事务所、竹中工务店

建 筑 设 计: 原广司＋亚特利雅·法依建筑研究所、木村俊彦结构设计事务所、竹中工务店

施 工: 竹中工务店·大林组·鹿岛建设·青木建设企业联合体

占 地 面 积: 41 782m²

底 层 面 积: 13 732m²

楼 层 总 面 积: 216 308m²

层 数: 地下2层，地面40层

主 要 用 途: 办公楼，商场

施 工 期 间: 1990年6月~1993年3月

[结构概要]

主体结构: 钢结构，钢筋混凝土，钢骨钢筋混凝土

桩、基础: 桩基础，现场灌注混凝土桩基础（包括宾馆楼和其他楼）

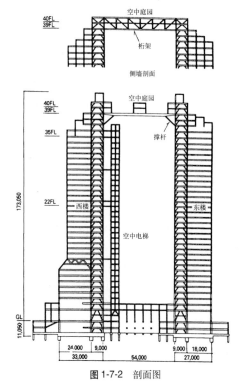

图 1-7-2 剖面图

图 1-7-1 建筑外观

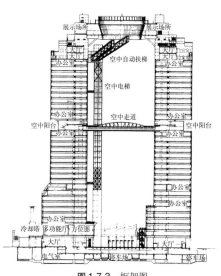

图 1-7-3 框架图

1. 设计宗旨

本方案以旧国铁梅田货运站的再开发为主，结合周边区域的各种规划，创建以文化、艺术、信息为中心的新城市空间为主要目的。

办公楼位于中央地带，南侧是直径为70m的名为"中自然"的庭园；亦可称作城市中的自然庭园。在其周围，西侧是超高层宾馆楼，东侧为低层商业楼，北侧设有宽阔的"花野"花园，能欣赏四季鲜花，提示出一种城市与自然，人与自然的新关系。

办公楼是由东西两栋楼在顶部用空中庭院连接而成的超高层建筑，作为最新的城市景观和大阪城市的象征而设计。

2. 结构概要

新梅田城区开发计划中的办公楼"梅田摩天大厦"是两栋超高层楼在顶部用空中庭园连接而成，也是世界上首个超高层连体建筑。

超高层连接的"梅田摩天大厦"由相隔54m的两栋楼楼组成，标准层的平面为27m×54m，西楼下面几层的平面为33m×54m，两楼的39~40层处与空中庭园刚性连接。高层办公楼的地上和地下部分都采用钢结构，地下底层部分采用钢筋混凝土，基础采用桩基础，在确保桩的高承载力的同时，为适应逆作施工法，每根柱下都设一根现场灌注混凝土扩底桩。

东西两栋楼在X方向（纵向）的框架除35层以上外，由3榀纯框架构成。Y方向（横向）的框架由8榀带偏心K型支撑的框架及2榀纯框架构成。整体结构在两个方向上都几乎没有偏心，平面均衡性良好。

空中庭园是由横跨东西楼、南北表面为39~40层二层高的两个大型桁架和包括斜撑一体化大梁在内的第39层刚性井格梁构成，桁架和井格梁楼面板组合，对空中庭园整体进行支承的同时将东西两栋超高层楼刚性连接成一体。

在连体超高层中，空中庭园发挥的主要结构功能是：通过两楼间的刚性连接，使水平荷载在两楼间互相传递，并使两栋有较大高宽比（东楼6.2，西楼5.0）的大楼在Y方向连接后在顶部产生约束弯矩。连接效果尤其反映在两栋楼连接方向的一端作用风荷载时，这个方向的高宽比很大，风的受压面也很大，一般对单独的超高层大楼来说，这是不利的外力方向。但是因为两栋楼并立，共同承受与单独一栋楼相同程度的风力，加上顶部约束弯矩效应，结构产生的内力（特别是倾覆力矩产生的轴向力）以及变形，与单栋楼的情况相比大幅度减小。受持续时间很长的台风影响时摇动也很小，就确保超高层建筑的居住舒适性这一点来说，也可作为连体超高层建筑的一大成效。在地震反应方面，虽因地震波不同而效果各异，在对超高层不利的一次振型得到抑制方面和顶部位移减少方面，大致上都得到了有利的反应结果。1995年1月发生的阪神大地震（在神户震度为7的强震）中，1层地面记录到的速度为29kine，但无论是建筑结构主体还是幕墙都没受到任何损害，连体超高层的安全性和连接效果在实际中得到了验证。

3. 振动特性和顶部连接的效果

(1) 风载荷时连接对顶部变形量的影响

图1-7-6中表示的是顶部连接和顶部非连接情

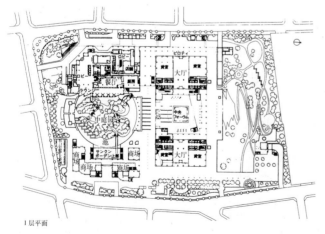

1层平面

图1-7-4 配置图和平面图

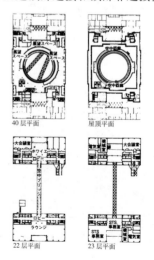

40层平面　　屋顶平面

22层平面　　23层平面

况下 Y 方向风载荷作用时的水平变形。连接时 Y 方向的顶部变形量（西风时）减少到非连接时的顶部变形量（西风或者东风，取风大的方向时）的46%~53%。其主要原因是通过顶部连接，两栋楼共同分担了迎风一侧楼上的荷载，和两楼连接产生的顶部约束弯矩效果所致。

表1-7-1 根据三维框架模型的固有值分析得到的周期和振型参与系数

方向	次数	固有周期(s)	振型参与系数	备 注
X	1	4.26	7.44	第一振型
	2	3.69	1.74	反对称第一振型 + 扭转第一振型
	3	1.51	2.91	第二振型（有一个反弯点的弯曲振型）
Y	1	4.34	7.27	第二振型（有一个反弯点的弯曲振型）
	2	1.87	0.25	反对称第二振型
	3	1.40	3.81	第二振型

(2) 风荷载时连接对倾覆力矩的影响

表1-7-2所示的是顶部连接和顶部非连接场合下Y方向风荷载时的倾覆力矩（1层地面水平处）。由于与顶部变形量减少相同的原因，顶部连接时Y方向的倾覆力矩减少到非连接时的57%~65%。

表1-7-2 顶部连接和非连接场合下Y方向风荷载时的倾覆力矩（原书缺量纲—译者注）

	顶部连接时		顶部非连接时	
	西楼	东楼	西楼	东楼
西风时	209 400	134 600	326 400	36 300
东风时	159 300	184 600	36 300	326 400

(3) 连接对周期的影响

表1-7-3所示的是顶部连接和顶部非连接场合下Y方向的周期。顶部连接时连接状态分刚接和铰接二种情况，顶部铰接时的周期为独立的两栋

表1-7-3 顶部连接和非连接场合下Y方向的周期

次数	顶部连接时		顶部非连接时	
	刚接(本建筑)	铰接	西楼	东楼
1	4.33	4.53	4.29	4.78
2	1.88 (反对称第一振型)	1.89 (反对称第一振型)	1.45	1.58
3	1.45	1.50	0.79	0.81

固有值分析根据等价剪力棒模型所得。

楼的平均值，刚性连接时的周期比铰接时的值小5%。由此推算，本建筑物顶部连接处的抗弯曲效果相当于增加了10%的刚度。

(4) 连接对地震反应的影响

将顶部连接和顶部非连接时的地震反应进行比较，虽然随地震波不同而反应程度也不同，但顶部连接后顶部的位移扰动减少，其他反应值的大小都因地震特性而异，没有显示固定的倾向。一般认为顶部连接后，周期和地震波谱特性的关系对反应值起到支配性的影响。

4. 空中庭园的结构

空中庭园由第39层的餐厅、第40层的画廊陈列展馆和塔楼的展望台构成。总重量约5 000t。空中庭园的重要作用是将东西两栋超高层大楼刚性连接，特别是南北二侧面配置39～40层两层高的大型桁架后，宏观意义上形成了以两高楼为柱、空中庭园为梁的巨大的门型框架。门型框架使连接方向的刚性显著增加，减少了地震和台风时建筑物水平方向的变形。

为了确保各层平面设计的自由度，支承空中庭园的主体结构集中在第39层楼面，第39层楼面成为空中人工"地基"。这个结构主要由架在东西两楼之间的两侧面各二层楼高的桁架和1.8m高

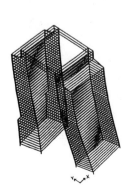
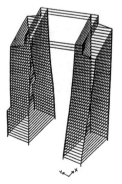

图1-7-5 固有振型

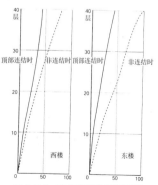

图1-7-6 Y方向风作用下顶部连接和非连接时的水平变形

的大梁构成。这个大梁在距两栋高楼各9m处设面外支撑（和大梁一体化的斜支撑），使大梁的实际跨度减少至36m。因为空中庭园的中央有圆形的大开口，所以将主体大梁和直交方向的梁刚性连接设计成井格梁结构，让内力平滑传递。第40层和塔楼的楼面板由第39层的人工地基上树起柱子支承，塔楼层圆形开口周围的楼面板为悬挑结构，使39、40层的圆形开口周围形成视野开阔的无柱空间。

5. 提升

关于平面为54m×54m的空中庭园的施工方法，在方案设计时就进行了多方面的探讨。最初也曾设想利用面外支撑作为支架的常用施工方法，可最后还是决定将重达1 040t的空中庭园的主要钢结构和外装、顶棚材料在地面组装后，用钢缆一次吊起的大规模提升施工法。提升法的优点在于，与超高层大楼施工的同时在地面进行空中庭园的钢结构和外装、顶棚材料的组装，大幅度降低了高空作业的危险，缩短了工期。采用这种钢缆提升施工方法后，对提升、主体的定位、临时桁架的拆除等一连串施工工序，由结构担当组的人员进行了缜密的研讨。

考虑到提升时确保平衡和便于控制，钢索吊点的位置分布在四个端点上。在南北两侧面上的两层高的主体桁架的直交方向，另外新配置两列同样具有两层高的临时桁架，将54m见方的空中庭园形成一个稳定的平板结构，使主体桁架能在四个端点进行提升。这个平板结构在四个端点提升时钢结构产生的挠度值相当大。对提升、定位、临时桁架的拆除、混凝土浇注等各阶段增加的挠度值计算后，为最终楼面能保持水平，设定39层的钢结构大梁的最大起拱为13cm。

图 1-7-7

另外，提升时楼面混凝土尚未浇注，楼面层的面内刚度较小，根据计算和模拟结果表明塔楼层的圆形开口部会变成椭圆形，因此加上面内支撑进行加强，提升后与高层连接时，用高强度螺栓将主体桁架端部临时固定后现场焊接各连接处。为了解决东西两栋楼和空中庭园钢结构之间的建造误差，第39层的大梁两端部设有长为35cm的调整间隙用的部件。该部件在测量了上下左右的实际间隙后制作连接。

6. 各部的结构设计

(1) 空中走道的结构

在22层，有联络东西两楼的空中走道。跨度为54m的钢结构桁架，在西楼一侧完全固定，东楼侧用滚轴支承（轴向容许变形量14cm），这样能够解决地震和台风时两栋楼在轴向不同的相对变形，因为在离地面87m高、横跨2幢建筑物之间的这种结构尚无先例，所以用风洞试验进行了详细研究。还有，空中走道在竖直方向的振动频率为3.8Hz，是人在步行时振动频率的2倍，步行时可能激起共振，为了防止振动产生不良后果，在空中走道的中央部分设置了四台减振器。

(2) 空中自动扶梯的结构

从35层向上到39层的空中自动扶梯架设在跨度为45m的钢结构桁架上。为减少轴向变形的影响，同时为防止自动扶梯的运转发生故障，桁架在39层空中庭园一端用铰接，35层西楼的一端用滚轴支承。空中自动扶梯竖直方向的振动频率为3.1Hz，为防止摇动，在自动扶梯的中央部分设置了两台减振器。

(3) 空中电梯的结构

从3层直达35层的空中电梯，在电梯井的长边方向用H形钢组成框架结构，短边方向为带支撑框架结构。为抵抗风和地震作用，在高度为12、22、23、29层四个楼面处设置和西楼连接的水平桁架，作为空中电梯水平方向的支承。

空中走道、空中自动扶梯、空中电梯等露在室外的钢结构，不需要防火涂层，采用热浸镀锌法，使外露的钢结构展示其材料的原貌。这些结构施工时与空中庭园相同，采用了钢索提升施工法。

8 横滨陆地标志大楼

[建筑概要]

所 在 地: 神奈川县横滨市西区港未来2-2
业 主: 三菱地所
建 筑 设 计: 三菱地所一级建筑士事务所
结 构 设 计: 三菱地所一级建筑士事务所
施 工: 大成、清水、大林、竹中、鹿岛、间、前田、地崎、飞鸟、户田、东急、青木、三菱、藤田、熊谷、东亚、山岸、奈良、红梅、若筑、五洋、不动、增岗、安藤、大丰、东海
楼层总面积: 392 284m²
层 数: 高层 地下3层，地上70层，塔楼3层
　　　　 裙房 地下4层，地上5层一部分7层，塔楼1层
用 途: 办公楼，宾馆，商场，文化设施，停车场
高 度: 296m
钢结构加工: 驹井铁工、新日本制铁、三菱重工、久保田、川田工业、川岸工业、川崎重工业、NKK、东京铁骨桥梁、三井造船、日立造船、大川铁工所、川崎制铁、泷上工业、江本建设、岩永工业、片山铁工所、白川、永井制作所
制 振 装 置: 三菱重工业
竣 工 年 月: 1993年7月

[结构概要]

结构类别: 基础　直接基础
　　　　　框架　8层以下　钢骨钢筋混凝土、一部分钢筋混凝土
　　　　　　　　9层以上　钢结构

图1-8-1　建筑外观

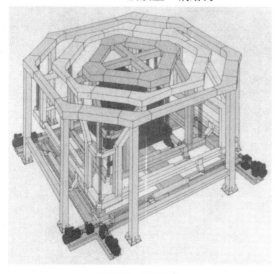

图1-8-2　制振装置

图1-8-3　骨架模型

1. 前言

横滨陆地标志大楼是日本最高（296m）的超高层建筑，也是具有办公楼·宾馆·商场和文化设施等复合用途的大型建筑物。

至今为止在我国（日本）建设的超高层大楼都以考虑地震作用为主，但在本建筑中，风荷载起着和地震作用相同或更大的作用。为了确保能够抵抗风荷载引起的倾覆力矩，采用了竖向荷载在建筑物的边角部传递的框架结构。对于承受高轴压力的边角部的柱材，使用了极厚的高强度SM570Q钢材。

这里将就抗风设计的思考方法、框架方案、极厚SM570Q钢材的性能确认实验、建造方案及制振装置等方面作一介绍。

2. 设计用荷载

一般来说周期变长则地震作用降低，相反风荷载的影响则有增加的倾向。在本建筑中，地震作用·风荷载和周期之间的关系如图1-8-4所示。本建筑的周期为6s，风荷载比地震作用更大，除了顺风向的荷载作用之外，还分析了垂直风作用方向的摆动，对动态的抗风设计和扭转振动都做了研究。

在本建筑的设计中，对建筑物在使用期间可能受到一次作用的地震和风荷载（等级1）、及在此期间可能遭遇的最大级别的地震和风荷载（等级2）的预想如表1-8-1所示，并对两种情况下的

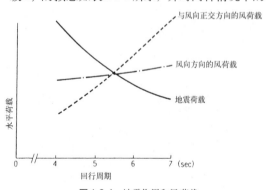

图1-8-4　地震作用和风荷载

表1-8-1　外力的等级

	地震	风
	地动的最大速度	建筑物顶部的平均速度
等级1	25cm/s	60m/s(100年一遇)
等级2	50cm/s	70m/s(500年一遇)

荷载进行了研究。

3. 结构方案

正方形的平面形状在四个角上向外突出，从上层往下层去平面逐渐扩大，形成稳定的立体形状（图1-8-5）。

因为风荷载很大，特别是由于振动产生的荷载很大，所以在结构方案中注意到了以下几点：

① 建筑物的周期尽可能缩短。

② 采用扭转刚度高的框架，使之不容易产生由于风引起的平动和扭转的联合振动。

③ 确保能够有效的抵抗倾覆力矩。

根据以上几点，基本框架采用钢结构筒中筒方式。

1) 外侧筒由各个面中央的竖直面部分和向内侧倾斜的四个角部分构成。中央部分为空腹桁架式的框架，这部分的竖向载荷通过各层角上的框架传递，因而增加了对由于倾覆力矩引起的上拔力的抵抗能力。

2) 建筑物的下层(8层以下)只有在四个角上有外周框架，没有形成筒结构。在这一部分，为了增加建筑物的水平刚度、缩短周期，抵抗倾覆力矩产生的上拔力，采用了钢骨钢筋混凝土结构，起到"重力锤"的作用。

3) 建筑物的上层（52~67层）在各层上四个地方设置了连接内侧筒和外侧筒的支撑。支撑约束了弯曲变形，并使高宽比很大的内侧筒承担了20%~30%的剪力。

4. 构件设计

钢结构主要构件截面如图1-8-6所示。以135°

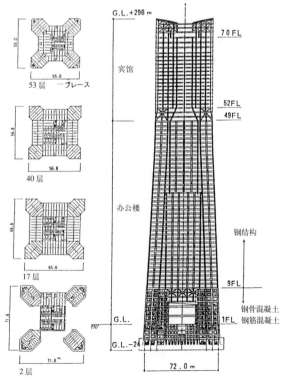

图1-8-5　楼层平面图、立面图

角度和大梁连接的柱，采用了圆形钢管。空腹桁架式框架中，柱·梁都用腹板高1.3m的大型构件构成。

钢结构中的最大板厚，箱形截面和H形截面的柱子为100mm，钢管柱为90mm。

建筑物角上的柱子，因为承受特别大的轴向力，使用了SM570Q钢，强度为普通超高层建筑中使用钢材的1.3倍。

钢结构最下层（第9层）的柱中，因为希望增加柱脚部的强度，在钢管柱·箱形截面柱的内部充填了混凝土。还有，在8层以下的钢骨钢筋混凝土结构中，这些柱的内部也充填了混凝土。

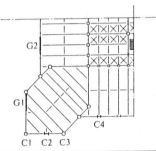

	柱			梁	
C 1	C 2	C 3	C 4	G 1	G 2
▢	I	◯	I	I	I
□-800×800 ×36	H-1 300×500 ×40×50	◯-850×60	H-1 300×450 ×32×36	H-1 300×300 ×25×22	H-1 300×450 ×25×40
≀	≀	≀	≀	≀	≀
□-900×900 ×100	H-1 300×600 ×80×100	◯-900×90	H-1 300×450 ×32×40	H-1 300×300 ×25×28	H-1 300×450 ×25×40

48 F ≀ 9 F

图1-8-6　钢结构主要构件截面

5. 根据足尺试件试验确认SM570Q极厚钢材的性能

在钢结构制造之前，对SM570Q极厚钢材的性能进行了综合性的确认试验。制成实际尺寸的试件后，对各焊接部位的基本性能确认的同时，考虑本建筑物角上的柱子倾斜设置，研究柱·梁接头非直交部位的施工也是试验的目的之一。

试验包括焊接组合箱形截面柱和圆形钢管柱。

根据足尺试验的结果，确认了SM570Q极厚钢材其母材和焊接部分都有十分良好的性能。

另外，SM570Q钢材的加工制造者在各个工厂进行了施工试验，确认了材料的特性和施工性能后，然后决定了实际施工时的条件。

在使用SM570Q极厚钢材的钢结构施工中，在确保焊接接头部位的性能和施工效率方面，怎

样设定预热，加热量等工艺参数值是很重要的。

6. 安装方案

本建筑物在建造中最大的课题是必须在39个月的短工期内完成，因此安装方案以如何尽快上梁封顶为中心来进行。

在引进日本最大的JCC-1500H型塔吊的同时，对构件的大型化、模块化和组件化作了最大限度的尝试。塔吊共设置4台，分成4个工区施工，施工以1个循环12天（3层/节）的速度进行。还有，在每个工作循环安排中，编入了设备的竖井组件、空调机组件的安装，希望大幅度减轻完工阶段时升降机的提升工作量。

高层部分的钢结构安装，为了追求缩短工期，提高建工机械的效率，构件的相当一部分都在地面组装，形成模块化构件（图1-8-7）。

图1-8-7　钢结构采用大型组件吊装

模块化的分别范围大致如下：

① 钢结构的柱、梁在地面上焊接成一体，形成大型模块的施工法。

② 将梁和压型钢板在地面上一体化后，尽可能多的载上建材然后吊装的大型楼层板组件施工法。

在地面组装构件的过程中，为了能快速、高精度地进行地面组装作业，设计开发了"定位安装箱"装置和柱垂直度的自动测量系统。

根据上述方案，终于在预定工期前完成了25节混凝土预制板的安装。

7. 制振装置

由于49层以上被用来作为宾馆, 为了提高宾馆客房居住的舒适性, 开发了新型机构的制振装置(图1-8-3)并在塔楼的第1层安装了2台。

一般在塔状建筑物的最上部, 如果设置摆锤使其振动的周期和建筑物的周期一致时, 当风等原因使建筑物开始摆动, 摆锤的质量块将以滞后90°的相位差也开始摇动, 这样就会产生减少建筑物振动的效果。在本建筑物开发使用的制振装置中加入了下述新技术。

① 多重摆锤机构

本建筑物的周期约为6s, 在图1-8-8 (a) 所示的通常的单摆中, 吊索长约为9m。为了追求制振装置的小型化和节省空间, 采用了图1-8-8 (b) 所示的多重摆锤。

多重摆锤的吊索长度加起来如果和单摆的吊索长度相等, 两者以相同的周期振动。图1-8-8所示的是其基本原理, 实际装置中吊着的质量块可以360°自由运动, 装置只用一个立体框架构成即可对应任何方向的摆动。

② 附加控制力

当建筑物因强风开始摆动时, 摆锤根据其原理产生自然摆动, 仅仅这样虽然对建筑物的摆动有抑制效果, 但如果再用感应器探测出建筑物和摆锤的摆动并将其数据用电脑处理, 对摆锤的振幅、振动方向作最佳控制, 就可以大幅度的提高制振装置的性能。摆锤质量块的驱动采用伺服电机和螺杆螺母, 为2个方向能够同时控制的机构。

制振装置的结构概要如图1-8-9所示。

在多重摆锤部分中, 三层钢制框架的中心是一质量为1 700t的可移动质量块, 质量块、框架之间用3m长的钢索绳相互连接。然后, 只将最外面一层框架固定在建筑物的楼面板上。为了机构的稳定性和安全性, 在框架之间配置了"框架间缓冲器"。

控制驱动部分在装置的下面, 由AC伺服电机、螺杆、X·Y梁、X·Y梁连接件以及驱动件和连接可移动质量块的连动结合件构成。为了设法使驱动机构不产生附加应力, 连动结合件采用了上下轨自由移位的万向接头。另外, 钢索的长度可以调整, 因此建筑物的周期从4.3~6s都能够对应。

模拟分析的结果如表1-8-2所示。表中的风速为建筑物顶部的平均风速值, 建筑物的加速度为楼面水平处的加速度。

表中, 楼面的加速度在风速为30m/s (一年中数次发生的风速) 时降低了约30%, 在风速为43m/s (5年一遇) 时降低了约40%。

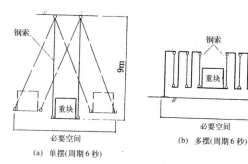

图1-8-8 多摆、单摆比较模式图

(a) 单摆(周期6秒)　　(b) 多摆(周期6秒)

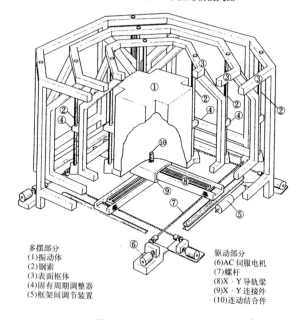

多摆部分
(1)振动体
(2)钢索
(3)表面框体
(4)固有周期调整器
(5)框架间调节装置

驱动部分
(6)AC伺服电机
(7)螺杆
(8)X·Y导轨梁
(9)X·Y连接件
(10)连动结合件

图1-8-9 制振装置结构概要

表1-8-2 模拟分析所得建筑物的加速度 (cm/s²)

	非制振	制振	制振/非制振
风速30m/s时	3.68	1.09	0.30
风速43m/s时	13.42	5.28	0.39

装置在对应主动、被动和制动的工作状态时自动切换, 因为采用了误动作检测系统, 可以确保装置的工作性能和安全。

8. 结束语

横滨陆地标志大楼于1993年7月竣工, 具有独特形状的建筑物在钢结构制作和安装方面虽然都有难度很高的施工要求, 但在焊接部位的质量和尺寸精度方面还是都得到了能够令人满意的结果。

9 日本长期信用银行总行大楼

[建筑物概要]

所　在　地：东京都千代田区内幸町 2-1-8

业　　　主：日本长期信用银行

建筑设计：日建设计

结构设计：日建设计

施　　　工：竹中工务店

建筑层面积：62 821.14m²

层　　　数：地下 5 层，地上 21 层

用　　　途：办公楼

最高处高：SGL+130.0m

基础底深：SGL-31.9m

钢结构加工：川岸工业千叶第一工厂、川崎重
工业野田工厂、川崎制铁西部加
工中心、川田工业枥木工厂、白
河本社工厂、松尾桥梁东京工厂。
(按五十音图顺序排名)

钢结构建造：横河工事

工　　　期：1990 年 8 月 8 日~1993 年 8 月 31 日

[结构概要]

结构类别：基础　混凝土筏式基础，直接地基
框架　地上　钢结构
地下　钢骨钢筋混凝土及
钢筋混凝土巨型框
架结构

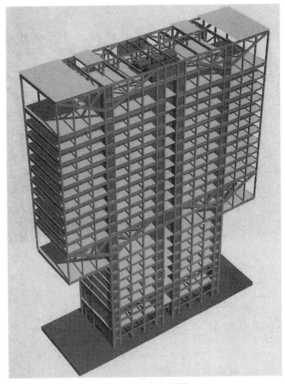

图 1-9-2　框架透视

图 1-9-1　建筑全景

图 1-9-3　北侧玻璃大厅

图 1-9-4　南侧玻璃大厅

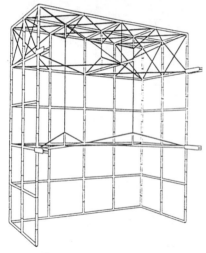

图 1-9-5　北侧玻璃大厅框架透视

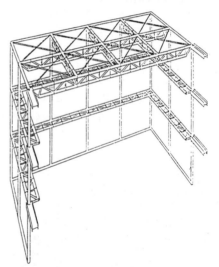

图 1-9-6　南侧玻璃大厅框架透视

北侧玻璃大厅概要

　　用　　途: 正门大厅

　　规　　模: 高 30m, 宽 25.6m, 进深 12.2m

结构概要

　　框 架 形 式: 钢管框架结构

　　材　　料: FR 钢无缝钢管
　　　　　　　锻造接头构件

　　钢结构加工: 新日本制铁若松工厂

外装概要

　　玻　　璃: 透明强化合成玻璃, 点式支承方式

　　支 承 结 构: 采用 PC 钢圆杆构件张力方式

南侧玻璃大厅概要

　　用　　途: 银行大厅

　　规　　模: 高 21m, 宽 25.6m, 进深 12.2m

结构概要

　　框 架 形 式: 钢管柱钢管桁架梁框架结构

　　材　　料: FR 钢无缝钢管
　　　　　　　锻造接头构件

　　钢结构加工: 新日本制铁若松工厂

外装概要

　　玻　　璃: 热反射强化玻璃 + 白色薄膜夹层
　　　　　　　合成玻璃, 点式支承方式

　　支 承 结 构: PC 钢圆杆吊架 +H 形钢墙柱

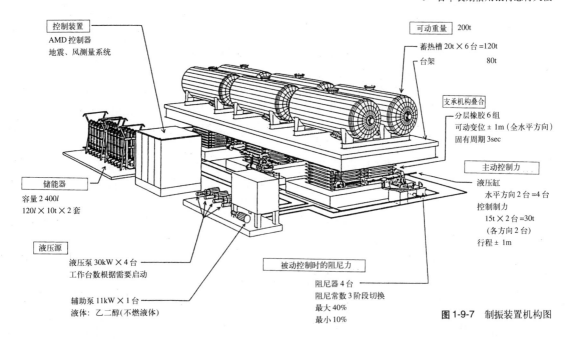

控制装置
AMD 控制器
地震、风测量系统

可动重量　200t
蓄热槽 20t×6 台 =120t
台架　　80t

支承机构叠合
分层橡胶 6 组
可动变位 ±1m（全水平方向）
固有周期 3sec

主动控制力
液压缸
水平方向 2 台 =4 台
控制制力
15t×2 台 =30t
（各方向 2 台）
行程 ±1m

储能器
容量 2 400l
120l×10t×2 套

液压源
液压泵 30kW×4 台
工作台数根据需要启动

辅助泵 11kW×1 台
液体：乙二醇（不燃液体）

被动控制时的阻尼力
阻尼器 4 台
阻尼常数 3 阶段切换
最大 40%
最小 10%

图 1-9-7　制振装置机构图

建筑物振动特性要素

建 筑 物 重 量：地上 39 800t，地下 120 000t
有 效 重 量：X 方向 30 400t，Y 方向 30 000t
周　　　　期：X 方向 2.96s，Y 方向 2.97s

制振装置概要

控 制 方 式：可变控制
　　　　　　　主动型 - 被动型切换式
可 动 重 量：可动重量　194.9t
　　　　　　　蓄热槽罐　20t×6 只 =120t
　　　　　　　钢制台架　74.9t
支 承 部：周期　3.0s
　　　　　　　最大行程　全方向：±100cm
　　　　　　　支承方式　多层叠合橡胶(6 台)
主动型控制：
　　　　　　　控制方式　油压千斤顶
　　　　　　　　　　　　　(2×2=4 台)
　　　　　　　最大控制力　各方向：300kN
　　　　　　　油压源输出　主：30kW×4 台
　　　　　　　　　　　　　　　 =120kW
　　　　　　　　　　　　　辅助：11kW
　　　　　　　系统压力　14MPa
　　　　　　　储能器容量　2 400L
被动型控制：
　　　　　　　最大阻尼力　各方向：600kN
　　　　　　　等价阻尼常数　10%~40%(3 段切换)
　　　　　　　支承部阻尼常数　2%
研 制 者：东京大学生产技术研究所藤田
　　　　　　　隆史教授·日建设计·Bridge Stone

图 1-9-8　制振装置外观

1. 前言

日本长期信用银行总行大楼为了确保高层建筑中快捷舒适的办公空间，同时避免高层大楼直接耸立在路边带来的尴尬和不妨碍沿街行走交往的人们的视野，在低层构造出一个很大的开放空间，采用了有特征的T型形状。大楼在45m的高度以上向南北方向悬臂伸出约20m，形成高层部宽度大于低层部的T型形状，东西方向呈塔状，高宽比为5。为了实现这种形状的超高层大楼，采用了巨型框架的结构形式。

北侧面对日比谷公园，在北侧伸出部分的下面，作为正门大厅，设计成具有透明感的、高度为30m的玻璃箱体结构（玻璃大厅），框架采用钢管构件，玻璃支承结构采用张力式背框支架，既不妨碍空间的宽阔感，又可以街景作为主题活跃大厅的气氛。还有，南侧设置的玻璃大厅作为银行大厅，由热反射玻璃和白色半透明玻璃的双层玻璃构成。

另外一个特征是在屋顶上设置了主动型制振装置，其目的是减少平常强风、地震时建筑物的摇动，提高居住的舒适性，在大地震发生时，则希望能产生减少建筑物整体变形的作用。

2. 巨型框架结构

2.1 巨型框架的设计

这里采用的巨型框架从平面上看，建筑物的中央部分南北两边分成2个约26m×26m见方的区域，各区域的4个角上设组合立柱，这8根组合立柱在第21层，第9层及第2层的天顶位置和桁架梁相互结合，形成大型组合框架。南北方向外侧的2榀框架和东西方向的4榀框架为巨型框架结构。其中，21层和9层的桁架，因为支承着8层以上的悬臂部分，由9m高的巨型桁架构成。另外，组合立柱由3根H形截面的钢柱用钢板墙结合而成，整体上呈L字型截面。

支承悬臂部分的21层和9层的巨型桁架即使在大地震时，也必须保持支承能力，而且上下方向的反应和其他部分相比也不能增加过大，因此其下弦杆分别连在20层及8层的中间，框架在地震时不会由于水平变位而引起巨型桁架的竖向变位。

对于巨型框架的设计，设定了以下条件:

① 考虑到施工顺序，第9层的巨型桁架能够单独承受悬臂部分的重量，建造完成后再由第21层和第9层的桁架共同作用，承受恒载的重量和

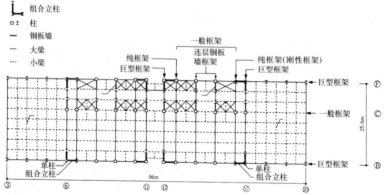

图1-9-9 高层标准层楼板梁平面图（10~19层）

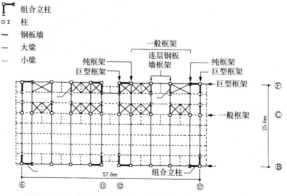

图1-9-10 低层标准层楼板梁平面图（3~7层）

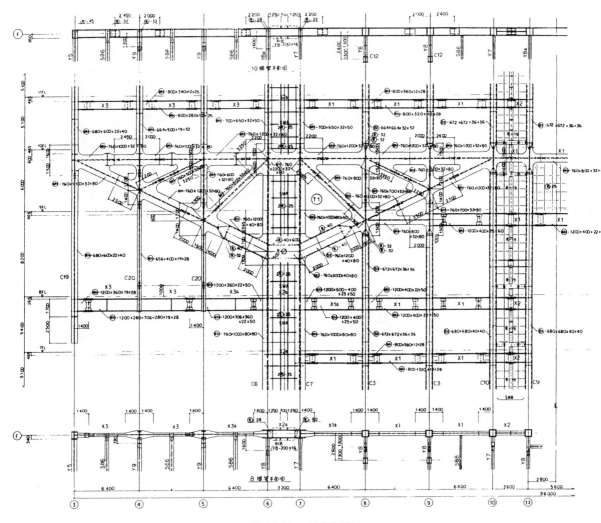

图 1-9-11 巨型框架详图

地震竖向振动等荷载。

② 巨型框架的强度设计按恒载 +(水平地震作用设计值)× 2 + 竖向地震作用(1G)引起的效应进行，控制在容许应力法限定的范围内。

③ 巨型桁架的竖向振动周期和水平振动周期相比要十分短。

在支承悬臂部分的巨型桁架中，9层的下弦杆固定端为760mm×1 200mm的箱形截面，其他的弦杆、斜杆都采用760mm×(600~1 200)mm的大型焊接H形截面。这些构件的板厚统一，翼缘板厚9层为80mm，20层为50mm，腹板厚9层为32mm，20层为25mm。

支承桁架的组合立柱，由内侧尺寸为600mm×(700~1 000)mm的3根大型焊接H形截面柱和钢板墙组合而成，柱的翼缘板厚9层为80mm，20

层为50mm。柱间安装的钢板墙，板厚9~25mm，并在钢板上配置纵、横加劲肋，加劲肋的形状和间隔设计时按钢板剪切屈服先于局部或整体失稳发生的原则考虑。

桁架的构件按即使发生等级为2的地震也不会产生失稳并保持弹性进行设计，桁架弦杆的长细比为22~25左右，斜杆的长细比为32~45左右。

2.2 巨型框架的安装

9层的巨型桁架虽然按能够单独支承悬臂部分的全部重量进行了构件的截面设计，但在钢结构的制作和安装方面仍然有各种各样的问题必须解决。其中最大的问题是从下面开始顺序向上安装钢结构时，由于悬臂部分的重量，9层的桁架会产生挠度，最终桁架悬挑端部的挠度达5cm左右。桁架端部引起的挠度使确保钢结构节点质量、钢

图 1-9-12　桁架在工场临时组装

图 1-9-13　安装桁架

图 1-9-14　预拉施工法

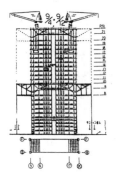

	F3	B3	F20	B20
拉　力	628t	618t	632t	622t
变位量	34mm	38mm	35mm	35mm
起拱量	+17mm	+11mm	+6mm	+12mm

拉力开始施加时

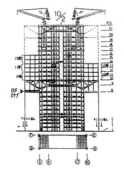

	F3	B3	F20	B20
拉　力	566t	547t	600t	585t
变位量	39mm	41mm	38mm	38mm
起拱量	+12mm	+8mm	+3mm	+2mm

中间时

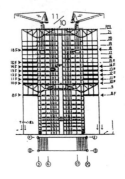

	F3	B3	F20	B20
拉　力	388t	324t	390t	365t
变位量	52mm	54mm	54mm	52mm
起拱量	−1mm	−4mm	−13mm	−5mm

拉力荷载调整前

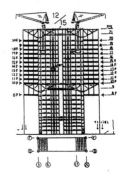

	F3	B3	F20	B20
拉　力	201t	188t	189t	183t
变位量	49mm	51mm	53mm	52mm
起拱量	+2mm	−2mm	−12mm	−5mm

拉力荷载去除前

图 1-9-15　安装顺序与桁架端部的竖向变位

结构安装、楼面板混凝土的水平浇注管理、确保外表装饰板的安装精度都很困难。

为了解决这个问题，采用了拉力施工法，即在9层预先起拱的桁架上先施加一个向下的拉力，不断地控制桁架保持其水平状态，同时从下向上顺序施工安装悬臂部分。

以下为拉力施工法的顺序：

① 制造悬挑端部向上起拱 5cm 的桁架，在工厂进行预拼装，用定位销将各构件位置固定。

② 先安装6~17轴线间的钢结构直至最上层，完毕后开始安装第9层的桁架上悬臂部分的钢结构。

③ 在桁架端部按装张拉构件，悬挑端下方加 700t 的预拉力使桁架保持水平。

④ 顺序向上安装悬臂部分的钢结构，浇注楼层面板混凝土，安装外表装饰面板。根据桁架上重量增加伴随而来的变形调整释放预拉力，以保

持桁架的水平状态。

⑤ 21 层的桁架和 20 层的柱连接后，解除余下的 140t 拉力。

3.　北侧玻璃大厅

3.1　结构方案概要

南北悬臂部分的下面，设有功能、框架、玻璃支承方式都不同的玻璃大厅。这里就追求透明极限的北侧玻璃大厅作一叙述。

为了实现具有透明感的玻璃大厅，首次采用了在日本大规模建筑物中未曾用过的点式支承（DPG，Dot Point Grazing）方式。玻璃的支承结构为PC钢杆拉力方式。框架结构采用变形能力优越的钢管构件，在地震、强风时则主要依靠建筑物主体结构，使各构件承受的力减少到极限程度。柱、梁采用厚壁无缝钢管，节点部采用机械切削加工的锻造连接件，钢材使用耐火钢（FR钢），不

用防火覆盖，油漆作为表面最后加工。

(1) 使用钢管和PC钢杆的箱形框架

箱形框架由外围的3面框架和屋顶面构成，框架网格约6m见方，为了确保平面刚度，在12m、24m高度位置处和屋顶面设置了水平支撑。屋顶面在6m方格的钢管梁交点处设置X形PC钢杆水平受拉支撑，24m高度位置在12m方格的钢管梁交点处设置X形PC钢杆水平受拉支撑，而在12m高度位置为了变化空间，设置了K形钢管水平支撑。钢管梁在屋顶面承受竖向载荷，在24m和12m位置处为能够承受向上力的张弦梁结构，相互间用PC钢杆连接，共同抵抗上下方向的外力。在高度24m上方和大楼主体结构结合位置的框架中设PC钢杆作为柱间支撑。

在最上段壁面支撑的各PC钢杆上施加有5t的初期拉力，在其他的PC钢杆上为了减少挠度，手工固定收紧时留有一定程度的初期拉力。

(2) 地震、强风时的水平力由建筑主体结构承受

玻璃大厅框架在24m、12m高处设有水平支撑的连接梁和建筑主体结构结合成一体。外壁玻璃面上受到的地震力、风压力由张力式玻璃支承

结构承受并传递给钢管格子状框架，通过水平支撑和两侧的外围框架最终由24m、12m高处的连接梁传给建筑主体结构。

(3) FR钢无缝钢管和锻造接头的节点部

柱、梁都采用厚壁无缝钢管（$\phi 318 \times 20$）。另外，相同尺寸的钢管柱、梁的节点处采用锻造连接件，机械加工成贯通接头的形式进行连接。

主体结构件的钢管、锻造接头材料都采用耐火钢（FR钢），这是考虑到减少防火覆盖层和表面材料使柱、梁不会太粗大。屋顶面的一部分钢管为了确保耐火性能还是使用了防火覆盖层。

3.2 玻璃支承结构概要

(1) 点式支承(DPG)方式

在每块约2m见方的强化合成玻璃（12mm+10mm）的四个角上开孔，然后通过玻璃四个角上的五金件将三块玻璃竖向连接在一起，并连接在由梁上悬挑伸出的带弹簧止振五金件上。

(2) 张力式的玻璃支承结构

玻璃壁面上受到的水平力由柱间拉成2个弓形的PC钢杆进行支承。为了使支点间的距离不变，避开竖向设置支承容易受结构体层间变形的影响，采用了横跨在柱间的水平向PC钢杆支承。

图1-9-16 玻璃大厅内观

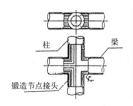

图1-9-17 锻造节点接头

图1-9-18 玻璃支承结构平面图

图1-9-19 玻璃支承结构

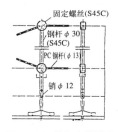

图1-9-20 撑杆安装详图

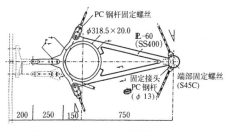

图1-9-21 支点构件连接详图

玻璃四角上的五金件受撑杆控制，撑杆因为和来自两个方向不同角度的 PC 钢杆连接，而 PC 钢杆上施有轴向力，因此撑杆对玻璃面具有约束力和刚度。PC 钢杆中施加的初期轴力约为 3t。

采用这种方式，由拉成两个反向弓形的 PC 钢杆和玻璃面通过撑杆对 PC 钢杆的面外失稳产生约束，因此不需要其他防止失稳的构件。

(3) PC 钢杆和嵌入接头方式

端部加工有锻造螺纹的、ϕ 13 的 PC 钢杆和 ϕ 30 的钢制撑杆采用圆筒形嵌入接头连接。

采用具有刚度的 PC 钢杆和形状易于机械切削加工的接头主要是考虑加工和施工方便。在节点构件和结构体的 PC 钢杆固定件方面也基于同样的考虑。

3.3 安装概要

DPG 方式和张力方式的玻璃支承结构因为有很大的变形跟随能力，施工时构件位置定不了，怎样将各个构件精确地安装在所定的位置成为重点。对于玻璃支承结构，进行了各种确认安全的试验，包括抗风压、防水试验，变形跟随试验和为了研究施工方法的试验。安装时先搭建整体脚手架，一边预先将构件放在脚手架上，一边向上搭建，可以说方法是很好的。

4. 主动制振装置

4.1 制振结构的特征

① 建筑结构的设计原则为：即使制振装置在停止状态仍能保证安全。

② 制振装置为室外型，设置在屋顶上。以蓄热槽罐作为附加质量。

③ 平时风力和小地震时具有舒适的居住性。

④ 强风和大地震时也处于工作状态，以期产生减少建筑物整体变形的效果。

⑤ 作为制振效果设定为 3 个阶段。

Ⅰ.强风和小地震时为强控制主动制振，使横向摆动减少至 1/5~1/3。

Ⅱ.在少有的强风和中等地震时，为弱控制主动制振，减少横向摆动至 1/2 左右。

Ⅲ.大地震时为阻尼制振，持续工作至制振效果变小后，对应于摆动大小恢复主动制振，尽快使横向摆动停止。

⑥ 停电时进行阻尼制振。

⑦ 控制程序可以根据观察风、地震所得的数据研究制振效果，同时变更制振装置的工作状况。

4.2 新控制方式

这一次采用的制振装置的最大特征是从频度很高的强风和中小地震直至罕见的大地震，对所有的外部干扰振动，都可以使制振装置的能力得到最大限度的利用，无浪费而又有效的持续工作，为此采用了新的控制方式。

(1) 可变控制

在地震动的加速度很小的时候，进行强控制使建筑物的摆动最小，当地震动的加速度变大，变位、控制力和控制速度（油流量）的任何一项超过液压缸的能力界限时，根据模糊控制理论，逐渐减弱控制，始终在设备的能力范围内进行控制。

(2) 主动 - 被动切换方式

当地震动的加速度变大时，因为超过了主动制振的控制能力，液压缸切换成阻尼装置，作为被动制振装置进行工作。

被动制振时的阻尼力用阻尼装置阀进行切换，根据地震动的加速度分成三个阶段，最大阻尼力设定在最大地震时，制振质量块的变位控制在 1 m 以内。

在一般的主动制振中，当受到超过变形能力的外界干扰振动时，制振质量块将被固定，而采用这种新的控制方式，制振效果多少有一点影响但制振质量块能够持续进行工作。

图 1-9-24 中所示的是兵库县南部地震（1995.1.17）时神户海洋气象台的观察记录数据，用来确认制振效果和切换控制状况的分析结果。在感知地震后主动控制切换成被动控制，阻尼力由最大逐渐变至最小，65s 后向主动控制切换。与非制振的分析结果相比，虽然不能得到最大加速度的减低效果，但结果表明整体变形减少和摆动很快被制止，制振质量块的变位也控制在 1m 以内，即使是遇上兵库县南部这样的地震，制振装置也能够持续工作这一点得到了确认。

4.3 制振装置结构

根据前述方针设计的制振装置采用油压顶伸缸和多层叠合橡胶支承机构的混合型质量阻尼（HMD）制振装置。

制振装置是设置在屋顶的室外型（18m × 6.5m × 4.5m），利用 6 个蓄热槽罐的重量作为可动附加质量共 194.9t，相当于建筑物的一次有效质量（3 000t）的 0.65%。具有 ±1m 的可动范围，采用了低摩擦的支承结构。

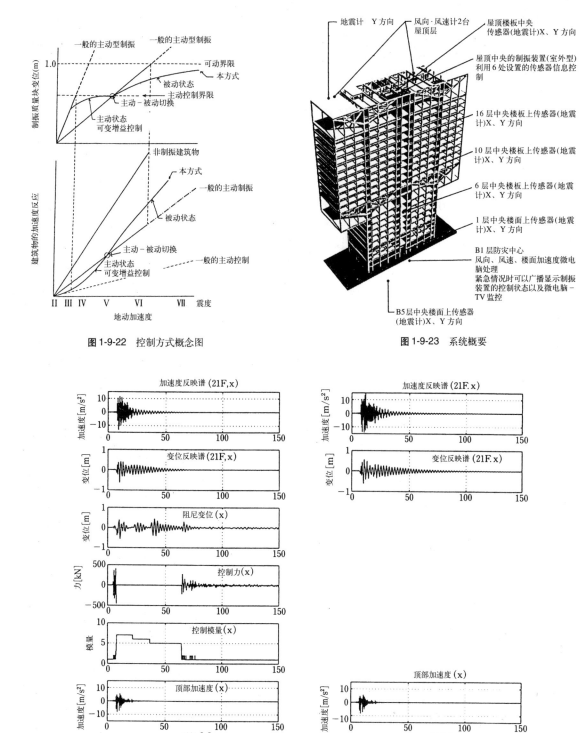

图1-9-22 控制方式概念图

图1-9-23 系统概要

图1-9-24 制振、非制振时建筑物顶部加速度和变位的比较
兵库县南部地震(1995年1月17日)根据神户海洋气象台的观测记录(NS方向)

控制系统采用了能在瞬间发挥很大控制力的油压系统，推力为150kN的液压缸各方向放置2台，2400L容量的储能器，输出30kW的油压泵4台和输出11kW的辅助泵1台，阻尼力为300kN的制振装置由各个方向放置的2台液压缸构成，作为能传递高压的油液，使用耐久性很高的不燃材料乙二醇（甘醇），这样可以避免在屋顶上储藏大量的可燃物质。

控制用的检测建筑物振动的感应器，分别设置在有制振装置的屋顶和16、10、6、1层的建筑物中央部分，在这5个地方各水平放置2组，除此之外观测强风、地震用的强震计，在屋顶南端水平方向设置一组检测扭转情况，在地下5层设置水平方向2组和上下方向1组，风向风速计设置在屋顶的中间部分和南端2个地方。

控制用的2台微电脑是在工厂中用于控制生产机械的多用途电脑，可靠性很高。1台用来控制制振装置，还有1台用来控制检测系统。

［文 献］
1) H. Kitamura, T. Fujita, T. Teramoto, T. Yamane：DESIGN AND ANALYSIS OF A TALL BUILDING WITH AN ACTIVE MASS DAMPER, the 10th WCEE, Madrid, SPAIN, July 1992.
2) 北村，藤田，寺本，山根，他：AMDを設置した高層建物の設計と解析（その1～2），日本建築学会大会学術講演梗概集（北陸），1992.8.
3) 吉江，北村，寺本，大熊，他：高層建物の時刻歴風応答解析（その1～2），日本建築学会大会学術講演梗概集（関東），1993.9.
4) 寺本，北村，原田，竹内，他：日本長期信用銀行本店ビルのガラスキューブの設計と施工（その1～その2），日本建築学会大会学術講演梗概集（東海），1994.9.

10 新宿公园大厦

[建筑概要]

所 在 地: 东京都新宿区西新宿 3-7-1
业 　　 主: 东京燃气都市开发
建 筑 设 计: 丹下健三·都市·建筑设计研究所
结 构 设 计: 小堀铎二研究所
施 　　 工: 鹿岛建设·清水建设·大成建设
　　　　　　 企业联合体
底 层 面 积: 9 511.91m²
建筑总面积: 264 140.91m²
层 　　 数: 地下 5 层，地上 52 层，塔楼 2 层
主 要 用 途: 办公楼，宾馆，陈列室，商场等
高 　　 度: 232.63m
外 墙 装 饰: 镶嵌花岗石的 PC 幕墙
竣 工 年 月: 1994 年 4 月

[结构概要]

结 构 类 别: 地上: 钢结构框架
　　　　　　 地下: 钢骨钢筋混凝土以及带钢
　　　　　　　　　 筋混凝土剪力墙的框架结
　　　　　　　　　 构
　　　　　 基础: 直接基础
钢结构加工: 横河桥梁千叶工厂、日本钢管清
　　　　　　 水制作所、石川岛播磨重工业砂
　　　　　　 町工厂、松尾桥梁千叶工厂、巴
　　　　　　 组铁工所小山工厂、川岸工业千
　　　　　　 叶第一工厂、东京铁骨桥梁取手
　　　　　　 工厂、SAKURADA 八千代工厂、
　　　　　　 三井造船千叶事业所、日立造船
　　　　　　 向岛工厂、川田工业枥木工厂、川
　　　　　　 崎制铁丸龟工厂、泷上工业名古
　　　　　　 屋工厂、藤木工业本社工厂

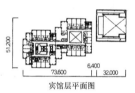

宾馆层平面图

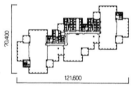

办公室层平面图

图 1-10-1　建筑外观

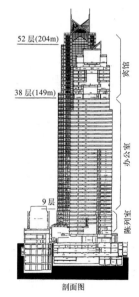

剖面图

图 1-10-2　建筑概要

1. 前言

位于新宿新都心一角的新宿公园大厦是东京燃气集团借新宿地区冷暖气供应中心的燃气站由于用热量变更，已不需要存在并且可以撤消的机会，着眼于综合都市生活产业，为充分利用原址而建的复合型智能大厦。用途以办公楼为中心，38层以上是国际宾馆，8层以下作为文化信息收发基地的展示室、多功能大厅等。大楼的门面朝向和包括东京都厅舍在内的新都心街区协调一致，精心的设计使3个不同高度的塔楼雁行配置构成有特征的空间轮廓，其向北延伸的形态与新宿中央公园等周边环境和谐相处。

2. 结构方案

在结构方案中，大楼并排分成3个区域，平面呈雁行，立面呈阶梯状态，其至今未有的独特形状与具有办公、宾馆、展示室等不同用途的复合型大楼的建筑方案相符合，构造合理的框架，以抗震防风的安全性、经济性和良好的施工性为目标。

框架中具有纵横2方向跨度为19.2m的自由空间，3个区域的四个角上设结构筒，形成筒洁明快的巨型结构。不仅如此，从确保租赁大楼的效率和雁行平面中能自由变换空间的观点出发，若在各层的结构筒中加入支撑，且在中间层的巨型梁中也加入支撑，来构成巨型结构的设计方法在这里并不适合。因此，经反复研究采用了桅柱，带状桁架和框架筒所组成的新框架结构体系。

桅柱结构　在各区的四个角上各以6.4m×6.4m的方格配置4根柱子用刚性梁连接成立体格子状的组合立柱，从地下最底层直至最高层，成为本框架体系的中坚核心。桅柱相互之间是跨度19.2m的无柱空间，可以很容易地用作大厅、展示厅等有中庭的大空间。

带状桁架结构　在办公楼层和宾馆层之间交界的38层是连接桅柱、高达一层楼的桁架梁，由于巨型结构抗弯曲的效果，在提高上层桅柱抗震、抗风性能的同时还能起到转换大梁的作用，使得设计宾馆层时能按客房要求适当地变换柱子分隔的位置。

框架筒结构　建筑物外周设计成笼状结构，办公楼层柱子间隔为3.2m（1，2层为6.4m），宾馆层柱子间隔为4.8m及6.4m，形成柱列框架，加上桅柱的作用，在确保抗震、抗风安全性的同时，对由于阶梯状大楼产生的扭转振动有很强的抵抗作用。

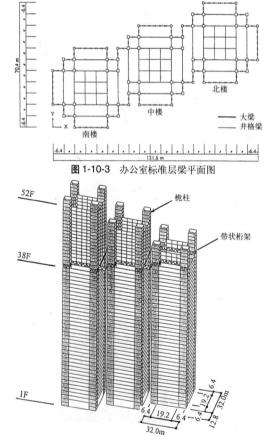

图 1-10-3　办公室标准层梁平面图

图 1-10-4　框架系统结构

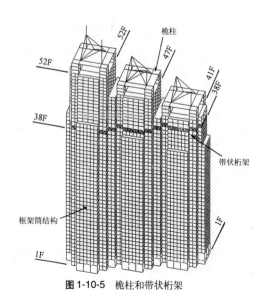

图 1-10-5　桅柱和带状桁架

3. 构件设计

本建筑在进行内力分析时将所有地上部分的主要结构构件都用三维模型作了精密的计算分析。相应于地面运动最大速度为30cm/s的地震波，弹性设计的底部剪力系数 C_β=0.055，重量大的南楼侧由于扭转产生较大的变形。另一方面，根据风洞实验，风荷载为西风时最大，C_β=0.065，北楼侧由于扭转产生较大的变形。决定主要结构构件截面的地震荷载和风荷载由于建筑物的形状而产生扭转变形的作用完全不一样，因此仅仅靠调整构件的截面使重心和刚心相一致不能完全解决扭转的问题。所以，在本建筑物中采用了框架筒结构，尽可能地提高扭转刚度，各构件的截面则根据包括扭转在内的内力决定。其结果是按南楼、北楼、中央楼的顺序板厚有一定的差别，而截面基本相同。

柱的最大板厚为80mm，外形尺寸根据各柱承受内力的状况及调整建筑物周期的要求来决定。主要构件截面见表1-10-1，建筑物的周期表示在图1-10-6中，和竣工后的实测周期基本相同。另外，37层以下各楼中央19.2m×19.2m的楼面是高850mm的井格梁构成，振动测试结果，振动频率为4.2~4.5Hz，满足办公楼楼面的各种性能标准。

主要构件的柱、梁节点部采用柱贯通形式，柱接头主要为焊接连接，梁接头中19.2m跨度梁及桅柱内6.4m跨度梁的接头主要为焊接连接，其他则采用高强度螺栓摩擦型连接，在现代超高层大楼中使用了传统方式。约45 000t的钢结构按建筑物平面分成6部分，上下分成3部分在14个工厂进行加工，工地拼接接头的构造细节都一样，箱形柱的制作及柱、梁接头部的细节部分按各工厂擅长的方法进行。

4. 钢结构工程

因为工地狭窄，进场道路有限制，施工条件很差，在12处的桅柱中各栋每2处设置一台合计6台900t塔吊来解决这个问题（图1-10-7）。起吊时尽可能形成大型组合件。连接桅柱的19.2m跨度的大梁和邻接的2根6.4m的小梁还有压型钢板在地面上组成大型组合件后进行吊装。

标准层的钢结构建造按照桅柱、19.2m跨度的连接梁、框架筒结构等外周部、楼层板等内部结构的顺序进行。钢结构分在14个工厂加工，即使是同一节施工段落，因各个工厂制作时间有所差异，因此为了确保平面、上下的连续性在制作精度和建造精度方面进行了细心地管理。对尺寸精度、柱头水平高度等及时向制作工厂反馈，尽可能在接近的后续施工阶段中调整，达到了柱子倾斜控制在25mm以内的管理目标。

图1-10-7 施工照片

表1-10-1 主要构件截面

柱 材质: SM490B（t＞40 mm），SM490A（t≤40 mm）				大梁 材质: SM490A	
桅柱	框架筒			2~41层	42~R层
	角柱	一般			
□－850×850×28	□－500×500×28	BH－418×417×30×30		BH－900×300×19×22	BH－700×300×14×22
～	～	～		～	～
□－850×850×80	□－500×500×80	BH－518×467×80×80		BH－900×450×19×40	BH－700×400×19×28

1次振型主要在短边方向

2次振型主要在长边方向

3次振型主要为扭转

图1-10-6 建筑物的振型和周期

5. 制振装置

38层以上是高级宾馆，为了居住的舒适性在南楼的39层上设置了制振装置。在南楼配置是为了控制平动与扭转耦合的一次振型的振动。这个制振装置是基于摆的原理以重锤的摆动来抑制建筑物的摇动，其特点是由电脑控制的电动机，驱动支承于V型轨道上的重锤在滚轴上摆动的混合方式。改变轨道的V字型角度可以调整周期。重锤的总重量约为建筑物在地上重量的0.25% 共330t，由三台钢制110t的重锤装置构成。制作在石川岛播磨重工业砂町工厂进行，运往现场和组装是在39层的钢结构安装结束后的2天内进行。对于机械振动的声音采取了防震橡胶等措施，制振装置工作时的音压水平在宾馆客房中为NC-20以下，满足要求。该装置一直顺利运行，竣工后即使在测得最大风速的1996年9月22日17号台风中宾馆层也未感觉到摇动。根据建筑物激振实验和模拟模型比较具有使振动减半的效果。这个制振装置的开发得到了1994年度的机械学会奖（技术奖）。

表1-10-2 基本配置（1台）

锤重量	110 t
最大振幅	±1 000 mm
周期调节范围	3.7～5.8 秒
装置尺寸	7.6×4.4×3.5 m
整体重量	145 t

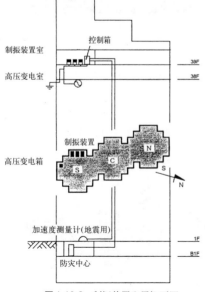

图1-10-8 制振装置配置概要图

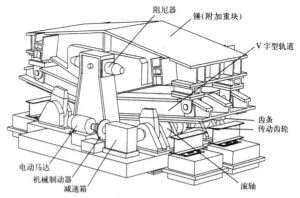

图1-10-9 制振装置概要图

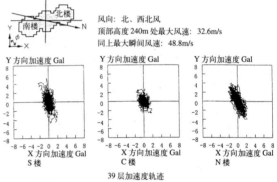

风向：北、西北风
顶部高度240m处最大风速：32.6m/s
同上最大瞬间风速：48.8m/s

39层加速度轨迹

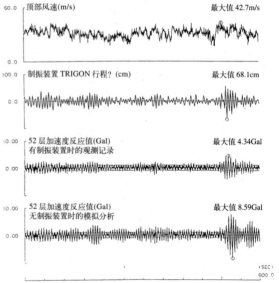

图1-10-10 强风观测记录（1996年9月22日台风17号）

6. 结束语

新宿公园大厦的结构，不仅与具有复合用途和独特形状的建筑方案协调一致，而且在主要结构上和各处都有所创意。有效地运用了霞关大楼以后持续发展的各项结构技术，使设计和施工顺利地进行。

11 奇爱思大厦

[建筑概要]

所　在　地: 大阪市东淀川区 1-3-14
业　　　主: KIENSU
建 筑 设 计: 日建设计
结 构 设 计: 日建设计
施　　　工: 大林组
楼层总面积: 21 638m²
层　　　数: 地下 1 层，地上 22 层
用　　　途: 办公楼
高　　　度: SGL+101.2m
钢结构加工: 住友金属工业、山手铁工建设
竣 工 年 月: 1994 年 7 月

[结构概要]

结 构 类 别: 柱　外包填充钢管混凝土结构
　　　　　　梁　钢结构

图 1-11-1　建筑外观

图 1-11-2　框架透视

图 1-11-3　标准层转角窗

1. 前言

这个建筑是在经济高速成长前列、以自动化感应器制造商而知名的企业新总部大楼，客户的要求是"用对应企业形象的高技术，造崭新的建筑"，在设计中还要求"建筑物能和感到朝气的企业风气相适应"，并且以"一个给办公室工作者培育创造灵感的环境和创建快捷舒适且敏感的办公空间"为目标。

2. 建筑方案概要

建筑用地位于新大阪站南面的淀川河附近，可以远望到对岸梅田的高层楼群和大阪商业公园。在设计平面方案时，主要考虑有效地利用良好的占地位置使其具有眺望的功能和明亮的办公空间。

标准层的平面如图1-11-5所示。核心筒体外置，办公室空间是室内无柱的25.6m见方的正方形。外装为了减少热负荷采用复层玻璃幕墙，幕墙支承结构采用上下悬挂方式，窗子部分不用窗框，特别是由于柱子聚集在壁外中央，形成了每边约11m的没有柱子和窗框、能广角眺望的转角窗。

直接耸立在壁外的柱子和核心筒结构决定了建筑的外观和在各个方向上外形的变化。

3. 结构方案概要

在产生无柱、宽阔的转角窗的设计过程中对各种框架结构进行了研究。这些方案如图1-11-7所示。最终选取了对角线对柱框架的形式。如图1-11-8所示，建筑物外壁中央的柱子（对柱）和2根大梁（对梁）连接，由此形成与外壁呈45°夹角的框架。而且，柱子立于体外，扩展了框架的宽度，对地震、风等水平力形成了稳定的形状。这个斜置的框架宽度约25m，和建筑物的宽度大致相同。另外，在建筑中使"结构的骨格"（对柱框架）与"设备的骨格"相一致。即，对柱空间面外一侧用作空调机械设备室，对梁空间利用作为空调用供应室。

另外，和对梁直角相交的交叉梁向四边伸出长约7m的悬臂梁作为转角部分的支承。

楼面采用跨度约8m的带肋预制楼面合成板，形成没有小梁的自由空间。

另外，在建筑外观上很有特征的、位于外壁中央的对柱，在下面的天井部分与钢骨钢筋混

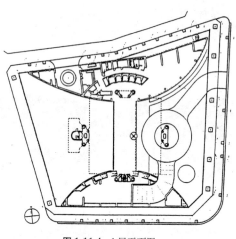

图1-11-4　1层平面图

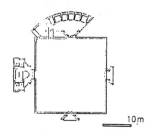

图1-11-5　标准层平面图

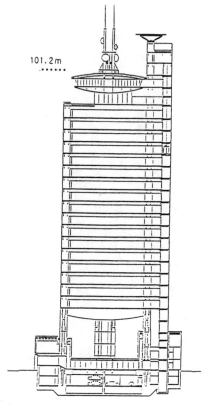

图1-11-6　剖面图

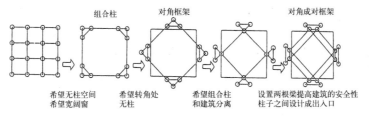

图 1-11-7　框架平面形状设计过程

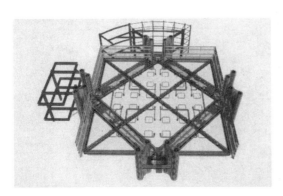

图 1-11-8　标准层框架透视

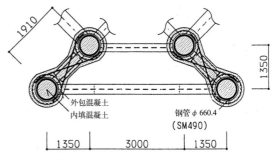

标准层对柱详图

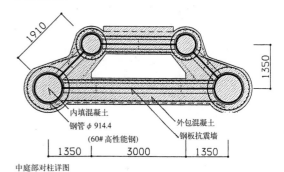

中庭部对柱详图

图 1-11-9　对柱详图

凝土抗震墙连接成一体，成为中空封闭截面的巨型柱。由于这4根巨型柱使整个高层栋得以从地面上升浮起，即作为建筑物的支脚在底层形成20m高的敞开式中庭，呈现出一个对外开放的环境。

作为巨大框架支脚的地下部分在设计时给予了充分的刚度和强度。

本建筑采用现场灌注钢筋混凝土桩支承，支承地基为GL-25m处存在的洪积砂砾层。

4.　对柱的设计

作为建筑外观表现特征的、位于建筑物外壁中央并突出于外壁设置的对柱，采用外包填充钢管混凝土结构。标准层中，钢管（ϕ660.4）相互用H形钢梁连接，钢管内充填混凝土，然后在柱的外周再用混凝土覆盖形成壁、与柱协同工作的形状独特的对柱。将两个对柱相互之间成直角配置再用H形钢梁连接，整体结构上形成组合立柱（图1-11-9）。

标准层部分的钢结构材料采用SM490A，混凝土强度为Fc36MPa。另外，钢管用板材卷制，接头采用锻造的内分隔加劲板。

在对柱的设计中，钢管和充填混凝土主要确保必要的受力强度，外周覆盖混凝土是为了确保柱的刚度和作为耐火层及外表装饰。

每一组对柱在下层部受到的轴压力约达到40 000kN。3层以下大天井的低层部框架在受到等级2地震时构件强度仍然保持在弹性范围内。

这一部分在受水平荷载时轴压力也很大，因此将外侧柱子的钢管直径扩大至ϕ914.4，还有图1-11-9所示的天井以下的柱子钢材都使用了60kg级高强度钢。

建筑物中使用钢材的最大板厚ϕ914.4时为50mm（D/t=18.2），ϕ660.4时为32mm（D/t=20.6）。如果设计用50kg级钢材，板厚将达到近80mm，考虑到卷板钢管的加工性、焊接性、经济性，还是采用60kg级高强度钢，限制了最大板厚。

5.　60kg级高强度钢钢管的性能要求及规格

60kg级高强度钢允许在建筑物中实际使用在日本还是刚开始，在高层结构审查时，基于建筑基准法第38条得到大臣的特许后进行了使用。

本次使用的60kg级高强度钢的性能要求及规格如表1-11-1所示。

在施工之前，做了下列原材料和焊接的性能确认试验，结果都能满足所要求的值。

（1） 材性试验（钢板，钢管原材料，隔板）

（2） 焊接性能确认试验（柱、梁接头，柱现场接头）

另外，用60kg级高强度钢钢管进行了以下试验，抗力大于日本建筑协会的SRC规范标准，设计采用了规范的标准方式。

（1） 钢管混凝土柱环形肋板拉伸试验

（2） 钢管混凝土柱、梁节点的结构试验（1/2模型）

表1-11-1　60kg级高强度钢性能要求及规格

● 性能要求　屈服点: 450MPa
● 规格
(1) 化学成分（%）

C	Si	Mn	P	S	Ceq	Pcm	厚度
0.18 以下	0.55 以下	1.60 以下	0.035 以下	0.008 以下	0.44 以下	0.28 以下	40 未满
					0.47 以下	0.30 以下	40 以上

(2)机械性质

Y_p (kg/mm^2)	T_s (kg/mm^2)	Y_R (%)	伸长率 （%）	夏氏冲击功 （−5℃） (kg·m)
45以上 55以下	60以上 75以下	<80	20以上 (JIS-5号)	4.8以上

6.　钢结构制作

圆形钢管在焊接施工中易于使用全自动机械进行自动焊接，形状适用于工业化制造。在本建筑的柱子制造中，工厂焊接的接头部分采用全自动机械焊接，另外，钢管柱接头现场焊接的一部分也采用了全自动机械焊接。圆管柱在工厂焊接时，能够通过旋转钢管实行俯焊，因此容易确保质量和非常高的效率。圆钢管在现场焊接也很容易引进全自动机械焊接，作为将来节省人工的课题，必将得到积极地应用。在目前由于安装精度使用受到限制，还有防风问题、因为焊丝的关系多道焊接的起始端和结束端始终集中于一处等许多课题。

在本工程中，全自动机械焊接用于上部的STK490钢管部分，并在施工之前进行了有关焊接施工的确认试验。

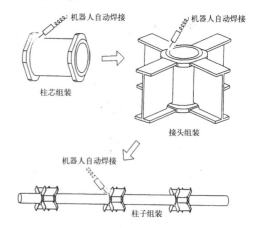

图1-11-10　机械自动焊接概要

7.　混凝土填充

填充混凝土的浇注法大致分为1）压送方式。2）混凝土导管方式等2种方法。小规模建筑中也有直接注入方式的例子，但必须注意混凝土的分离，不要产生气泡。

填充混凝土时充填密实度确认困难，而且补修也困难，因此要有充填性能良好的节点构造和混凝土浇注方法。

本建筑中采用混凝土导管的浇注方法，每次浇注一节（3层，约12m）。另外，为了减少沁浆、沉淀，混凝土的配比尽量减少单位水量。根据实际情况进行了施工确认试验。

8.　结束语

以上是用60kg级高性能钢圆钢管合成柱建造的奇爱思新大阪大厦的设计报告。这幢形态独特的高层建筑要点在于形成外观特征的双柱结构和特别是在双柱结构中使用的是60kg级高性能钢。高强度的钢材和高强度混凝土的组合大大扩展了结构设计的可能性。

12 海洋宾馆

[建筑概要]

所 在 地: 宫崎市山崎町字浜山浜 国有林
业　　　主: PHOENIX RESORT
建 筑 设 计: 芦原建筑设计研究所
　　　　　　清水建设一级建筑士事务所
结 构 设 计: 清水建设一级建筑士事务所
施　　　工: 清水建设和其他8社建设企业
　　　　　　联合体
楼层总面积: 114 560.894m²
标 准 层: 2 256.464m²
层　　　数: 地下2层，地上43层
用　　　途: 宾馆
高　　　度: 154.3m
钢结构加工: 永井制作所、博阳工业、EMOTO、
　　　　　　川重铁构工事、九州驹井铁工所
竣 工 年 月: 1994 年 8 月

[结构概要]

结 构 类 别: 基础　打入钢管桩，筏形基础
　　　　　　框架　地下2层　钢骨钢筋混凝土
　　　　　　地上　43层　　钢结构

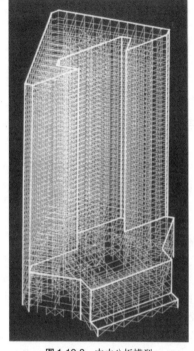

图 1-12-2　内力分析模型

图 1-12-1　建筑外观

1. 前言

本建筑物在宫崎县一叶海岸一带广阔的松林中和海洋圆顶馆等一起作为国际会议胜地中的陆地性标志而建设。为了得到从室内"看出去只有海"的奢逸感和从不同方向观看大海各种各样的变化，建筑物外观采用了特异的三角柱形状。能够实现这种有特征外形的建筑，是在设计技术中依靠了高精度的风洞实验和特殊的分析技术。下面将就结构方案和抗风设计作一介绍。

2. 结构方案概要

本建筑的平面形状为复杂的三角形，如果将标准层的面积换算成名义宽度相等的单纯矩型的相同面积，则具有细长的比例。在设计之初就可推测到风荷载对确定构件的影响很大（参照图1-12-3），因此先期研究中进行了风洞实验，为了抵抗风荷载引起的很大的扭转作用力，采用了整体上抗扭刚度很高的结构方案。由于宾馆功能的特点，要求客房一侧窗户开放，高层部三角形状的2个侧面设置2列L字型纯框架结构，柱距4.8m，刚度较高，并和中央部分的核心筒框架结合成一体。另外，考虑到刚度的平衡问题，在客房的分隔墙和边墙中设置了抗震的钢支撑，与抗弯柱共同工作，钢支撑在12.8m跨度的中间呈V字型设置，抗弯柱设置在核心筒框架和三角形底边的外周框架中，整体上满足了宾馆功能上的要求并形成了抗扭刚度很高的框架。

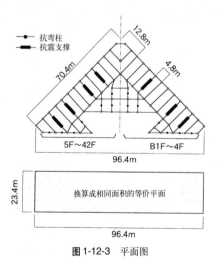

图1-12-3 平面图

3. 抗风设计概要

3.1 抗风设计方针

由于具有形态特殊的外形，对风荷载不仅要考虑顺风向和横风向的荷载分量，而且同时要考虑到扭转的作用。另外，在本建筑物的场合中，难以应用《建筑物荷载指针·同解说》中关于阵风影响系数的方法，因此，通过风洞实验，同时测定风压时程，并采用图1-12-4所示的抗风设计流程进行设计。

在确定设计用风荷载中风速的大小时，和地震荷载一样分成2个阶段等级，相应的设计准则如下：

等级1………构件的内力在容许应力以内（100年重现值）。层间变位在1/180以下。

等级2………构件的内力在全塑性承载力之下（500年重现值）。

关于风作用下不稳定振动以关于涡旋激振的风洞实验所得的平均风力作为依据，根据峰值所示，发生涡旋激振时的风速远远大于设计风速。此外对包含中小台风在内每年数次发生的强风对建筑物产生的摇晃，为了确保高度的舒适性，在最上层两端部的两个地方设置了对扭转振动也有效果的主动型混合质量制振器（HMD）。

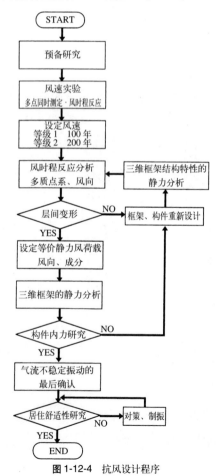

图1-12-4 抗风设计程序

3.2 风洞实验概要

实验中采用清水建设技术研究所的抗风实验用风洞装置来测定风压。实验气流的风速断面幂指数 $\alpha=1/6$。实验模型见图1-12-5，缩尺1/250，沿高度方向分11层合计共布置447个测定点。对40种风向角（间距10°，加45°，135°，225°，315°，图1-12-6）进行测量，实验风速 VH=20m/s。

图1-12-5　风洞实验模型

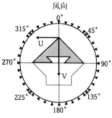

图1-12-6　风向

3.3 风作用时程反应分析

本建筑物在确定设计用风荷载时必须考虑风力的扭转成分，因此根据风洞实验中多点风压时程测定结果，作成各层面上的顺风方向、横风方向、扭转等3成分的外力波形。其次，将这个外力波形的3成分同时作用在图1-12-7所示的建筑物的分析模型上，求得建筑物的时程反应，这就是设计用风荷载的研究过程。屋檐处设计风速根据建筑的高度对照《建筑物荷载指针·同解说》中的标准定为等级1时56.4m/s，等级2时64.9m/s。建筑物的反应根据4种外力波形产生的反应分析结果取整体平均值。由于事前难以决定设计上危险的风向，利用建筑物的平面形状左右对称，在

0°~180°范围内每20°~25°间隔共取9个方向进行分析。反应分析用的程序是清水建设公司开发的"WIND2"系统。

3.4 反应分析结果

反应分析根据风荷载等级1，等级2进行。由于篇幅所限，这里只显示等级1时的反应分析结果。

图1-12-8所示的是最大层剪力反应值，图1-12-9所示的是最大扭矩反应值。反应结果中，剪力·扭矩在风向不同时都有很大的差别。在风向为90°时，扭矩最大。为了查看扭转的影响，表1-12-1中显示了U、V方向在顶部刚心位置和端部位置的变形比率 α_u、α_v。风向为90°时有最大值2.1，显示出扭转对端部位置的影响很大。表1-12-2所示的是根据反应分析结果算出的阵风影响系数 G_f 和峰值系数 g_f。G_f 大体上在2.0~3.5的范围内，

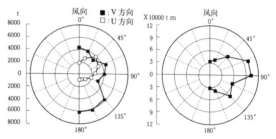

图1-12-8　最大层剪力反应　　图1-12-9　最大扭矩反应

表1-12-1　水平变形和扭转变形的比率

（单位：cm）

风向	$\dfrac{e\delta_u}{g\delta_u}$	α_u	$\dfrac{e\delta_v}{g\delta_v}$	α_v
70°	39.1 24.9	1.57	74.0 39.5	1.87
90°	32.9 19.1	1.72	71.2 33.9	2.10
135°	−19.5 −11.0	1.77	−72.6 −48.8	1.49
160°	−12.2 −7.1	1.72	−58.4 −51.1	1.14

$$\alpha_u=\frac{e\delta_u}{g\delta_u}\quad \alpha_v=\frac{e\delta_v}{g\delta_v}$$

$g\delta_u$：刚心位置U方向最大变位成分
$e\delta_u$：端部位置U方向最大变位成分
$g\delta_v$：刚心位置V方向最大变位成分
$e\delta_v$：端部位置V方向最大变位成分

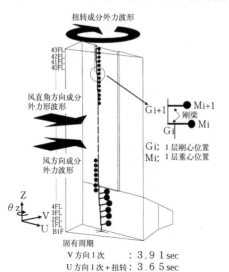

扭转成分外力波形

风直角方向成分外力波形

风方向成分外力波形

Gi+1
Mi+1
刚梁
Gi
Mi

Gi；i 层刚心位置
Mi；i 层重心位置

固有周期
V方向1次　　：3.91 sec
U方向1次+扭转：3.65 sec

图1-12-7　反应分析模型

表1-12-2　阵风影响系数和峰值系数（70°）

反应值	Q_u		Q_v		M_T	
$G_f \cdot g_f$	G_f	g_f	G_f	g_f	G_f	g_f
40 F	3.13	3.22	3.05	3.21	3.96	3.64
30 F	2.87	3.18	2.76	3.11	3.64	3.60
20 F	2.72	3.14	2.67	3.13	3.31	3.51
10 F	2.53	3.07	2.57	3.11	2.92	3.33
B 1 F	2.33	2.95	2.52	3.09	2.68	3.20

层数越高值越大。g_f 的值与平均值无关，在 2.7~3.5 的范围内，和 G_f 一样也是层数越高值越大。根据《建筑物荷载指针·同解说》G_f 的值为 2.2，本分析所得的值与此相比多少大了一些。

3.5 设计用风荷载

设计用风荷载是考虑顺风向、横风方向、扭转等成分组合作用下的反应结果后，根据最上层的最大反应变位（端部变位），将能够产生与此相同变位的等价静力风荷载确定为设计用风荷。各成分的竖向分布为各层最大剪力反应值及最大扭矩反应值的包络线。为了确定构件，在等级 1 时，考虑到最上层的反应变位，最下层的层剪力反应值、扭矩反应值，风向定为 70°、135°、165° 3 个方向，对各风向设定了 2 种组合方法。

组合 1：$Q_{u\,max}$, $Q_{v\,max}$, $\alpha\,M_{T\,max}$

组合 2：$Q_{u\,max}$, $\beta\,Q_{v\,max}$, $M_{T\,max}$

（α，β 值根据端部变位和最大反应变位相等的条件确定）

组合 1 中，层剪力为最大。组合 2 中，扭矩最大。表 1-12-3 为风向的组合系数 α，β 值。组合系数 α，β 值根据风向不同而大不一样，在组合 1 中风向 70° 时的值约为风向 160° 时的 2 倍，反应了风荷载中顺风向、横风方向、扭转成分的复杂作用。另外 $\alpha\,M_{T\,max}$，$\beta\,Q_{v\,max}$ 的荷载"平均载荷 + γ × rms"中的 γ 值在表 1-12-3 的括号中表示。由 γ 值随风向不同而大大高于 1.0 可知，具有复杂形状的建筑物是难以用简单的 rms 与平均

表 1-12-3　风荷载组合系数

	α（γ）	β（γ）
70°	0.70 (1.67)	0.64 (1.25)
135°	0.69 (1.62)	0.79 (1.80)
160°	0.37 (0.74)	0.76 (1.59)

（　）内的 γ 值，$\alpha\,M_{T\,max}$ = 平均值 + γ × rms
$\beta\,Q_{v\,max}$ = 平均值 + γ × rms

值的和进行评价的。图 1-12-10 表示风向 70° 时建筑物顶部刚心和端部位置的反应变位的轨迹图。将这个轨迹图和设定的设计用风荷载引起的顶部位移相比较，设计用风荷载引起的顶部位移大致平行和再现了扭转引起的变位中最大的端部变位。图 1-12-11 是设计用风荷载和设计用地震荷载的比较示意图。从层剪力来看，在建筑物高层，设计用地震荷载影响较大；在建筑物低层，设计用风荷载影响较大，正如前面所述设计用风荷载除层剪力之外扭矩也很大，对确定构件起支配性的作用。同样在等级 2 设计用风荷载时，风向取 70°、90°、135°、160° 等 4 个方向，和等级 1 进行同样组合后用于设计。

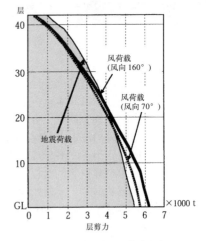

图 1-12-11　设计用风荷载分布

4. 结束语

根据风洞实验得到的风压系数进行时程反应分析，在全面考虑包含顺风向、横风方向、扭转在内的风载作用后，对形状复杂的建筑物的设计用风荷载作出了合理的评价，完成了此次设计。

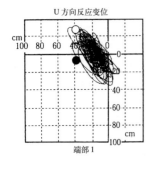
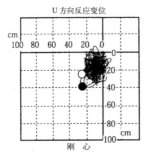
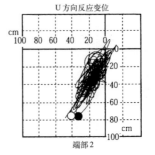
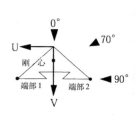

●：Case1　　○：Case2

图 1-12-10　反应变位比较（建筑顶部）

13 浜松 ACT 塔楼

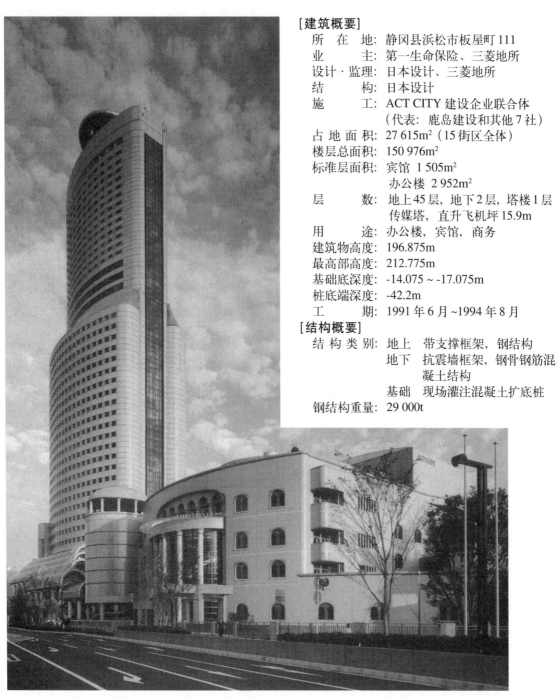

[建筑概要]

所 在 地: 静冈县浜松市板屋町 111

业　　　主: 第一生命保险、三菱地所

设计·监理: 日本设计、三菱地所

结　　　构: 日本设计

施　　　工: ACT CITY 建设企业联合体
　　　　　　（代表: 鹿岛建设和其他 7 社）

占 地 面 积: 27 615m²（15 街区全体）

楼层总面积: 150 976m²

标准层面积: 宾馆　1 505m²
　　　　　　办公楼　2 952m²

层　　　数: 地上 45 层，地下 2 层，塔楼 1 层
　　　　　　传媒塔，直升飞机坪 15.9m

用　　　途: 办公楼，宾馆，商务

建筑物高度: 196.875m

最高部高度: 212.775m

基础底深度: -14.075 ~ -17.075m

桩底端深度: -42.2m

工　　　期: 1991 年 6 月 ~1994 年 8 月

[结构概要]

结 构 类 别: 地上　带支撑框架，钢结构
　　　　　　地下　抗震墙框架，钢骨钢筋混
　　　　　　　　　凝土结构
　　　　　　基础　现场灌注混凝土扩底桩

钢结构重量: 29 000t

图 1-13-1　建筑外观

1. 前言

静冈县浜松市JR浜松站前的ACT城是政府和市民共同协作，以"基于音乐文化都市的构思，面向世界的信息中心，向市民开放的设施"为主题而设计的大型工程。作为市政设施，其中有大、中型大厅、会议中心、陈列展示活动厅及乐器博物馆。

ACT塔楼是作为公众设施的超高层大楼，最高高度212m，内有办公楼、宾馆和商业设施。根据上面是宾馆下面是办公楼的方案，如图1-13-1所示，呈下宽上窄向内缩进的形状。另外，为了防止电波干扰和表现象征乐器的设计造型，平面采用了类似橄榄球的长圆形状。

结构设计的主题是外形有很大的向内缩进的框架方案，处于地震区域内的抗震设计，和羽翼形平面用于超高层大楼的抗风设计以及为提高居住舒适度的制振装置。

这里主要介绍框架方案和施工，其他有关主题请参照文献1）和文献2）。

2. 结构概要

ACT塔楼的平面图形如图1-13-2、图1-13-3所示，是以乐器为象征的长圆形，分成三条，中间设结构筒。27层以下办公楼层的柱跨度，长边方向为6.4m、3.2m，短边方向结构筒部分跨度

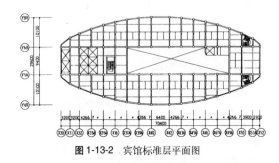

图 1-13-2 宾馆标准层平面图

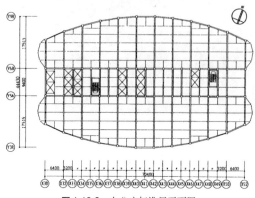

图 1-13-3 办公室标准层平面图

9.4m，两边办公室部分的进深为9.709~17.515m。与此对应，29层以上宾馆层的柱跨度，长边方向为6.4m、4.267m、3.2m，客房的进深为4.472~10.1m。另外，31~44层的中间部分为8.5m×27m×50m的中庭空间。图1-13-4为短边方向的框架立面图。

地上部分的结构是带支撑的钢结构框架，地下部分是带抗震墙的钢骨钢筋混凝土框架结构。高层部正下方的柱子的钢骨由抗压板向上建造。

柱子采用焊接组合箱形截面，截面尺寸为750mm×600mm~600mm×50mm，最大板厚80mm。梁采用焊接组合及轧制H形截面型钢，尺寸为950mm×450mm~500mm×250mm，翼缘的最大板厚为36mm。焊接组合箱形截面构件的周围设置外包钢筋混凝土增加刚度的无粘接钢支撑。

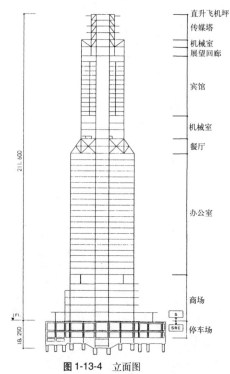

图 1-13-4 立面图

3. 巨型桁架

根据前面所述，28~29层的短边方向有大约7.4m的向内缩进，另外长边方向为了对应客房的宽度，将6.4m×2的跨度切换成4.267m×3的跨度，为了使上面宾馆层外周柱（Y4R，Y8R轴）的轴向力向下面外周柱（Y3R，Y9R轴）平滑传递，在这一部分架设了巨型桁架。

巨型桁架如图1-13-5所示，沿短边方向每隔

6.4m由高10m的梯形桁架梁和宾馆层圆弧形布置的外周柱位置上高10m的桁架梁连接共同构成巨型桁架。图1-13-6为框架详图，图中标示了斜柱的电渣埋弧焊接及现场接头的细节部分。

斜柱在竖向载荷时的最大轴向力为7 100kN，其水平分力在29层的梁上产生3 230kN的压力、在28层的梁上产生4 060kN的拉力，这些梁采用截面积645cm²的卵形截面，斜杆采用外包无粘接钢支撑。

还有，28层梁在受拉一侧，和梁连成一体的楼面板也受到拉应力的作用，为了防止楼板的开裂，每6.4m配置了10根无粘结预应力钢丝（SWPR19，ϕ 17.8），在楼板中导入2 260kN的有效预张力。

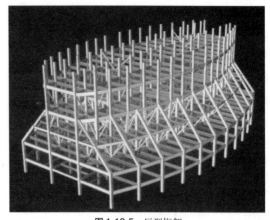

图1-13-5 巨型桁架

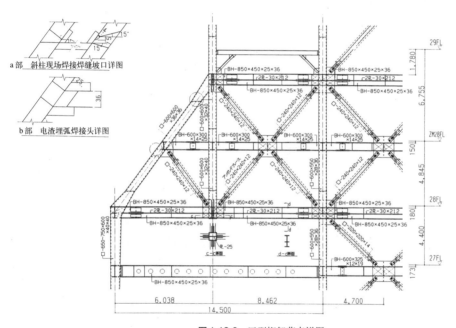

图1-13-6 巨型桁架节点详图

4. 抗震设计

静冈县位于《大规模地震对策特别措施法》的指定区域，在计算地震力时由行政上指导制定地区系数的增减，浜松地区的系数为1.1。

但是，根据安政东海地震、浓尾地震和东南海地震作成的假想地震波进行研究后，对于标准3波的作用，和关东地区一般用于超高层大楼的抗震性评价相同，可以确认等级1最大速度为25cm/s，等级2最大速度为50cm/s。另外，设定设计用层剪力时大致包括了25cm/s时的预备反应分析结果，这时的底部剪力系数为0.06。

5. 抗风设计和制振装置

高度达200m级别的超高层在许多场合下风荷载和地震荷载同样起控制作用，而风荷载在很大程度上受建筑物形状的左右，建筑体形系数通过风洞实验来求得。

设计时，根据设计用风荷载作出的静态分析为基础，再根据风力实验结果进行反应分析，通过振动实验掌握动态效应，确认结构受力的安全性。

另外根据对居住舒适性的研究结果可知，在重现期1年的强风时，会因为风而产生振动，为了减少这种振动设置了制振装置。

制振装置仅沿短边方向设置，为主动型多重摆方式的TMD（Turned Active Damper）装置，摆重900kN，在45层设置了2台。

6. 巨型桁架的施工

6.1 制作和建造顺序

以下是巨型桁架钢结构安装的施工方针：

① 在结构方案上，选择尽量减少因建造顺序和焊接顺序产生附加应力的施工法。即尽量避免组装中重量引起的挠度和焊接引起的收缩，因为这将使28层的梁上产生附加的弯矩，使27层外周柱上产生附加弯矩。

② 巨型桁架由空间斜置的构件构成，确保精度很重要。对钢结构制作和安装精度设定严格的目标，使巨型桁架的安装和特别是其后一节的安装能够顺利的施工。

经过研究，制订施工方案如下。

首先，关于钢结构制作

① 对巨型桁架的制作精度设定了严格的容许目标值，柱全长偏差为0～+3mm，接头长偏差为±2mm。

② 在工厂进行临时组拼，精度必须满足容许的目标值，确认能够在现场进行准确的组装。

③ 巨型桁架下面一节的柱顶端水平尺寸根据前一节的现场实测值和构件误差设定，当巨型桁架的柱顶端水平尺寸超过6mm时，用衬板钢材调整至3mm以内。

其次，关于现场施工

④ 对安装精度设定了目标值，巨型桁架下方的柱头水平高度为±3mm以内，垂直误差为±9mm以内，每一节都进行调整。

⑤ 巨型桁架组装时，在宾馆层外周柱的位置（Y4R，Y8R）下面、28层梁和27层梁之间设置支架，然后用千斤顶施加150kN的轴向力，使28层的梁起拱后按图1-13-7的顺序施工。

⑥ 焊接顺序如图1-13-7所示。为了利用焊接后的收缩减少28层梁的附加弯曲，Y4R、Y8R轴线上的28层、M28层的柱接头最后焊接。

6.2 施工结果

钢结构制作的单件、组合件在精度上都满足目标容许值。图1-13-8为工厂的临时组拼场景。

图1-13-9为巨型桁架的建造场景，短边方向垂直精度最大为6mm，柱顶端水平误差为－4mm

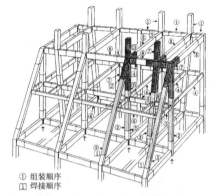

① 组装顺序
Ⅰ 焊接顺序

图1-13-7 巨型桁架组装顺序

图1-13-8 巨型桁架临时组拼场景

图1-13-9 巨型桁架组装时景象

～－3mm，这个结果完全满足预先所定的目标值。

另外，根据支架千斤顶反力的测定结果可知，由于构件重量和斜柱的焊接使反力增加，Y4R、Y8R轴线上的柱子焊接后使反力减少，由此可知焊接顺序是合适的。

［文 献］
1）伊藤：大きなセットバックを有する超高層ビルの設計，鋼構造論文集，第2卷6号，1995
2）伊藤他：浜松アクトタワーの構造設計と鉄骨工事，鉄構技術，Vol. 7, No. 68, 1994. 2

14 大阪世界贸易中心

[建筑概要]

所　在　地：大阪市住之江区南港北 1-11-1

业　　　主：大阪世界贸易中心大楼

设　　　计：日建设计·曼悉尼·达菲企业
　　　　　　联合体

监　　　理：日建设计

施　　　工：大林·鹿岛·三井·鸿池·钱高·
　　　　　　东急·奥村·西松·五洋·日本
　　　　　　国土·TANA 建设工事共同企业
　　　　　　体

楼层总面积：150 000m²

层　　　数：地下 3 层，地上 55 层

用　　　途：超高层标准层：观光台，观光餐
　　　　　　厅等。

　　　　　　高层、中层标准层：办公室，计
　　　　　　算机室。

　　　　　　低层：室内花园，商场。

　　　　　　地下：设备房，停车场，地区冷
　　　　　　暖供应设施。

高　　　度：256m

竣 工 年 月：1995 年 2 月

[结构概要]

结构类别：高层　钢结构

　　　　　　低层　钢筋混凝土，钢结构

图 1-14-1　建筑外观

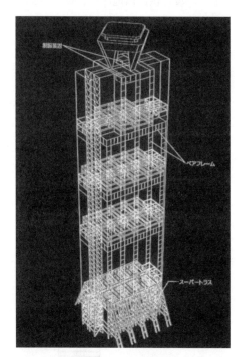

图 1-14-2　框架结构

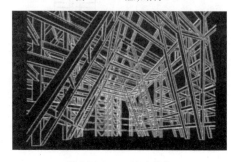

图 1-14-3　巨型桁架结构

1. 前言

在大阪中心以西 7km 左右的大阪南港的国际新区，作为"技术港大阪"规划的先行部分，正在向国际色彩浓厚的商业园区发展。

大阪世界贸易中心大楼（简称大阪 WTC 大楼）位于该地区的中枢位置，给人以"白色的灯塔"、"蔚蓝色的玻璃"的印象，在规划中作为大阪湾的陆地标志性建筑物。

2. 建筑方案

该建筑是地下 3 层，地上 55 层，高度为 256m 的超高层大楼。高层部标准层的办公室部分，以适应 21 世纪舒适高效的办公环境为目标。低层部设置了很大的中庭空间（室内花园），和周围设施一起创造出一个舒适的空间。另外，在室内花园的地下，设置供应该地区冷、暖气的能源中心设施。

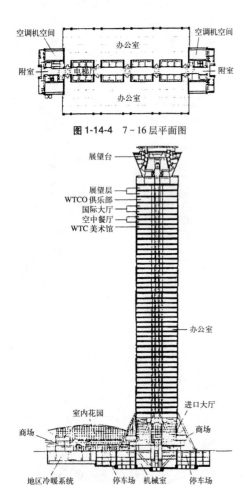

图 1-14-4　7～16 层平面图

图 1-14-5　剖面图

2.1 标准层方案

标准层的办公室以集结贸易、信息等业务设施为目的。作为智能型办公大楼，追求使用方便、快捷舒适的空间。平面为中央结构筒直线排列并用的形状，两侧是机械设备室、洗手间和楼梯等，中央设置电梯竖井，中央走廊两边的办公室进深是 12.8m，对办公室来说这是非常便于使用的进深。外壁是玻璃幕墙。柱子以 3.2m 和 9.6m 的距离间隔配置，窗为横向贯通式，而且，由于支承幕墙的框架为悬挂式，不妨碍视野，作为超高层大楼实现了具有广角眺望的功能和开放式的办公空间。

图 1-14-6　标准层宽阔的横向窗

图 1-14-7　进口大厅内观

3. 结构方案

建筑物的高宽比（高度和标准层的短边边长之比）为7，比例细长。顶部为倒置的梯形，支脚底部向梯形台面伸展开形成有特征的轮廓。对这个结构方案来说，最大的课题是高达256m的细长塔楼在受到风和地震的水平力作用时的安全性，还有60~70年代填海地基的安全性问题。

3.1 上部框架

标准层平面作为智能型办公室，追求使用方便、快捷舒适的空间。考虑到上述功能要求，框架方案中使用箱型柱的纯框架为主体结构。长边方向内侧和外侧各2榀框架都是柱间距离以3.2m和9.6m间隔配置的纯框架。外侧框架中，以3.2m短跨度成对配置的柱子（对柱），中间在各电梯设备室的所在层以间隔3.2m设置的抗震柱和上下大梁（对梁）组成空腹桁架，形成巨型框架结构，提高了整体刚度（成对框架）。

短边方向外侧的2榀框架是边梁加支撑的框架，内侧8榀框架是部分为抗震柱的纯框架结构，各框架比例细长，受风和地震的水平作用力时结构稳定安全，还有，为了使柱上的轴向受力分散传递至宽大的地基，7层以下的内柱和外柱同时向外扩展斜伸，形成大型桁架结构（巨型桁架）。桁架一直延续到地下，与正交的800~1 200mm厚的地下剪力墙相接，确保高度256m的超高层大楼基础的刚度和承载力。

巨型桁架和与之相连的地下框架是把高层大楼的内力传给基础的刚性框架，由箱型柱、箱型梁、钢板抗震墙和轴向支撑等构件构成。

柱子的最大尺寸为：BX-650×850×70×70 mm。

1层及6层的箱型梁，四面都在工地对接焊接，因此，采用了"上盖"的方式，顺序为：①下翼缘的焊接；②两侧腹板的焊接；③盖板的焊接。另外，在施工前还进行了足尺焊接施工试验，对可行性进行了确认。

大楼底脚向外伸展的巨型桁架，开创出了中庭高达5层的大空间，这里，中央是透明玻璃的电梯井，开放式的进口大厅和连在一起的室内花园，共同创造出了富有魅力的迎宾出入口空间。

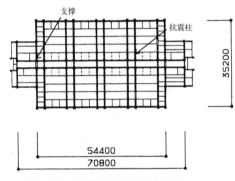

图1-14-8 标准层结构平面图（中层）

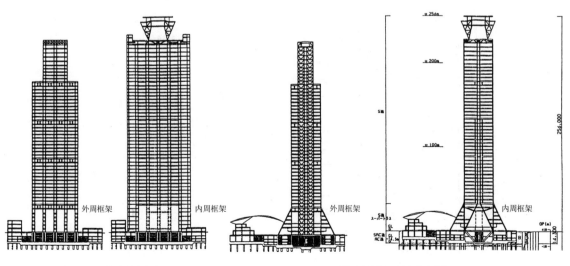

图1-14-9 长边方向框架　　　图1-14-10 短边方向框架

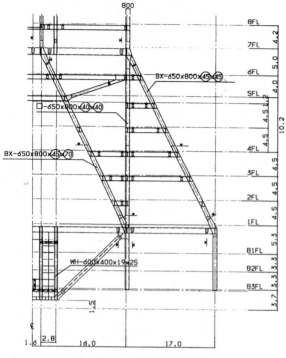

图 1-14-11　巨型桁架结构详图

3.2　基础结构

建筑用地的填土层厚约 20m，其下面的冲积粘土层的固结沉陷正在进行中。建筑物以 SGL-63m 深度以下存在的洪积砂砾层作为桩的支承层基础。桩采用钢管现场灌注混凝土扩底桩，考虑到由于冲积粘土的固结沉陷及上部洪积粘土

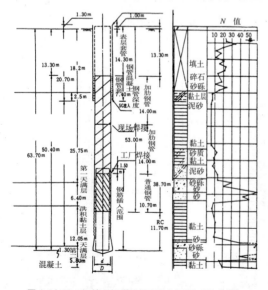

图 1-14-12　钢管现场灌注扩底桩剖面图（模式图）

（Ma12）的二次固结沉陷而产生的负摩擦力作用，在钢管外涂上了柏油混合物与沉陷层隔开。另外，作为建筑物底脚的巨型桁架因其柱子向外伸展，使建筑物的重量尽可能均等地传向地基，承受竖向荷载的面积也大约为原来的两倍，减少了地基的单位面积受力。

3.3　抗风设计

通常建筑物的高度超过 200m 时，和地震荷载相比，风荷载的作用会更大，还有由于风产生不稳定的振动和摇动都会使居住的舒适性成为问题。本建筑物在设计时进行了风洞实验，根据风洞实验的结果进行了抗风设计。

根据风速变化的振动实验，确认在达到设计风速 2 倍的风速时无不稳定的振动，同时还确认了建筑物上部 42 层以上的切角造型对于消除不稳定的振动相当有效。还有，针对每年数次的强台风，为了减少建筑物的摇动和具备良好的居住舒适性，在屋顶上对角设置了两台制振装置。该装置根据摆的原理采用混合型方式（主动、被动兼并用型），重量各为 50t。

图 1-14-13　制振装置

4.　结束语

以上主要介绍了西日本最高的大阪世界贸易中心大楼在结构设计中的要点：框架设计方案和对地基、抗风问题的处理。

15　DN 大厦

[建筑概要]

　所　在　地: 东京都千代田区有乐町 1-13

　业　　　主: 第一生命保险农林中央金库

　建 筑 设 计: 清水建设一级建筑士事务所、肯宾·罗奇-约翰·迪凯尔联合建筑事务所

　结 构 设 计: 清水建设一级建筑士事务所

　施　　　工: 清水建设

　楼层总面积: 97 986m²

　层　　　数: 地下 5 层，地上 24 层，塔楼 2 层（标准层 24 层）

　用　　　途: 办公楼

　高　　　度: 檐高 99.8m，最高高度 115m

　钢结构加工: 石川岛播磨重工业、日本钢管、横河桥梁、巴组铁工所、川田工业、东京铁骨桥梁制作所、片山 STRU TEC

　竣 工 年 月: 1995 年 9 月

[结构概要]

　结 构 类 别: 基础　直接基础

　　　　　　　框架　1 层楼面以下钢骨钢筋混凝土

　　　　　　　　　　1 层楼面以上钢结构

　　　　　　　　　　带外包式支撑的框架结构

图 1-15-1　建筑外观

图 1-15-2　整体框架（包括改建原建筑）

1. 前言

第一生命馆和农林中央金库有乐町大楼是昭和年代初期建成的有名的历史建筑，现在这个工程的要点是怎样将其保存并改建，即建成现代化的办公大楼。

建筑物的平面配置为，西侧是原建筑改修和加层后的裙楼，高度为7层；东侧是21层的高层，其北边是原建筑的一部分被保留的外墙，在其间设结构缝，使结构上分开（图1-15-3）。

这里将以高层及与被保留北侧外墙（以下称旧墙）的接合部分的结构方案为中心进行介绍。

2. 框架方案

在制定高层的平面方案过程中，决定结构筒位置、形状时最重要的考虑因素是要在1、2层能够设置跨度尽可能大的大营业室和在标准层能有跨度为18m左右的办公空间。

另外，短边方向将原建筑和北侧外墙加在一起，确定柱距以5.9m为基本模数，这样，长边沿南北方向为6.1m×9跨，短边沿东西方向为11.8m跨度的结构筒在中间，两边分别是11.8m和20.7m跨度大小不同的办公空间，平面图形上稍微有一点偏心（图1-15-4）。

还有，为了表现阴影很深的点式窗户的立面，外周采用了和几乎没有开口的墙面重量相同的嵌入花岗岩的预制板，办公室楼板面积的20%为重载区域，楼板设计用荷载为1t/m²，标准层层高为4 250mm，稍微高于一般的楼层高度。

考虑到以上种种因素，为了确保建筑物的整体刚度、强度和韧性，尽量减少偏心，高层的地上部采用箱形柱、H形梁构成的钢结构框架，长边和短边方向平衡良好并设置了抗震构件。

作为抗震构件，采用了以外包预制钢纤维混凝土约束失稳的外包式钢支撑，另外，为了增加这个连层支撑框架的抗弯扭性能，在安装机械设备的屋顶设置了顶部桁架（图1-15-6）。

由于顶部桁架的作用，外包式钢支撑的层剪力分担率在短边方向为20%~30%，在上层也能充分发挥作用。

3. 外包式支撑

历来，吸收能量好、细长比小的支撑应用于超高层大楼的同时，也有由于刚度集中使附带框

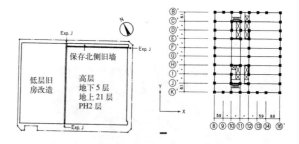

图1-15-3 结构缝的配置　　图1-15-4 标准层楼板、梁平面图

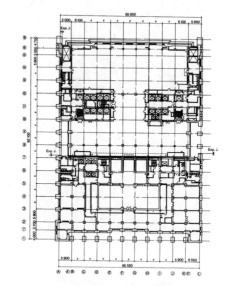

图1-15-5 办公室平面图

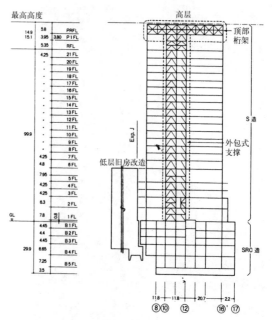

图1-15-6 立面图

架（特别是由于变动轴向力使与支撑相连的柱及梁）设计困难的缺点。

本建筑中开发使用的外包式支撑以弥补这些缺点作为目标，除了能够按设计意图控制刚度、屈服强度之外，还有图1-15-7所示的各种长处。这种外包式支撑（清水高强度韧性支撑）为了约束失稳使用了钢纤维钢筋混凝土（SFRC），在弯曲拉力作用时提高了抗裂强度，开裂发生后也不会产生急剧的承载力下降。这些优越的性能在实验和分析中得到证实。

另外，由于表面是有耐火性能的混凝土预制件，除连接部位外节约了表面耐火材料。

[实验结果]

以下是有关外包式支撑进行实验的结果。从荷载－变形关系看，各实验的框架组合整体的层间变形角至1/50左右时，都没有看到明显的承载力下降，显示了稳定的滞回特性（图1-15-9）。

但是，梁中央下部的节点板的面外变形，会在压缩侧支撑上部裸露的钢骨芯（未覆盖钢筋混凝土）部分引起局部的面外方向的失稳，使得承载力渐渐地下降。

还有，将计算R=1/50为止的平均累积塑性变形率η如表-1中所示，可以知道FR-1、FR-2无论哪一个试件都具有充分的塑性变形能。

这里平均累积塑性变形率η是将累积塑性变形能W除以2倍的弹性变形能We无量纲化，正负平均后所得的值。

表1-15-1　平均累计塑性变形率

FR-1		FR-2	
支撑	整体框架	支撑	整体框架
18.4	16.0	22.0	17.8

以上结果明确地表明，用外包式支撑组成的框架，层间变形角到1/50左右还未发现大的承载力下降，具有滞回特性中稳定的纺锤型恢复力特性。

4. 外墙的保存

从保留旧建筑或改建的观点出发，外墙保存是非常重要的事项之一。这里将就北侧和东侧的外墙保存的结构以及关联事项作一叙述。

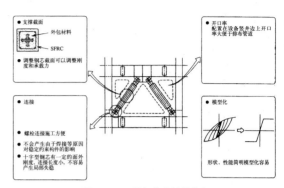

图 1-15-7　外包式支撑的特点

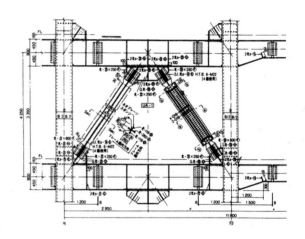

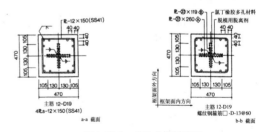

图 1-15-8　外包式支撑详图

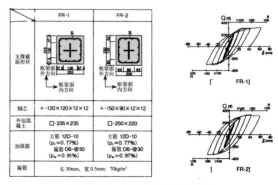

图 1-15-9　外包式支撑的滞回特性

[北侧外墙]

旧第一生命馆的北侧外墙上阴影很深的雕刻具有造型上的特征，保存这一部分是适应特定街区的必须条件。

旧墙自身，确认具有按新抗震设计法规定的2次设计的极限承载力，但为了保持墙壁面外方向的稳定性必须与高层进行连接。作为连接的原则，应尽量减少弯矩作用在墙壁面外方向和使得高层自身的摇晃产生强迫位移时的内力最小，因此仅在5层的楼面位置进行连接（图1-15-10，图1-15-11）。

另外，连接部位为了防止地震时高层上的水平力向旧墙传递，面内方向采用确保一定行程的滑动支承。面外方向设置的铰支承具有如下功能：防止高层在整体弯曲变形时柱子的轴向伸缩和弯曲对旧墙的影响（图1-15-12，图1-15-13）。

还有，对旧墙和高层在地震时力的传递方面，将高层做成串联质点系的弹簧-质量模型，将旧墙作为梁单元的模型，进行动力分析，结果表明，通过铰支承传递的地震力很小，为了确保支承结构的充分安全，设计时，支承结构的强度按即使在旧墙的重量上加上1G的水平力，仍然处于弹性范围内，每一处支承能承受250t的荷载。

[东面古希腊爱奥尼亚式圆柱的复原]

柱头、台座部分从原建筑上将旧石卸下，根据安装尺寸进行背面的加工，中间部分则重新制作后运往现场安装。

空心柱石的基体钢骨架由1层楼面水平处的梁和第3层楼面水平处的钢骨支架之间进行支承，基体采用截面为500×450×25的箱形构件。另外，柱石接缝处可能会渗入雨水，因此作了热浸镀锌处理，在基体和建筑主体钢结构的焊接接合部进行了锌、铝混合常温喷镀（平均膜厚100μ）。另外，柱石固定采用了不锈钢固定件和不锈钢螺栓（图1-15-14）。

5. 结束语

本文以结构方案为中心，对"保存"和"改建"为主题的超高层办公大楼事例作了介绍，可以预想今后还会不断增加希望将历史建筑和现代化大楼融合的情况，本文如果能在解决技术问题上成为参考的话，将感到荣幸。

a) 铰接滑动支承(CG)

b) 地震时反应模型(面内方向)　　c) 地震时反应模型(面外方向)

图 1-15-10

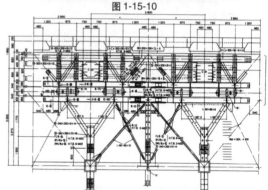

图 1-15-11　北侧旧墙结合部分平面详图

图 1-15-12　铰接滑动支　　图 1-15-13　铰接滑动
承（单体）　　　　　支承部钢结构吊装

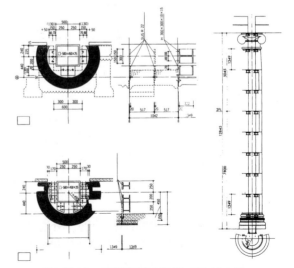

图 1-15-14　东面爱奥尼亚式圆柱石的固定方法

16 电信中心大楼

[建筑概要]

所 在 地: 东京都江东区青海2-38
业 主: 东京电信港中心
建 筑 设 计: 日总建·HOK设计企业联合体
结 构 设 计: 日总建
施 工: 东工区；大成、竹中、左藤工业、东急、OVER SEAS·BACTEL、HAZAMA、日产、共立西工区；鹿岛、大林、西松、五洋、SHAL·ASSOCIATS、东海兴业、西武、胜村
建 筑 面 积: 13 983.05m²
楼层总面积: 157 451.76m²
层 数: 地下3层，地上21层，塔屋2层
用 途: 办公，通信设施，地区冷暖供应设施，地区内变电供应设施
建 筑 物 高度: 99.0m（最高高度）
钢结构加工: 东工区；川田工业、川岸工业、日本钢管、川崎重工业、驹井铁工、EMOTO西工区；横河桥梁、石川岛播磨、三井造船、松尾桥梁、川崎重工业、东日本铁工
竣 工 年 月: 1996年1月

[结构概要]

基 础: 现场灌注混凝土扩底桩
地中连续墙桩
结构类别: 高层 钢结构框架，一部分框架结构带支撑
低层 钢骨钢筋混凝土，钢结构框架
能源楼 钢骨钢筋混凝土，带抗震墙框架结构
地下层 钢骨钢筋混凝土，带抗震墙框架结构

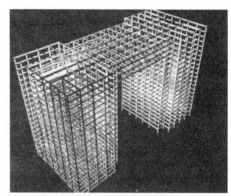

图 1-16-2 框架透视

图 1-16-1 建筑外观

1. 前言

本建筑在规划中是作为临海副都市中心·东京电信城的标志性建筑和具有高度信息通信功能的核心设施。

地上部分由4栋建筑构成;顶部用天桥连接的21层的高层2栋,4层高的低层和2层高的能源楼。天桥下面配置具有圆筒状天井的中庭。

低层主要用途为电视台,高层主要用途为通信设备室、办公室等,21层为观光餐厅。屋顶作为天线站可以设置10座卫星通信用天线。另一方面,能源楼内为地区冷暖气供应设施和地区内变电供应设施。地下为3层,用作停车场外还有都市管理中心、设备机械室和地区冷暖供应设施机械室。

这里将就高层的结构方案和天桥部的施工进行介绍。

2. 框架概要

高层由东楼和西楼2栋楼构成。从3层到5层的中央部分是有天井的中庭,19层到21层用天桥将两楼连接成一体。在天桥部分,20层和屋顶层下面都是有1层高的带支撑的结构层,支承着跨度长48.6m,进深宽44.5m的楼面。高层在地面上的框架中,柱子为焊接组合箱形截面(700mm×700mm,750mm×750mm,最大板厚75mm),1层到4层的中庭部分为焊接结构用铸钢管,材料

是SM490A和SM490B(TMCP钢)。大梁为焊接组合H形截面,各方向上梁的高度都以900mm为基本尺寸,材料为SM490A,天桥部的大梁材料为SM520B。

中庭的屋顶由采用钢球节点的空间网架构成,平面形状为44.55m×44.55m的正方形。另外中庭中央有一个半径为15.751m的圆筒形部分,高度从2.025~12.15m,顶上是有坡度的屋顶。网架的方格基本上是2.025m×2.025m,网架高度从1.9~2.3m,有一个较缓的坡度。空间网架的外周,高层一侧用滑动支承,正面和背面在6根独立的钢结构格构柱柱上用铰支承。

3. 抗震设计概要

3.1 振动分析

本建筑的抗震设计考虑到特别的形状和临海的地区特点,为了把握建筑物的动态性能和对安全性的确认,重点进行了振动分析。除了表1-16-1所示的地震动波形之外,还对照"临海地区大规模建筑群结构综合安全性研究委员会"地震动输入分会制定的《临海地区用模拟地震动(案)》进行了分析。

• 结构体系基本振动模型和固有周期

弹性反应分析:1层楼面位置固定刚性楼面37质点系弯曲剪切型模型。

弹塑性反应分析:以西楼为对象的1层楼面位

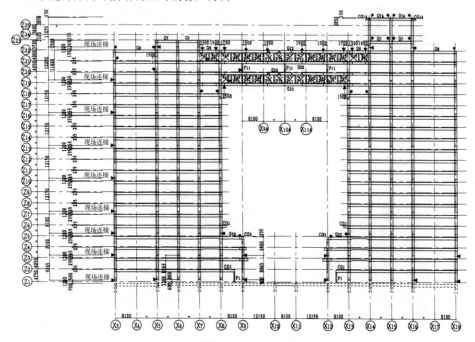

图 1-16-3 框架立面图

表 1-16-1 分析用地震动波形和加速度振幅（水平方向）

地震动波形	最大加速度振幅（cm/sec²）	
	弹性反应分析	弹塑性反应分析
EL CENTRO-NS 1940.5.18	255	511
TAFT-EW 1952.7.21	248	497
TOKYO 101-NS 1956.2.14	242	485
HACHINOHE-NS 1968.5.16	165	330
CHIBA TOHOOKI -EW 1987.12.12	287	—

表 1-16-2 分析用地震动波形和加速度振幅（上下方向）

地震动波形	最大加速度振幅（cm/sec²）
EL CENTRO-UD 1940.5.18	127.7
TAFT-UD 1952.7.21	124.2

表 1-16-3 固有周期一览（单位：秒）

次数	固有周期	备注	次数	固有周期	备注
1	2.286	X方向1次	8	0.238	X方向反对称3次
2	0.917	X方向反对称1次	9	0.237	上下方向2次
3	0.767	X方向2次	10	0.233	上下方向3次
4	0.454	X方向反对称2次	11	0.231	X方向5次
5	0.425	X方向3次	12	0.215	X方向反对称4次
6	0.396	上下方向1次	13	0.212	上下方向4次
7	0.295	X方向4次	14	0.200	上下方向5次

置固定 22 质点系等价剪切型模型。

- 固有周期

长边方向：$T_1=2.29s$，$T_2=0.76s$

短边方向：$T_1=2.27s$，$T_2=0.78s$

在对以上的结构体系基本系模型进行反应分析之外，还对以下所示振动下模型进行了分析，并对安全性作了确认。

1）将地下层及基础（地下连续墙桩·现场灌注混凝土扩底桩）的水平刚度和轴向刚度考虑在内的倾斜、摇摆振动模型。

2）因高层2栋楼重心间的距离约有90m，所以将地震动的输入时间差考虑在内的51节点153自由度三维剪切型模型。

3）因本建筑由2栋高层在顶部附近用3层高的天桥部分进行连接，所以考虑以高层的弯曲受剪变形和天桥部框架的弯曲受剪变形为主的300

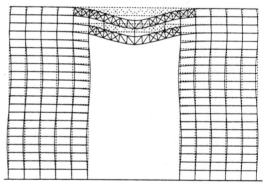

图 1-16-4 固有振型（上下方向1次）

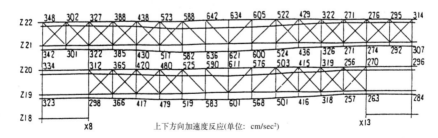

上下方向加速度反应(单位：cm/sec²)

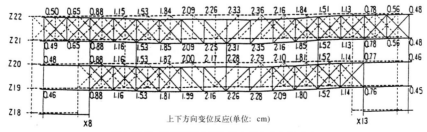

上下方向变位反应(单位：cm)

图 1-16-5 天桥部的上下加速度反应和变位反应

质点模型，在上下动（表1-16-2）和水平动同时输入时进行分析。

本振动模型的固有周期一览见表1-16-3，上下方向的1次振型如图1-16-4所示。另外，地震动为等级1时（TAFT-EW, TAFT-UD）天桥部的最大反应加速度和最大反应变位如图1-16-5所示。

3.2 天桥部的抗震设计

天桥部的设计用内力是长期荷载加上同时输入等级1上下动、水平动进行振动分析所得最大反应时的构件内力。另外，对等级2的地震动，所取的内力为等级1的地震动的内力的2倍。天桥部各构件的应力当地震动为等级1时，在材料容许强度以内，当地震动为等级2时，在材料弹性极限强度以内。

还有，天桥部因为有竖向支撑，在地震时会产生层剪力集中后向高层传递，因此天桥部的楼面除混凝土楼面板外还设有钢结构的水平支撑，确保面内刚度和强度。

4. 天桥的施工

天桥部连接2栋高层，在19~22层位置高约80m处，由2层跨度48.6m、桁深44.5m的桁架式桥梁构成。

天桥部的施工方法是在研究了顶升施工法、滑动模板施工法后，从安全性、缩短工期和施工时对整体的影响出发，根据被称作"分级施工法"的顶升法。在下面一层桥梁单边设置12台千斤顶，共24台进行施工。由于采用了本施工法，减少了高空作业，增加了作业安全，而且天桥部下面的中庭工程可以早期施工，因此缩短了整个工期。

图1-16-6　提升施工

还有，天桥的钢结构在地面组装后进行了楼面混凝土浇注、耐火层喷涂、檐顶面板及幕墙的安装等最后加工工程，总重量达到约2 000t。

另外，在施工之前，对提升时、千斤顶撤除时以及上部桥梁的建造等各施工阶段中天桥及主体框架的内力、变形进行了结构上的研究和安全性的确认，同时，还对天桥的起拱（跨度中央为7cm，约1/640），与主体框架的连接方法等进行了研究，并将研究结果反映到了施工当中。

天桥和主体框架的连接施工精度良好，没有使用位置调整夹具。这主要取决于安装在钢结构构件上106处的应变计和3维测定器的测量结果以及事前慎密的技术研究的结果。

天桥提升安装的天数，当初预定为3天，因为得到7号大型台风正在接近关东地区的气象报告，改变了当初的计划，在2天中完成了提升安装。

5. 结束语

本建筑物在平成4年4月（1992年4月）开工，经过约49个月的工期后建成完工。

17 临空GATE塔楼

[建筑概要]

所　在　地: 大阪府泉佐野市临空往来北1番

业　　　主: 临空GATE TOWER BUILDING

设 计 监 理: 日建建设、安井设计企业联合体

施　　　工: 大林、竹中、鹿岛、SHAR、奥村、鸿池、户田、长谷工、浅沼、村本、大末、森本、南海企业联合体

楼层总面积: 108 689.38m²

层　　　数: 地上56层，地下2层

主 要 用 途: 国际会议厅，办公楼，宾馆

高　　　度: 256m

钢结构加工: EMOTO防府工场、片山铁骨大牟田工场、川铁金属制造丸龟工场、菊池铁工所堺工场、四国铁钢、丰正工业、立造船堺重工业、YAMANE铁工建设、YONEMOLI本社工场

竣 工 年 月: 1996年8月

[结构概要]

结 构 类 别: 基础　现场灌注混凝土桩

框架　地下: 钢骨钢筋混凝土，钢筋混凝土

　　　　地上: 钢结构（1~27层柱为钢骨钢筋混凝土）

图 1-17-1　建筑外观

1. 前言

浮在海上的关西国际空港（机场），作为新的航空大门，于1995年开港运营，在空港对岸，一个"充满交流和高度快捷舒适的临空都市"的新街区"临空城"正在形成。

临空GATE塔楼是临空城的核心建筑，规划中就像临空城的大门，耸立在通往新空港的配套公路和铁路之间。一期工程的北楼于1996年8月竣工。

建筑物具备国际会议厅、智能办公楼和宾馆的功能，希望能成为世界上人们来往相会进行国际商务和文化创造的新聚处。

2. 结构方案

临空GATE塔楼因为是高度达256m的超高层大楼和位于临海地区，所以，结构方案中不仅以抗震设计为重点，抗风设计也被放在了重点位置上。

(1) 基础结构

临空城建设所在地的下方由填海埋土造地而成，本建筑物的地基基础底部位于比旧海底更深的水平位置处，这个水平位置被称作大阪群层的

洪积层，由砂质土层和粘性土层的交互层构成，是比较坚固的地层。

在这个地层，即使规模比较大的建筑物也能直接支承，但本建筑物不仅柱子的轴向力很大，高度和宽度之比也很大，考虑台风和地震时基础的上拔力，确定采用桩基础。选择以如图1-17-2所示GL-70m附近的砂质土层作为持力层。桩采用最大直径φ2 500，扩底部φ4 000的现场灌注混凝土扩底桩。

(2) 上部框架

本建筑物从功能上分成高层部、中层部和低层部3段，平面上也将中层部布置为2块、低层部3块，呈雁行形状。为了荷载能够平滑传递，在高层部、中层部和低层部各自的交界部分设置了桁架层。另一方面，这个桁架层作为设备层也是合理的位置，成为和设备方案相符的结构方案。

本建筑物的高宽比很大，在台风和地震时受水平力的影响，柱子的轴向伸缩会产生很大的弯曲变形，如何提高框架的水平刚度及扭转刚度，成为最大的课题。

短边方向，高层部的柱轴力通过桁架层向外侧的柱子传递，在框架设计中增加抵抗倾覆力矩的力臂，同时，1层到27层的柱子采用钢骨钢筋混凝土结构提高柱子轴向刚度，减少弯曲变形。长边方向，桁架层和各层连续的框架支撑构成大型框架结构。对于扭转问题，如图1-17-3的平面

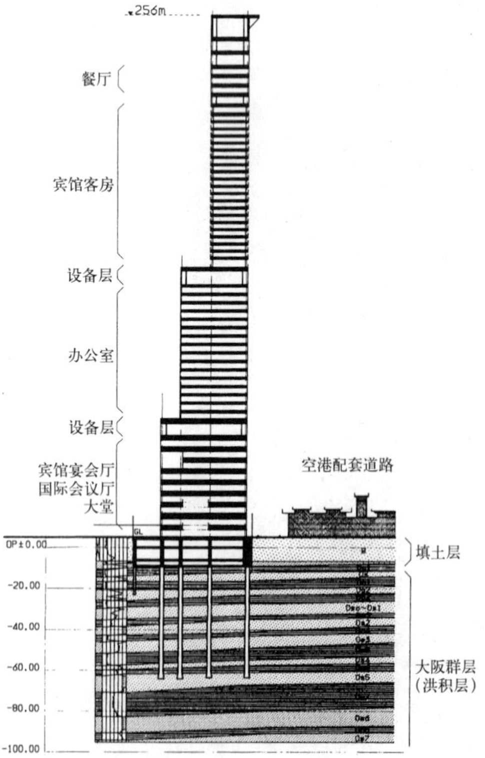

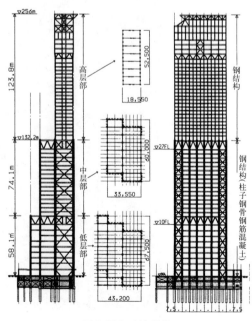

图 1-17-2 建筑概要

图 1-17-3 框架结构

结构图所示,在低层部和中层部的外周设置支撑,确保刚度。28 层以上的高层部,短边方向为采用抗震柱的框架结构,长边方向为承重墙结构。

地下为刚度很高的钢筋混凝土剪力墙,长边和短边方向平均配置,确保强度和刚度。

3. 构件设计概要

钢柱为 H 形截面,采用了 500 系列的大型极厚轧制 H 型钢。与采用箱形截面相比,H 形截面构造简单,另外,通过提高极厚 H 截面型材韧性性能和焊接性能,还有望提高强度以及塑性变形能力。特别是可以减少柱子的现场焊接,接头能采用高强度螺栓连结,这些都是选用 H 形截面型材的原因。

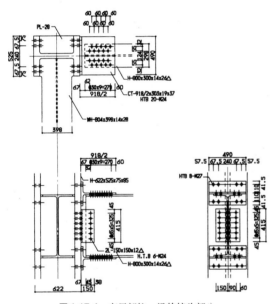

图 1-17-4　高层部柱、梁的接头部分

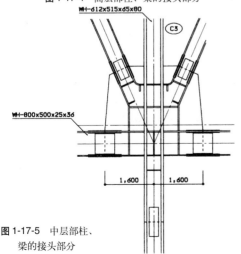

图 1-17-5　中层部柱、梁的接头部分

第 2 层以上的梁都是钢梁,桁架层等内力很大的梁采用了大型的 H-800×400 系列的 H 型钢(当时还未被制造)。另外,轴向支撑构件也采用了 H 形截面。

柱、梁的节点部采用柱贯通型,特别是高层部的外周承重墙框架中,采用高强度螺栓抗拉连接,减少了焊接量,简化了钢结构的加工(参照图 1-17-4)。

中低层部的节点的标准构造如图 1-17-5 所示。

主框架的钢材采用 SM520B、SM490A 和 SM490B,板厚超过 40 mm 的钢材,含硫(S)量在 0.01% 以下,厚度方向(Z 方向)的面缩率规定平均值在 15% 以上,最小值在 10% 以上。特别是对板厚 70mm 以上的钢材进行了十字形对接的焊接性能试验,确认了材料的焊接性能。

4. 抗震抗风设计方针

抗震设计方针条件如下:

等级 1 地震动(20cm/s)时,构件应力不超过材料的短期容许应力,层间变形角在 1/200 以内。

等级 2 地震动(40cm/s)时,构件在弹性范围内,层间变形角在 1/100 以内。

本建筑物因为平面呈雁行形状,平面主轴与框架轴间有一偏斜,若仅沿框架方向输入地震波,反应值较小,对柱子的计算偏不安全。因此,在分析时,从 2 个方向同时输入地震波,进行 3 维振动反应分析,再作安全性校核。

建筑物的固有周期短边方向 T_x=4.7s,长边方向 T_y=4.1s,扭转为 T_o=2.6s。

设计用风荷载根据日本建筑协会"建筑物荷载指针"(1981 年)和风洞实验结果决定,设计用风荷载中,等级 1 的基本风速按 200 年 1 遇确定。

另一方面,由于强风,建筑物反复产生长时间的振动,因而存在疲劳问题,还有由于塑性化引起建筑物周期延长和振幅增大,综合后有不稳定振动等问题。

由于这些问题,将建设地 500 年一遇的最强风速作为等级 2 的基本风速。

根据上述设定抗风设计方针如下:

对等级 1 风荷载(顶部风速 64m/s),构件应力不超过材料的短期容许应力,层间变形角在 1/200 以内。

对等级 2 风荷载(顶部风速 70m/s),构件大致在弹性范围内,并确认不会产生不稳定振动。

5. 气动模型风洞实验概要

在设定设计用风荷载时，进行了多次风洞实验，其中，为了研究不稳定振动还进行了气动模型振动实验。因为在实验中采用了建筑物风洞模型中实例较少的气动弹性模型(缩尺1/400)，这里就其概要进行介绍。

采用气动弹性模型的原因在于预见到建筑物短边方向的振动情况和一般的摇动振型大不一样，一般的代表摇动型振动的刚体模型不能表现建筑物的振动特性，特别是建筑物的扭转振动情况不能在刚体模型上正确地再现出来。在长边方向上，则使其近似一般的摇动振型。

实验中测量了短边、长边各方向的顶部变位和扭转角三个成分。实验所用模型的概要如图1-17-6所示。图1-17-7中所示的是气动弹性模型的振型形状和实际建筑物的振型形状的对比。

根据图1-17-7，风洞模型的振型和实际建筑物非常接近，可以判定采用气动弹性模型是合适妥当的。

图1-17-8是风向角为270°时的测试结果，即风沿北楼、南楼的长边方向通过，使风速由低速变化至设计风速的2倍左右，在此过程中测定顶部扭转变位。

图中 V_d 为相当于设计用风荷载时的风速。

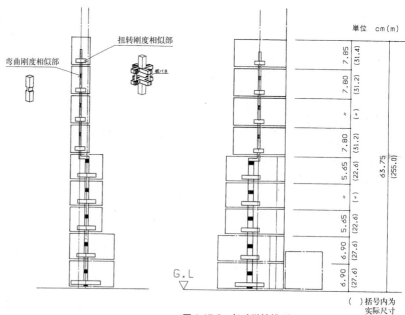

图 1-17-6　气动弹性模型

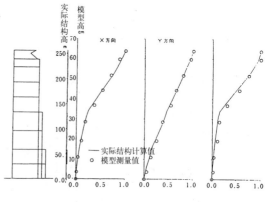

图 1-17-7　模型振型

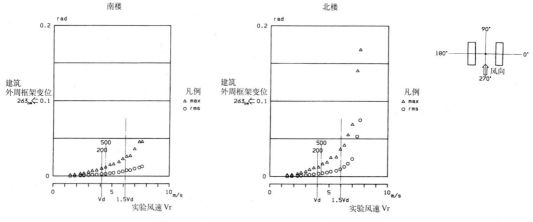

图 1-17-8　风速和扭转变形的实验结果（风向角270°）

扭转颤动发生在设计风速V_d的1.8倍左右，可以确认，在现实的风速中不会产生动力不稳定振动现象。

6. 居住性

本建筑物由于地处海岸附近且形状极其细长，设计当初就担心由于风产生摇动，而另一方面，高层部的用途为宾馆客房及餐厅，因此对居住舒适性要求很高。

为此，设置了主动型制振装置，使建筑物由于风产生的摇动变小和迅速衰减地震后的摇动。制振装置在第56层的两山墙侧设置了2台，不仅

对水平方向而且对扭转振动也能产生效果。

图1-17-9~图-17-10为建筑物大致完成时进行制振装置性能确认试验的一部分结果。

图1-17-9为建筑物激振至一定幅度时，使制振装置处于动作和不动作状态下，建筑物摇动的对比情况。结构非制振时的阻尼比1.1%，进行制振时得到了9.7%的附加阻尼效果。

图1-17-10中所示的是2台制振装置中1台作为加振机使建筑物摇动，另一台进行制振和不进行制振时的比较图形。用正弦波激振时，进行制振的建筑物的加速度在图中显示降低了43%。事实上，用2台装置进行制振，效果将会更大。

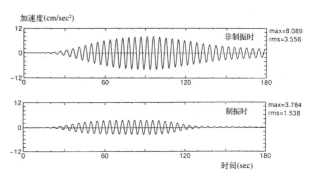

图1-17-10 制振和非制振时的加速度反应比较（正弦波加振）

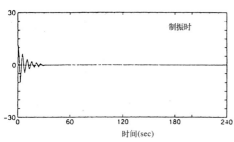

图1-17-9 制振和非制振时的阻尼效果比较

7. 结束语

上面介绍了临空GATE塔楼的结构设计概要，特别是因为本建筑物的高宽比很大，为了把握由于风产生的振动特性进行的风洞实验，不仅在框架设计中考虑解决了有关风的各种问题，而且还采用了作为附加阻尼机构的制振装置。

18 JR 中心双塔大楼

[建筑概要]

所 在 地：	名古屋市中村区名站 1-1015-1	
业 主：	JR 中心大楼，东海旅客铁道	
设 计：	JR中心双塔大楼设计企业联合体	
施 工：	JR中心双塔大楼新建工程企业联合体	
楼层总面积：	417 182.14m²	
层 数：	办公楼	地上51层，地下4层 塔楼3层
	宾馆楼	地上53层，地下4层 塔楼3层
	停车场楼	地上18层，地下3层 塔楼1层
主要用途：	火车站，商场，宾馆，办公，文化娱乐，停车场	
高 度：	办公楼	245.1m
	宾馆楼	226.0m
	停车场楼	83.25 m
竣 工：	1999 年	

[结构概要]

结构类别：基础　现场灌注混凝土桩
　　　　　框架　地下　钢骨钢筋混凝土
　　　　　　　　地上　钢结构

图 1-18-1　建筑效果图

高层部

低层部

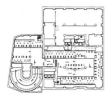

地下部

图 1-18-2　平面图

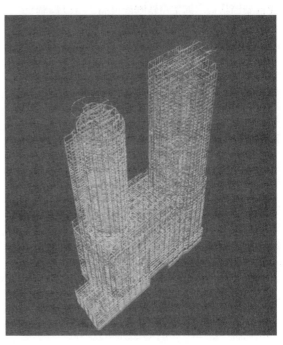

图 1-18-3　框架透视

1. 前言

JR 日本国铁东海名古屋站是名古屋市的玄关，面向 21 世纪的交通枢纽，日本国铁的设计目的在于建成一个以综合性站台为主，同时又作为具备多种功能的复合型都市空间设施。

建筑物中双塔的高层部分别为宾馆楼和办公楼，中层部为宾馆、文化娱乐设施，低层部由商场、站台设施等复合用途的多层构成。

高层部的平面形状，办公楼为 1/4 圆，宾馆楼为圆形边上有一突出部分，两个楼的形状、大小都有很大的差别。2 个高塔楼由中低层部支承，中低层部框架由 2 个高塔楼下方的框架和中间连接部分的框架构成一体化结构。中间连接部分的框架，在最下层抽去柱子，形成大跨度的空腹桁架式框架结构。

在这幢形状复杂的建筑物中，重点是在支承双塔的中低层部，这里将对框架进行简明扼要的解释，并对合理的结构方案和验证结果进行介绍。

2. 结构概要

高层部双塔的总重量分别为约 48 000t 和 75 000t，重量相差很大，在框架设计中必须使中低层部承受双塔的力、并使中低层部相互之间的受力进行合理的传递。

考虑到高层部双塔的尺寸都要适合中低层部，将基本模数定为 9m，外周及核心筒配置抗震柱形成框架筒结构，框架扭转刚度很高，可以抑制双塔自身的变形。

中低层部的基本跨度也为 9m，塔楼的主柱向下直通，在结构上，塔楼的抗震柱在中低层部最上层 18 层的桁架梁（巨型梁）和 14 层一层高的集约型桁架上分段受到支承。14~18 层的层高比较高，这是因为考虑受到的轴力很大外，还考虑到确保塔楼和中低层部水平刚度的连续性。

另外，2 个塔楼在中低层部的顶部用强度、刚度很高的巨型梁及集约型桁架进行连接，平面上形成一体化的同时，在外周部配置连续的桁架，由连层支撑和抗震柱构成了水平刚度、扭转刚度很高的框架。而且在高层部下方承受高轴向力的柱中采用了钢管充填混凝土结构，特别提高了塔楼部下面的弯曲刚度。

地下采用钢骨钢筋混凝土结构，基础采用桩支承的箱形结构，柱子的正下方及中点采用现场灌注混凝土桩，高层部正下方配置核心筒状地下连续墙桩，以 GL-44m 深处坚固的沙砾层作为持力层。

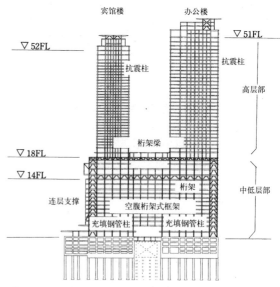

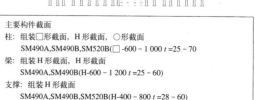

主要构件截面
柱：组装 □ 形截面，H 形截面，○ 形截面
　　SM490A,SM490B,SM520B（□ -600~1 000 t =25~70）
梁：组装 H 形截面，H 形截面
　　SM490A,SM490B(H-600~1 200 t =25~60)
支撑：组装 H 形截面
　　SM490A,SM490B,SM520B(H-400~800 t =28~60)

图 1-18-4　结构概要图

3. 结构方案

下面介绍在结构设计中为了把握框架的基本性能所做的研究。

3.1 连接的影响

独立的塔楼连接后可以认为，长边方向的性能介于两独立结构和一单独框架之间，而对短边方向的影响很小。为了把握长、短边方向的差异以及对整体的影响，用分离模型和连接模型进行了对比研究。

分析模型采用各塔 6 质点的等价弯剪型三维模型，各层楼面假定为刚性，中低层部的质量在单独分离模型中以连接部中央为界一分为二，在连接模型中各塔楼以及连接部一分为三。设底部剪力系数为 0.05，竖直方向的剪力按 Ai 分布，以这种情况下的层间变形角为 1/200 设定各层的刚度。

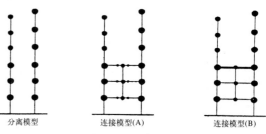

图 1-18-5　分析模型

表1-18-1　1次固有周期(s)

模型		长边方向	短边方向	备　注
Case-S	单独模型	6.26 (5.77)	6.26 (5.77)	层间变形角全层 1/200
Case-A-1	连接模型 A	5.78	6.21	连接部水平刚度按质量比
Case-A-2		6.00	6.21	Case-A-1 的 0.5 倍
Case-A-3		5.52	6.21	Case-A-1 的 2.0 倍
Case-B-1	连接模型 B	5.21	6.21	连接部顶部刚度无限大
Case-B-2		5.63	6.21	连接部顶部刚度为 2 倍

※ Case-S 的数值，括号外为办公楼，括号内为宾馆楼

表1-18-2　塔楼下面的刚度分布

	宾馆楼	办公楼
Case-C-1	0.35	0.65
Case-C-2	0.46	0.54
Case-C-3	0.50	0.50
Case-C-4	0.60	0.40

分离模型（Case-S）的基本周期，宾馆楼为5.77s，办公楼为6.26s，连接后短边方向为介于中间的6.21s，不随连接部的水平刚度变化，长边方向在Case-A-1（连接部水平刚度按质量比例确定）中为5.78s，根据连接部的水平刚度不同基本周期也有变化（表1-18-1 连接模型A）。长边方向的连接部顶部因为成为2个高层部的底脚部分，在内力集中的地方，和其他地方相比构件型材截面很大，刚度也很大。由于连接部顶部的刚度大，使基本周期变短，也使高层部的变形减少（表1-18-1 连接模型B）。

3.2 平面刚度的均衡

为了了解由于2个塔楼的质量差异引起的短边方向的扭转性能，对塔楼正下方的刚度分配产生的影响以及由于扭转刚度产生的变化作了研究。

扭转变形在 Case-C-1（宾馆楼的刚度小的场合）中较小，宾馆楼的位移反应较大，办公楼低层部的反应剪力也变大。在Case-C-2（刚度按重量比布置的场合）中，连接部的内力转移变少，扭转变形也小（图1-18-6～图1-18-8）。

3.3 上下方向的均衡

各层层间变形角控制值为1/200时，基本周期变得较长，可以预想风振动产生的影响较大，因此对目标周期在5.5s左右的场合下，上下方向的刚度布置进行了研究。

各层的层间变形角控制在1/200的场合下基本周期为6.23s（Case-C-2）。各层都控制在1/250（Case-D-1）和中低层部控制在1/300（Case-D-2）的场合下基本周期都大约为5.6s，大致相同，和Case-D-2相比Case-D-1的反应剪力变大（表1-18-3，图1-18-9，图1-18-10）。

表1-18-3　塔楼下面的刚度分配

	层间变形角		1次大有周期
	塔部	中低层部	(s)
Case-C-2	1/200	1/200	6.23
Case-D-1	1/250	1/250	5.58
Case-D-2	1/200	1/300	5.57
Case-D-3	1/200	1/400	5.51

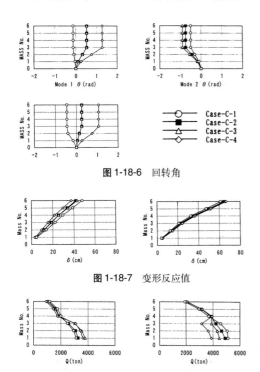

图1-18-6　回转角

图1-18-7　变形反应值

图1-18-8　层剪力反应值

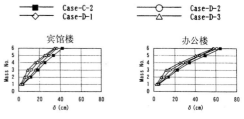

图1-18-9　变形反应值

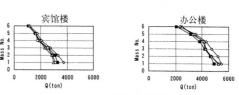

图1-18-10　层剪力反应值

3.4 空腹桁架式框架

在空腹桁架式框架的大跨度梁端部受到长期荷载作用下产生的很大的竖向内力，地震时容易早期进入塑性化。为了确认框架的安全性，对反复交替荷载作用下，内力的变化和传递进行了研究。

假定大地震时引起的水平位移相对值为1/100的场合下，塑性铰在初期阶段集中发生在跨度的端部，反复荷载作用后在中间柱部分也发生塑性铰，反复荷载作用产生的竖向变位呈收敛倾向，由于构件的塑性化产生内力重分配，变位后达到某一程度时开始稳定。水平位移为1/75的场合下，竖向变位和1/100的场合相同呈收敛倾向，但累积变形增大。在水平位移为1/50的场合下，在初期阶段梁的端部以及柱子上发生塑性铰，荷载反复作用后，内跨梁的端部也发生塑性铰，竖向变位的增加也很大。如果空腹桁架式框架采用具有一定承载能力的构件构成，即使部分发生塑性铰，反复荷载作用下可以进行内力重分配，框架仍处于稳定状态。只有在荷载相对承载力变得非常大的场合下框架才会变得不稳定（图1-18-12，图1-18-13）。

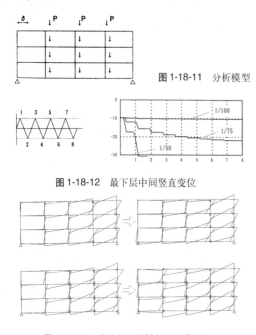

图1-18-11 分析模型

图1-18-12 最下层中间竖直变位

图1-18-13 内力图（塑性铰发生状况）

4. 动力分析

根据以上的结构方案建立了框架，分析模型为第1层固定各层1质点的弯剪模型，宾馆楼55质点，办公楼52质点，合计为107质点。各层框架分别置换成弯剪棒，各楼面都假定为面内刚性、面外自由的刚性楼面。重心位置具有2个平面自由度，3个转动自由度。为了正确评价扭转刚度，假定在各塔楼与下部连接层外周框架的交点位置处的竖直方向位移相等。中低层部分和2个塔楼的框架用轴向弹簧、剪力弹簧以及竖直方向弹簧连接起来。弹塑性域的恢复力特性由精细模型进行的弹塑性增量分析得到的荷载和变形关系确定，将弯曲变形和剪力变形分开表示，弯曲变形为线形[原文如此—译者注]，剪力变形为三线性（图1-18-14）。

建筑物的1、2次振型主要为办公楼的平动，固有周期分别为5.25s和5.17s，周期接近。3、4次振型主要为宾馆楼的平动，固有周期为4.57s和3.94s。5、6次振型为两塔楼的扭转，这是扭转刚度相对较高的建筑物。

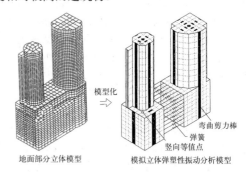

图1-18-14 分析模型

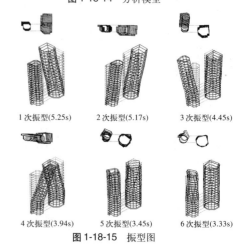

1次振型(5.25s)　2次振型(5.17s)　3次振型(4.45s)

4次振型(3.94s)　5次振型(3.45s)　6次振型(3.33s)

图1-18-15 振型图

5. 结束语

在本建筑物中，由于使中低层部在塔楼正下方的刚度布置对应于2个塔楼的重量比，从而减少了连接部的内力转移，也减少了扭转变形。另外，框架中低层部刚度的设定稍高于塔楼部的刚度，抑制了塔楼部的变形。而空腹桁架式框架在地震时即使产生部分塑性化也能保证其稳定的性能。

[2] 大空间建筑

1 大阪城会堂

[建筑概要]
所　在　地：大阪市中央区大阪城 3-1
业　　　主：大阪市开发公社
建 筑 设 计：日建设计
结 构 设 计：日建设计
施　　　工：大成建设、松村组
楼层总面积：30 679m²
层　　　数：地下 1 层，地上 3 层
用　　　途：多用途会堂（运动、音乐、集会、
　　　　　　可容 16 000 人）

高　　　度：25.150m
钢结构加工：新日本制铁、春本铁工所、驹井
　　　　　　铁工所
竣 工 年 月：1983 年 8 月（工期 18 个月）
[结构概要]
结 构 类 别：基础　桩基（A 种 PC 桩 ϕ 500）
　　　　　　框架　B1~3F 钢筋混凝土结构
　　　　　　屋盖　钢制桁架结构

图 2-1-1　建筑外观

图 2-1-2　建筑内观

1. 前言

这个建筑在建筑设计上有以下要求:

1) 建筑物具有进行典礼、音乐、各种展示、文化集会和体育运动的功能,能在各种仪式活动时进行演出,是最大能够容纳16 000人的大规模、多用途会堂,要具有质量很高的空间和设备。

2) 建设场所的西面是紧邻大阪城的公园,有风景地区和史迹保护指定区,建筑物和周围环境的谐调十分重要。

3) 因为建筑用地狭窄,建筑物布置方案取东西为长向。

4) 因为有重要的仪式活动已经预定在此举行,

通常从设计到完工需要4年的工作必须在2年完成。

在整理出以上要求后,为了实现在其他实例中还没有的大规模、高标准的会堂,在进行设计时对结构方案包括施工在内作了各种各样的考虑,这里将以屋盖钢结构为中心进行介绍。

2. 屋盖的结构方案

(1) 屋盖的结构形式

屋顶的结构形式在结构方案中是一项重要的因素,并关系到其他要素,经过研究表2-1-1所示的比较结果,定为长圆形低拱高的钢结构桁架穹顶形式。

表 2-1-1 屋顶框架的结构形式

<table>
<tr><td colspan="2"></td><td>钢骨桁架穹顶</td><td>混凝土穹顶</td><td>悬挂结构</td><td>空气膜结构</td></tr>
<tr><td colspan="2">屋盖结构形式</td><td>体系化桁架穹顶,或称为平面桁架组成的穹顶</td><td>现场浇注混凝土,以及预制混凝土构件</td><td>悬索结构</td><td>一重膜、二重膜以及横梁方式</td></tr>
<tr><td rowspan="4">结构性能</td><td>结构力学上的特性</td><td>各种荷载条件下稳定,材料可靠性也高,对重量荷载承受能力大</td><td>必须解决开裂、蠕变,重量大,下部结构的负担大</td><td>可以实现长大跨度,但对主索直交方向的风荷载不稳定</td><td>可以实现长大跨度,要仔细注意空气压力的控制。对中央悬挂载荷、风载荷、雪等存在问题</td></tr>
<tr><td>施工性</td><td>实例多,能应用各种施工方法</td><td>现场浇注场合下,高空作业给混凝土浇注带来困难</td><td>悬吊构件的拉力在按计划施工时必须有细心的管理,整体施工相当困难</td><td>原理虽然简单,当时日本尚未有实例,施工时必须有抗风和雪的对策</td></tr>
<tr><td>经济性</td><td>能够轻量化,下部结构负担少,较为经济</td><td>重量大,施工性差,不够经济</td><td>支柱和锚栓等的施工、以及考虑整体的复杂性,稍微不够经济</td><td>能够轻量化,经济性好,只是为了保持空气压力必须有运营费用</td></tr>
<tr><td>屋面的耐久性</td><td>如果有充分的防锈处理耐久性好</td><td>若现浇有开裂问题,若采用预制混凝土构件节点部位问题多</td><td>由于风的反复载荷,对支承点和节点部位必须有对于疲劳损伤的对策</td><td>膜材的耐用年限比较短</td></tr>
<tr><td rowspan="2">形态</td><td>外观</td><td>对必要的拱高根据结构形式有一定的宽度,周边也可以较低</td><td>拱高可以很大,周边可以较低</td><td>周边部在整体上或一部分变得较高</td><td>拱高必须小,周边可以较低</td></tr>
<tr><td>内部空间</td><td>容易确保必要的空间</td><td>容易确保必要的空间,但有时会使中央部分过高</td><td>中央部分下垂,对体育馆也有不合理的地方</td><td>为了确保必要的空间,注意风的同时将整体提高,有时将中央场地向地下发展</td></tr>
<tr><td rowspan="12">屋顶性能</td><td>屋顶材料</td><td>轻量混凝土、ALC板、金属板、膜及这些材料的共同使用</td><td>混凝土表面防水,贴面砖的预制混凝土构件</td><td>金属板,预制混凝土构件,膜</td><td>膜</td></tr>
<tr><td>室内音响</td><td>屋顶形状不利于音响,必须另外设置吸音天顶</td><td>沿屋顶形状作吸音处理,效果有限</td><td>屋顶下方形状凸出成为扩散形对音响有利</td><td>因为拱高平坦,比穹顶有利</td></tr>
<tr><td>隔音</td><td>用混凝土等做屋顶材料较好</td><td>好</td><td>用预制混凝土构件效果好,用金属板的场合效果差</td><td>原材料隔音性能差</td></tr>
<tr><td>遮光</td><td>好</td><td>好</td><td>好</td><td>不可能</td></tr>
<tr><td>空调负荷</td><td>没有室内入射日射,屋顶材料选择得好,更可以使负荷减小</td><td>好</td><td>好</td><td>有日射,空气流通负荷也大,空调负荷最大,差</td></tr>
<tr><td>防露</td><td>因为并用隔热材料能得到最好的性能</td><td>好</td><td>好</td><td>因为屋顶隔热差,最差</td></tr>
<tr><td>换气、排烟</td><td>如果设置顶部监控器,可以自然换气</td><td>同左</td><td>根据方式和形状不同,有时设置顶部监控器困难</td><td>因为室内平时必须加压,自然换气不可能</td></tr>
<tr><td>各种悬挂物装置</td><td>对集中载荷最容易对应处理</td><td>容易对应处理</td><td>对局部的集中载荷对应处理困难</td><td>最难对应处理</td></tr>
<tr><td>维护</td><td>如果注意防锈,没有问题</td><td>开裂、接缝处必须有防水对策</td><td>必须对悬吊构件和支承部的疲劳进行维护,很难,形状不利于防水的场合也很多</td><td>必须对膜材补修和替换</td></tr>
<tr><td colspan="2">法规及防灾上的问题点</td><td>实例很多,没有问题</td><td>材料耐火,没有问题</td><td>没有特别的问题</td><td>材料的耐火性能上有难点,作为永久性建筑法规上也有问题</td></tr>
<tr><td colspan="2">代表性实例</td><td>维多利亚(西班牙)农产品家畜展示场,休士顿阿斯特罗穹顶</td><td>西雅图皇家穹顶</td><td>代代木国立室内竞技场,纽约马其逊花园广场</td><td>____穹顶,____穹顶</td></tr>
<tr><td colspan="2">对本方案的整体评价</td><td>长圆形的平面使外周张力环的内力变大,但实用上没有问题,只是与景观协调必须使拱曲最小,圆形虽然在结构上有利,但这里不能使用</td><td>施工性及室内各种性能不如钢结构穹顶</td><td>结构上有耐久性问题,对悬挂物的集中载荷对应处理困难,因此不如左边2项好,景观上也最不令人满意</td><td>音、光、热、耐久性等都有很多问题,另外,在日本尚未有实例,申请手续要花很多时间</td></tr>
</table>

(2) 屋盖结构

短边90m，长边125m的长圆形穹顶屋盖采用钢结构，两端的半圆（直径90m）部分为球形，中间一段（35m×90m）直线部分为圆筒形，拱高9.3m，中央梁高4.0m的平面桁架如图2-1-3所示组合成立体结构，为了平衡圆屋顶的水平侧向压力，在周围一圈配置了张力环结构。为了经济性，结构构件以型钢为主。

外周支承穹顶屋盖的柱子间隔在直线部分为7.0m，圆周部为7.874m，第3层为钢结构，第2层为钢骨钢筋混凝土，力可以得到合理的传递。

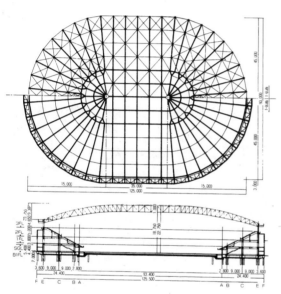

图2-1-3 屋盖结构

3. 屋盖结构设计

（1） 对竖向载荷(恒荷)的设计

屋顶桁架在恒载施工完毕之前，在第3层钢结构柱子的顶部设置特氟隆轴承作为可滑移支承，施工完毕后再将屋顶桁架与柱子进行刚性连接，采用这种方法的原因是：

1) 因为拱度小，加上恒载大，张力环和屋顶桁架构成的穹顶采用滑动支承，恒载处于自平衡的状态，边界条件简单明了，能够准确地把握内力状态。

2) 缓和柱子由于侧向压力产生的应力。

3) 在中央设置临时安装台架拼装屋顶钢结构，并可以采用早期撤去临时安装台架的施工法。

(2) 抗震设计

这个建筑结构的特征是恒载很大和有非常大的空间，在同类设计中还没有与此相同的例子，对抗震性的研究是重要的课题。

① 参照现行抗震规定，根据静态的震度设计假定截面。

② 为了研究屋盖结构包括上下动在内的振动性能以及对下部结构的影响，按立体结构形成分析模型，算出设计内力。

③ [构件的弹性极限承载力]=[恒载等组合内力]+ $\alpha \times$ [地震时设计内力]

$\alpha \approx 2$

地震时设计内力相当于地面加速度100gal时，构件设计时相当于加速度200gal时保持在弹性范围内。

● 反应分析

屋顶桁架的内力分析根据框架的对称性，从整体中取1/4的立体桁架进行。但在空间振动分析中，还必须有能表现非对称振型的整体模型。

因为将三维桁架扩大成整体模型需要庞大的计算时间，如图2-1-4所示，用等效杆件体系置换，建立整体模型进行了三维振动分析。

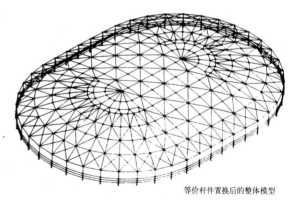

等价杆件置换后的整体模型

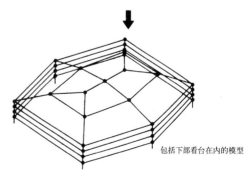

包括下部看台在内的模型

图2-1-4 振动模型

根据这个立体模型的振动分析结果，设定了地震时设计荷载并算出了三维桁架中杆件的内力。

这个模型的周期 $T_1=0.690s$（屋顶长边方向水平振型），$T_2=0.684s$（屋顶上下振型），$T_3=0.655s$（屋顶短边方向水平振型），$T_4=0.527s$（屋顶水平斜向振型）。

4. 屋盖钢结构的施工

屋盖钢结构的施工根据下面的顺序进行，这个顺序和设计时的预想大致相同，施工准时完成，缩短了工期（钢结构工期5个月）。

① 如图 2-1-5 所示在中央部分设置临时安装台座（33处）

② 组装中央部分的钢结构（30m×65m），这一部分的钢结构用103只千斤顶在临时安装台上支承。

③ 长度30m的桁架在未来的赛场地面组装后，通过移动吊车在外周部钢结构柱子和中央钢结构部分之间进行吊装。

④ 屋顶压型钢板的施工

⑤ 千斤顶卸载

⑥ 撤去临时安装台

⑦ 挑檐部位等的施工

⑧ 钢结构柱头的连接

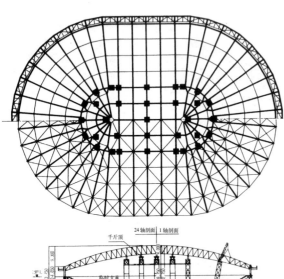

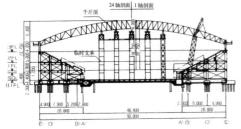

(注) ■临时安装台座

图 2-1-5 屋顶钢结构的组装

荷载 日日	最终荷载t	1/20	2/6	2/16	3/1	3/11	3/16	3/22	4/9	4/26	5/10	5/25
框架等	1,500	1,500	1,500	1,500	1,500	1,500	1,500	1,500	1,500	1,500	1,500	1,500
屋顶等	1,503	0	0	140	720	997	1,245	1,436	1,466	1,506	1,506	1,506
顶表面	222	0	0	0	0	0	0	0	10	180	150	222
其它	100	0	0	90	100	100	100	100	100	100		
脚手架	0	110	110	110	110	105	100	95	95	0	0	
电气设备	176			43						2/16以后逐步增加（未示）		
空调设备	166			22						同上		
舞台相关设备	58			37						同上		
垂直变位（桁架中央）												
备注		撤去千斤顶					约90%卸载结束					

图 2-1-6 桁架中央变位

图 2-1-7

由于千斤顶的撤去，当时的恒载由钢结构桁架承受，在此之后外表装修的恒载也随施工的进行依次由钢结构桁架承受。对钢结构桁架的变位在千斤顶撤去后继续进行了测量，变位大小和预想的大致相同。

［文 献］
1) International Symposium on Membrane Structures and Space Frames, Volume-3, pp. 373~380, 1986
2) GBRC, Vol. 8, pp. 10~20, 1983
3) 施工, 12, No. 215, pp. 31~40, 1983

2 多摩动物公园昆虫生态园

[建筑概要]

所 在 地：东京都日野市程久保 7-1-1

设计·监理：多摩动物公园工事课、日本设计

施 工：松本建设（建筑、造园、展示）、
古河综合设备（电气）、近电温调
（空调）、小谷田工业（卫生）

占地面积：523 000m²

建筑面积：2 245.0m²

建筑层面积：2 486.0m²

层 数：地下 1 层，地上 1 层

主要用途：展示设施

尺 寸：最高高度 9.0m
室内顶高 大温室 17.0m

钢结构加工：吉田铁工所

施工时间：第 I 期 1986 年 6 月~1987 年 3 月
第 II 期 1987 年 4 月~1987 年 12 月

[结构概要]

结构类别：结构 钢结构+钢筋混凝土
基础 PHC 桩基础

外部表面：屋顶 铝合金幕墙+浮法玻璃
外墙 铝合金幕墙+浮法玻璃+
混凝土墙+光面瓷砖+不
锈钢装饰

内部表面：大温室
地面 碎石、土、植栽
墙 啄面混凝土墙、铝合金幕墙、
铸铝喷砂表面
屋顶 铝合金幕墙

图 2-2-2 框架透视

图 2-2-3 配置图

图 2-2-1 建筑外观

1. 前言

东京多摩动物园在1988年的日本儿童节迎来了30周年，在纪念典礼的同时开放了昆虫生态园。

昆虫园在1966年开放了"蚱蜢的温室"和"蝶类的饲养温室"，1969年开放了"昆虫本馆"，1972年开放了"蝶类展示温室"，然后在1973年又开放了组成食物链生态系统的"萤火虫的饲养场"。多摩昆虫园最大的特征是以蝶、蚱蜢、萤火虫等为中心的许多活着的昆虫在温室和饲养容器内进行展示，多摩的饲养、展示技术不仅在日本国内，在世界上也是有名的，英国、澳大利亚在建造温室时都参考了多摩方式。

这一次设计则是以历史经验及20年来形成的饲育、展示技术为基础，设计具有更大规模温室的昆虫生态园。

昆虫生态园是主要用于儿童教育的设施，公园方面的希望是，新设施不论采用何种形状都能表现出具有昆虫特征的形态，因此决定采用薄翅白蝶为主题的形状，由此产生的联想单纯、直截了当且通俗易懂，在同类建筑物中不陷于常见的俗套，建筑物的设计风格高雅、优美，而使用的

材料只限于钢铁、混凝土、玻璃、铝合金、面砖等，这些高难度的设计作业，成了结构设计者显示水平的地方。

2. 建筑方案

昆虫园位于公园大门右手的高台处，是经过非洲园和猴山后的最后一站。为了保留原来的"昆虫本馆"，利用了其南侧的谷地，这样可以挡住冬天的北风，在夏天可以导入清凉的南风吹过谷地，阳光充沛，作为温室是理想的地方。中央的谷地为大温室，左右翼为饲养温室，食草温室和饲养容器等。

(1) 昆虫厅

覆盖在斜路上的扇形天顶盖像轻快的蜻蜓科薄翅飞虫，中心部分即为昆虫厅，也是进口处。在弧线的屏风型墙面上，镶嵌着以昆虫为主题的大理石。

(2) 左翼

左翼下面是可供观赏蜜蜂、国外昆虫的饲养容器和蝶类的饲育温室、食草温室，围在中间的是有栽植的中庭。在食草温室中，培育着各种不同蝴蝶幼虫的食用草。在饲育温室中，饲养着将进入大温室飞翔的各种各样的蝴蝶。

(3) 大温室

面积1 400m²，最高天顶高17m，是利用了谷地7m高低差的大空间，形状上有利于采光和通风。内部为自然风格的造景和回游方式，沿着斜面的小路一边走一边可以看到蝴蝶在树梢花间的飞舞姿态，还可以从不同的视角看到各种各样的昆虫的生态系统。

(4) 右翼

右翼下面是蚱蜢的饲育温室，食用草地带和

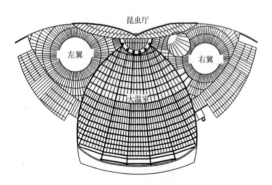

图 2-2-4　屋顶平面图

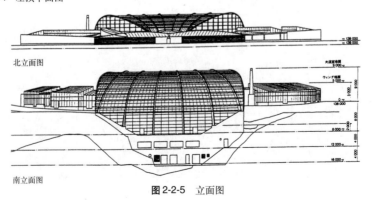

图 2-2-5　立面图

萤火虫、幼虫的饲养容器等，中间围着圆形广场。蚱蜢的成长过程利用饲养容器展示时还分成不同的种类、环境进行展示。在温室中饲养的大量蚱蜢除展示之外还为动物公园中小动物的蛋白源。萤火虫的展示以夜视的方式进行，展示中包括有生存环境中的成长阶段和生态系统。

3. 结构方案

从建筑方案上来说，昆虫生态园由4个区域构成，因此结构方案中也分为4个单元分别进行设计。

昆虫厅只设天顶。

左翼和右翼因为是平房建筑，采用钢结构带支撑框架，进行三维立体骨架分析后决定构件形材的截面。

大温室在中央谷地的最下面设2层钢筋混凝土造的机械室，可以起到温室中土壤的挡土墙作用，同时又作为主拱架的基础。两翼和大温室分界处的混凝土墙作为挡土墙的同时也是大温室钢结构和幕墙的基础。

地基采用B种φ450的PHC桩（直接打桩施工法）作为桩基础，承受竖向载荷和水平载荷。

幕墙顶棚玻璃泛水处理时希望能增加钢结构拱架的拱高，因为受到最高高度的限制，尽量减少了平顶部分的范围和分隔比例。幕墙中1个单元的长度为2 300mm左右，宽度为600~900mm左右，使用5mm厚的浮法玻璃。因此，拱架的连接钢管也按此单位长度配合设置，直径为φ139.8和φ267.4。这样，使钢结构框架的间隔比例和铝合金幕墙的间隔比例基本上一致，能够看到简洁的框架和外装饰材料而没有不协调的感觉。另外系杆钢管的直径不同，但下端直径固定一样，连接件的长度都为165 mm，幕墙采用下挂式的结构细节。幕墙的支架纵向和主框架的H形钢走向一致，同心圆方向的横向支架安装在H形钢上。设计用风荷载在计算时根据建筑基准法施行令第87条，设计用速度压$q = 60\sqrt{h}$，风力系数$c = 1.2$。根据这个风载荷，变位控制在跨度的1/300左右，纵向和横向构件的宽度分别为60mm、50mm。玻璃的嵌入暗缝为15mm。屋顶面全部采用F1X型的幕墙结构，为了给温室内换气，两边挡土墙上面的幕墙采用电脑控制的自动开闭系统。

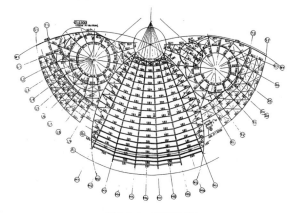

图2-2-6 屋顶平面图

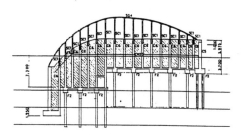

图2-2-7 W7轴框架立面图

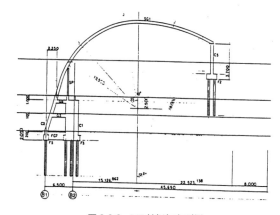

图2-2-8 M5轴框架立面图

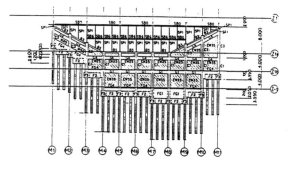

图2-2-9 B2轴框架立面图

昆虫厅和左右翼都是在钢结构框架上覆盖幕墙，采用一般的外装饰材的安装方法，大温室与此相反采用了外框架结构。即在镀锌钢结构上伸出托架悬挂铝合金幕墙的方式。

采用外框架是为了防止蝴蝶夹死在钢结构和幕墙之间，而且从大温室内透过铝合金幕墙玻璃向外看，能够非常畅快地看到外面仅有的钢结构框架。从外面，能够看到优美的内部的同时，6根H形钢的拱材和2.3m间隔配置的连接钢管的外表，更加深了隐喻昆虫的印象。

即，外装饰材料和框架都全部露出可见，将设计上的构思和结构完整地体现在建筑物中。

特别是拱架构件不集中在一点，和中心分开，成为非常流畅的设计造型。

4. CAD

利用CAD制作钢结构加工图在昆虫生态园的施工中发挥了非常大的威力。用CAD制作的加工

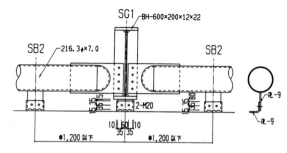

图 2-2-12　幕墙结构连接图

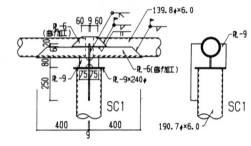

图 2-2-13　现场焊接详图

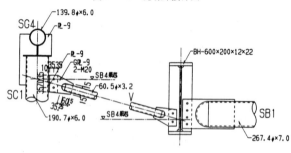

图 2-2-14　支撑连接图

图成为所有尺寸的基准点，以这个加工图为基础决定了从桩芯到幕墙分隔比例的所有尺寸。在当时，用CAD制作加工图还不是那样一般的事，如果加工图用手工制作，想象一下各种尺寸都用手在计算器上计算的话，感觉恐怕是会很惊人的工作量吧!

5. 结束语

建筑物虽小，各种专业的人员都参加了设计、施工的全过程，在有关参加人员共同的热情和努力下，得到了日本建筑学会作品奖的荣誉。非常自豪的同时，在今后的设计、施工过程中，还将更深入地追求建筑上的功能和设计，另外还希望能再和这样的作品相会。

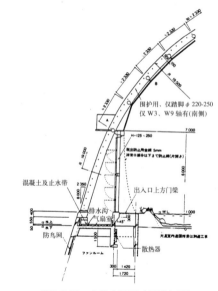

图 2-2-10　大温室详图（机械室侧）

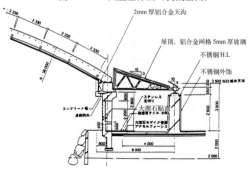

图 2-2-11　大温室详图（昆虫厅）

3 东京体育馆(巨蛋形穹顶)

1. 前言

东京体育馆是由于后乐园球场的陈旧老化,为了更新而在后乐园相邻的地方建造的。建造时,为了全年都可以利用,不受雨天等气候限制,所以设计加盖了屋顶。

屋顶采用了仅仅依靠空气压力支承的空气膜结构,这种具有透光性的空气膜屋顶非常适用于带看台的体育馆。体育馆的整体形状,既能满足棒球场的功能和容纳50 000人的观众,也不会由于建筑阴影而影响人们所喜爱的小石川后乐园中的日光照射。

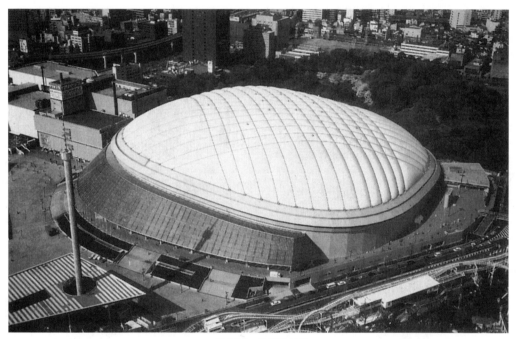

图 2-3-1 体育馆外观

图 2-3-2 体育馆内观

[建筑概要]

所　在　地：东京都文京区后乐 1-3

业　　　主：东京体育馆

设 计 监 理：日建建设·东京、竹中工务店·
　　　　　　东京一级建筑士事物所

施　　　工：竹中工务店

楼层总面积：115 221m²

建 筑 面 积：45 570m²

层　　　数：地下 2 层，地上 6 层

馆　　　内：场地空间　1 240 000m³

　　　　　　赛场面积　13 000m²

　　　　　　两翼 100m，中央 122m

高　　　度：最高高度　56.19m

　　　　　　场地水平面以上高度　60.7m

　　　　　　檐高　15.9m~35.9m

　　　　　　场地水平面　GL-5.5m

规　　　模：棒球时可容纳　总数 50 000 人

　　　　　　集会时可容纳　总数 56 000 人

施 工 期 间：1985 年 5 月~1988 年 3 月

[结构概要]

屋 顶 结 构：屋顶形式　低拱度加强索空气膜
　　　　　　　　　　　　结构

　　　　　　膜材料　四氟化乙烯树脂玻璃纤
　　　　　　　　　　　维布

　　　　　　索　两方向正交配置，φ80mm
　　　　　　　　　结构用钢丝绳

　　　　　　加压设备　36 台鼓风机

周 边 结 构：压力环　钢骨钢筋混凝土

　　　　　　环支承框架　钢结构

下 部 结 构：(看台)

　　　　　　结构类别　钢骨钢筋混凝土，一
　　　　　　　　　　　部分钢筋混凝土

　　　　　　骨架形式　抗震墙和带支撑框架
　　　　　　　　　　　结构

基 础 结 构：现场灌注混凝土桩和连续地下墙
　　　　　　桩

2. 方案概要

　　建筑用地位于 JR 水道桥站、地铁后乐园站、地铁水道桥站的中间，周围是外壕大道、白山大道、都道牛入小石川线，交通十分方便。这里既有游园地，又有棒球场，在东京都中心形成了综合的休闲娱乐中心。图 2-3-3 为第二层的平面图，图 2-3-4 为剖面图。

　　建筑物的用途以观赏棒球等体育项目为主，具有容纳 50 000 人的规模，同时也可用来作为集会会场或展示会场。

　　馆内中心是面积 13 000m²，两翼 100m，中央 122 m 的棒球赛场，周围是看台。内野一侧希望高层化，设计为 3 层的立体看台结构，这样可以增加利于观赏的好座位的比率。

　　馆内的顶高 60.7m，这是考虑到棒球比赛中，球的飞行轨迹一般不会达到这个高度。图 2-3-5 所示的是内野一侧看台的剖面图。观众的入退场路线是，如果从 5m 高的人工地面进口处入场，即

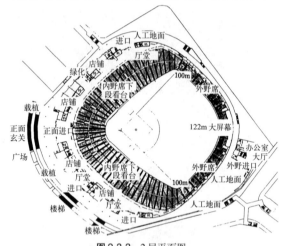

图 2-3-3　2 层平面图

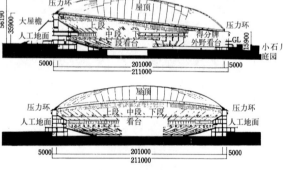

图 2-3-4　剖面图

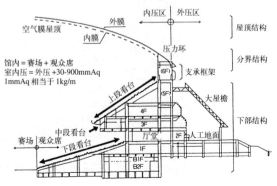

图 2-3-5　看台剖面图

可到达下段看台的上端，面对赛场走向钵盆似的底部，可以自然地到达自己的座位。如果座位是在上段看台，可以从内野侧厅堂外部所设的大屋檐下的楼梯向上，然后来到上段看台的进口处入场。

另外，考虑到西侧相邻的小石川后乐园的环境，外观上将整个屋顶以1:10的坡度倾斜，限制了西侧屋顶的高度。

本建筑物的特点可以归结为以下三点：

① 具有1 240 000m³的大规模的室内空间，可以容纳50 000人观众的棒球观赛场。

② 屋顶由室内气压支承。

③ 采用四氟化乙烯树脂玻璃纤维布作为屋顶材料。

3. 结构方案概要

3.1 上部结构

本建筑的上部结构由低拱度加强索空气膜结构和压力环以及支承框架的周边结构部分一起组成。图2-3-6为屋顶结构概要图。

索采用直径80mm的结构用钢丝绳，膜材为厚度0.8mm的阻燃四氟化乙烯树脂玻璃纤维布。索因为在室内使用，仅采用表面镀锌处理，膜材的耐久性预定为25~30年。还有，在这个结构膜的内侧悬垂着一层薄薄的带状玻璃纤维布，作为防眩、隔热、融雪系统的表面材料，成为双层屋顶结构。屋顶的透光率约为6%。

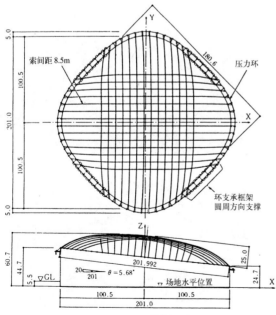

图2-3-6　屋顶结构概要

屋顶的平时状态是由送风系统保持其室内压高于室外气压约0.3%相当于30mmAq的充气状态（屋顶由内压支承向上状态）。屋顶很轻，加上悬挂物平均重量14.2kg/m²，气压差30mmAq时的力相当于30kg/m²，即大于空气支承屋顶所需力的1倍。

平时，在这个内压下，外界平均风速达10~12m/s左右也能保持稳定，不会产生大的变形。在更大的强风时，相对于风速大小增加内压（最高90mmAq），提高屋顶刚度，结构上也能够对应处理。风荷载时升压，内力确实会对索和膜材料产生不利的影响，但对屋顶摇动幅度的控制是不可缺少的。屋顶的周期（上下动）内压30mmAq时为4.15s，60mmAq时为1.80s。

对于积雪，在双层结构的膜内由融雪系统送入暖空气，除极其罕见的大雪外，都能进行融雪。只是当降雪强度高于融雪能力和万一融雪系统发生故障时，必须保持内压上升和有稳定的送风能力（保证送风机台数、备用电源等）。

这样，在强风和积雪时，原则上都能持续保持充气状态，而万一发生失压状态（屋顶整体下垂状态），馆内各部分也都确保有4m以上的天顶高度，屋顶面的悬挂物也不会接触赛场场地以及观众。也即考虑到了故障时的安全性。

屋顶的建设费用包括加压送风设备，根据屋顶平面面积相当于10万元日币/m²，占总工程费用的10%左右。

(1) 屋顶的形状

屋顶的形状如图2-3-6所示。平面图形为边长与180m的正方形内接、对角长度为201m的超椭圆形。采用超椭圆形是因为形状和建筑用地相适应，也是直交二方向配置索结构时在压力环上产生弯曲应力最小的形状。另外，屋顶整体带有约1/10的坡度，跨距和拱高之比（H/L）相对于倾斜面为0.124。

索在屋顶面的对角方向各14根，合计配置28根。索的间隔考虑到下部结构的跨度和兼顾到膜的强度，采用了8.5m的间距。为了和屋顶周边的周边结构的连接间隔一致，以及使屋顶面的索张力均等化，端部的索按平面曲线配置。

空气屋顶的特性是由面外力即内压产生后开始平衡的结构，而屋顶理想的曲面形状对平时内压以及自重的分布，能在屋顶各部产生大致均等的张力。为了追求这种形状使用了形状分析方法，并将分析结果作为最初假定的曲面。另外，图2-

3-7 显示了索的配置形状和屋顶曲面的等高线。

(2) 屋顶的结构性能

对于屋顶的索材料和膜材料，在风荷载的状态下产生的内力最大。风荷载的速度压，索设计用为210kg/m²（"施行令"中速度压的70%），膜材设计用为220kg/m²。风力系数采用刚体模型根据风洞实验决定。

因为是柔性结构，内力变形分析也要考虑构件在变形后所处的位置和状态下力的平衡，因此

采用了几何非线性分析。

正常状态下的索张力（图2-3-8）因为要使初期形状就成为理想的形状，除屋顶1/10的坡度产生的重力影响和由于端部吊索的曲线配置有所变动外，每一根索都采用同样的张力。

风荷载时（图2-3-9）受风力系数分布形态的影响，各索上的张力出现差异，但从单根索上看全长上的张力是一样的。由此可知，索没有随作用荷载发生相应的变化，因此防止了屋顶的大变形。索的破坏强度为554t，而最大张力为234t。

风荷载时的屋顶变形（图2-3-10）显示出屋顶周边部分向下，而中央部分向上的倾向，内部的空间体积（内容积）大致不变。这是空气膜结构所共有的特性。

膜材的破坏强度经（纵）丝方向为15t/m，纬（横）丝方向为12t/m²。风荷载时，在张力容许的

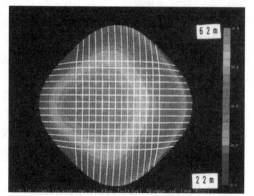

图2-3-7　索配置和屋顶等高线

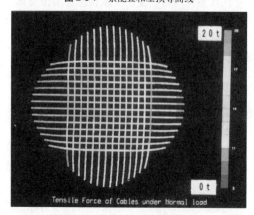

图2-3-8　平时（30mmAq）索的张力

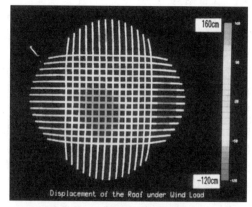

图2-3-10　风荷载时屋顶的竖直变位

图2-3-11　风荷载时膜材经丝方向张力

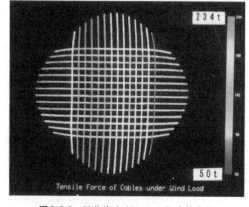

图2-3-9　风荷载时（90mmAq）索的张力

图2-3-12　风荷载时膜材纬丝方向张力

范围内，各区格内的膜材从美观的角度出发，应尽可能限制跨距和拱高之比（正方形区格内为0.10，长方形区格内为0.11）。正方形区格中的膜材在风荷载时的张力如图2-3-11，图2-3-12所示。膜材的张力由于材料的各向异性，经丝方向的值较大为2.2t/m，纬丝方向的值较小为1.5t/m。在长方形区格中，短边一侧按经丝方向配置。考虑膜材由于年代变化会产生劣化和影响膜端部的固定效果（连接强度比膜材强度稍低），设计时，安全系数定为3.0。

(3) 屋顶结构各部分的设计

① 索交点的紧固

由于形态上的原因和外力分布的影响，索相互交点的部位会产生滑动力。滑动力大致上与索的张力成比例增加，屋顶周边部与大地线的误差较大，则索交点离屋顶周边部越近，滑动力就越大。交点紧固件的细节如图2-3-13所示。紧固件采用高强度螺栓夹紧后产生摩擦力的方式来抵抗滑动力。紧固件夹板设有榫销，相互连接后形成整体，设计时尽量减少紧固件的长度，力图轻量化。

② 膜端固定部分

固定部的细节如图2-3-14所示。和膜端部的索固定时，将加工过的卷入树脂制绳索的膜材接头部分用单位长度600mm的铝合金紧固件夹住，螺栓旋紧固定后，再将这个紧固件用U型螺栓和索连接，在大型膜结构的施工法中，一般都采用这种连接方式进行膜的固定。受铝合金刚度的限

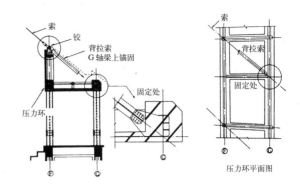

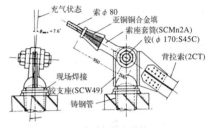

图 2-3-15　钢索端部固定结构

制，用这种固定方式传递力的能力为膜材强度的80%，这在实验中得到了确认。屋顶外周部的膜在压力环上的紧固件上用同样的方式固定。

③ 索的锚固部分

锚固部分的详图如图2-3-15所示。索的固定方式是通过索套筒、轴销和索延长方向上的后拉杆固定在周边结构上。这些构件的设计强度都高于索的破坏强度，从失压状态变化到升压状态，索和索套筒都能相应圆滑地做回转运动。

(4) 周边结构的设计

在跨度达200m的空气膜结构中，支承屋顶的周边结构在受各种外力作用时，当然要确保强度，同时，确保充分的刚度也很重要。周边结构如图2-3-15所示，由钢筋混凝土的压力环和钢柱的支承框架构成，这样可以满足强度和刚度上的要求。环的平面形状是超椭圆形，强风时索的张力不会对环产生很大的弯矩，并能够将张力圆滑地转换成轴方向力。

环的重量相当于圆周长度上11 t/m，和膜屋顶部分的重量相比是非常重的。作用在屋顶和周边结构上的地震荷载（换算地震作用系数为内野侧0.87，外野侧0.63）将通过半径方向支承环的门形框架和圆周方向的柱间支撑向下部结构传递。

门形框架和柱间支撑这些周边结构上的抗震要素在设计配置时不仅考虑到环超椭圆形的力学特性，而且不会使环上地震时的应力和温度应力

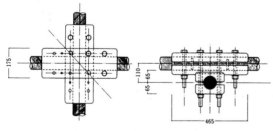

图 2-3-13　钢索交点固定件详图

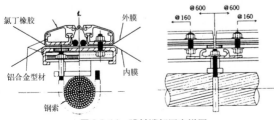

图 2-3-14　膜材端部固定详图

过大。在环的直线部分的门形框架能够承受半径方向地震力，是强度、刚度很高的框架。在环的边角圆周部分，因为环的拱架效应能够承受地震力，门形框架只用来支承环的重量。还有，圆周方向上设置的柱间支撑在直线部分设置时，设置在由于温度变化而膨胀或收缩变形时对环约束最少的部位。

图2-3-16是环的应力图。最大应力为风荷载时的轴方向力和在地震时产生的弯曲应力，对此进行了有充分余地的强度设计。

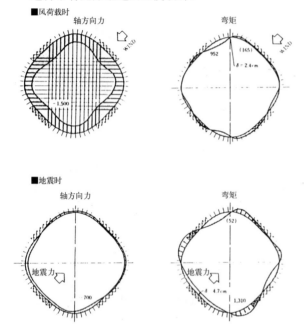

图2-3-16 压力环上的内力和变形

(5) 加压送风设备和其他

对于充气屋顶来说，加压送风设备是支承屋顶的重要结构要素。图2-3-17所示的是系统概念

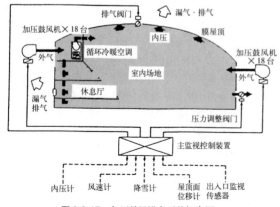

图2-3-17 加压鼓风设备系统概念图

图。加压送风设备是通过加压送风机向具有气密性的馆内供给室外空气，使室内气压略高于大气压来支承膜屋顶。室内气压设定值根据风速计、降雪计、屋顶表面位移计和出入口监测感应器等测得的数据自动设定，并控制加压送风机、压力调整阀开关和屋顶膜面阀开关来维持设定的内压。在周边结构处共设置了36台双进风涡轮鼓风机进行运转。

内压的控制范围对应于风环境、积雪等气象条件和火灾避难等特殊情况，控制在30~90mmAq（大气压的0.3%~0.9%）范围内。因为考虑到气密性，在馆内全部采用了回转门等结构，这样在平时，2~3台鼓风机运转就能够维持30mmAq的内压。

在系统设计中，这些设备包括电气系统分成4个区域，无论哪个区域的控制系统发生故障，其他区域内的设备仍能保持馆内的内压。

3.2 下部结构

在赛场周围的下部结构，形状像一个面包圈，看台由内野侧向外野侧逐渐变化宽度和高度的大小。由于认为屋顶和周边结构不能缺少下部结构的连续性，所以下部结构不设伸缩缝，四周设计为一个整体。只是，由于下部结构中各层楼板不能假定为刚性楼板，因此抗震设计必须考虑各个区域单元能各自承受地震力和确保层间变形大致相同的刚度。由于这个原因，对下部结构由于混凝土的干燥收缩和温度应力会产生龟裂采取了设置后浇注混凝土区域（收缩带）的施工方案，在外墙上设有收缩砌缝和增加配筋量防止裂缝，实现了整体的下部结构。

图2-3-5是看台结构的概要图。看台为带混凝土连续抗震墙的钢筋混凝土框架结构，观众席楼板采用了预应力预制板。

4. 结束语

东京体育馆竣工后十多年过去了，在这期间，偶尔有过屋顶被球击中的事，也有过在特别激烈的台风时由于屋顶摇动而关闭设施的事，和诸如此类的小插曲。作为设计者的一员，一想到当时参加课题后如在梦中的忘我设计和现在每年都有约1 000万的人们能够利用这个设施，都会激起无限的感慨。

4 日航成田机场A机库

[建筑概要]

所 在 地: 千叶县成田市御料牧场1-1
新东京国际空港整备地区

业 主: 日本航空

建 筑 设 计: 梓设计

结 构 设 计: 梓设计

施 工: 鹿岛建设、富士田工业、大日本
土木企业联合体

建筑总面积: 12 583.68m²

层 数: 平房

用 途: 航空机维修用飞机库

高 度: 30.98m

外 表 材 料: 折板

屋 顶 材 料: 折板

钢结构加工: 石川岛播磨重工业

竣 工 年 月: 1988年5月

[结构概要]

结 构 类 别: 基础 预制预应力混凝土桩
地上部 钢结构

结 构 形 式: 正交斜放华伦桁架

图2-4-1 建筑外观（摄影：SS东京）

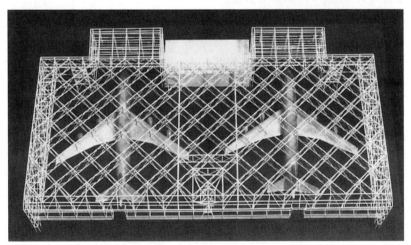

图2-4-2 结构模型（高桥利武建筑写真事务所）

图2-4-3 框架

1. 前言

本建筑是可以同时对 2 架超大型喷气式飞机进行维护修配的飞机库（双机位机库）。

业主为日本航空公司，到目前为止已经有以羽田空港和成田空港为中心，建造过 8 幢形式上从单机位机库到三机位机库的实际业绩。日本航空公司要求在本方案中集原有业绩之大成，具有功能性，经济性和作业环境的快捷舒适性。

飞机库的设计除满足一般的大空间建筑外，还有以下要求：

- 航空法规定的高度限制
- 必须有很大的开口部供航空机出入
- 悬挂吊车和能吊上吊下的移动式作业台等

特殊要求

为了满足这些条件，本建筑采用了钢管构件焊接的交叉桁架结构。下面将就其结构方案和施工的要点进行介绍。

2. 机库的形状以及构件截面

屋顶由 152.4m × 72.4m 的主体部分和 34.0m × 18.5m 的两个前突部分构成，前面设有飞机出入用的大门。

屋顶面由梁高为 5.3m 的桁架梁（井格梁）构成，下弦杆下面设置有悬挂吊车，下弦杆上面布置暖气设备（格板式发热设备）。

主要构件的截面形状，前面中央柱为箱形截面，其他为钢管截面。截面尺寸中，箱形截面为边长 300~600mm 的正方形，板厚为 12~28mm，钢管尺寸中，桁架弦杆的直径为 250~500mm，厚度 5~28mm，斜杆的直径为 160~200mm，厚度 5~22mm，钢管材料为 SM490A 级和 STK490 级。

3. 结构方案要点

3.1 前立面框架

机库设计的重点是选定前立面框架的形状。

由于柱子外表尺寸的大小决定建筑的门洞宽度尺寸，柱子的外表尺寸越小，经济效果越大。

前立面为飞机出入用的大开口，设置有滑动门用的导轨。因此，前立面框架在承受地震荷载和风荷载时，都必须保证水平刚度和竖向刚度。

这种规模的机库一般都以采用门形框架的形式或者在混凝土柱肩上承载钢结构屋顶的形式为主。而在本设计中，用前立面中央的柱子确保水

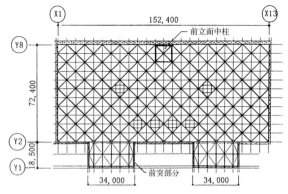

图 2-4-4　屋顶平面图

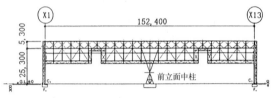

图 2-4-5　Y8 轴框架立面图

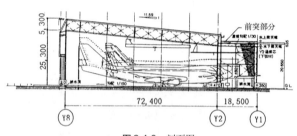

图 2-4-6　剖面图

平刚度，两侧的柱子以承受竖向荷载为主，使外表宽度最小。特别是前立面中央的柱子在飞机机翼的高度（地上 8m）处向里收缩成 X 形状，就像在四角锥上再叠放一个反转过来的四角锥。

这种形状的缺点是竖向载荷会在柱脚处产生很大的侧向压力，机库地下因为有维修作业用的地坑，难以设置处理侧向压力用的系梁。

为了解决这个问题，采用了在四角锥的中间设置竖直构件，竖向载荷由这个竖直构件承受，

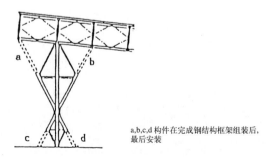

a,b,c,d 构件在完成钢结构框架组装后，最后安装

图 2-4-7　前立面中柱立面图

而地震和风荷载产生的水平力由X形构件承受的方法。具体的做法是，在钢结构建造时，先不安装X形构件，待承受竖向载荷后再安装X形构件，确保水平刚度（图2-4-7）。

前立面中柱因为采用X形柱，用最小的宽度（X形柱中竖直构件的宽度）确保了水平刚度，因此和以往框架相比，建筑物的宽度尺寸减少了约4m。

还有，这个框架两侧的柱子因为不考虑水平刚度，具有减小因温度变化而产生的框架内力的经济性优点。

3.2 屋顶桁架的形状

决定机库屋顶桁架形状的主要结构特点如下：

1）恒载为主

2）恒载中钢结构自重占的比率大

3）对于悬挂吊车必须有竖向刚度

对此，按以下方针解决；

1）为减轻钢结构自重采用钢管构件，现场连接采用焊接方法。

2）对吊车的集中荷载，为了具有分散效果，桁架梁采用井格状配置，形成空间结构。

对桁架梁的配置，还做了以下研究。屋顶板可以看成是边长比为2∶1的平板结构，支承条件是3边单纯支承和1边中央1点支承。对于这个平板的竖向载荷，主弯矩方向如图2-4-8所示。如果按主弯矩方向架设梁的话，经济效果最好[1]。

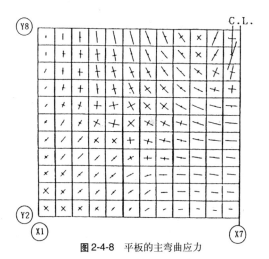

图2-4-8 平板的主弯曲应力

以此为基础，作为架设梁方向的经济性研究结果，决定以与外周边成45°斜角按约9m大小方格配置井格梁。

3.3 井格梁详图

屋顶井格梁的详图如图2-4-9所示。桁架形状采用正交斜放华伦桁架。桁架在竖腹杆的位置交叉，共有该竖腹杆。斜腹杆在该竖腹杆的中央部和该竖腹杆焊接结合。

在弦杆的交叉处用椭圆形板形成十字型将弦杆焊接连接（交叉板连接）。这种交叉板连接的安全性已经在实验中得到了确认[2]。

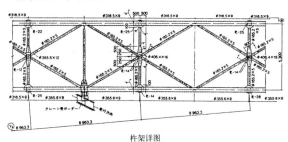

桁架详图

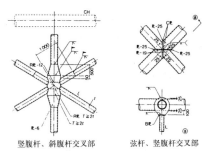

竖腹杆、斜腹杆交叉部　　弦杆、竖腹杆交叉部

图2-4-9 井格梁详图

4. 钢结构工程的施工监理

4.1 钢结构的建造施工

钢结构建造时，先设置临时支柱，将钢骨架载在临时支柱上进行组装。

建造顺序如下：

1）按可以运输的尺寸为1个组件在工场制作，横梁每2格（9m＋9m＝18m）为1个组件进行制作。

2）临时支柱按18m间隔设置，将每1个组件的横梁顺序载上组装。

3）进行接头部位焊接。

4）组装结束后，去除临时支柱的支承。去除临时支柱的支承时，将临时支柱和钢结构之间设置的千斤顶松开即可。

5）撤去临时支柱。

4.2 焊缝坡口的精度管理

井格梁的现场接头全部采用对接焊缝接头。焊接质量是关系到结构安全性的重要项目。焊接质量受焊缝坡口精度影响很大。焊接时第一层为气体保护熔透焊接,第二层以上为电弧焊堆焊。根据焊接性能确认试验,焊缝坡口底部间隔的容许值在1mm~7mm的范围内。

钢结构组装建造之前,在制作工场用1个组件进行了组装试验。确认利用装配构件和金属碳块修正方法能够保证预定值。另外,根据研究修正后对结构产生影响的结果可知,构件由此产生的内部应力最大为5MPa,是容许高强度(220MPa)的2%左右,在容许值的范围之内。但是,如果施工误差累积起来就会超过容许值,所以每2个组件设一个质量管理点,将测量结果反馈给制作工程。

4.3 焊接变形

井格梁由各个组件在现场组装焊接而成。一根梁上有8~10处焊接,多的地方达20处。焊接变形最大时,构件产生截面应力,会带来很坏的影响。在本建筑中为了避免这种影响,井格梁和外周桁架的连接采用螺栓连接,并且在焊接结束后再进行安装连接。作为参考,将焊接变形的检测结果做一介绍。图2-4-10所示的是焊接变形的预测图和实测图。

X1轴线处的变形特别大,可以认为是测量本身的误差。每个焊接处变形值在0~3mm范围内且不规则分布,所以屋顶整体的变形比预测值稍大一些。

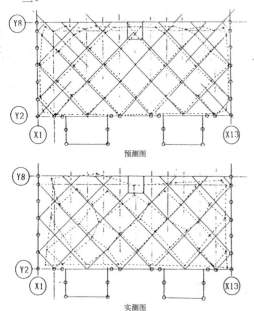

图2-4-10 屋顶面的焊接变形图

4.4 千斤顶的撤除

临时支柱撤去前,先要释放临时支柱的载荷(撤除千斤顶)。千斤顶下降时,为了在柱子上不产生超载,必须慎重地一边检测,一边进行。千斤顶总数为60台,下降时分5个阶段在中央控制室遥控操作。图2-4-11所示了各个阶段的竖向变位。制作时,钢结构的起拱设定为两个峰形,飞机的中心线为峰顶,图中最上面的线表示当时的位置。下降的量以此为基准表示,最下面的线为计算值,中间的线为各个阶段的检测值。最终变位(第5阶段)约为计算值的85%,和预测大致相同。

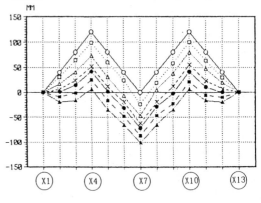

○—— 预拱值
□······ 第一阶段
△ - - 第二阶段
× - - - 第三阶段
● — 第四阶段
■ - - 第五阶段
▲—— 第五阶段预测值

图2-4-11 Y5轴千斤顶撤去时的竖向变位图

5. 结束语

以上是用钢管构件制作交叉桁架时不采用球节点而用焊接以求轻量化的实际例子,并从结构设计和现场监理的角度进行了介绍。

[文 献]
1) M. Ishigaya, I. Imai, H. Seki, R. Kosaka : IASS Symposium, Bangalore, India, Vol. II, pp. 885~894, 1988
2) 今井一郎,石ヶ谷 充,佐伯俊夫:十字はさみ板を用いた鋼管接合部の力学特性に関する実験,日本建築学会大会学術講演梗概集, pp. 945~946, 1987
3) 今井一郎,石ヶ谷 充:溶接接合による立体フレーム構造の設計と施工,日本建築学会大会学術講演梗概集, pp. 1165~1166, 1988

5 日本会展中心幕张展场

[建筑概要]

所 在 地：千叶县千叶市中濑2-1

业　　　主：日本会展中心

建 筑 设 计：槙综合方案事务所

结 构 设 计：木村俊彦、结构设计集团(SDG)

施　　　工：清水、鹿岛、竹中、飞鸟、三井
建设企业联合体大林、旭建设企
业联合体大成、新日本建设企业
联合体

建筑层面积：131 042m²

层　　　数：地下1层，地上3层(一部分4层)

用　　　途：展示、博览、集会

钢结构加工：三井造船，东京钢骨桥梁制作所

竣 工 年 月：1989年10月

[结构概要]

结 构 类 别：基础　PC桩，独立基础
框架　钢筋混凝土，钢结构

图 2-5-2　展示大厅

图 2-5-1　建筑外观

1. 设施的整体构思

幕张新都心是东京沿海开发先行规划的地方，希望利用其优越的地理条件，形成国际信息的中心。幕张新都心的核心设施幕张展场（日本会展中心）将人、物、信息会集于一堂，在17万 m² 的占地上，将大型国际展示场、多功能大厅和国际会议场规划设计成一个整体，形成建筑层面积达13万 m² 的综合会展中心。

国际展示场的不锈钢大屋顶，全长520m，高度30m的圆弧曲面，好像飞机的机翼一样。多功能大厅具有UFO似的圆形屋顶。而国际会议场建筑则像一个四方形体的集合建筑。广场、门口带雕刻的楼梯和雨棚等，还有各种供活动和激情演出的装置设备，作为一个具有多种个性化的整体表现形式，创造出一个有魅力的城市造型。

特别是进入展示大厅后，伸展的、具有圆弧曲面的立体桁架空间用透明的屏幕隔开，日射的自然光线透过桁架的网格柔和地射入进来，来访的人们首先被引导至第二层，从高处一边眺望展示演出和热闹的景象，一边向下步入展示大厅那动态的空间，就像进入表现展示场的电视剧中一样。

这个大型设施从设计到施工必须在三年内完成，从设计开始就要考虑缩短工期。缩短工期的具体做法是，立体桁架的构件采用标准截面，节点部的简洁化，楼板大幅度的预制件化，采用密封的玻璃幕墙，大尺寸不锈钢折板的屋顶，在工场制作金属装饰面板等。在系统简化的同时，还要创造一个表现细节和材质感的高密度空间，设计以此观念为本，在结构和表面装饰上下了工夫。

在整个设施中对结构的思考方法极其简单，即分解成3个基本的构成要素：室内地面、屋顶和其间连接的柱子。考虑这些要素各自作用的同时，巧妙地运用协调技术，将三个要素组合成整体。这里对地面、屋顶和柱子的思考方法也成为这个地区的结构设计方针。另外在这个建筑用地中有两个特有的设计条件。第一，这里是东京湾的填海陆地，在既深又软的地基上，包括展示楼面在内的设施整体全靠HPC桩支承。大地震时中间地层有可能液化，必须对桩的性能根据ELA-PLA法做地基-桩-结构的耦合振动分析，进行整体性研究。第二，这里面临海湾，必须有海水侵蚀的对策。对于整个外墙，混凝土的厚度和钢结构防锈涂层的考虑选择都很重要。还有海上的强风在设施各处产生的风速压力，为了预测风害，用1/400的模型进行了风洞试验，在设计中可以灵活运用这些数据。

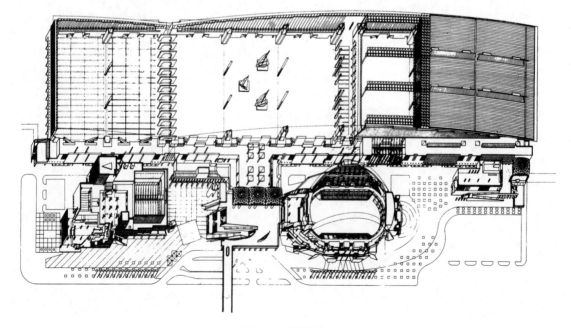

图 2-5-3　整体构成

2. 国际展示场的结构

大屋顶是半径1 200m、曲率平缓的立体桁架，由主龙骨桁架、次龙骨桁架、屋面桁架等三个序列层次构成，各自按3层、2层、1层变化其高度，模数相同。

立体桁架的基本节间尺寸平面上为3.0m，截面上为2.1m。立体桁架平面上的模数是根据平均分割大屋顶半径中心夹角的角度取得的，主要是为了使弦杆和斜杆的尺寸均一化。

4列主龙骨桁架按长度方向架设，提高大屋顶面外刚度的同时，利用其空间来通风、采光和作为维修通道。

次龙骨桁架按展示单元每隔60m架设，上面设雨水沟槽，下面可以安装作为分隔用的门窗框。次龙骨桁架上没有特别大的内力集中，在桁架高度中间设雨水沟槽能够大大减少屋面装修材料的辅助构件，根据其截面形状和龙骨支点下面的位置，将其称之为次龙骨桁架。

屋面桁架是空间梁结构，但杆件沿一个方向贯通。即，杆件不是在立体桁架的每一个节点处拼装起来的，上弦杆和下弦杆是通长的，直角方向的腹杆以及斜杆则分别用各种短杆在节点处连接，这样，杆件选择的自由度很高，连接接头容易制作，安装方便。

在大屋顶中使用的钢材有27种，考虑到不同的内力和变形，细长构件的形状、截面都有所不同。龙骨主桁架中以H形钢为主，其他构件中，上弦杆采用薄壁型钢，下弦杆采用不等边角钢，斜杆采用了等边角钢。构件都采用开口截面，这是为了显露构件的边缘造型且连接方便。

薄壁型钢、角钢等开口截面和圆钢管、方钢管等封闭截面相比，抗弯扭失稳的性能差，为了弥补这个缺点，这些构件都成对组合后使用，成对组合的间距根据必要的抗失稳性能调整。用钢板夹在型钢中间，根据构件不同，使成对型钢间距为50mm或30mm，这样型钢的弱轴方向也具有了和强轴方向相同的稳定性能。两根型钢之间设定这样的间距，还可以用节点板方式连接。上弦杆采用薄壁型钢是因为除了桁架上的轴力外还有由于屋顶构件产生的次弯矩和剪力。

大屋顶在制作时，将现场作为临时工场进行制作，安装采用地面组装的方式。先在地面组装

成宽6 m，高6.3m，长60m的大型龙骨拱架，调整了所有的尺寸精度后用2台300t履带式起重机配合起吊，直接架设在柱子上。屋顶桁架按宽9m，高2.1m，长3.3m在地面组装，依靠现场搬运车辆移动直接架设在龙骨桁架上。在地面作业时，就在桁架上安装好各种屋顶通道和屋顶表面材料安装用连接件，整个屋顶架设时没有搭建任何脚手架和支承架，从结构形式的特点来看，也是充分利用了宽阔的现场地面对施工工法的有利之处。

大屋顶用4种类型的柱子支承。分别是西面形成仓库群的钢筋混凝土桥桩台柱、东面服务通道的框架结构柱、间隔60m分隔区域并可收藏移动隔墙的箱形柱、还有大厅内柱子等4种类型。

对于各种外力，大屋顶最重要的支承主体是西面的仓库群结构和东面的服务通道结构，都采用大型的钢筋混凝土墙柱，柱顶部每隔9 m都有一个屋顶的支点。

展示大厅宽大的地面上并排铺设预制板构件，并在现场浇注10cm厚的混凝土作为地板表面，这就是能够承受5t /m² 展示用地面荷载的预应力预制地板。

支承这个预应力预制地板的是大型的预制U字型沟槽构件，按6 m间距排布，沟槽中可以任意安排展示用排水或电气设备等设施，还具有地梁的功能。U字型沟槽构件下面有桩支承，间距为12m。

每隔60m的分区可移动墙下面是宽4.5m，深约2.6m的主地坑结构，也是连接南北箱形柱柱脚的重要结构构件，本来这是U字型沟槽构件中管道的分路设施，但被直接用作结构构件。

图2-5-4　展示大厅

3. 多功能大厅的结构

屋顶是平面直径为90m的立体桁架，中央场地上部是圆柱壳顶，观众席上部是用平面圆弧切割的圆锥形顶。

中央场地上部的圆柱壳顶，曲率半径为60.5m，从中心开始分为3个区段，网格尺寸约3.2m，立体桁架的高度为2.5m。观众席上部的圆锥形顶对周围的环形梁和圆柱壳顶具有良好的结合面，制造这种大角度倾斜的屋顶，圆锥体是最合适的。其网格尺寸和桁架高度根据圆柱体上的延长线自动决定。

这个大屋顶主要由剧场四个角上4根巨大的柱子支承，支点的对边圆弧方向和对角方向受压缩力，直角方向产生张拉力。观众席后部单边竖立的4根圆柱，在圆锥体边缘承受竖直方向的力。对水平方向的轴向力和地震力采用滑动支承，把对结构下部的影响限制到最小。大屋顶的上弦杆、下弦杆都采用薄壁型钢，斜杆采用两根等边角钢组合使用，根据内力的大小，共有31种不同尺寸的构件。构件组成的方法和国际展示场大屋顶完全一样，为了增加薄壁型钢弱轴方向的抗失稳能力，两根型钢间隔30mm成对组合使用。事先考虑到施工安装的方法，采用贯通的驻杆，直角相交的构件则用节点板和高强度拉力螺栓连接。

支承大屋顶的4根巨大的钢筋混凝土支柱，地面一端尺寸为4m×9m，高约10.4m，因为和大屋顶接合的截面只需要2m×2m，所以支柱截面从地面向上沿大屋顶切线方向逐渐收缩变小。

因为支柱的角度和拱架的方向相同，对于大屋顶的重量基本上只受到压缩力，但抵抗地震力则必须具有这样大的截面和形状。

大屋顶的立体桁架在支柱上用直径1.1m的底板连接，拉紧埋在支柱中的预制圆钢构件，底板和支柱混凝土呈摩擦结合状态。底板上加强肋板的间距主要根据张紧预埋圆钢构件的油压千斤顶的尺寸来决定。

形成观众席的台阶，采用形状复杂的预制件，和观众席坡度对应的两种座席构件、阶梯、贵宾席、通道和前沿的悬挑构件等都制成为各种预制板件。这些预制板构件中都加入了预应力，承受荷载能力大而构件截面小且轻量化。悬挑构件预制板根据后张法固定在内侧的梁上。

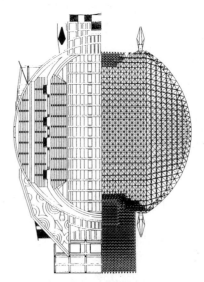

图 2-5-6　屋顶和下部结构

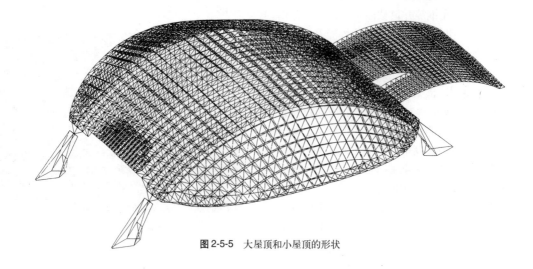

图 2-5-5　大屋顶和小屋顶的形状

6 前桥 GREEN 会馆

[建筑概要]

所　在　地: 群马县前桥市岩神町 1-2-1

业　　　主: GREEN DOME 前桥（财）

建 筑 设 计: 松田平田、清水建设

结 构 设 计: 同上

技 术 指 导: 日本大学教授　斋藤公男

设 计 监 理: 前桥市建筑部建筑课、松田平田

施　　　工: 清水建设、佐田建设、关电工、大
　　　　　　和设备、三洋关东

楼层总面积: 59 832.494m²

层　　　数: 地下1层，地上6层，塔顶层1层

用　　　途: 多功能大厅

高　　　度: 檐高 30.975m，最高 41.207m

钢结构加工: 东京铁骨桥梁制作所、星野铁工
　　　　　　所、冬木工业、吉田铁工所

竣 工 年 月: 1990 年 5 月

[结构概要]

结 构 类 别: 基础　直接基础（N值50以上的
　　　　　　卵石砂砾层）

躯体　B1F~2F: 钢骨钢筋混凝土，
　　　　　　　钢梁

　　　3F~6F: 钢骨钢筋混凝土柱，
　　　　　　　钢梁，预制板看台
　　　　　　　台阶

屋顶　张弦梁结构

图 2-6-2　内部景观

图 2-6-1　建筑外观

1. 前言

本建筑是为了在1992年迎接前桥市改为市制100周年，作为纪念活动一部分的前桥公园修整规划的核心设施而建造的。是一个多用途、多功能的大厅。

建筑所在地位于良好的自然环境中，为了缓和大屋顶给大型建筑物带来的压抑感，框架采用了低拱高的张弦梁结构。在大屋顶和外墙之间设置了高度约9m的玻璃幕墙，使屋顶看上去像浮在空中一样。

建筑的平面形状为长圆形，短边方向144m，长边方向189m，直线部分为6层建筑，圆弧部分为4层建筑（图2-6-3）。

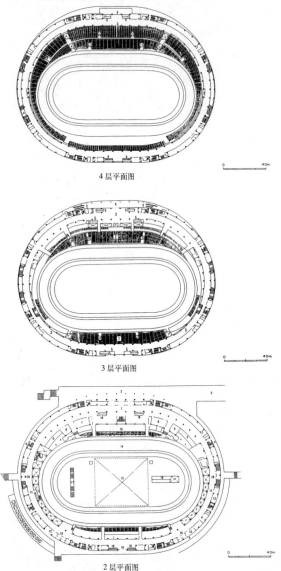

4层平面图

3层平面图

2层平面图

图 2-6-3　各层平面图

这里主要以张弦梁结构为中心，对结构概要和施工概要进行介绍。

2. 结构概要

2.1 下部结构

在下部结构中，柱子采用钢骨钢筋混凝土结构，大梁从B1F到6F都是钢梁，抗震结构主要是楼梯室周围的墙，还有休息厅与观众席分界处的钢筋混凝土抗震墙。

在设计时，将框架分成直线部分、圆弧部分等4个部分对框架中的地震力进行了分析，在确保水平方向承载力的同时，还对整体框架模型进行了三维振动分析，对分区分析是否适当和安全作了验证。

2.2 屋顶荷载的传递

张弦梁结构因为是自平衡体系，向下部结构传递的只是以屋顶自重为主的竖向力。

张弦梁框架由竖在最上层的独立柱子支承，在屋面装修结束之前采用滑动支承，结束后设置铰支承结构固定件，使下部结构在施工时不会受到附加的水平作用力。

另外，对直至5F柱脚处的柱子刚度和屋顶整体结构以及支承结构的状态（后述）根据预想的地震、风、积雪产生的荷载进行三维分析，把握向下部结构传力的方式。

2.3 张弦梁屋盖结构

（1） 结构的构成

平面形状和下部结构的形状相同，短边方向122m，长边方向167m，屋盖由并排部分12榀、放射部分22榀张弦梁构成。34榀张弦梁中各自的拉索都成对使用，控制拉索的直径不至于太大。和桁架直角相交的小梁采用圆弧拱架的形式，演示出细巧、有节奏规律的空间形状（图2-6-4~图2-6-6）。

（2） 结构的分析

在结构分析时，对屋盖整体模型和部分模型进行了三维分析，然后决定各构件的截面。支承结构也根据不同的形态进行了分析，如前所述，施工时按滑动支承，地震、风、雪、温度应力按铰支承处理之外，对滑动支承状态的内力也进行了计算，确认各种支承状态下屋顶结构的安全性。

（3） 中央环形大梁

根据整体屋盖结构模型分析的结果，对中央环形大梁作了部分三维分析，并根据其内力状态进行了构件设计。大梁中构件钢材采用SM490A，上部环形大梁中桁架梁的上、下弦杆为箱形截面，下部环形大梁也为箱形截面。连接在下部环形大梁中的拉索固定用构件采用具有可焊性的铸钢件。

(4) 桁架

对屋盖中的桁架之一进行了分析，并对桁架端部的上下弦杆、斜杆作了详细研究，还特别对拉索外周固定部分用有限元法作了分析，然后决定各个构件的构造。外端部的上、下弦杆构件在桁架的并排部分采用 SM490A 钢，放射部分采用 SS400 的 H 形钢，斜杆在并排部分和放射部分都采用 SS400 的 H 形钢（图 2-6-7）。

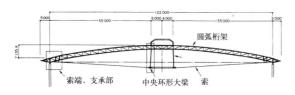

图 2-6-4 短边方向截面

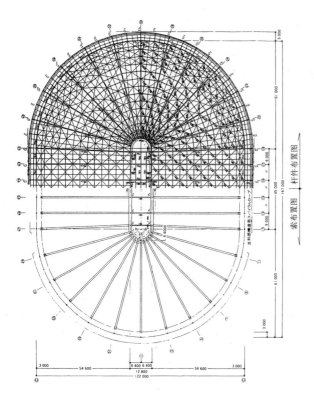

图 2-6-5 屋顶结构图

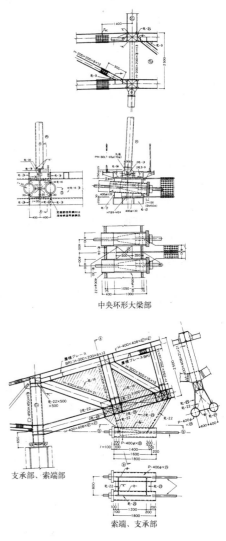

图 2-6-7 张弦梁钢结构详图

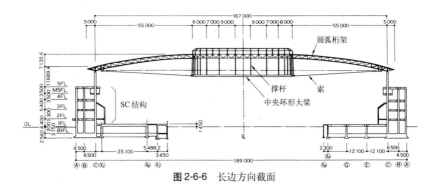

图 2-6-6 长边方向截面

(5) 放射部分的研究

放射部分具有圆屋盖的效应，用部分三维模型对各种荷载和支承状态进行了分析。

这个分析结果主要用来设计放射部分中的小梁和支撑构件，拱形小梁采用H形钢，支撑构件采用了H形钢和角钢。

3. 有关施工方法的预研究

张弦梁结构最大的特点就是在索中施加张拉力后控制大梁的内力和变位，利用预张力的效果希望得到理想化的屋顶。而在什么时候施加，和施加多大程度的张拉力才能确保设计质量，这些都必须事前进行充分的研究。因此在施工方案制定和实行前进行了施工时的模拟分析研究，研究结果作为制定施工方案的基础资料。

3.1 最佳张拉力的研究

最佳张拉力研究以桁架承受主要荷载时轴力分布最小以及中央环形大梁的竖向变位最小为目的。

研究时以竖向分布荷载以及中央环形大梁重量产生的集中荷载作为已知数，并排部分以及放射部分的张拉力作为未知数进行分析，并得出结论，施加的张拉力在放射部分的比例约为并排部分的7成最为合适。

另外，在张弦梁中施加了张拉力后的各个支承反力和张弦梁的作用面积的比例大致相等，因此并排部分的荷载不会过度地向放射部分流动而是向下部结构传递。

3.2 施工程序的研究

施工模拟分析的详细情况由于篇幅限制而略去，根据模拟分析结果采用了如下的施工方法。

a. 钢结构组装后施加张拉力，利用后加的屋面荷载在拉索上产生附加张拉力。

b. 考虑到确保最合适张拉力的可靠性，采用同时一起拉紧的方法。

c. 由于同时一起拉紧产生变形，附加构件（小梁、支撑）会产生约束力，作为对应措施，设置了内力释放区域。

4. 施工方案

4.1 大屋顶钢结构安装

按图2-6-8，图2-6-9所示顺序进行安装，根据施工分析的内力释放区域，进行最终的固定。

连接采用长圆孔，大屋顶的钢结构包括小梁、支撑、通道等附加构件都在施加预张力前连接。在施加张力后，根据最后加工工程的进展顺序将临时固定部分正式固定。

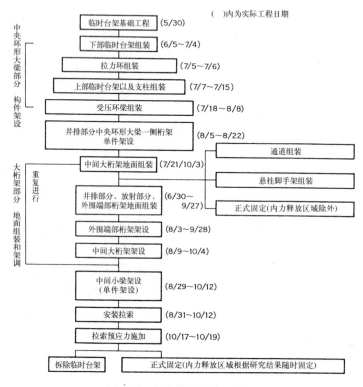

图2-6-8 大屋顶钢结构施工顺序

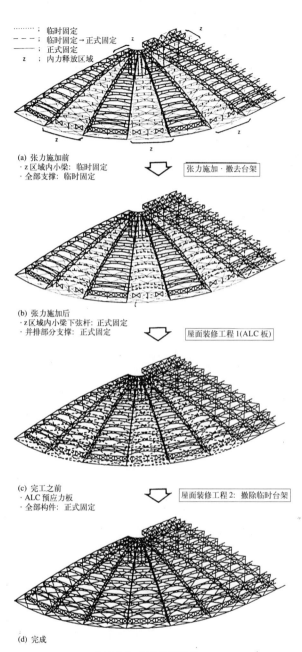

……… : 临时固定
---- : 临时固定→正式固定
—— : 正式固定
z : 内力释放区域

(a) 张力施加前
·z区域内小梁：临时固定
·全部支撑：临时固定

→ 张力施加·撤去台架

(b) 张力施加后
·z区域内小梁下弦杆：正式固定
·并排部分支撑：正式固定

→ 屋面装修工程1(ALC板)

(c) 完工之前
·ALC预应力板
·全部构件：正式固定

→ 屋面装修工程2：撤除临时台架

(d) 完成

图2-6-9 屋顶施工顺序

4.2 施加预张力

施加预张力采用68台穿心式油压千斤顶，68根悬拉索同时一起拉紧。施加张力时，将各自预定施加的张力值分成18级，用百分比表示，使用荷载自动控制装置。预定的张力值，并排部分为149~151t，放射部分为92~96t，分阶段逐步施加。

由于张力是用68台设备同时一起施加，拉索中的张力能够均衡地传递至大屋顶整体钢结构，从而使屋盖结构的设计意图得以实现。同时，为了保证施工时的安全，在每级施加张力后，对构件的内力、变位以及外围支承部分的移动量进行测量，然后和施工前分析的预测值做比较，一边确认质量和安全一边逐步施加张力。

4.3 屋面装修工程

大屋顶完工后的重量约为2 000t，其中65%的重量是ALC板，约重1 300t。因此，如果安装顺序错误的话，完工后就不能按设计意图保证最合适的张力。根据施工前分析的结果和考虑到施工效率，铺设ALC板分2组对称进行，另外，考虑钢结构构件的安全，内力释放区的ALC板先堆放在邻边已铺设结束的板上，将内力释放区附加构件的螺栓正式紧固后再行铺设。在屋面装修过程中和结束时，对拉索张力、构件内力、变位和外围支承部分的移动量都进行了测定，确保了工程质量。

5. 施工时和完工后的测定

为了把握张弦梁结构在施工过程中的性能和保证质量，对荷载、变位、内力等进行了测定，结果实测值和施工前分析的预测值相当一致。在确认预测方法和施工方法合适妥当的同时，确保达到了所定的设计质量。

有关详细情况，请参照所附文献。

[文 献]
1) 長円形張弦梁屋根架構を用いた前橋公園イベントホールの設計概要，鉄鋼技術，1990.1
2) グリーンドーム前橋の防災計画および構造計画について，ビルディングレター，1990.2
3) 長円形張弦梁構造の構造計画について等（グリーンドーム前橋の研究報告1~6），日本建築学会大会（中国大会），1990.10
4) 張弦梁構造によるグリーンドーム前橋の大屋根施工，建築技術，1991.1
5) グリーンドーム前橋建設工事工場製作・現場施工報告，東骨技報，No.30
6) 張弦梁構造のディテール，ディテール，106

7 两国国技馆

[建筑概要]

所　在　地: 东京都墨田区横纲1-20

业　　　主: 日本相扑协会

设 计 监 理: 鹿岛建设、杉山隆建筑设计事务所

施　　　工: 鹿岛建设

占 地 面 积: 18 280.2m²

建 筑 面 积: 12 388.1m²

楼层总面积: 35 341.9m²

层　　　数: 地下2层，地上3层

用　　　途: 比赛、演出

檐　　　高: 16.5m

最 高 高 度: 39.6m

工　　　期: 1988年7月~1990年10月

[结构概要]

结 构 类 别: 钢骨钢筋混凝土

　　　　　　屋顶　钢结构

　　　　　　基础　桩基础

钢结构加工: 横河桥梁，川崎重工

图2-7-2　建造中的大屋顶钢结构

图2-7-1　建筑外观

1. 前言

自1951年首场比赛以来至今，受到相扑爱好者长期喜爱的旧藏前国技馆近年开始明显陈旧老化。日本相扑协会（春日野理事长）为了维持相扑的隆盛和后世能够继承这个传统运动，决定建造能适应现代化的新国技馆。

建筑所在地和国铁"两国车站"相邻，面对隅田川河，位于东京都将来防灾避难的预设区域内。灾害发生时，希望国技馆还能起到防灾避难所的作用。另外，大相扑运动在两国这个地方有着很长的历史，也是首代国技馆（旧两国国技馆）建造的地方。旧两国国技馆为建筑家辰野金吾氏所设计，具有圆形的屋盖，在日本是首次用钢结构建造的大空间设施，这在当时是超时髦的建筑。直到战争结束许多有名的冠军胜负战和激烈的比赛在这里反复进行，是至今还保留着被形容为"震撼大铁伞的呼声"印象的名建筑。

对于新国技馆的设计，相扑协会提出的要求之一就是"在两国再现大铁伞"。大屋顶的结构还要起到内部空间造型的作用。

新国技馆的大屋顶将大相扑的传统和现代融合，采用以"现代和风"为形象的切角四方形。

屋盖结构的方案，在追求力学的合理性、安全性和施工性的同时，将内部空间的造型也放到了重点位置上。为了再现传统的"大铁伞"，开发了新的三维结构系统和对此系统最适合的施工方法。

2. 框架系统

切角四方形的大屋顶具有"和风"的形象，大空间的结构造型继承了以往旧两国国技馆的传统风格。

屋顶顶部的受压环梁和屋顶底部的受拉环梁平面上形状相似，都是切角四方形。两个环梁用8根大梁连接形成棱线，成为削去顶部的切角四方形自平衡三维结构的骨架。大梁作为承受很大轴力和弯矩的主要构件，采用梁高2.5m的实腹式截面。就像4组两个相扑大力士的组合一样每两根大梁成一对，也是在造型上对力量的表现。大梁和大梁之间环状连接的阶梯形桁架，起着小梁的作用，将竖向载荷向大梁传递，同时对大梁产生空间约束效应。因此，阶梯形折板桁架的上段受压缩力，下段受拉力。对于大梁的轴向内力和弯曲内力的平衡，约束构件的截面越大，减少弯曲内力和增加空间约束的效果越好。在这个结构中大梁的弯矩约为简单梁的内力的1/2，结构系统在力学上是很合理的。

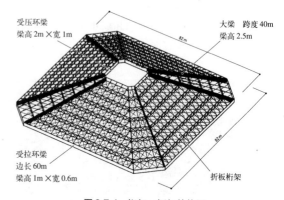

图 2-7-4　桁架、框架结构图

图 2-7-3　旧国技馆

大屋顶上的大部分是阶梯形折板桁架，折板桁架的结构如文字所示，是由垂直和水平两个平面上的构件组成的斜腹杆桁架，桁架构件都使用CT钢背对背组成的十字形截面。主构件上下弦杆用兼作节点板的中间板调整截面，外形统一为300系列宽翼缘H钢切割1/2的CT钢，和强有力的大梁相对应，在设计造型上露出清晰的钢结构轮廓线条。由于这些构件尺寸统一，在加工制作方面和质量管理上有很多好处，同时，在现场组装中，构件的连接方法和尺寸统一后在提高施工效率方面也取得了很大的效果。

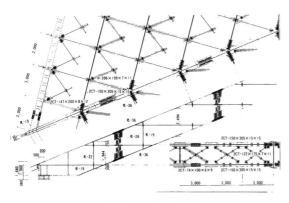

图 2-7-5　钢结构详图

大屋顶总重量约3 000t，钢结构组装完成后即形成自平衡体系的结构。在撤去中央支承的千斤顶的同时，屋顶由于自重在水平方向向外扩展移动，再加上屋顶底层的预制板和屋面装修材料等荷载后，移动量增加，因此在8根大梁下方的支点上设置高强度滚轴支承，受拉环梁和下部结构连接的底板可以沿屋顶顶点的投影方向移动，能够对应由于竖向荷载产生的位移，同时还可以解决钢结构由于温差产生的伸缩。另一方面，地震和风产生的水平力则通过受拉环梁下面的底板和

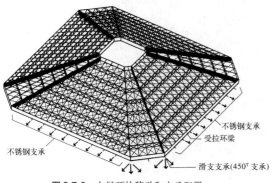

图 2-7-6　大屋顶的移动和支承配置

受拉环梁直角方向设置的止动构件向下部结构体传递。

3.　大屋顶的振动分析

考虑到新国技馆在灾害时将成为地区防灾避难点的重要性，对大屋顶和下部结构的整体模型进行了地震反应分析。将大屋顶作成能够精密地追踪三维动态的模型。另外，大屋顶和普通的建筑不一样，上下方向的地震动也会引起摇动，因此不仅对水平方向的地震动，对上下方向的地震动也作了分析，对安全性进行了研究。

大屋顶在地震时的振动方式很有特征，不管是水平方向还是上下方向的地震，屋顶都沿屋面法线方向振动即斜上、下方向振动。例如，水平方向地震时，在屋顶面的中央部分产生水平方向2G，上下方向3G的最大加速度。产生变形最大的地方(屋顶底面向上约4分之1处)，水平方向约5cm，上下方向约8cm。另外，上下方向地震时的反应倾向和水平方向地震时非常相似，最大加速度水平方向为0.5G，上下方向为1.1G，最大变位水平方向约3cm，上下方向约8cm(都发生在屋顶面底部向上约8分之1处)。这些结果都反馈到了设计中，用来确认结构的安全性。

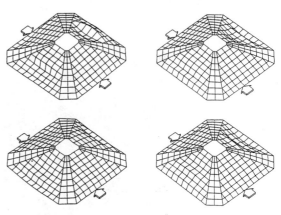

图 2-7-7　EW 方向地震动时屋顶的变形（扩大50倍）

4.　大屋顶的建造

大屋顶的建造按下述方案进行。首先在中央搭建临时台架，架设屋顶顶部的受压环梁，接着架设屋顶底边的受拉环梁，连接两个环梁的大梁分成4段，下面两段大梁利用中间支架分别安装，上面两段大梁预先在地面相互连接后用吊车和受压环梁一次吊装连接。2个环梁和8根大梁首先组成稳定的结构。

然后，最大的课题是大梁之间连接的阶梯状桁架。这里先把阶梯状桁架中的2组竖向桁架和连接竖向桁架的水平支撑以及与屋顶坡度相同的连接构件一起，预先在看台上进行地面组装，桁架中的过道、照明等设备也一起集中安装后，用卷扬机装置一次提升至所定位置进行吊装（卷扬提升施工法）。这样，大梁在现场的连接节点只有4个，使现场作业省力化。阶梯状桁架中最长的跨度达56m，自重和其他临时构件加在一起重达70t，为了现场作业的正确，必须进行充分的预备施工试验。其次还有水平支撑、连接构件的配置。大屋顶建造完成用了大约4个半月。

撤除支承大屋顶的千斤顶时，将预先设置在支架顶部的千斤顶从中间支承部分开始逐步撤去，

中央临时台架上设置的8只千斤顶在最后同时撤去，千斤顶撤除后屋顶在竖直、水平方向的位移量和计算机预先计算的值大致相等，顺利地完成了自平衡体系的三维结构构架。

5. 结束语

明治时代建造的旧两国国技馆采用了双斜腹杆桁架的带肋屋盖，屋顶钢结构的内部空间露出，被称做"大铁伞"。多少有名的胜负战使馆内沸腾，呼喊声震撼着"大铁伞"。新国技馆的大屋顶继承了这种传统形式，采用了阶梯形的双斜腹杆桁架的三维结构，内部空间露出其设计造型，在两国再生了新的"大铁伞"。

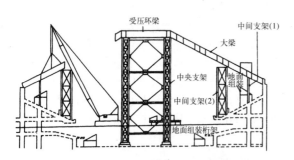

图 2-7-8　主框架的组装

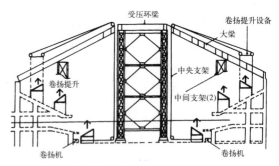

图 2-7-9　折板桁架的组装

图 2-7-10　钢结构组装结束时的大屋顶

8 晴海21世纪展览馆

[建筑概要]

所 在 地: 东京都中央区晴海2-28

业 主: 日本建筑中心

建 筑 设 计: 大林组东京本社一级建筑士事务所

结 构 设 计: 大林组东京本社一级建筑士事务所

施 工: 大林组

技 术 指 导: 斋藤公男（日本大学教授）

建 筑 面 积: 1 788m²

层 数: 地上1层

用 途: 住宅展示

竣 工 年 月: 1992年3月

[结构概要]

结 构 类 别: 基础 直接基础

下部框架 钢结构

屋顶 钢索网悬挂膜结构（A种膜材）

图 2-8-1 建筑外观

图 2-8-2 屋顶面详图

图 2-8-3 夜景

1. 前言

20世纪最后的10年，具有向21世纪传递信息的重大意义。日本建筑中心作为面向21世纪的信息发布基地，在东京晴海的一角规划建造了晴海21世纪展览馆(Housing Urban Media Information)。

设施着眼于对过去的住宅展示场所加以发展，在设施中能对将来的住宅进行构思、实验和摸索，通过企业和人们（生活者）的交流，以新的形态形成一个接收和发布建筑、住宅、城市造型、生活等信息的21世纪型的信息站点。

2. 设计方针

本设施的主要目的是设置和以往形式不同的展示空间，而且我们将建筑物自身也看成一个重要的展示作品，设计在日本大学斋藤公男教授的指导下进行。根据建筑物自身应具有某种新颖性和唯一性的意向，而且能够应对各种形式的展示目的，方案采用了新形式的大空间结构。

建筑方案布置了长轴48m、短轴38m的椭圆形展示空间，北侧有进口大厅和办公室，南侧配置办公室和盥洗室。

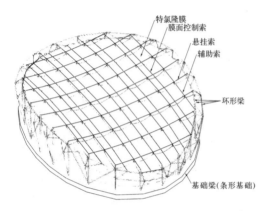

图 2-8-4 结构概要

图 2-8-5 内部空间

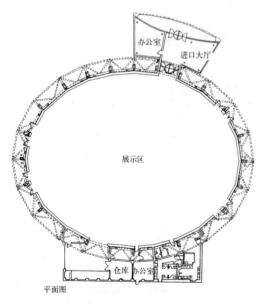

图 2-8-6 平面图

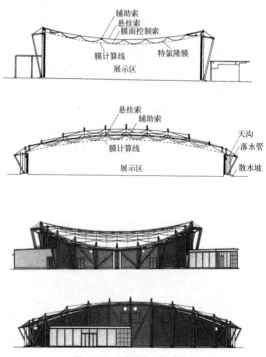

图 2-8-7 剖面图、立面图

3.　结构概要

屋顶结构的上部，上凸形态和下凹形态的钢索直角相交构成鞍形钢索网曲面，另外，下部配有山谷式多曲钢索的悬挂式张力膜组成新形式的膜结构，因此称其为"钢索网悬挂膜结构"。这种结构因为只用承受张拉力的材料（钢索、膜）构成，在钢索网的预应力施工控制、形状控制和设计形状方面，还有膜曲面的形成方面都作了很多的探讨。

结构设计的宗旨，第一是希望减轻建筑物的重量，第二是构成新体系的大空间。

根据这样的考虑，展示空间内排除结构骨架，意在构成一个完全没有视线妨碍的自由展示空间，追求的结构形式将构成空间结构体的悬挂构件全部设置在建筑物的外部。

一般的钢索屋盖由承受张拉力的钢索和承受压缩力的支柱组合构成屋顶面，而我们摸索出了采用特氟隆膜作为屋顶材料，仅由纯粹的张拉力材料构成的"钢索网悬挂膜结构"。

屋顶面的形状是缓缓的鞍形曲面，短轴方向按5m间隔配置下垂的悬挂钢索，长轴方向按5.25m间隔配置拱形的辅助钢索。悬挂钢索和辅助钢索在空中用悬挂点连接件交叉，在交叉悬挂点下面用膜安装配件固定悬挂式张力膜构成屋顶。悬挂钢索的最高高度为GL+11.825m，最低点高度为GL+6.385 m，膜面按5m×5.25m的方格支承，为了确保雨水排水路线以及膜曲面的形成，在5.25m的中间设有控制膜面形态的山谷式多曲钢索。

屋顶面的力学特性是，山谷式多曲钢索对风荷载起抵抗作用，悬挂钢索对全面均布积雪荷载起抵抗作用，而对非均匀分布积雪荷载，辅助钢索对各构件的内力状态以及变形的抑制有着特别的调节效果。风荷载时，辅助钢索、山谷式多曲钢索中张力增加，雪荷载时，悬挂钢索中张力增加。在达到设计荷载时，各钢索上的张力不会消失，其可靠性得到验证。

下部结构由椭圆形平面屋顶交点处的空间桁架构成，构件采用球节点连接，桁架承受竖向和水平方向的力。下部结构因为支承屋顶面的钢索网以及膜曲面，必须具有刚度很高的边界环。所以，鞍形的压缩环与竖直方向的柱子以及支撑构件加以综合设计，利用其空间效应，形成刚度和强度都很高的环。

4.　施工监理

屋顶施工是在基础、地梁、地面混凝土工程和环形梁钢结构组装之后，按下列步骤施工。
1）架设和拉紧悬挂钢索、辅助钢索
2）将膜展开和提升
3）安装膜的悬挂连接件，将膜外周部固定
4）架设和拉紧山谷式多曲钢索
5）最终调整（完成曲面）

钢索的安装工程是本结构中最重要的工程。钢索的张力和形状根据张拉千斤顶、荷载计的张力控制进行调整，还根据标记的材料长度以及测量下垂挠度的形状控制进行调整。

钢索网张力的初始设定值，考虑实际的施工步骤后，根据各个阶段的钢索张力以及外力，对施工流程进行逆序分析后决定。分析顺序如下所示。
1）设计最终完成的曲面
2）悬挂点下降
3）去除山谷式多曲钢索
4）去除膜张力
5）去除膜自重
6）得到钢索网初始曲面

根据上述的研究和施工管理，结果在各钢索、膜中的实测张力值和设计值相当一致，而且曲面完成后降雪时（约13cm，换算荷载372kN/m^2）的实测张力值也和分析结果一致，雪融化后的张力大致恢复到了积雪前的状态。

图2-8-8　积雪时状况（悬索网端部）

5.　结束语

以上对设计方针、结构概要、施工监理为中心的结构方案进行了介绍。

2. 大空间建筑

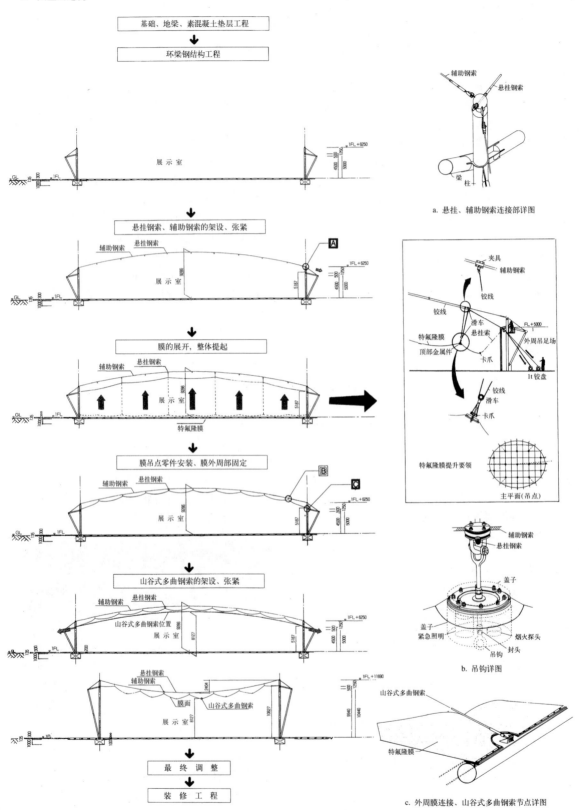

基础、地梁、素混凝土垫层工程

↓

环梁钢结构工程

↓

悬挂钢索、辅助钢索的架设、张紧

↓

膜的展开，整体提起

↓

膜吊点零件安装、膜外周部固定

↓

山谷式多曲钢索的架设、张紧

↓

最 终 调 整

↓

装 修 工 程

a. 悬挂、辅助钢索连接部详图

b. 吊钩详图

c. 外周膜连接、山谷式多曲钢索节点详图

图2-8-9 施工顺序概要

9 全日空关西国际空港一号机库

[建筑概要]

所 在 地: 大阪府泉南市泉州空港南 1 番地

业 主: 全日本空输

建 筑 设 计: 梓设计、清水建设一级建筑士事
务所

施 工: 清水建设

楼层总面积: 12 685.64m²

层 数: 地上 2 层

用 途: 航空机维修用机库

高 度: 34.15m

钢结构加工: 川崎制铁、片山结构技术、川崎
重工业（大门制作）

竣 工 年 月: 1995 年 3 月

[结构概要]

结 构 类 别: 基础　直接基础
框架　钢结构

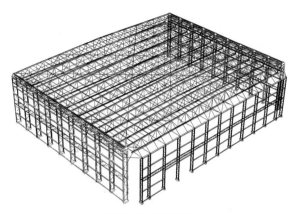

图 2-9-1　框架俯视图

图 2-9-2　建筑外观（照片提供: 全日空)

1.　前言

关西国际空港在国际航空线路上起着重要的作用，是日本首次 24 小时运行的空港，本建筑是全日本空输株式会社为了保证空运飞机长期安全和高质量运营而在空港规划的设施。因为这里是世界上未有前例的、填海造地而成的海上空港，可以预想到会发生长期地面沉降，而各种维修作业不论在何时都必须能够进行，对建筑物的要求很多，其中之一就是对不均匀的沉降，机库本身能和平常一样稳定，以及为了保持机库地面水平度，水平修正工作能在短时间内进行。而且要求建筑物形状对滑行跑道上的风影响较小。下面将介绍对应于这些条件的结构形式，施工方法中采用的巨型翼墙的建筑结构（PSST：预应力钢桁架），和系杆支撑组合的结构方案及施工。

2.　结构方案

本建筑物有 3 个课题，一个是不均匀沉降发生时建筑物的水平调整。水平调整作业必须采用千斤顶顶升，如果从容易作业方面考虑，建筑物柱脚的理想状态是只受轴向力作用。使双肢柱柱脚形成仅承受竖向荷载的简支梁。另外，对于风、雪、地震，采用具有一定约束的柱脚形式。

柱距方向采用系杆和支撑，使水平调整作业简化。主桁架设计则结合顶升，形成非常简明的简支梁体系，使修正不同沉降时的顶升工程能够稳定、容易地进行。

第二个课题是建筑物的形状（流线型状）。吹向滑行跑道的风经过建筑物后会对滑行跑道产生怎样的影响，还有哪几种形状能减少这种影响，都作了研究。决定建筑物形状时，对几种高度、外形不同的实验模型都进行了风洞试验。其结果，建筑物对滑行跑道影响最大的首先是高度，其次是建筑物迎风面上的拐角（屋顶和墙）形状。风洞试验的部分结果如图 2-9-4 所示。

第三个课题是结构形式要考虑由于高度限制（建筑物自身和施工时建筑机械的高度）带来的施工性能问题，这里采用了顶升施

图 2-9-5

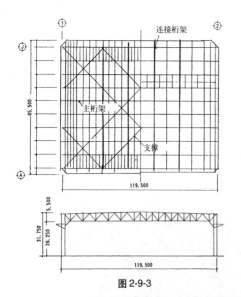

图 2-9-3

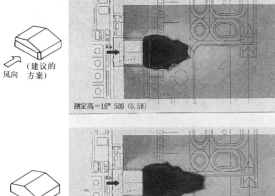

图 2-9-4

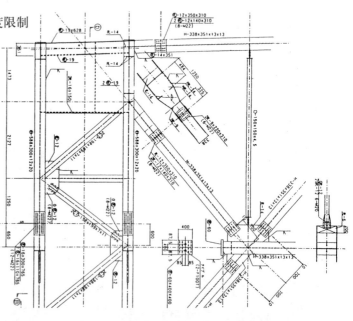

图 2-9-6　主桁架下弦杆端部（预应力钢丝固定部）

工方法。还有，建筑物要求有效空间为：跨度方向（横向）114m，柱距方向（纵向）96m，梁底高度26m，经过研究，为了控制建筑物的高度，框架形式采用了能适合扁平桁架的巨型翼墙结构，拐角处为大的斜切面。正面的大门采用单扇推拉式，使不均匀沉降时的调整较简单，荷载的分散化还可以减少对不均匀沉降的影响。而一般的大门采用8扇两边分开的方式，当4扇集结在单边时由于荷载集中，就会成为产生不均匀沉降的原因。屋盖平面设计基本上采用10m左右的网格，按图 2-9-3 所示配置桁架和连系梁。另外，为了分散吊车的移动荷载，在纵向配置了4道次桁架，其结果可使主桁架的内力和变形为单桁架承受荷载时的1/3，满足了屋顶吊车行走的条件。在桁架的上弦面中配备了集中型支撑，在提高建筑物平面刚度的同时也是为了减少钢结构的加工。支撑采用集中型后

对桁架的上弦杆在竖直方向产生的附加作用进行了仔细地研究。桁架的下弦面上是10 m左右的网格，没有斜杆和支撑，仅仅由X、Y两方向的构件构成很简洁的下弦平面，桁架内部有全长1 300m的检修走道，走道的栏杆是10m长的桁架式组件，连在主体桁架的下弦杆上，并通过铰-滑动支承连接，使桁架变形产生的内力不会向检修走道传递。桁架和柱子的连结设置加腋杆在保证水平刚度的同时能够确保下弦面中预应力钢丝施加张力的空间，详细见图2-9-5，图2-9-6。

3. 构件设计

3.1 桁架构件

具有120 m跨度的桁架的上下弦杆采用SM490A级钢、斜杆为SS400级钢材轧制的H形截面。桁架构件面外方向为强轴方向，使强、弱轴方向具有同等的承载能力，可在桁架中有效地利用截面。下弦面配有预应力钢丝（JIS.G3536型F100T），夹在横向使用的H形钢腹板的上下两边。上弦杆和斜杆在翼缘板两面焊接的节点板上采用螺栓连结的方式。选用开口截面的H形钢是因为和面外方向的构件连接方便，在建筑细节、制作和制作管理、现场工程、高强度螺栓连接等方面都能容易地作到确保精度。

3.2 柱距方向（纵向）的构件

纵向跨度为10m，抗风桁架高度和格构柱截面高度相同，可以防止柱子失稳。

柱间支撑在格构柱的内、外柱中成对配置，支撑构件考虑到将来建筑物发生不均匀沉降时顶升修正方便采用了花篮螺栓连接的方式，支撑直径ϕ 75，材质为45#抗拉高强度钢。

3.3 柱脚

柱脚部采用双层底板，锚固螺栓考虑到将来的沉降（不均匀沉降量预测为25cm~30cm）加长了地面上方螺栓的长度。考虑到将来顶升时框架的稳定性，锚固螺栓之外还设有抗剪键，各柱中的抗剪键，尺寸大小按承受的水平外力（风、地震）设计。底板下面铺有数片钢板垫片，可以作 -50mm 的水平调整，详细见图2-9-7。

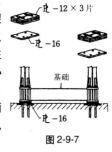

图2-9-7

3.4 次要构件

背面墙柱柱脚固定，上部铰接，承受直接风压之外，还要考虑纵向柱间支撑以及屋面支撑的伸长引起水平变形的影响。

4. 地基、基础

4.1 不均匀沉降量的预测

由于深达30m的填埋砂土重量，洪积粘土层在今后50年中的下沉将怎样通过冲积层在地表面产生不均匀沉降，对此进行了预测。分析是根据空港内各点的沉降预测数据和飞机库建筑所在地的沉降采用文献1）的方法求得不均匀沉降（起

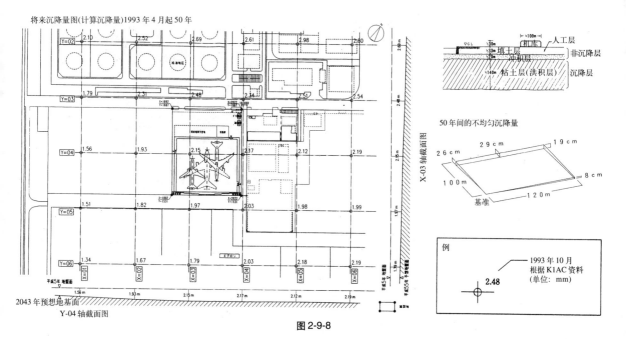

将来沉降量图(计算沉降量)1993年4月起50年

2043年预想地基面

Y-04轴截面图

图2-9-8

伏）量（图 2-9-8）。根据这个结果决定上部结构的应对措施、调整方法和基础设计。基础采用直接基础，建筑物周围配有条形基础，基础板为 2 层，下层是承重板，上层为变形调整板，可以对应处理 50 年中产生的不均匀沉降。

5. 钢结构工程施工管理

大屋顶的钢结构建造采用了顶升施工法，为了把握结构的变形，提高施工精度和安全，对每个阶段的施工都进行了分析（确定柱子最终能保持垂直的制作尺寸，特别是克服柱子由于梁的挠度产生的转动角）。

5.1 钢结构制作

（1）构件的尺寸精度

各构件的尺寸精度按照日本建筑学会 JASS6 钢结构工程《钢结构精度检验基准》的标准进行加工。由于主结构的跨度很大，挠度也很大，因此在制作时根据挠度设定了预先起拱，进行了精度控制。

5.2 现场施工方案及管理

（1）钢结构建造方案

本建筑的钢结构建造由于高度限制（突出的吊车吊杆等），施工工程决定采用顶升施工法。由于施工工期短（13 个月），还有为了解决钢结构建造的高度问题和减少高空作业产生的安全问题，整个屋顶包括表面材料，设备等在地面进行组装。因为屋顶主桁架高达 6m，所以设置了组装平台，先将构件组装成小段钢结构组件包括表面涂漆，再将各个小段钢结构组件在支架上组合成一体，保证整体桁架的精度。根据施工顺序在桁架上安装吊车轨道、检修走道和照明器具，然后进行桁架下弦杆的预应力输入。为了减轻桁架间作用的内力，预应力分 2 个阶段施加。拉紧时为避免扭转，从下弦杆两端向左右同时各施加 25t 拉力，且上下对称顺序拉紧。由于装置关系屋顶装修在第一次顶升后进行。根据作业的特殊性，在设计和施工前都加以研究，制定了 QC 工程表进行管理。顶升分 3 次进行到达所定的位置。在顶升中使用了 40 台穿心式千斤顶，每顶升 15cm 进行一次结构和千斤顶的检查（图 2-9-9，图 2-9-11）。

（2）垂直精度

顶升时的垂直精度根据编码在各个阶段进行检查修正，基本上达到了目标值。

6. 结束语

本文对地面沉降条件下有关大跨度框架的建筑、结构、设备、施工监理等技术方面和在将来

图 2-9-9

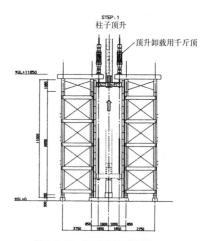

图 2-9-10　顶升结构系统图

图 2-9-11

不均匀沉降时仍能维持飞机的维修作业功能的技术融合方面以结构方案为中心进行了介绍。

［文　献］
1) 脇田英治：試験工区の観測値による本工区の観測地の予測，第 28 回土質工学研究発表会，pp. 473～474，1993. 6

10 东京国际广场玻璃楼

[建筑概要]

所 在 地: 东京都千代田区丸内 3-5-1

业　　主: 东京都

建 筑 设 计: 拉法艾尔·比尼奥利建筑事务所

结 构 设 计: 结构设计集团（SDG）

施　　工: 大林、鹿岛、安藤、钱高、五洋、藤木、森本、地崎、胜村建设

楼层总面积: 141 897m²（包括厅楼）

层　　数: 地下 3 层，地上 7 层，塔顶层 1 层

用　　途: 中庭、会场、展示场

高　　度: 57.5m

钢结构加工: 川崎重工、宫地铁工、三井造船、川崎制铁、日立造船、川岸工业

钢结构建造: 宫地建设

铸 钢 制 作: 日本铸锻钢、川口金属、日立机材

钢　　索: 神钢钢线工业

竣 工 年 月: 1996 年 5 月

[结构概要]

基础施工法: 直接基础（由于采用了逆作施工法，所以还使用了现场灌注混凝土桩）

挡土墙施工法: 混凝土连续墙

结 构 类 别: 地下 钢筋混凝土，钢骨钢筋混凝土，预应力预制件
　　　　　　地上 钢结构

框 架 类 别: 框架＋支撑，拱架＋悬挂结构

图 2-10-1 玻璃大楼 设计中的结构造型

图 2-10-2 模型照片 下面一边是国铁 JR 山手线、新干线 右边是东京站

1. 整体设施(厅楼和玻璃楼)结构方案

在这个设施中，4个多功能厅和与此相关连的各个空间实际具备了多种功能，如：展示场，商业设施，公众空间，会场，停车场，管理部门，中庭等。建筑空间根据这些功能分段构成，用垂直和水平的线条连结成一个整体。结构设计如何与各个分段空间一一对应十分重要，而且还必须考虑如何组合成一个大的建筑整体，与比尼奥利在构画空间设想的过程同步，在方案设计阶段决定的结构整体设计要点有以下4点：

1) 整体设施的主要结构集中在图2-10-3所示的阴影部分。这是构成大厅那样的大空间常用的结构方法，在这里集中配置能抵抗很大外力的抗震构件，阴影以外的部分能够成为开放的结构空间。

建筑用地4周的地下有营团地铁和国铁JR京叶线、总武线，玻璃大楼的背后有高架的JR山手

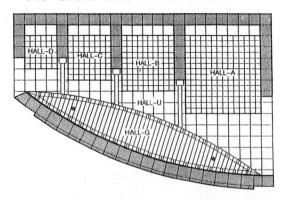

图2-10-3 整体结构构成图 主要抗震结构配置在阴影部分

线和东海道新干线，都有噪音和振动产生。路边机动车的交通量也相当大，设施整体必须考虑对外来影响的遮断。比尼奥利一开始就注意到了这个问题，并作为建筑方案的出发点。而图2-10-3所示的结构方案正好与此意图一致。

2) 在这个巨大的复杂设施中要整理出有序的结构空间，首先必须考虑和决定其特有的模数。4个大厅及其下方的地下结构的平面方格尺寸基本统一为9m，再细的分隔采用一半的4.5m和四分之一的2.25m。玻璃大楼平面为了保持透镜形状从中心位置开始以平均角度分割。因为地下结构和地面上广场有以上两种不同的方格模数，在两个结构交界处设置很大的结构梁，使两侧结构在交界处保持各自的方格尺寸。垂直方向的模数基

本上定为层高5m和其一半的2.5m，1层和地下1层设定为4.5m。

3) 设计以42个月的短工期为前提，为了确保建筑材料具有稳定的材质，柱、梁、斜杆等主要结构采用钢结构，楼板、墙壁、耐火围护采用混凝土预制件。在对应处理复杂空间时预先设想了各种困难，主要结构采用钢结构在声响上的问题也很大，是否可行在决定基本设计的最后阶段，反复作了模型设计。

4) 为了实现短工期采用了"逆作施工法"。建造1层的同时进行地下结构和地上结构的施工，这对地下结构的设计有很大的影响。地下的挡土墙采用混凝土连续墙，这里的施工地应用支撑施工法非常困难，采用逆作施工法利用结构楼板来约束挡土墙成了必然的选择。

2. 玻璃大楼的结构造型

玻璃大楼由玻璃大厅和会议楼构成，如图2-10-3所示山手线一侧的会议楼为主要的抗风、抗震结构。这个结构方案对理解玻璃大厅的设计造型具有重要的意义，玻璃大厅的特异结构是仅仅在图2-10-3所示的基本原则上才能成立的。会议楼也采用钢结构，长边和短边方向各处都配置了支撑，结构坚固稳定。

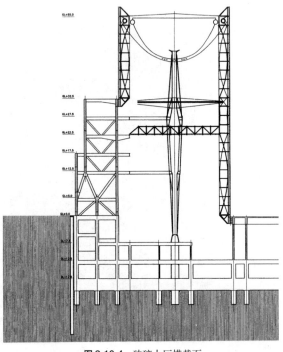

图2-10-4 玻璃大厅横截面

玻璃大厅经过各种各样的论证，制作了众多的模型，日以继夜的会议商谈，计算机反复计算后堆积如山的结果和同样数量的传真交换，根据比尼奥利精心制作的草图，整理成以下7点相互关联的结构要素（图2-10-4）。

(1) 屋顶结构

全长约207m，中间宽度约32m，平面形状象一个透镜，玻璃屋顶上面虽然有排水坡度但大致上是平的，下面形状象船底，中间最深的地方高度约12.5m（图2-10-5）。

在船底状空间中有两个结构，一个是屋顶上面按透镜形状配置的受压构件和链线状布置的悬挂构件的组合结构，另一个结构是架设在大柱之间的拱架和将柱连接起来的成对设置的连杆。拱架在平面上也呈拱曲形状，因为这样有助于提高屋顶面的水平刚度（图2-10-6）。这两个独立结构共同承受屋顶主要内力。两个结构都采用了在保证压杆和拉杆能起到承载作用的条件下，将两种构件连接起来的肋板（图2-10-7），由这两种带肋构件构成大屋顶。

(2) 大柱

大屋顶用竖立在两侧的2根大柱支承，跨度约124m，两边悬臂长度约40m（图2-10-8），大柱为双层钢管，双层钢管内部充填高强度混凝土防止失稳和增加刚度。同时大柱的中心内藏落水管和电气配管，使空心柱正好用作屋顶设备的通道。

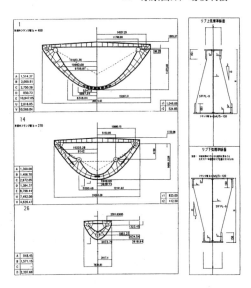

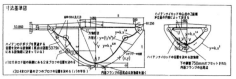

图2-10-7 环形构件在不同剖面的形状变化

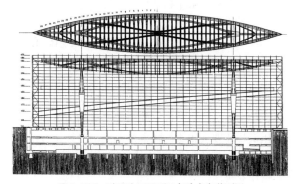

图2-10-5 玻璃大厅屋顶及长边方向截面图

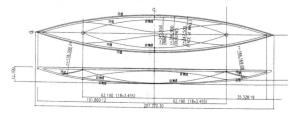

图2-10-6 屋顶结构的几何图

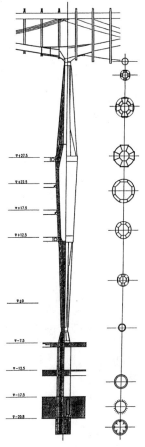

图2-10-8 大柱的截面变化

建筑师在设计时充分意识到高度约52m的大柱的形状应忠实表现内力分布的观点和变形控制的需要。柱子在+27.5m高处与会议楼连接，也是直径最大的部分，柱脚只承受主要的轴向力。大柱和其他部分连接的位置处必须传递很大的内力，在这些部位采用了大型铸钢件，而且+32.5m高度以下都采用FR钢（耐火钢），表面涂漆，能够直接表现出钢铁构件的坚固感。

(3) 会议楼伸出的桥面结构

大柱因为太高，自身很难抵抗地震和风荷载等水平方向的力，为了使力传递流向会议楼结构，在会议楼的第7层和第4层利用桥面结构将大柱和会议楼连接，钢梁从会议楼伸出紧紧抓住大柱，连接处采用铰接避免发生弯曲现象。

(4) 外墙玻璃面的幕墙框架结构

大屋顶因为只有2根大柱支承，当然很容易在短边方向产生转动，这里对回转进行约束的是间隔约10.5m配置的幕墙框架结构，幕墙框架可以采用小的截面，抵抗大屋顶转动时受到的压缩或拉伸。

幕墙框架的室内一侧竖向设置波浪形拉索，抵抗作用于玻璃墙面上的水平力（图2-10-9）。还能有效地防止幕墙框架失稳。波浪形布置是防止面外的左右移动，为了不使钢索形成受压状态，预先在钢索上施加拉力形成张力状态，这个初期张力的反力即为幕墙框架的压缩力，形成自平衡系统，即所谓自体完备式的张拉结构。

会议楼侧的玻璃墙面高度约25m，钢索仅为单一曲率，广场侧墙面高度约为60m，结构上钢索分成3段曲率，和会议楼墙面比例一致，可以认为玻璃墙面整体上是均匀的。

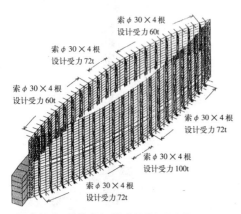

图2-10-9 外墙玻璃面的幕墙墙框张力结构

(5) 中间2段的水平梁结构

广场一侧的玻璃墙墙框结构组合中有2段成对的水平桁架梁，上段（+32.5m）和会议楼的屋顶高度相当，从这里到大屋顶的玻璃墙面钢索结构左右对称布置。下段作为绕行大厅的斜向通道，同时具有水平梁的功能，对玻璃墙面作水平支承。水平梁的重量以及装修荷载和活荷载不采用在下面立柱支承的方法，而是采用直至墙框结构顶部的拉杆向上拉住，由墙框支架的轴力平衡。

(6) 大厅内的束杆和天桥结构

上段和下段的水平梁中间有两处结构用来将荷载向会议楼传递。上段中间为2根束杆，是可承受压缩或拉力的轴向受力构件，因为跨度很大，必须防止因自重产生的下垂，同时为了防止受压失稳配置了拉杆。

下段为斜向通道和会议楼连接的天桥，是水平梁的约束结构。

(7) 玻璃墙面端部的桁架结构

玻璃墙面外荷载由（4）所述的框架承受，面内的各种荷载则需另外设置结构构件。其基本考虑是采用间隔2.5m、可承受轴力的横向杆件，最后将力传递至会议楼，横杆上因为也会受到压力必须采用箱形截面。在+32.5m高度以上，即会议楼屋顶以上突出的上部因为没有反力机构，在玻璃墙的端部配置了立体桁架和空腹梁的合成结构来抵抗水平力。

在考虑施工顺序和结构细节时注意使这一部分不承受大屋顶的重量。

以上7个结构要素构成了玻璃大厅的整体。作为设计方针，各部分的结构、功能尽可能单一，相互之间的关联明确，在各个结构要素设计的基础上经过复杂的结合构成，整理形成现在理想的结果。在实际设计中，各个结构中产生的内力和普通建筑相比要大得多，特别是除内力以外还有控制变形所必要的刚度问题，设计作业的难度远非普通作业可比。

在实际施工中，必须采取相当复杂的顺序。土木工程规模巨大的结构却由小的构件和出人意外非常纤细的部件组成，增加了施工上的难度。

事实上在设计完成状态时的结构分析需要很大的工作量，对应于施工过程的阶段分析也需要巨大的工作量。

3. 节点设计

玻璃楼的整体结构系统，各个构件的形状和尺寸，还有构件间的连接方式、细节构造都有相互影响，特别是在推进"钢的造型设计"时将三者统一很重要，其间还有结构分析。这里将就受拉构件节点的一部分进行介绍。

(1) 大屋顶的拉杆和加强肋构件的连接

悬链线状的张拉构件如图2-10-10所示，贯穿每隔3.455 m间距配置的加强肋。加强肋在不同区间都有若干角度变化，角度变化会产生力的方向变换，为了满足各种条件，研究出了图2-10-11所示的连接件。首先拉杆在加强肋构件之间分割，加强肋构件的腹部固定球状的连接件，球体能适应整体角度的变化，接着将拉杆的一端螺纹旋入

固定在球体上，拉杆的另一端墩粗部分在球体中可以转动，这样拉杆和通常一样但能保持悬链线的形状。也能够对应加强肋构件的施工精度。

(2) 玻璃墙墙框上的螺旋钢索和固定件

图2-10-12为墙框结构的顶部，图2-10-13为底部的详图。钢索端部是压接式接头，压接式接头端部加工有螺纹和图2-10-14所示机械加工的套筒连接并可以调整长度，套筒的另一端和图2-10-15所示铸钢接头铰接，而铸钢接头固定在墙框

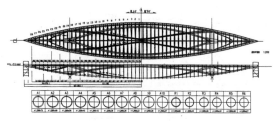

图2-10-10 屋顶结构中受拉构件、受压构件及环形构件的配置

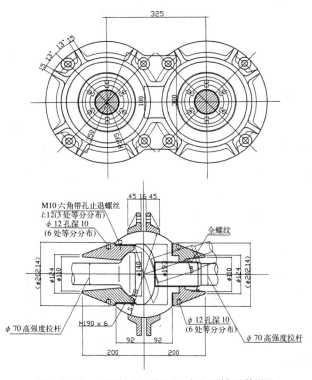

图2-10-11 大屋顶中拉杆的固定-自由回转部分的详图

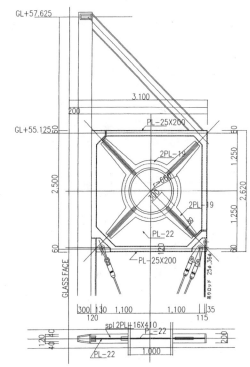

图2-10-12 墙框结构的顶部

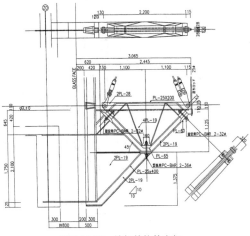

图2-10-13 墙框结构的底部

2. 大空间建筑

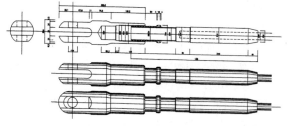

图2-10-14 钢索固定用套筒（一端铰接，另一端螺纹连接）

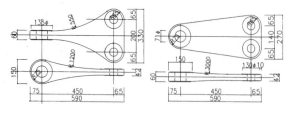

图2-10-15 铸钢连接件

的钢座板上，也采用铰接。这种分成2段的连接件可以调整钢索的角度和长度。图2-10-13底部的钢架为双重构造，大的三角座板固定在广场的楼板结构以及会议楼的屋顶结构上，内侧小的三角座板固定钢索，将小座板整体用千斤顶向下压对钢索均匀地施加一个初期张力，施加必要的张力后，将小三角座板用圆钢固定在大三角座板上。钢索通过2.5m间距的束杆形成抛物线状，通过束杆的地方必须有滑动支承，图2-10-17即为钢索的支承件，用铸钢制造，在施加初期张力时两端装有止动件，完成后止动件卸去。在风压和地震等外力变化引起钢索张力变化时，支承件可以对应转动。图2-10-16的束杆一端和异形箱体状的墙框铰接，另一端的位置根据系杆固定。

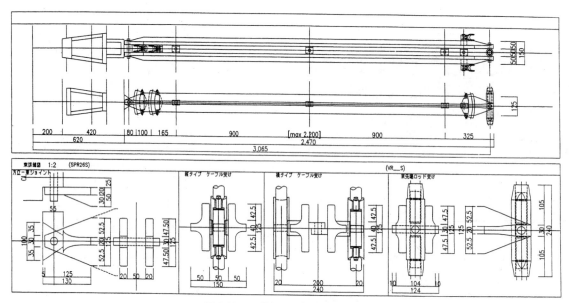

图2-10-16 撑杆、钢索和拉杆的详图

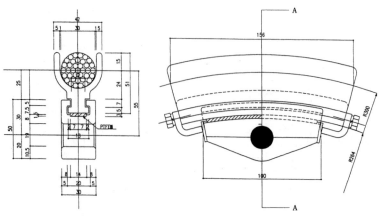

图2-10-17 钢索支承件（铸钢件失蜡浇注）

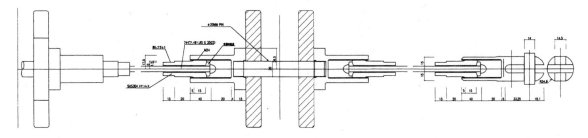

图 2-10-18 束杆端部的制振装置详图

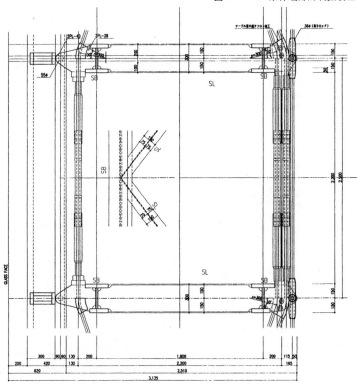

图 2-10-19 水平梁位置处的钢索固定

为了满足束杆的作用功能使用了凸缘式型钢，即2根卜字型钢组合成1根束杆。如图2-10-18所示，为了防止束杆水平方向振动，在水平方向上用钢丝将束杆相互连接，振动时钢丝的拉张力会起作用，并在连接件上动脑筋设法使受压时钢丝不会松缓。另外，钢索在通过水平梁时必须在梁上固定，其细节如图2-10-19所示。广场侧的钢索因为要施加一次初期张力，所以在通过水平梁的位置上，施加初期张力时暂不固定，待工程结束如图2-10-19所示固定。

4. 钢结构工程

在开始设计时，曾考虑大屋顶采用提升施工法，即在广场一侧地面上组装后，一下子提升到

地上60m高度处，如果可行的话建造上也是很有趣的。但如果采用提升施工法，大柱必须具有怎样的形状，还有和屋顶玻璃之间的关系、和玻璃墙面建造之间的关系，用相当的时间进行研究后得出结论，认为提升施工法不是最佳的方法。在施工设计时决定根据总装台架的位置采用千斤顶支承进行组装，组装结束后撤去千斤顶的施工法。这样做的话，可以在组装大屋顶时，同时建造复杂的玻璃墙面结构。

在钢结构施工时，组成了以建设联合体为中心的大型团队。以建设联合体为中心，大林组技术研究所，设计部的工作班子，钢结构加工工程公司，建造工程公司的诸位，众多部件制造厂家的工程师，钢索的制造厂家，焊接检验公司等等，聚集在一起为一个建筑结构共同出力，写下了令人感动佩服的篇章。

另外在工程中，还对许多构件进行了试制作和确认性试验。例如，玻璃墙面的墙框结构中，施加初期张力是最重要的问题，为了发现施工中的问题点，研究施工方案，还有为了检验结构上的最终承受力，开工后，联合体、大林组技术研究所、各部件厂家共同协力，进行了足尺试验等等。

还有，美国波士顿市特拉依皮尔密托公司的Tim先生是张拉结构中连接件的杰出工程师，他的许多构思对设计建筑细节给予了很大的帮助。

2. 大空间建筑

图 2-10-20　竣工后的玻璃楼内观

图 2-10-21　大屋顶内部

图 2-10-22　玻璃支承用的索结构

图 2-10-23　大柱与大屋顶

图 2-10-24　沐浴在夕阳中的大屋顶

图 2-10-25　从 B1 层上眺大屋顶

11 名古屋体育馆

[建筑概要]

所 在 地: 名古屋市东区大幸南1-101

业　　主: 名古屋体育馆建设协议会、名古屋球场

监　　修: 三菱地所

设 计 监 理: 竹中工务店

施　　工: 竹中工务店、三菱重工业企业联合体

建 筑 面 积: 48 257m²

楼层总面积: 118 831m²

场　　地: 两翼100m，中央122m

容 纳 人 数: 棒球时 40 500 人

层　　数: 地上6层（部分中2层）

用　　途: 棒球场、多功能会场

所 处 区 域: 一般工业区、市街区、一般防火区

檐　　高: 地上30.8m

最 高 高 度: 地上66.9m

工　　期: 1994年8月~1997年2月

[结构概要]

屋 顶 结 构: 钢结构单层网壳圆屋盖

下 部 结 构: 钢骨钢筋混凝土，钢筋混凝土，钢结构

基 础 结 构: 独立基础，现场灌注混凝土桩，预制混凝土桩

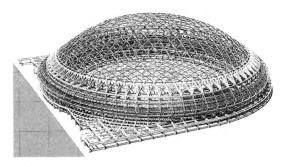

图2-11-2 结构CG图

图2-11-3 馆内顶灯部分

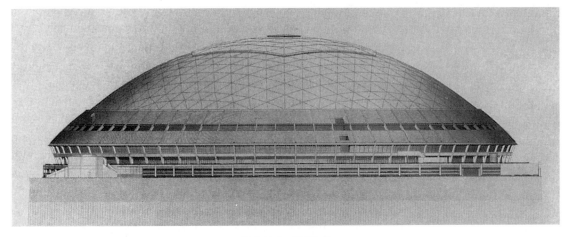

图2-11-1 外观全景

1. 前言

名古屋体育馆是以棒球比赛为主要用途的室内多功能场馆。为了适应各种用途，屋顶中央配置了约5 000m²的双重玻璃，开闭卷帘式天幕可以用来遮光或者透光。

屋顶形式

① 作为多功能体育馆，屋顶要能够承受举行各种活动时的悬挂荷载（悬挂荷载约200t，活荷载约150t）。

② 体育馆位于市街区，必须确保隔音功能。

③ 根据日照规定有高度限制，同时必须满足棒球比赛时必要的内部空间，即场地高度在60m以上的要求，这两者必须同时满足。

为了满足上述要求，屋顶采用了单层结构、成为世界上最大的钢结构单层网壳式圆屋盖。

2. 结构方案研究概要

建筑物平面为同心圆，建筑物最外周停车场柱轴之间的直径为229.6m，支承屋顶的最上层柱轴之间的直径为187.2m。结构类别上，直接支承屋顶的主结构为钢骨钢筋混凝土结构，采用钢筋混凝土和钢结构复合形式的带抗震墙框架结构。屋顶正下方的6层，在整个圆周方向的跨距上配置了钢骨钢筋混凝土支撑。

屋顶结构采用了主要材料为钢管的钢结构单层网壳结构。为了采用提升施工法进行屋顶施工，在内侧距柱轴悬臂伸出1.8m的大梁上配置了拉力环。

屋顶的几何形状为，拉力环轴线之间直径 L =183.6m，这一范围内屋顶高度 H =32.95m，拱跨比（H/L）=0.179。

屋顶网格为近似正三角形的二等边三角形，边长约10m，构件采用直径 ϕ 650钢管（SM490A）。

为了使各构件受力均衡，从中间向外周随圆周直径增大依次增加钢管的壁厚，即，ϕ 650×19~ ϕ 650×28，拉力环采用 ϕ 900×50的钢管（SM490B）。

在6根钢管交汇的网格节点处配置球形铸钢节点（直径1450mm，高740mm，SCW480）焊接后形成刚性连接。

单层网格屋盖在结构上有以下特点

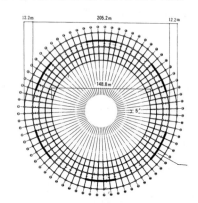

图2-11-5 结构基本平面

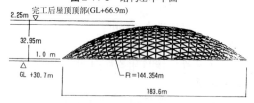

图2-11-6 屋顶形状

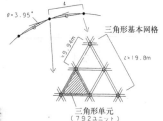

图2-11-7 屋顶基本分割法

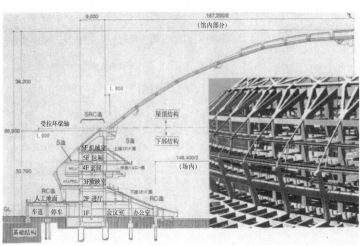

图2-11-4 框架截面及主要框架结构CG图

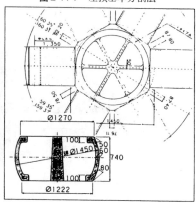

图2-11-8 节点部详图

① 屋顶厚度小

② 减少屋顶内部体积

③ 构件数量少，为多层屋顶的 1/2~1/3 左右 并且还有以下优点

① 建筑物高度能够降低

② 减少空调运转费用

③ 提高内部音响效果

④ 减少构件加工和施工工时

但是，由于单层壳体的力学特性，结构承载力受到形状、支承条件、不均匀荷载等难以避免的不规则状态的很大影响，在设计时必须考虑这些状态的影响，对其安全性进行研究。

单层网壳除一些小型建筑物外还没有实际应用的例子，直径约达200m的大空间结构采用单层网壳设计时，为了把握结构特性，对以下方面都作了非线性增量分析，进行了周密的研究。

① 考虑各种面外变形的不规则形状，计算稳定承载力和结构安全性。

② 施工方法对结构的影响（参照施工时分析）。

③ 大直径钢管在空间交汇于球形铸钢节点并焊接其上，球形铸钢节点形状统一，直径1 450mm，根据构件内力的大小，网壳中央部分和外周部分的铸钢节点采用两种板厚，节点部受到6个方向的空间轴力和弯矩，对此作了FEM分析和1/2模型试验，检验了强度。

④ 将下部主体结构地震反应分析得到的屋顶层的时程反应结果作为屋顶三维模型的外力，对屋顶实施三维反应分析后确定地震荷载。地震波采用ELCNTUO NS: TAFT EW: NAGOYA 306NS 3波，1次设计和2次设计的水平方向速度分别为25cm/s和50cm/s。屋顶的上下方向考虑为水平方向原波的1/2。

⑤ 设计中考虑的特殊荷载有，各种活动用悬挂荷载约350t，温度荷载（屋顶整体±20°，屋顶中央部分+60°的温度差），最大积雪厚度50cm的雪荷载等。考虑到各种荷载的偏心、不均匀对承载力进行了验证。

3. 施工分析概要

在单层网格中，以稳定承载力为标志的结构承载力对包括面外变形等初始缺陷非常敏感，在设计中如何考虑这些初始缺陷的影响、从而确定结构的承载力成为重要的课题。影响结构承载力的初始缺陷的产生原因有多种，其中伴随现场施工发生的初始变形等缺陷，量值最大，影响也最大，通过分析了解了其发生机制及其量级，并引用到设计中。

对本结构在各个工序中的荷载变化、施工支

表 2-11-1 初始缺陷等分类

缺陷分类		内容	设计上的对应
荷载不匀称		雪载不均匀 温度不均匀 地震荷载分布 不均匀	进行非均匀分布荷载的非线性分析 进行弹塑性及几何非线性分析，确认最大承载力
形状 不规整	节点 偏心	节点构件偏离接合点	工场的制作精度管理 研究对承载力的影响
	节点 坐标	水平变位 (x, y)	对承载力影响少 对施工中加以考虑
		竖向变位 (z)	根据施工分析预测变位量 进行考虑施工产生不均匀变形的非线性分析，截面校核 计算极限承载力
	构件 异常	材料弯曲 构件长度误差 截面形状误差	确保产品精度
材料的 缺陷		强度的离散	规定各种材料强度 规定容许强度标准
		焊接产生的内部 应力	进行焊接应力分析

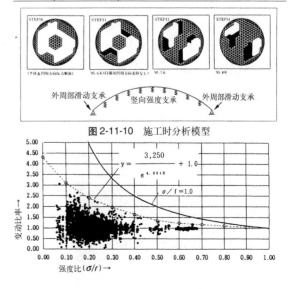

外周部滑动支承　　竖向强度支承　　外周部滑动支承

图 2-11-10　施工时分析模型

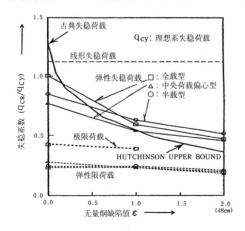

图 2-11-9　稳定系数与初始缺陷的关系

图 2-11-11　构件强度比增幅率

架状况、每月平均温度变化、各施工单元焊接状况等对各种模型的影响范围，逐个进行了非线性分析，将分析结果逐项综合，研究其对屋顶构件的影响。

根据施工分析，设计内力较小的构件其施工内力增加很大，构件的强度倾向于均一化。内力变化大的有2~3倍之多，得到的结论是必须注意局部荷载的问题。

4. 施工概要、研究项目

单层网壳屋盖完工后作为壳体，具有很高的结构承载力，但在施工过程中则是不稳定的构架。

而在焊接形成三角形封闭式网格时，误差难以吸收，必须事前对建造方法进行慎密的研究。

本建筑物的施工为了减少高空作业和安全，确保焊接质量和施工质量，使工程量均衡化和缩短工期，采用了以下措施：

① 屋顶在地面施工，构件在地面分块组合成大件再上胎架组装。

② 下部结构和屋顶同时施工，然后提升屋顶结构。

屋顶的现场施工从1995年2月开始到12月的提升工程结束，因为采用了同时施工方法，使大型屋顶包括屋面装修在10个月的短时间内得以完成。

提升施工时，屋顶为滑动支承状态，是结构承载力最低的状态。因为各个吊点的相对变形和结构承载力较低，吊点变形的精度管理很重要。在吊装10 300t的屋顶时，进行了提升分析，制定

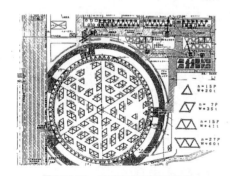

图2-11-12　屋顶地面组装分块概要

图2-11-13　屋顶施工概况

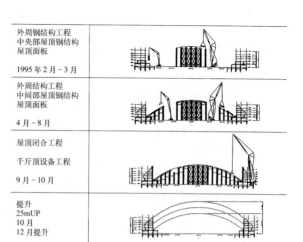

外周钢结构工程 中央部屋顶钢结构 屋顶面板 1995年2月~3月	
外周钢结构工程 中间部屋顶钢结构 屋顶面板 4月~8月	
屋顶闭合工程 千斤顶设备工程 9月~10月	
提升 25mUP 10月 12月提升	

图2-11-14　屋顶施工顺序概要

图2-11-15　屋顶施工状况全景

图2-11-16　屋顶提升前全景

图2-11-17　屋顶提升后全景

了构件内力在长期容许强度范围内的精度管理值。

在施工中对构件内力的变化作了实际测量，并和施工分析结果作了比较。而且对提升荷载（总重量约10 300t）的吊点状态作了分析，并和实测变位作了比较。结果所有实测值和分析值都相当一致。

5. 结束语

单层网壳结构的屋顶，受施工影响很大，不仅是完工状态下的设计安全性，包括施工中的安全性和怎样制作为好，都必须加以研究，这对最终保证建筑物的性能十分重要。

[3] 塔式建筑

1 福冈高塔

[建筑概要]

所　在　地：福岗市早良区百道 3-902-5
业　　　　主：福冈高塔
设 计 监 理：日建设计
施　　　　工：建筑　大成、竹中、鹿岛、清水、
　　　　　　　大林建设工程联合体设备　九州
　　　　　　　电气工事
占 地 面 积：12 000m²
建 筑 面 积：3 093.29m²
楼层总面积：6 080.87m²
高　　　　度：天线顶部 234m
　　　　　　　塔楼顶部 151m
外　　　　装：半透明玻璃，密封衬圈固定
工　　　　期：1987 年 12 月 ~ 1989 年 2 月

[结构概要]

结　　　构：塔楼部分　钢结构，地上5层，塔
　　　　　　　顶2层
　　　　　　　低层部分　钢筋混凝土，部分钢
　　　　　　　结构，地上2层

1. 建筑方案概要

1.1　晶体塔

　　福岗高塔是福岗市新开发事业中百道地区（包括海滨）的中心设施，主要用途为广播电视和展望，规划中作为1989年3月 ~ 1989年9月举办亚洲太平洋博览会的形象建筑，定于1989年2月竣工。博览会结束后，高塔设置了广播电视用天线等设备，又成了该地区的电视广播中心。

　　塔体为三角形平面、筒状的带支撑钢结构，外装为半透明玻璃。设计意图是给人一种简洁、明快的感觉。塔楼外观见图3-1-1，结构CG图见图3-1-2。

　　塔高234m，平面为正三角形，切为V字型一块的半透明玻璃墙面映出四季的天空和朝夕不同的阳光变化，切削成锐角的塔楼顶部伸向空中，形态上就像在拥抱未来。

　　塔的中央部分是天井，为平面三角形筒状钢结构。站在塔楼内缓缓上升的电梯中可以一边眺

图 3-1-1　塔楼外观

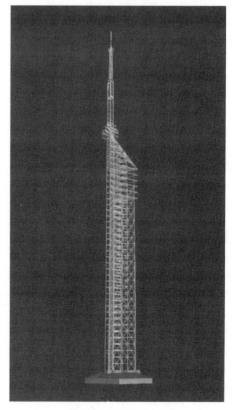

图 3-1-2　塔楼结构 CG 图

望远处的大海和陆地，一边饱览福冈的都市建设和历史风貌。

151m的玻璃塔体的顶部，高耸着信息化时代中担负重要作用的电视广播天线，给塔的形态增加了新的特征。

一到夜晚，当塔内的照明灯光点亮后，晶体塔楼外装的半透明玻璃的效果和白天相反，内部呈现出万花镜的效果，外观则可以看见塔楼筒状结构的框架和上升的电梯，展望台透出的灯光显示出塔楼美丽的轮廓。而且在海面上映射出一个光筒。

这就是所谓"白天增辉夜晚发光"的晶体塔。

1.2　塔的构成

塔的平面为边长24m的正三角形，中间的天

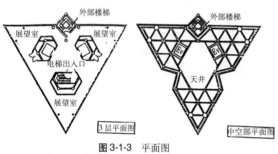

图 3-1-3　平面图

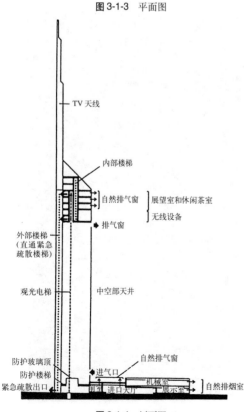

图 3-1-4　剖面图

井高108m，天井的两边设置2台观光用电梯，三面外墙上都有一个V字型的切口，其中的一个切口处设置外部楼梯，这样既增加了墙面的外观变化，又很容易的解决了紧急疏散方案中的出口问题（图3-1-3，图3-1-4）。

三角形筒状结构的中空部，具有从1层乘电梯处起高108m的天井，内部可以见到塔体的结构框架，在这里可以体验到光和影象的新空间感觉。从观光电梯中，可以直接展望远处的博多港和能古岛。

展望室有3层，中间设休闲茶室，游客可以在此回游流转。展望室楼层的室内外设有2个楼梯，主要是为了确保安全。

2.　结构设计概要

2.1　地基和基础概要

福冈高塔位于海岸公共水面处填海造地而成的海滨地区。填海造地于1982年4月开工，至1986年9月竣工。地层表面10m深左右为填土层及冲积层的混砂粘土层，往下深处是N值10~20的洪积层的砂砾混杂的砂质土层(层厚8~13m)，再往下深处是第三纪层的风化岩层。在海水面填土造地经常会由于固结沉降给建筑带来危害，但这里粘性土的层厚非常薄，着手建设时固结沉降现象已基本结束。

塔楼的基础为边长23.1m，对角长46.2m正六角形的钢筋混凝土板筏状基础，中间部分厚度6m，边缘部分厚度3m，基础重量22 500t，约相当于塔楼在地面上重量4 000t的6倍，用来保证塔体的稳定。另外，为了保证基础的扎根深度挖去了填埋土层的大部分，基础底面深度达GL-7.3m。

地基以GL-24m深、N值50以上的风化页岩层为持力层，用100根直径1.2m、长期承载力280t/p的现场灌注混凝土桩支承全部的重量，为了有效地抵抗塔的倾覆力矩，桩在板筏基础的边缘高密度配置。图3-1-5为包括基础在内的塔楼整体结构图。

2.2　主体结构

展望塔部分为钢结构塔状建筑，一边面向北，塔顶部分将边长24m的正三角形平面向南面斜下方切去，电视广播用天线的支承塔由平面为正方形的钢管桁架构成，在展望塔的北侧偏心竖立连接。

结构平面、立面图如图3-1-5所示。展望塔的框架在三角形平面的各顶点近旁处各设2根直径900mm的主柱，在各边中间V字型切口的边角处

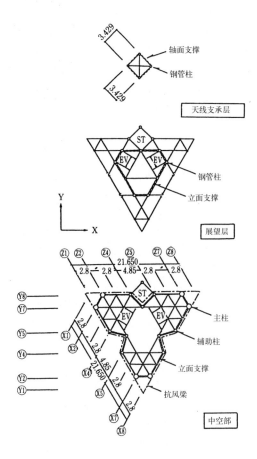

设直径500mm的辅助柱，周围是连接柱子的梁和沿外周全面设置的支撑构件，形成不等边的六角形的筒结构。在北侧面的外部增设了辅助柱，这样屋外紧急出口的楼梯构成正方形平面，并作为和三角形平面偏心连接安装的天线支承塔的基部。

中空部的楼板结构，考虑到塔体中央设计成天井，采用沿外墙面的水平桁架构成的3铰结构，使其具有保持平面形状（防止椭圆化）的功能。

在展望室层，为了确保眺望的功能，将外周框架的支撑和辅助柱移到了内部的框架面上，仍然是不等边的六角形筒结构，仅仅缩小了六角形的内径。采用筒结构是因为框架在刚度和承载力特性方面可以不考虑方向性，而且在强风时能控制振动失稳和框架具有扭转刚度极大的特性，这些都是决定采用筒结构的重要因素。

主要构件的形状尺寸如表-1所示。主柱和辅助柱都采用板厚16~50mm的卷板钢管，主要钢材为SM50A和SM50B，下层部的主柱使用了重达250t的SM58Q钢材。梁和支撑构件采用焊接H形截面和轧制H形截面的SM50A钢，塔楼底脚部的各构件比例如图3-1-6的透视图所示。

表3-1-1 主要构件的截面、形状

轴 部		平面图	构 件		
天线支承塔			柱	:	$350\phi \times 70$
					$350\phi \times 60$
					$350\phi \times 45$
					$350\phi \times 35$
			梁	:	$140\phi \times 9$
			支撑	:	$140\phi \times 9$
展望层			柱	:	$500\phi \times 19$
					$500\phi \times 16$
			梁	:	WH-500×250×9×16
			支撑	:	WH-300×250×12×16
中空部			柱	:	$900\phi \times 50$
					$900\phi \times 25$
					$500\phi \times 16$
			梁	:	WH-298×200×6×9
			支撑	:	WH-300×305×15×15

注: $\phi 500 \times 16$ 为梁贯通隔板形式

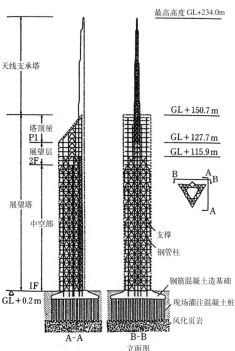

图 3-1-5 塔楼各部的平面图、立面图

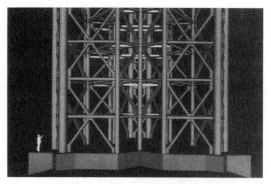

图 3-1-6　塔楼底脚部结构详图

天线支承塔的构件采用直径140~350 mm的钢管,柱子直径太大受风面积增加会产生不利的作用,而且还会对天线发射的电波有不良影响,为了缩小直径采用了SCM50-CF最大厚度70mm的极厚离心铸造钢管,塔楼整体的钢重量达2 300t。

在现场的连接中,柱子采用等强焊接接头,其他采用F10T高强度螺栓摩擦连接,只是天线支承塔的梁和支撑采用相当于F10T的镀锌高强度螺栓作受拉连接。

3.　抗震设计

根据地区的地震活动度,分地震等级1和等级2,地动速度分别设定为20cm/s和40cm/s,塔的振动周期如表3-1-2所示。

表3-1-2　振动周期

模型	方向	振动周期（s）		
		1次	2次	3次
24质点弯剪型	X	3.220	1.758	0.790
	Y	3.084	1.775	0.772
	扭转	0.850	0.348	0.230

地震反应分析采用第1层固定,每2层设1个质点,共计24质点串联型弯剪模型,阻尼系数为定值,取2%,等级1、2都是弹性反应分析。

在等级2的地震振动反应结果中,除了天线支承塔部的抖动显示出很大的反应值外,都比风荷载时的内力要小。

构件在地震时的安全性问题,根据等级2地震时的层剪力包络图决定的地震力,进行包括全部构件的结构三维内力变形分析,用容许应力法进行校核。对于防止构件失稳的支撑设计和钢板的宽厚比,采用日本建筑学会《钢结构设计规范》的值作为标准值。

地震时整体变形的标准值,在展望塔塔顶屋1层楼面,当等级1地震（20cm/s）时为H/300以下,大致和普通的高层建筑相同。

4.　抗风设计

抗风设计在第一次设计时采用风的静力荷载进行构件设计,然后作为二次设计考虑高塔的气动特性和建筑所在地的强风特性进行风洞内振动反应实验,确认反应结果没有超过高塔框架的承载力,这种抗风设计方法和千叶港高塔的设计方法是相同的。

4.1　静力抗风设计

设计用风荷载的风力系数由风洞实验决定,速度压力根据《建筑基准法施行令》决定。这里,速度压力比日本建筑学会《建筑物荷载指针》中的值增加了约15%,是为了确保安全。

展望塔部的风力系数根据紊流边界层风洞采用缩小的刚体模型求得。结果如图3-1-7所示。其中,阻力系数C_D当风正对平面三角形的边和在风向角$\theta=0°$时最大,为1.45。横向阻力系数（扬力系数）C_L当风平行于三角形的一边在风向角$\theta=30°$时也很大,为-1.1。

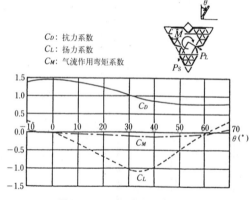

C_D：抗力系数
C_L：扬力系数
C_M：气流作用弯矩系数

图 3-1-7　风力系数风洞实验结果

天线支承塔部因为是由钢管构成的桁架结构,风力系数根据BSI code考虑天线在内的空隙率后决定。

根据上述,设定的设计用风荷载如图3-1-8所示。用高塔基部的剪力进行比较,Y方向（$\theta=0°$）的风荷载约相当于等级1地震时地震力的4.0倍。

另外,如图3-1-7所示因为风荷载作用随风向角的不同而变化,将风向角$\theta=0°$、30°、60°、90°时的各种抗力（阻力）,扬力（横向阻力）,气动弯矩（扭矩）作为同时作用的外力,进行了框架在风荷载时的内力变形分析。

风荷载时整体变形的标准值在展望塔塔顶屋1层楼面定为H/100以下,因为在台风时实施进场限制,这个值主要以防止外装饰材料等附加构件的破损脱落为标准。在控制天线支承塔的变形方

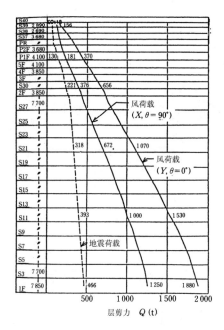

层剪力 *Q* (t)

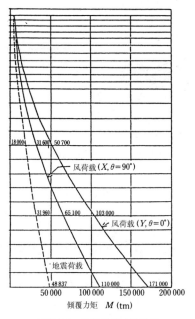

倾覆力矩 *M* (tm)

图 3-1-8 设计荷载（等级 1）

面，不仅要防止发射电波的紊乱，还要考虑支承塔的倾斜角问题，作为限制值，塔体的刚度必须确保在地面 10m 高处瞬间最大风速达 30m／s 时天线各部的倾斜角小于 0.5°。

4.2 动力抗风设计

建筑结构一般在固有周期长、表面宽度小的场合下，人们已经知道，特定的风速会产生涡旋激振或叫作抖振的共振现象。

福冈高塔发生这种现象的起振风速（开始产生共振影响的风速）用下列公式求出；

$$V_r = \frac{1}{1.5} \times \frac{1}{S} \times \frac{D_m}{T} = \frac{1}{1.5} \times \frac{1}{0.093} \times \frac{20.8}{3.22} = 46.3 \text{ m/s}$$

式中，V_r：起振风速（H=150m 换算，m／s）。

D_m：塔的表面宽度 20.8m。

S：斯特洛哈尔数（桅杆结构的振动系数），根据刚体模型在风洞实验中的脉动侧向力的功率谱峰值定为 0.093。

T：塔的最长周期 3.22s。

这个风速比福冈高塔的设计用风速（高度 150m 处 47.3m／s，高度 10m 处 32.6m／s，100 年中最大风速值）稍微低一些，提示出防止产生大幅度共振需要注意的领域。因此为了弄明白强风作用下的动态性能，将缩尺模型放在风洞中进行了风振反应实验。模型和千叶塔的情形相同，为 1 个质点具有 X、Y 水平方向 2 个自由度，由于扭转刚度很大假定为刚体，模型缩尺为 1/300。在建立模型时，天线支承塔部的桁架因为不会成为不稳定现象的激励因素，仅将支承塔部的受风面积和惯性力进行了换算，模型略去了这一部分。

实验结果中，设计风速 V_{10}=32.6m／s 时的最

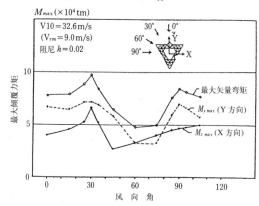

图 3-1-9 最大倾覆力矩和风向角

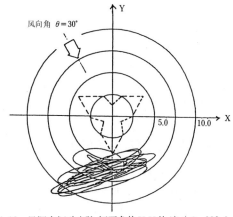

图 3-1-10 风洞内振动实验 倾覆角的 X-Y 轨迹（θ=30° h=0.02）

大换算倾覆力矩和风向角的关系如图3-1-9所示。图中，当风和高塔的平面三角形的一边平行、风向角 $\theta =30°$ 时，高塔产生很大的摇晃。

为了了解 $\theta =30°$ 时的动态性能，在图3-1-10中显示了反映高塔模型倾覆角的 X-Y 轨迹，同样，这里也是显示出风向直角方向的作用非常显著。

因为支撑和梁的安全率比柱子大，由实验可知根据反应换算的倾覆力矩比柱子短期容许值对应的倾覆力矩低，由此确认了关于高塔动态性能的结构安全性。设计值和反应值对应的倾覆力矩如图3-1-11所示，根据图中所示风向角30°时反应值虽然很大但和短期容许值相比仍有余地。

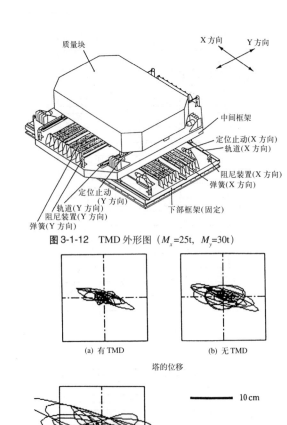

图3-1-12 TMD 外形图 (M_x=25t, M_y=30t)

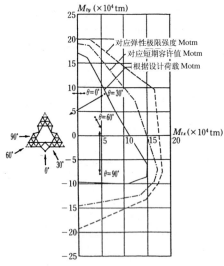

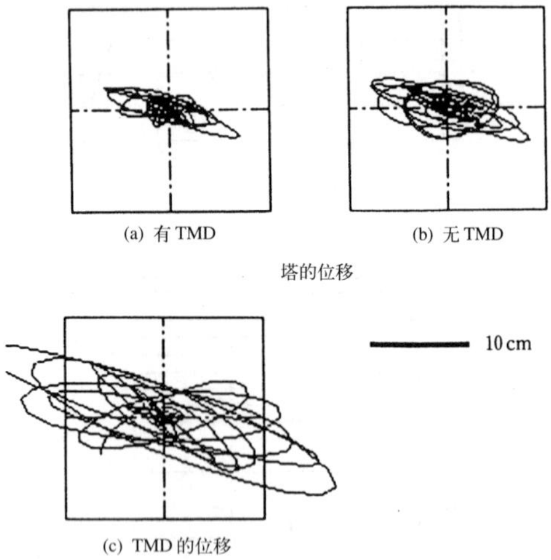

图3-1-11 与设计值和反应值对应的倾覆力矩

4.3 对平常风速时居住舒适性的研究

福冈地区的年最大平均风速 V_{24}=18.8m/s(高度24m处的观测值)，研究用平常风速设定为 V_{10}=15.5m/s，年间大约遭遇1~2次。该风速下展望层摇动的单边振幅可以根据设计用风荷载的静态变形量和振动反应实验中倾覆角的比率求得，结果展望层摇动的单边振幅约为2.6cm (T_1=3.2s, 9.7Gal)，根据千叶塔的经验，展望者就会敏锐地感觉到摇动，因此，实际中发生这种程度的摇动时都采取了关闭措施。

5. 采用制振装置改善抗风性能

为了改善抗风性能和舒适性采用了在千叶港高塔上已经有效应用的制振器（TMD）。福冈高塔设置的 TMD 如图3-1-12所示，质量部的质量为25t（约为高塔有效重量的1/100强），调整弹簧使

塔的位移

图3-1-13 1990年台风19号塔楼的变位轨迹

振动频率和塔的1次振动频率相同，利用油压阻尼装置吸收振动的系统和千叶塔相同，还特别考虑了减轻机械系统的摩擦和美观。

这种风引起的振动，即使在平常风速时主要以风向直角方向的作用为主，TMD 装置对塔的等价阻尼作用高达4%左右，对防止激振特别有效。在和大成建设技研共同进行的风振动观察结果中，1990年19号台风的 V_{150m}=22~24m/s，风向角 $\theta =30°$ 时的性能如图3-1-13所示，（a）是设置 TMD 的 P2 层楼面的变位轨迹（工作状态），（c）是楼面和 TMD 的相对变位，（b）是根据（a）和（c）分析 TMD 非工作状态时的楼面变位轨迹求得的结果。从图中可以确认，福冈高塔的摇动减少了30%~40%，取得了很好的效果。

6. 结束语

TMD的设计得到了东大生产研究所藤田隆史教授的指导，而风观测的进行得到了福冈高塔株式会社的理解和支持。

2 水户艺术馆展望塔

[建筑概要]

所 在 地: 茨城县水户市五轩町
业　　主: 水户市
建 筑 设 计: 矶崎新工作室、三上建筑事务所
结 构 设 计: 木村俊彦结构设计事务所
施　　工:
艺 术 馆: 鹿岛、三井、安藤、昭和、葵企
　　　　　 业联合体
展 望 塔: 大成、竹中、东铁、阿久井企业
　　　　　 联合体
楼层总面积: 22 432m²
层　　数: 地下 2 层，地上 4 层，塔顶 1 层
用　　途: 音乐厅、剧场、美术展览室、会
　　　　　 议场、展望塔
高　　度: 100m（展望塔）
钢结构加工: 川崎重工业
竣　　工: 1990 年 2 月

[结构概要]

结 构 类 别: 基础: 直接基础（筏基）
　　　　　　 框架: 艺术馆　钢骨钢筋混凝土
　　　　　　　　　　　　　　钢筋混凝土
　　　　　　　　　　展望塔　钢结构

图 3-2-1　越过台阶看塔的外形

图 3-2-2　从南面看塔的外形

1. 前言

水户艺术馆是水户市为了纪念市政100周年而规划建造的。由美术馆、音乐厅、剧场、会场等低层和展望塔构成。

低层部分在平面上整体以L字型配置，通过位于第二层的回廊和展望塔连接，环绕着中央的大广场。建筑物和广场的地下为连成一体的地下室，用来作为停车场、排练室、库房和机械室等。

地上建筑依结构缝分成美术馆、音乐厅、进口大厅和剧场（包括会议楼）等4个部分，另外会议楼利用回廊和剧场连接，2层以上则为独立的建筑。

展望塔的外形从布朗克斯的"无限柱"中得到启示，成为本艺术馆的象征，同时也成为水户市的象征。下面以展望塔为中心进行介绍。

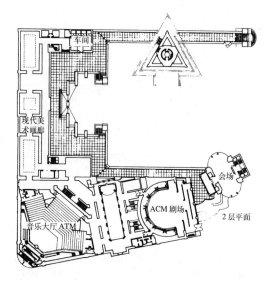

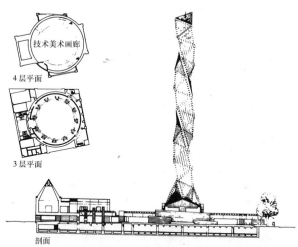

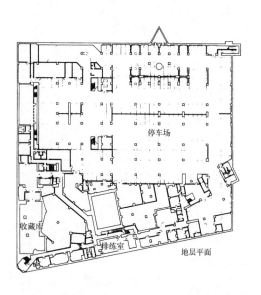

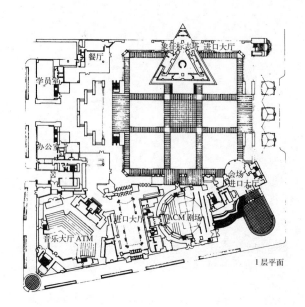

图3-2-3　各层平面图及剖面图

2. 展望塔概要

展望塔分塔体部分和基盘部分，最高高度取100 m对应市政100周年。塔体内部设电梯竖井、展望层1层、机械室1层和盘旋式楼梯。

塔主体结构是用于构筑外表轮廓的扭转的三角筒状立体桁架，桁架由28个正四面锥体向上组建而成，每个正四面锥体棱线长9.6m，用φ500的钢管构成，最下的正四面锥体与水平面倾斜成约38°，轴线垂直。这样塔的正三角形的56面外表面没有一面是垂直的。正四面锥体的各个顶点在垂直轴的周围按三条螺旋线轨迹上升排列。

这个立体桁架是扭转三角筒状的悬臂桁架，完全没有对称轴，质量也全部偏心，具有宏观上看为棒形结构，但具有弯曲和扭转耦连的结构特征。

塔的底脚部配有支撑构件和平面呈三角形的框架。

电梯竖井采用圆筒状立体框架，8根垂直母线为柱子，高度方向每隔3m配2个环梁和1个八角形环梁。各层环梁间的8个面上都配置支撑构件，这个圆筒状立体框架竖井和主体结构桁架节点之间用H型钢连接。

塔体的桁架构件表面采用铝合金喷镀，外装饰面板采用15mm厚的钛合金，有利于维护保养。

图3-2-4 东面看全景

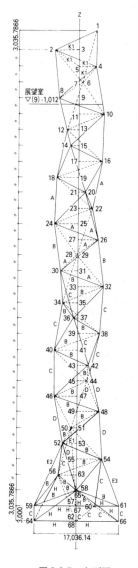

图3-2-5 立面图

3. 节点部分

桁架构件采用离心铸造钢管,节点为铸件,桁架构件和节点之间采用对接焊连接。因为塔体结构属于静定型立体桁架,对桁架构件、节点和焊接必须进行严格的质量管理。

因为塔体是用四面体重叠组建而成,一个节点连接6根钢管。起初考虑将节点由分别制作的各带3个外伸管段接头在工厂反向对称焊接而成。但最后还是决定利用日本高水平的铸造技术制成6根外伸管段整体成型的节点。

铸造节点构件在和钢管焊接时,考虑到预热和施工等问题,焊缝的坡口角度为25°。

图 3-2-7　支撑塔底脚部的构件

图 3-2-6　在四面体顶部连接塔体钢管的
节点支架

图 3-2-8　正四面体的顶部正在按三条螺旋轨迹上升

3 大连电视塔

[建筑概要]

所 在 地: 中华人民共和国辽宁省大连市

业　　主: 大连市电视台

设　　计: 新日本制铁、日建设计

施　　工:（中国）大连船厂、北京第三建设公司

　　　　　（日本）新日本制铁

层　　数:（低层部）地上 2 层

　　　　　（塔楼部）3 层

用　　途: 电视、广播和其他电讯发射塔，餐厅

最高高度: 190m（发射塔顶部）

竣　　工: 1990 年 2 月

1. 前言

建筑物像树木一样，固定在建造的地方，但不同的是建筑物要长期进行利用。因此必须考虑建筑所在地的地基、地震的可能性和强风等不定因素，以安全性为前提进行设计。在日本这些都已经作为一般的条件，一部分还被作为义务执行的条件制定在《建筑基准法》、建筑学会规范、建筑中心指针等文件中，对此设计者已有充分的认识。这种标准即所谓"已经向大家普及而不用担心"的根据，如果更明确地说即是对地震、风、积雪或者活荷载已经形成在概率的意义上可以接受的范围内的荷载条件。以这样的依据进行结构设计，即使在这次发生的（大）阪神（户）淡路大震灾中，"受到超过预料的外力作用而受害"的理由也能够被接受。在海（国）外设计时，对各种条件在标准的范围内都以合同的形式规定了明确的责任。但大连电视塔在结构设计时，作为主要外力作用的强风或者地震因为缺少历史资料，从设定外力荷载到决定容许内力，为了确保安全，对以往日本、中国的标准是否适用都必须再进行科学上的和工程学上的分析、判断。

图 3-3-1　建筑外观

2. 方案概要

电视塔的建造地位于中国辽宁省大连市绿山的山顶（海拔175m），对山顶的鞍形部分作了宽约70m，长150m的切削平整（图3-3-1）。塔体结构为12角形的圆筒状格构系统，整个系统由立体网格状的塔体和位于塔体中心的竖井核心筒以及电波发射塔构成。电波发射塔顶部高度为192m，塔的最大宽度约24m，塔体顶部设有旋转餐厅（图3-3-2）。

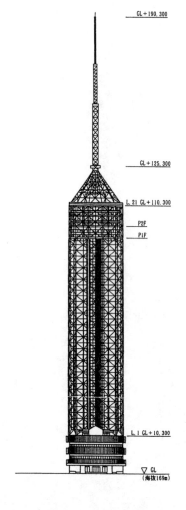

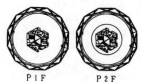

图3-3-2 塔的立面图

3. 结构概要

关于结构设计，由于大连绿山山顶的建筑所在地方狭小，与此条件相适应的系统桁架决定在日本加工制造构件后运往现场，在现场利用当地的技术进行组装建造。除此以外如何根据合同设定设计条件，保证承载和容许强度的可靠性、施工性等都必须从头开始研究。

3.1 塔的形状和构造

一般来说在像加拿大的CN塔那样的情况下，受地震的作用较少，对于强风，采用钢筋混凝土结构增加体积密度是较为有效的方法。而现在这座电视塔建造在山顶上，根据设计条件设定的地震作用很大，所以决定采用钢结构。另外虽然还研究了用玻璃覆盖塔体表面等方案，但一方面由于覆盖形式受风压太大，另一方面钢铁的防锈技术已经趋于可靠，所以采取了钢结构外露的形式。建设地位于大连市内的海拔175m的山顶上，大连市的各个地方都可以看到，因此必须重视美观上的要求，采用钢管构成的花样网格作为塔的外表形象。

3.2 格构系统的采用

采用钢管立体结构筒架是为了缩短单根构件的失稳长度并且期望产生筒的效果，而且也能满足外表形象上的要求。因为在高空安装中应尽量减少手工作业，采用螺栓球节点连接的方式，这种形式的结构满足了安装简单、可靠的要求。由于结节强度取决于一根粗直径的螺杆，为了保证其可靠性，对每一根螺杆都进行了非破坏性检验。因为这个系统由高度技术加工的构件构成，作为新时代的信息塔其先进性也得到了中国有关方面的肯定评价。

3.3 荷载和容许内力

结构体的安全是由假定荷载的概率和结构完成后的实际强度相互关联决定的。电视塔受到的主要外力特别是强风作用的设定非常重要。大连对风观测的资料很少，观测资料本身的可靠性也是问题，因为和容许内力有关，对安全性进行了慎重的研究和确认后作了设定。根据中国的资料强风50年重现值为45m/s，根据大连的观测资料，1949年~1987年间3s的瞬间最大风速为35m/s，因此设计标准风速定为45m/s被认为是妥当的。但是，和日本在抗震设计的二阶段设计方法一样，必须考虑万一范围内等级2的强风，即受到风速50m/s左右的大型台风袭击的概率，对此按比例将容许强度进行换算,作为结构整体的安全系数。即设计风速值50m/s时,将长期容许内力的1.25倍作为等级2的容许内力。

还有,中国在这个地区有关地震的规定为:地面加速度100gal作弹性设计,200gal为极限。设计时对应中国方面提出的静力震度(烈度8)之外还进行了反应分析。反应分析中作为硬质地基地震波采用EL CENTRO NS1940年和TAFT EW1952年2波。根据分析结果,即使是200gal时的最大反应值因为塔的重量较轻,和强风相比为40%~50%,即对于等级2的地震也在弹性设计范围内。

3.4 结构分析概要

设计条件如下:

· 短期设计用风荷载: 风速45m/s
· 地震荷载: 中国抗震荷载标准烈度8度
· 冰雪荷载: 结冰厚度5mm
· 塔的变形极限: 顶部变形为δ,高度为h,δ/h为tan0.5以下。
· 地基承载力: 200t/m²

以上为中国方面提出的标准。

为了得到构件设计用内力,建立了分析模型,采用包括格构系统构成的塔体、竖井核心筒、电波发射塔在内的三维整体模型。模型节点数1 270,构件数2 910,是相当大的模型。设计内力根据下列荷载组合计算。

1)$G+P$
2)$G+W$
3)$G+P+W$
4)$G+0.5S+0.7P+0.25W$

其中: G: 固定荷载
P: 活荷载
W: 风荷载
S: 冰雪荷载

其中组合1)为长期设计用,其他为短期设计用。另外组合4)为考虑结构的重要性而设定的所有荷载同时组合作用的情况。

1)相对短期荷载冰雪荷载降低为50%

2)活荷载较为分散降低为70%

3)风荷载和其他荷载组合作用时,其重现期取每年

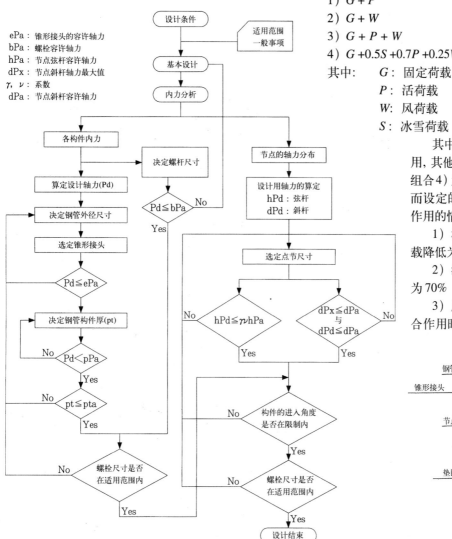

ePa:锥形接头的容许轴力
bPa:螺栓容许轴力
hPa:节点弦杆容许轴力
dPx:节点斜杆轴力最大值
γ,ν:系数
dPa:节点斜杆容许轴力

图 3-3-3　NS 桁架的设计流程图

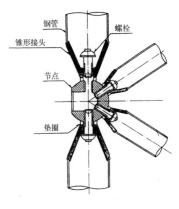

图 3-3-4　格构系统节点构件

一次降低为 25%

塔体的最大轴力在组合 2) 的情况下发生；竖向构件约 300t，斜向构件约 45t，这时倾覆力矩约为 24 000t·m。

3.5 构件设计

塔体主要结构系统因为采用 NS 桁架的形式，根据图 3-3-3 所示的自动设计的流程选定钢管构件和节点以及螺栓。系统中最大尺寸的构件为：

· 节点：U490（U 节点外径 490mm）
· 钢管构件：ϕ 406.4，t =19
· 螺栓：M95（F8T，95mm）

竖井核心筒以及电波发射塔等一般的钢结构构件根据日本的各项标准进行了设计。

设计流程图见图 3-3-3。

3.6 钢管构件的自激振动

竖井核心筒和塔体之间的连接构件作为受拉构件设计，相当细长，因此不管构件周围的风速如何都有可能发生卡曼旋涡引起的自激振动。例如最细的构件其固有周期为 7.4Hz~7.9Hz，自激振动的极限风速为 15m 左右。一旦发生自激振动，在高处就会发生两个振幅的交互内力，螺栓等构件由于高度反复的疲劳容易受到破坏。作为对策或者使钢管周围的气流紊乱，或者采用刚度更高的构件。在本电视塔的设计中考虑到美观上的要求，采用钢管中充填水泥沙浆的方法，增加质量，避免涡旋激振的产生，减少气流的负面影响。

4. 风洞实验

决定塔体结构安全的主要内力是由强风产生的，因此在风洞实验中假定实际作用的风力非常重要。实验如图 3-3-5 所示采用 1/300 的刚性模型，和结构的挡风面积相吻合，模型采用钢索、铝合金管

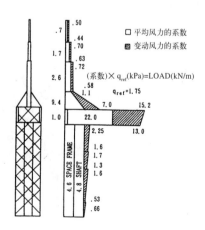

图 3-3-5　实验用模型和山坡的平面形状

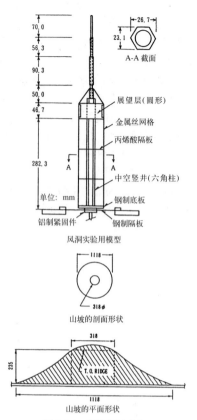

图 3-3-6　设计用风荷载

制作，用天平秤测定底部弯矩，以及进行风压力测定。周边区域的形状如图 3-3-5 所示将绿山置换成简单的模型观察附加的影响。地面粗糙度在日本建筑学会的荷载标准中接近区域 Ⅱ，据此将风洞内气流作了调整。实验是在加拿大的边界层风洞实验研究所进行。山坡的影响相当大，平均风速和高度 50m 时，风作用增大 30%。设计用风荷载是用平均风力和变动风力的系数平均化求出后设定使用的（图 3-3-6）。

5. 结束语

本电视塔于 1987 年秋开工并在 1990 年 2 月竣工。在日本精密加工的 NS 桁架和基于高度信息处理的技术，以及日本人工作班子在现场进行的建造指导和中国方面热情地施工，所有这一切和技术上的结合使电视塔得以出色地建成，并且成为大连市民感到亲近的陆地性标志。格构系统既适用于钢结构的塔也能对应山顶上困难的施工工程。在软件方面接近从零开始的技术问题的研究和配合，加上硬件方面检验所有的螺栓等确保可靠性的工作，使这次海外设计取得了很大的成果。

4 森林之家展望塔

[建筑概要]

所 在 地: 长崎县佐世保市指方町

业 主: Huis Ten Bosch

建 筑 设 计: 日本设计

结 构 设 计: 日本设计

施 工: 清水建设

楼层总面积: 2 068m²（塔的高层部）

层 数: 地上5层, 塔顶2层

用 途: 展望设施

高 度: 105.3m

钢结构加工: 川重铁构工事若松工厂

竣 工 年 月: 1992年3月

[结构概要]

结构类别: 基础 深基础（φ4 000）

框架 基坛部 钢骨钢筋混凝土,
带抗震墙框架结构一般部
钢结构, 刚性框架(筒)结
构

图 3-4-1 建筑外观

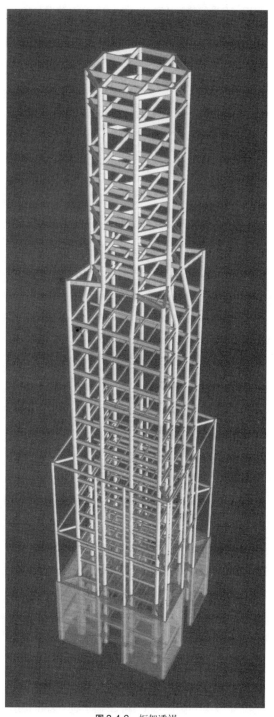

图 3-4-2 框架透视

1. 前言

本建筑是在以荷兰的街道风光为主题的观光度假设施"森林之家"内设置的展望塔,并将再现13~16世纪建造在荷兰Utrecht市的钟楼景象。展望塔边上的低层建筑将建成饮食店,并排出现在市内运河沿岸的街道上,是让人感到热闹和兴隆。

2. 建筑概要

高层塔的基坛部是正方形平面的进口大厅,高层部是正八角形平面,其中2层为展望室,中间部分是天井,内部有电梯和疏散楼梯等。

外表由仿石造的强化玻璃纤维水泥板和铝合金幕墙构成。

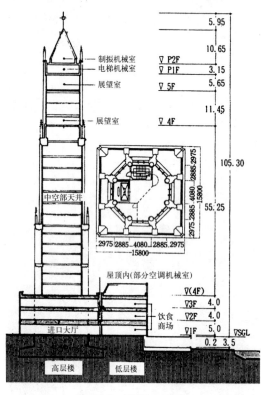

图3-4-3 剖面图,平面图

3. 结构方案

高层塔和周围的低层包括基础,在结构上采用结构缝分开。

高层塔的檐高88.5m,最高高度约105m,建筑物的19层(地上68m)和22层(地上80m)分别为展望室。

结构类别为,基坛部(下部3层)采用钢骨钢筋混凝土结构,基坛部以上为钢结构。钢结构部分从下向上分3段变细,平面逐步缩小。

基坛部和钢结构的低层部框架为筒中筒结构,平面分别为16.1m和12.1m的正方形。

钢结构的中层部框架仅仅由内侧的筒向上延伸构成,中层部再往上,柱子向内侧倾斜变化,形成高层部边长约4m的正八角形平面的框架筒结构。

基坛部外周是坚固的抗震墙,内外的筒在各层用梁和楼板相连。

钢结构的低层部在顶部和中间两处用钢梁将内外的筒铰接。

另外,内侧筒的每一层都采用井格桁架梁确保面内刚度。

在基础结构上,高层塔的正下方设置厚5m的筏板式地基,由8根桩(直径4m,深3.7m)在GL-10m的砂岩层支承。

4. 抗震设计和抗风设计

本建筑的抗震设计在40cm/s等级的地震时,所有的构件都在弹性范围内,最大层间变形角设计时控制在1/120以下,外装材料在此变形范围内都具有变形追随能力。

作为抗风设计,所有的构件根据《建筑基准法》设定的风荷载都在短期容许强度以内,最大层间变形角在1/200以下。风力系数根据风洞实验决定。

另外还增加了对强风可能引起不稳定振动的研究,确认在安全性上不存在问题。

建筑物的1次固有周期为1.96s。

5. 构件设计

柱子使用圆形截面的离心铸造钢管,内侧筒的柱子外径为φ600,最大板厚63mm。外侧筒的柱子外径为φ400,最大板厚24mm。材料为SMK490。

梁使用轧制H型钢,梁的高度分别为,内侧筒的外周梁600mm,外侧筒的外周梁450mm,内部的井格桁架梁上层部为600mm(两端刚接),上层部以下为300mm(两端铰接)。材料都为SM490A。

还有,柱、梁的宽厚比都满足《建筑物的结构规定》中FA级的要求。

柱、梁的节点部采用柱贯通的形式,环形铸钢加劲肋板上有在工厂焊接的外伸短梁。

柱子的现场连接采用焊接方法,梁采用高强度螺栓在腹板和翼缘上连接。

内外的筒采用楼板连接,对地震时的面内剪力,作了十分安全的设计。

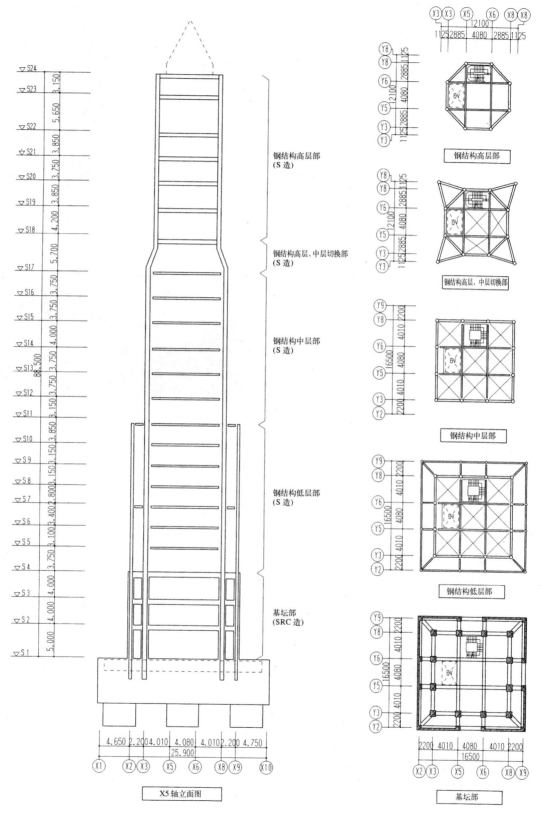

钢结构高层部
(S造)

钢结构高层、中层切换部
(S造)

钢结构中层部
(S造)

钢结构低层部
(S造)

基坛部
(SRC造)

X5轴立面图

钢结构高层部

钢结构高层、中层切换部

钢结构中层部

钢结构低层部

基坛部

图 3-4-4　剖面图、平面图

155

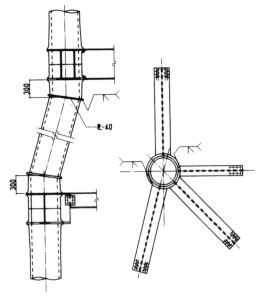

图 3-4-5　钢结构详图

图 3-4-7　施工照片

6.　制振装置

　　本建筑为钢结构，高宽比约为4.6，因为比较细长，为了缓和入馆者对频率较高的强风引起的振动的不安感觉，减少闭馆天数，在建筑物的最上部采用了被动型制振装置。

　　装置为构造简单且小型的 TMD 制振器。

　　TMD 装置采用多层橡胶支承的8t的重锤随着建筑物本身的振动产生共振的方法吸收振动的能量，而且多层橡胶之间还插入了柏油系的粘弹性物体的减震器。

7.　钢结构工程

　　钢结构的建造分10节，使用移动式大型塔吊进行安装。

　　为了缩短工期和保证高空作业安全，中层部和高层部的钢骨框架先在现场地面组装成筒状，然后用大型塔吊一步吊装到位。

　　因为建筑地和海岸邻接，进行现场焊接时，采取了充分的防风措施，并100%地进行了超声波检验，努力确保质量。

　　第1~2节的工期大约1个月，其后因为基坛部的混凝土工程有2个半月的中断，第3~10节的建造约2个月，全部工期大约为10个月。

8.　结束语

　　在本建筑物将要竣工之前，正好有重现期约为5年左右的大型台风通过，根据当时的观测记录，最大瞬间风速为50m/s，对于最大平均风速34m/s的强风，制振器的效果使建筑物的振动降低到了一半以下。

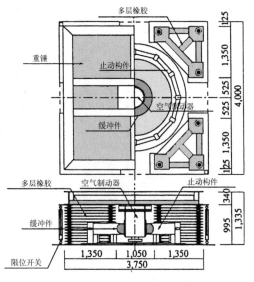

图 3-4-6　TMD 装置概要

5 球状展望塔

图 3-5-1 塔的全景（GA 摄影：高濑良夫）

[建筑概要]

所 在 地: 大分县别府市
业　　　主: 大分县知事 平松守彦
建 筑 设 计: 矶崎新工作室·大分县土木建筑
　　　　　　部中核施设建设室
结 构 设 计: 川口卫结构设计事务所
施　　　工: 大成建设、菅组、和田组建设工
　　　　　　事企业体
楼 层 面 积: 3 437.52m²
层　　　数: 地下1层，地上4层
檐　　　高: 100.103m
最 高 高 度: 124.374m
用　　　途: 展望台，停车场
钢结构工程: 新日本制铁、三井造船铁骨工事
　　　　　　企业体
钢结构加工: 新日本制铁若松钢构海洋中心、三
　　　　　　井造船大分钢构工场
索: 神钢钢线工业
建 造 工 程: 宫地建设工业
竣 工 年 月: 1994 年 12 月

[结构概要]

结 构 类 别: 基础　直接基础
　　　　　　地下　钢筋混凝土
　　　　　　地上　钢结构

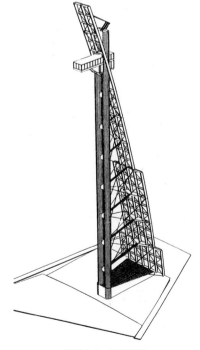

图 3-5-2　框架透视

1. 前言

本塔位于别府公园西面海拔75m的地方，和信号广场相邻并作为大分县的信息收发基地而建设。塔的形状以一个直径为1km的假想的球为主题，球心即海拔0m处公园的中心。塔背面的装饰板根据假想球的纬度和经度按比例分割，支承结构藏在外壳的内侧，展望台位于海拔175m高处，在展望台和球的交点垂直向下的轴线上设置升降机构。结构体的基准线按法线配置。这种形状是根据下面所述的设计理念而成立的。

历来，塔的概念都是垂直的。现在改变了这个概念，将倾斜的、球的一部分考虑为塔的外壳形状，假想球不是为了表现纪念塔的中心性和垂直性，而是想体现别府和有关人们共有的团体性的特征。

2. 结构概要

2.1 结构方案

为了把假想球的理念设计成实际的东西，将以与球体有关的几何学形状为标准进行设计。结构大致上分为；假想球的外壳结构，支承外壳的巨型立柱和将外壳结构、巨型立柱连接形成巨型桁架的钢索结构。

(1) 外壳结构

外壳结构的形状为假想球的一部分，表面的方格根据经度和纬度按0.5°的刻度分割而成，构件采用H形钢，轴线的面外方向为强轴，而且在对角线上配置支撑，面内为刚性壳体结构。面外方向采用将在后面叙述的翼梁和钢索支撑进行加强。

(2) 巨型立柱

联接海拔175m高展望台的电梯和楼梯，设置在展望台和外壳结构交点垂直向下的轴线上的2根钢管的内部。外壳结构用这两根称为巨型立柱的钢管柱支承。巨型立柱由直径2.95m的钢管和1.5m见方的箱形梁组成纯框架结构。钢管用12mm~30mm厚的钢板（SM400）冷加工弯曲而成，将必要的开口部放在弯矩小的地方。梁采用16mm~25mm板厚的箱形截面。纯框架柱、梁联结的节点部分因为钢管柱内安装电梯和楼梯，采用内部环状加强肋来代替钢管内设横隔板的方法。

巨型立柱在工场分成钢管柱和称为"眼镜"（图3-5-3）的节点域部分，分别制作，然后将钢管柱和"眼镜"部分在现场搭建焊接成一体。另外，基础和巨型立柱与128根无黏结预应力钢棒（ϕ32 SBPR100/125）承压连接，预施加轴力P=9 011.2t。

(3) 钢索结构

外壳结构和巨型立柱与翼梁、受压支撑杆、钢

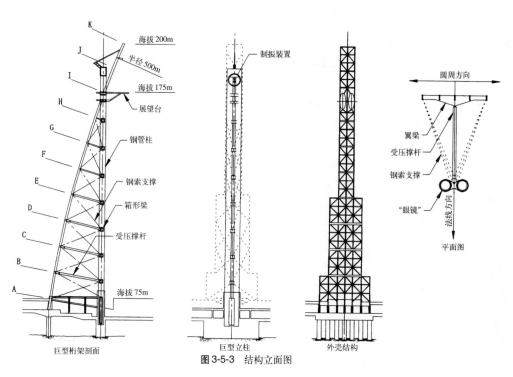

图 3-5-3 结构立面图

索结构连接，在这个结构中如果对钢索施加一个预应力，则结构内部的力得到平衡而稳定，这样可以使钢索在受拉和受压时都起到支撑的作用，形成刚度很高的巨型桁架。

2.2 结构特性

塔的整体结构是由前述的3种结构组成立体的巨型空间框架，因为整体结构由不同的结构体混合构成，力学上的性能根据受力方向不同而大不相同。下面就各个方向的受力特性进行叙述。

(1) 圆周方向

圆周方向的外力依靠外壳结构的面内弯曲刚度和巨型立柱的弯曲刚度来抵抗。各个单一结构的弯曲刚度虽然大致相同，但结构形式、质量分布、风压受压面积等大不相同，仅仅由外壳结构和巨型立柱构成的整体是很容易扭转的形状，因此配置的钢索从平面上看形成了三角形，以此减少整体结构扭转的可能性。在整体刚度上是属于比较柔性的框架结构（$T = 2.29s$）。

(2) 法线方向

法线方向为巨型桁架结构，是刚度很高的刚性结构（$T = 1.09s$）。因为表面全部是钛合金装饰面板，外形很容易受到风压力影响。

(3) 扭转方向

塔的平面形状如图3-5-3所示为三角形，如上所述，外周部组成桁架式结构，因此，外观上的印象是扭转刚度相当高的结构体。

3. 抗震、抗风设计

结构设计时最关键的外力是水平荷载。在确定设计用水平力时必须包括地震荷载和风荷载（图3-5-5）。对于水平荷载，框架的内力全部控制在弹性范围内。

3.1 地震荷载

地震荷载根据反应谱分析确定。分析采用立体模型进行，输入加速度谱考虑了建筑物使用年限中可能遭遇的最大级地震，设定如图3-5-6所示。这个加速度谱相当于规则化的40 kine（cm/s）地震动，层剪力根据各层水平内力两个分量最大值的平方根法求得。

3.2 风荷载

风荷载根据风洞实验的反应分析确定。在此时设定的设计风速为建筑物使用年限中遭遇概率相当低的、最大级的强风（图3-5-7）。

重现期　　　　　　500 年
设计标准风速　　　36.9m/s（$H = 10.0$m）

对于重现期1000 年（$v = 38.7$m/s）的强风，用1/200缩尺的模型根据风洞实验确认不会产生不稳定振动。

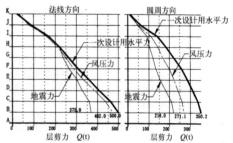

图3-5-5　设计用层剪力

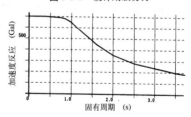

图3-5-6　加速度谱

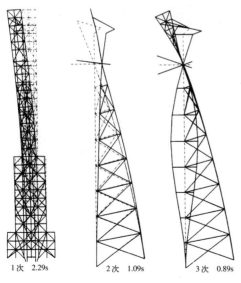

1次　2.29s　　　　2次　1.09s　　　　3次　0.89s

图3-5-4　振型图

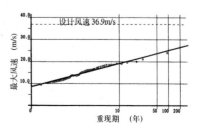

图3-5-7　年最大风速的分布（大分市）

4. 细部设计

4.1 钢索支撑

钢索支撑采用直径7mm的数根镀锌钢丝稍加绞合在一起的"半平行钢丝索"，端部为冷加工而成的锚头，对疲劳受力具有很强的承受能力。钢索表面为高密度聚乙烯，具有优良的防蚀耐久性。这种钢索在桥梁（斜拉桥等）中有很多应用的实例，但在大型建筑结构体中使用还是新的尝试。

因为4根钢索集中在一起，所以节点部不是采用通常的方法固定，而是如图3-5-8所示采用螺栓连接的方法。在节点部采用穿心式千斤顶施加预应力，然后用花篮螺丝固定。

1）钢索的规格[2]

拉伸强度	156 800N/mm^2
屈服强度	115 640 N/mm^2
伸长率	4.0%
弹性系数	200 000 N/mm^2

2）钢索的设计强度[2]

长期设计强度	抗拉强度的 1/3 以下
短期设计强度	按长期容许强度增加 35%
极限设计强度	按长期容许强度增加 65%
预加轴力	设计内力的 1.3 倍以上

图3-5-8 钢索端部详图

4.2 制振装置

本塔在圆周方向的刚度比较低，根据风洞实验可知，与圆周方向垂直的方向上，若有比较低的风速（v =30.0m/s）都可能引起涡旋激振。这个振动虽然对结构体的影响不是非常大，但结构体在这个方向上确实是发生了明显的振动。为了结构的安全，无论多少都应该减少这种振动。因此，在巨型立柱的最上部（图2-5-3）安装了质量为6t，周期为2.3s的摆式质量制振装置。制振装置对一次振型可以产生2%~5%左右的附加阻尼作用。

4.3 防锈设计

钢构件表面为氟化乙烯树脂，除紧固件外，表面涂层加工都在工场进行。如果钢构件上有微弱的电流可以补充电子防止锈蚀，因此安装了电子防锈装置。钢索端部的花篮螺丝部分外包热收缩管件，内注聚丁二烯橡胶保护。外壳结构外侧为钛合金复合装饰板，内侧为铝合金小三角形装饰板，钢结构的各个部分都考虑到使其不会积水。

5. 安装工程

钢结构的安装工程，在低层部采用360t的液压式吊车施工（图3-5-9）。上面的高层部采用攀登式吊车的升降施工法（图3-5-10）。攀登式吊车没有平衡配重块，自重轻，旋转操作台也很小，更换轨道后可以自己升降。升降式施工法和履带式吊车施工还有塔吊施工相比，起重机可以小型经济化，在高塔那样的高而细的安装工程中是最合适的施工法。

在安装铝合金小三角形装饰板时曾经考虑过用悬挂式脚手架，但最终还是采用了更合理和安全的长距离升降机进行安装。

图3-5-9 外壳结构的安装　　图3-5-10 利用升降法施工

6. 结束语

这个项目的设计和施工作业进行的同时，将理念上的假想球在建筑上展开，努力贴近合理的力学形状，摸索各种适合的施工方法细节，最终，以最少的施工步骤完成了这个项目。和这些作业有关的构思、结构设计要素、施工人员作业的步骤等等，可以说都集结了钢结构方面的新技术。

［文　献］
1）（社）建筑研究振興協会：建築研究資料
2）日本建築学会：ケーブル構造設計指針・同解説

6 双拱架 138 展望塔

[建筑概要]

所　在　地: 爱知县一宫市光明寺地内

业　　　主: 建设省, 住宅、都市整备公团, 一宫市

建筑设计: 住宅、都市整备公团, 伊藤建筑设计事务所

结构设计: 住宅、都市整备公团, 伊藤建筑设计事务所

施　　　工: 清水、大日本建设工事企业联合体

楼层面积: 1 385m²

层　　　数: 地上 2 层

用　　　途: 展望塔

高　　　度: 138m

钢结构制作: 日本钢管、横河桥梁、日本桥梁、松尾桥梁、名西钢构建设、中央铁骨、东亚铁工建设

竣工年月: 1995 年 3 月

[结构概要]

结构类别: 基础　直接基础

框架　钢结构由直交双曲线、连接梁的异形纯框架和建筑中间的升降竖井构成

图 3-6-2　展望室内观

图 3-6-1　展望塔外观

1. 前言

这个建筑是在爱知县一宫市的北部，作为木曾三川公园三派川地区中心的中枢设施而建设的展望塔，根据设计竞赛的结果，选中了伊藤建筑设计事务所的方案。

最高高度为138m，这是因为138和一宫（市）的日语发音是谐音，地上100m高处设置直径25m的圆盘状展望室。主体结构为钢结构，由2根高度不同的直交双曲线拱架、直交梁和升降竖井构成。建筑物的形状不同于近年来各地建造的铅笔形的展望塔，给人留下巨大而又深刻的印象。

建造时采用了"顶升施工法"，即先在地面上组装包括展望室在内的塔的顶部，然后用液压千斤顶一边向上顶升，一边建造下面接续的下部拱架和竖井部分。

2. 结构方案

主框架由2个直交的双曲线拱架在展望室上部依靠直交梁连接，并和中间的升降竖井一起形成一体化的双向异形纯框架。

直径25m的圆盘状展望室悬挂在直交梁上，楼板位置在地上100m高度处。

高拱架（南北方向）的高度为138m，低拱架（东西方向）为128m，高拱架的柱脚间距为80m，低拱架的柱脚间距为90m。

拱架的箱形截面呈梯形状（柱脚部宽3 500，高5 400），钢材为SM490A和SM520B，最大板厚30mm。升降竖井为钢管（SM490）构成的桁架结构。

拱架的柱脚为埋入式，通过拱架钢板两面的栓钉将力传递至钢筋混凝土基础。

基础是以GL-5.71m深度以下的碎石砂砾层（N值21~50）作为持力层的直接基础（基础底深度GL-8.5m，长期承载力25 t/m²）。

3. 结构设计概要

对地震荷载和风荷载的结构设计如表3-6-1、表3-6-2所示。

在本建筑的设计中，对等级2的地震荷载和风荷载都采用弹性设计，由风荷载决定构件截面。由于采用了具有一定柱脚间距的拱架结构，对于风荷载没有制振装置也能确保安全性和居住舒适性。高拱架面内方向的固有周期为2.24s，低拱架面内方向的固有周期为2.13s。

表 3-5-1　抗震设计概要

输入速度	等级2　50cm/s
输入地震波	EL-CENTRO波，HATINOHE波 其他3波
振动系模型	弯剪型三维模型
滞回特性	线形
阻尼系数	0.01，0.02
最大层间变位	63.1cm（1/158）　（展望室）
框架状态	屈服强度以下

表 3-5-2　抗风设计概要

标准风速	$V_0 = 32$m/s	
重现期	等级1　100年　等级2　500年	
地面粗糙度	Ⅱ	
阵风影响系数	2.2	
最大层间变位	等级1　56.6cm(1/177)　（展望室）	
	等级2　74.4cm(1/134)　（展望室）	
框架状态	等级1　短期容许强度以下	
	等级2　屈服强度以下	

本展望塔在等级2风荷载时，低拱架面内方向的最大剪力为2 000t，倾覆力矩为1.31×10^5tm。在展望室高度处的水平方向最大变位为74.4cm（1/134）。

4. 抗风设计

抗风设计概要如上面表3-6-2所示，但由于这个建筑物的形状特殊，采用1/250的刚体模型进行了风洞实验，并将实验结果作为参考确定了风力系数，其中设计临界状态为风向角$\theta = -22.5°$时，如图3-6-3所示。

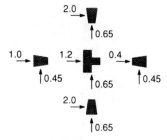

图 3-6-3　设计用风力系数（$\theta = -22.5°$）

图3-6-4为根据实验在各种风向时求得的高拱架柱风力系数的一个例子。

另外还进行了1/250的多质点弹性模型的风洞实验，实验结果的一部分如图3-6-5所示。根据实验可知，在设计风速以下没有发生涡旋激振和气流不稳定现象，而且确认了设计用阵风影响系数和横风方向的荷载是适当的。

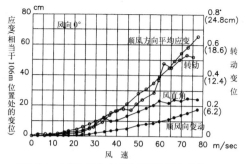

图 3-6-4 高拱架柱在实验中求得的风力系数

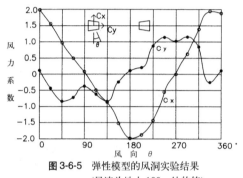

图 3-6-5 弹性模型的风洞实验结果
(风速为地上 100m 处的值)

5. 钢结构工程概要

钢结构由各个会社分担制作，拱架、直交梁部分由日本钢管、横河桥梁、日本桥梁、松尾桥梁等 4 会社制作，展望室部分由名西钢构建设制作，升降竖井由中央铁骨制作，低层部分由东亚铁工建设制作。

截面大的构件，如拱架、直交梁部分在制作工场通过临时组装、检验后运往现场。拱架构件除了截面较小的塔顶部分外按 5m 长一段纵向剖开，分成 2 部分运入现场，在现场重新将 2 部分组装成一段梯形拱架并和邻接的拱架组拼后，现场焊接。

钢结构的安装采用"顶升施工法"。由于采用了这种施工法，每一段拱架截面的现场焊接、表面涂漆等作业都能在地面附近进行，对质量管理、安全管理和工程管理有很大的好处。

5.1 顶升施工法概要

这种施工法，先将包括展望塔在内的塔顶部在地面组装，然后用液压千斤顶将组装好的整体一边向上顶升，一边组装建造下面接续的构件，这种全新的施工法就像竹笋在向上一节节生(伸)长一样。顶升时，拱架 4 处和电梯竖井共 5 个地方同时进行，每次上升约 5m，经过 19 次反复顶升到达 138m 的预定高度。顶升的重量，第一次约 1 450t，以后每次重叠增加，最终重量约为 3 400t 左右。顶升结束后在柱脚部浇注基础混凝土，完成展望塔的建造工程。

5.2 顶升用设备

本施工法在技术上的课题主要有以下 3 点：

① 因为结构体呈拱架形状，所以每次顶升的位置都向外侧移动。

图 3-6-6 顶升实施状况(展望塔高度 113m)

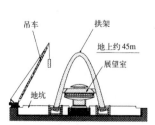

(1) 设基础及槽坑
(2) 组装拱架顶部及展望层
(3) 展望层外部装修
(4) 组装顶升装置
① 顶部地面组装

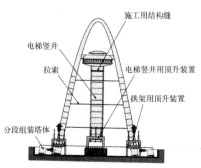

反 (1) 顶升(5m/次)
复 (2) 运入拱架、电梯竖井组件
进 (3) 组件之间焊接、检验
行 (4) 外表装修(涂装、安装外墙、设备配管)
② 顶升

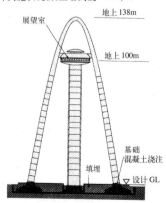

(1) 槽坑内配筋、设置锚栓
(2) 浇注混凝土
(3) 槽坑内埋土填实
<塔体基础完成>
③ 基础混凝土浇注

图 3-6-7 顶升施工法概要

② 因为脚部没有约束,由于自重拱架柱会向外伸展

③ 重量、高度、施工中风荷载、地震荷载的影响都伴随着工程的进展而增加。

设备方案根据对结构和施工的充分研究后制订,主要设备如下所示:

(1) 拱架用移动式顶升设备

因为每一次顶升,位置都要移动,所以制作了"板钳型"的钢筋混凝土槽坑,这个钢筋混凝土槽坑也是塔的基础,顶升装置(千斤顶、起重台架等)可以沿槽坑移动(图3-6-8)。

千斤顶使用分步加载式的穿心式千斤顶系统,拱架每一只脚用6台200t千斤顶,共24台,电梯竖井用150t千斤顶10台,顶升时,合计34台千斤顶连动工作。

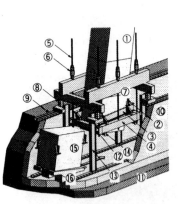

力的传递(垂直方向)
① 塔体
② 座板
③ 座板支撑架
④ 井格梁
⑤ 分段顶升连杆
⑥ 穿心式千斤顶
⑦ 起重台架梁
⑧ 起重台架柱
⑨ 移动导轨(H型钢)
⑩ 混凝土槽坑
⑪ 地基
⑫ 导架(H型钢侧)
⑬ 导架导轨
⑭ 导架(槽坑侧)
⑮ 下一段塔体组件
⑯ 超重支承

图3-6-8 移动式顶升设备概要

(2) 拱架用的拉索系统

拱架柱在施工中,底脚部水平方向如果没有约束,根据计算第19次顶升结束时单边向外将伸展约2.6m,为了确保施工中塔体和顶升系统的健全,工程进行时,在拱架中间安装了预张力钢索(直径47.5mm,受拉荷载190.5t)控制拱架柱脚的间距(图3-6-7)。

(3) 脚部水平力的传递系统

拱架和电梯竖井受到风、地震荷载时,为了将水平受力向起重台架四边安全传递,设置了导架设备,导架设备利用起重台架和钢筋混凝土槽坑支承。

(4) 测量管理系统

为了确保顶升过程中的作业管理和塔体的安全性,确保临时设备的安全,对以下项目进行了测量管理(图3-6-9)。

① 千斤顶反力

② 拉索轴力
③ 各顶升点的扬程
④ 电梯竖井上部结构缝的间隔
⑤ 塔体位置
⑥ 风向、风速
⑦ 塔体、临时构件的内力

以上①-⑥项为自动测量,在综合控制室用电脑进行连动集中管理。

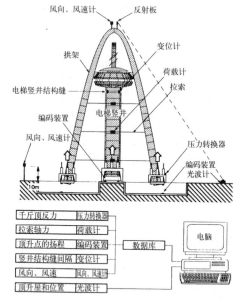

图3-6-9 测量管理系统

5.3 顶升工程

1993年9月塔的顶部开始组装,包括展望层的外部装修,在12月完成。12月末开始顶升,顶升大致上按每周一次的节奏进行,第19次即最后一次在1994年5月结束。然后浇注基础混凝土,固定底脚部。6月份完成了所有的顶升工程。在固定底脚部时,必须注意施工顺序,消除施工时拉索引起的内力和变形。

在2月~3月期间,尽管刮起了建设地特有的强风(伊吹地区强风),顶升工程的作业也没有中断,工程顺利完成。

因为本施工法在最后固定底脚部时,能够对底脚部的位置、水平高度、轴力等进行微调调整,所以建造精度很高,这在工程结束时得到了确认。

6. 结束语

双拱架138展望塔具有独特的拱架形状,在建造中结合了建筑、结构、设备以及施工等各种技术,以上主要对结构技术以及施工(顶升施工法)进行了介绍。

7 千叶港高塔

[建筑概要]

所　在　地: 千叶市中央港 1 丁目
业　　　主: 千叶县
设 计 监 理: 日建建设
施　　　工: 竹中工务店
建 筑 面 积: 1 680.4m²
楼层总面积: 2 307.5m²
塔 体 高 度: 125.15m
工　　　期: 1984 年 12 月~1986 年 3 月
开　　　放: 1986 年 6 月 15 日

[结构概要]

塔　　　体: 钢结构

1. 前言

千叶港高塔是为了纪念千叶县人口突破 500 万而在千叶市中央港 1 丁目建设的以屹立在天空的尖塔为主题的纪念性建筑物。高度 125 m 的展望塔，具有海洋展示室的功能。在当时，还没有这种同类玻璃高塔的实例，由于受风面积大，加上内部中空重量轻，建筑物对强风引起的晃动非常敏感。

因此，不仅结构体的抗风设计很重要，在日常风速下确保展望室的舒适性也成了设计上的重要课题。

这里将以高塔的结构构成、抗风设计、日常抗风对策以及对日常风作用的观测结果为主题进行介绍。

2. 地基以及基础结构

建筑用地在国铁 JR 东日本千叶站西南约 2km 的东京湾东部的填海造地位置上，填土前即原来的地面是三角洲面或者说是属于海底三角洲面，地表面至 GL-5m 为填土层，-5m~-13m 的平均 N 值 18 为地震时非液化冲积砂层，-13m 以下深处为洪积层，GL-16m 附近的地层为 N 值 50 以上的密集坚实的砂质层，高塔以此作为持力层。地层剖面图如图 3-7-2 所示。

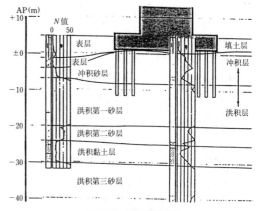

图 3-7-2　地层剖面图

图 3-7-1　塔楼的外观

基础结构考虑到倾覆的抵抗力，采用边长约16.7m的平面正六形，厚度为4.5m的钢筋混凝土筏状基础。高塔以及基础的重量用94根直径φ600mm、长期容许承载力为120t/p的钢管桩支承。

3. 主体结构的设计

3.1 结构概要

塔的地面高度为124.5m，1层的低层部为基段部，塔的内部由中空部、3层展望层和2层塔顶屋构成。平面形状为菱形，以边长6.5m的正三角形为模数，菱形的对角长度分别为15m和25.98m。

为了减轻基础的负担，主体框架采用钢结构，图3-7-3为结构平面图和立面图。结构的构成为，在塔的中空部菱形平面中央的六角形角上设主柱，

各条边上配置梁和支撑，形成六角形的筒结构。菱形锐角顶点部柱子的功能仅限定为支承平时的重量。由于框架采用了六角筒结构，水平面上的刚度可以不考虑方向问题（使X、Y方向的固有周期相同）而且可以提高扭转刚度，增加了空气动力学上的稳定性。塔上部的展望室考虑到眺望的功能，外墙面上不设支撑构件，但在平面中央追加抗剪柱，并且在部分框架中增加支撑构件，这样可以和下层的中空部在结构刚度、承载力特性上具有连续性。另外，塔的1层的基段部为钢骨钢筋混凝土结构，在这个部位进行钢结构和钢筋混凝土基础之间的内力传递。

主框架的标准构件如图3-7-4所示。构件中柱子为卷板钢管，梁和支撑为H形截面，全部为SM50钢。柱、梁节点在支撑结构的中空部采用柱贯通肋板加强形式，在纯框架结构的展望层部采用梁翼缘贯通隔板形式。构件的连接，柱子采用现场焊接等强接头，梁和支撑构件采用F10T高强度螺栓连接，高塔的钢材重量约1 100t，不包括外装材料。

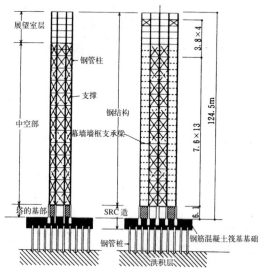

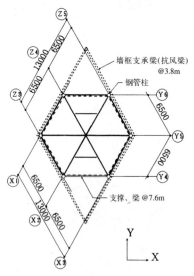

图3-7-3 结构平面图、立面图

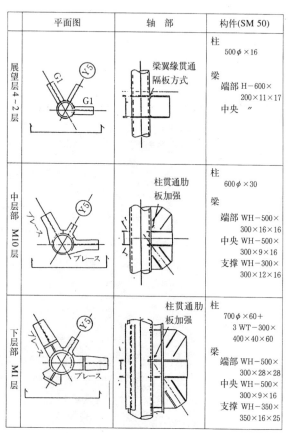

图3-7-4 塔楼主结构的标准构件

3.2 抗震和抗风设计概要

抗震设计和普通高层办公大楼的抗震设计一样，设定地动速度为25kine的等级1的地震和地动速度为50kine的等级2的地震，然后对安全性进行确认。因为相对高塔重量的结构刚度比和普通高层大楼近似，地震时的层间变形角以及顶部变形的程度也近似相同。只是，由于风荷载的作用显著，即使在等级2的地震时，框架也完全处于弹性范围内，和通常不一样，抗震设计不必再考虑构件在塑性状态时的承载力和稳定性。考虑到这一点，主要构件在防止失稳和钢板宽厚比的设计时以构件的屈服强度（建筑学会《钢结构设计规范》限制值以内）作为设计值。塔的固有周期如表3-7-1所示。

表 3-7-1　塔的固有周期　　　　（单位：s）

方向	1次	2次	3次
X	2.25	0.51	0.27
Y	2.70	0.59	0.33
扭转	0.89	0.39	0.21

抗风设计的第一阶段根据固定模型风洞实验得到的风力系数和根据《基准法施行令》中的速度压设定静力风荷载，进行结构分析和构件设计，然后将考虑到空气动力特性和建设所在地的强风特性的塔的缩小模型进行风洞内振动反应实验，确认最大反应量不超过塔的承载力范围，检验抗风安全性。

静力风荷载考虑抗力（顺风方向阻力）、扬力（直角方向横风的力）和空气动力扭矩（水平面内扭矩）的同时作用，表示风向特征的风向角定为 θ =0°、θ =30°、θ =60°、θ =90° 等4个方向。

设计用风荷载：

抗力：$P_D = C_D \cdot q \cdot A$

扬力：$P_L = C_L \cdot q \cdot A$

扭矩：$M = C_M \cdot q \cdot b \cdot A$

式中，C_D：抗力系数

　　　C_L：扬力系数

　　　C_M：扭矩系数

　　　q：设计用速度压

　　　A：表面积

　　　B：塔的代表宽度

图 3-7-5是设计用荷载的比较图。将塔基部的剪力进行比较，X方向、Y方向的设计风荷载的作用远大于等级1时的地震荷载，分别为地震荷载的4.6倍和1.8倍。

另外，塔在强风时变形限制的标准，由于展望室在相当于设计用风荷载的大风时实施限制入内的措施，主要目的是防止外装材料等附加构件的破损，采用层间变形角为 h /120以下作为限制值。外表幕墙玻璃采用橡胶衬垫的固定方式，并且在实验中确认，当墙面局部的剪力变形角为 h /70时仍然具有变形追随能力。

4. 根据风洞内振动反应实验的抗风安全性研究

4.1 实验方案概要

使用的风洞形式为FL型紊流边界层风洞，测定部口径为2m×2m。实验模型采用平面形状为菱形、缩尺为1/300的刚体模型，但制成能够再现塔的1次振型状况的1个质点、2个转动自由度的振动模型。图3-7-6是振动模型的组合图。模型的固有振动频率在X(短对角线)方向为 f_{omx}=23.5Hz，

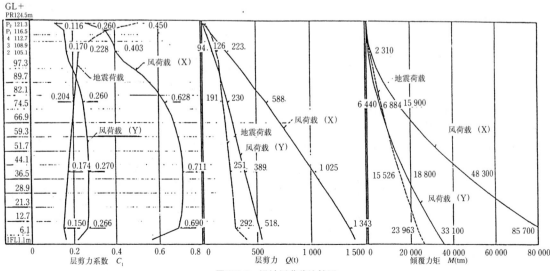

图 3-7-5　设计用荷载比较图

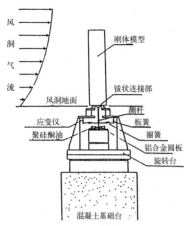

图 3-7-6 风洞内振动模型图

在 Y（长对角线）方向为 f_{omy}=21.5Hz，这是在塔的固有振动频率设定为 f_{opx}=1/2.5Hz，f_{opy}=1/2.7Hz 后根据相似准则换算确定的模型固有振动频率。实验时，因为塔的建设地域面临海岸，设定气流为海面风和城市表面风两种，并分别设定平均风速的垂直分布（侧面）、紊流强度的垂直分布、边界层高度和平均流方向的紊流的规模等。

作为测定条件，相当于模型顶部高度的平均风速 V_{mr}=2~16m/s，根据相似条件换算成地面上 10m 处的平均风速后相当于 V_{10}=7.1m~56.7m，阻尼系数 h=0.017。另外，为了了解阻尼的变化对反应的影响，取 h=0.004~0.04 进行了实验。风向从 θ=0°（X 方向）开始向 90°（Y 方向）按间隔 10° 变化，而且特别在 0°、60° 和 90° 附近按间隔 2.5° 或者 5° 变化风向。

测定时在模型的板式弹簧底部安装上应变计，根据输出的值计算倾覆角。

4.2 实验结果

反应实验结果表明海面风的作用大于城市表面风的作用，因此以下仅叙述海面风的情况。

图 3-7-7 和图 3-7-8 显示了 θ=0°，30°，60°，90° 等典型状态下风速和阵风影响系数（G_f，$G_f{}'$）的关系。这里 G_f 是顺风方向的最大倾覆力矩除以顺风方向的平均倾覆力矩所得的值，$G_f{}'$ 是风的直角方向的最大倾覆力矩除以顺风方向的平均倾覆力矩所得的无量纲化的值，作为有无共振现象的标准。顺风方向的 G_f 值在风速变化时大致相同，但风的垂直方向的 $G_f{}'$ 值在风向角为 90° 时，模型风速 V_{rm}=9.3m/s（实际现象为地上 10m 处换算风速 V_{10}=33.9m/s）的附近产生特异的峰值现象，如果将反应值的峰值换算成实际的倾覆力矩：$M_{X\max}$=85 000tm。

图 3-7-9 为 V_{rm}=9.3m/s（V_{10}=33.9m/s，相当于千

叶港百年罕见的风速）时，风向角 θ=0°，60°，90° 的倾覆角的 X-Y 轨迹。虽然 θ=0°，30° 时振动不大，但 θ=60°，90° 时可以看到明显的振动

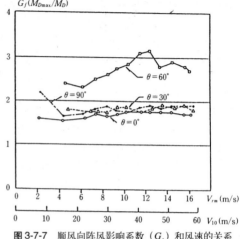

图 3-7-7 顺风向阵风影响系数（G_f）和风速的关系

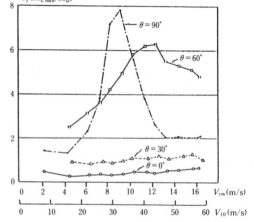

图 3-7-8 直角方向阵风影响系数（$G_f{}'$）和风速的关系

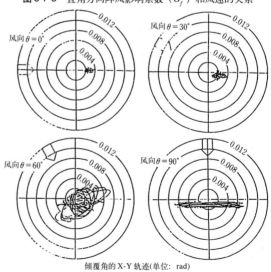

倾覆角的 X-Y 轨迹(单位：rad)

图 3-7-9 实验中的黎萨茹（振动）图形

现象，特别是 $\theta=90°$ 时明显地出现被认为是涡旋激振引起的风直角方向的振动。

图 3-7-10 显示了模型风速 $V_{rm}=9.3\text{m/s}$ 时 X 方向和 Y 方向中，最大倾覆力矩和风向角的关系。X 方向为抗力方向，表面积最大，$\theta=0°$ 时的倾覆力矩 $M_{X\max}=50\,000\text{tm}$，而扬力方向 $\theta=90°$ 时的倾覆力矩更大 $M_{X\max}=85\,000\text{tm}$，由此可知涡旋激振引起的振动对塔的影响很大。

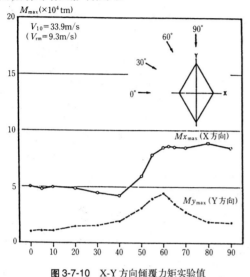

图 3-7-10   X-Y 方向倾覆力矩实验值

4.3   抗风安全性的验证

对实验反应值主要根据最大倾覆力矩来进行评价。但是，风的振动反应情况如前所述随风向而异，而且一个方向的风在 2 维方向上产生作用反应，另外，塔的框架平面以 60° 角构成，风在塔上的作用力不能简单地用直角两个方向上各自独立的抗力进行比较和评价。因此如图 3-7-11 所示，利用静力抗风设计的结果求出设计荷载、设计构件的短期容许值等价荷载、构件极限强度等价荷载

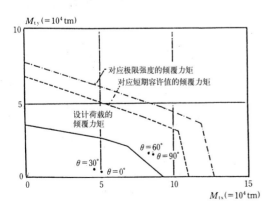

图 3-7-11   实验值和塔楼的强度

等相应的倾覆力矩包络线，然后和实验反应值的等价倾覆力矩进行比较，从而验证塔的抗风安全性。将前述百年罕见的风速 $V_{10}=33.9\text{m/s}$ 时的反应结果绘制在同一图中后可以看出，$\theta=0°$，30° 时反应值在设计值的范围内，$\theta=60°$，90° 时反应值在短期容许值的范围内，得出了不会妨碍安全性的评价。

5.   舒适性的研究

对风摇动时展望室内的舒适性研究顺序如下，日常风速大小的设定根据千叶测侯所（千叶市出洲港，现在为中央港）从 1966 年 4 月开始至 1982 年 2 月的风向、风速观测值决定，设定舒适性容许值研究用的平均风速为 15~20m/s。这是根据出现频度最高的风向和大于这个风速的出现率不满 0.1% 而决定的。

摇动的振幅容许值根据日本建筑学会编《建筑物的抗震设计资料》（p.364）的数据在"对步行基本没有妨碍"的范围内设定。振幅容许值根据塔的固有周期，X 方向为 3.2cm 以下，Y 方向为 4.6cm 以下。

在日常常遇的风速时，风向直角方向的振动非常小，这在实验中得到了确认。因此这里对风产生的变位振幅仅仅从顺风方向（抗力方向）进行考虑。

这里所求的风致摇动的单边振幅是全部变位中的变动成分振幅。

$$x_{\max}=X_f(G_f-1)$$

式中： $x_{\max}$：风致摇动产生的最大单边振幅
  X_f：根据平均风速产生的平均变位
  G_f：阵风影响系数

先设定阵风影响系数 G_f，然后设定风速和根据风速范围内的风荷载求得平均变位 X_f 和振幅的最大值 $x_{\max}$。

根据上述，求出 X 方向（NW），Y 方向（SW）的振幅值为：

X 方向 $x_{\max}=1.87\text{cm}(14\text{cm/s}^2)$
     $<3.2\text{cm}$
Y 方向 $x_{\max}=2.54\text{cm}(14\text{cm/s}^2)$
     $<4.6\text{cm}$

最大单边振幅的计算结果都在"对步行基本没有妨碍"的范围内，因此作出了能够确保居住舒适性的评价。

6.   TMD 的开发和建设后的观测

6.1   TMD 装置概要

至此，以上所述的设计方法和结构设计虽然

告一段落，但舒适性设计中设定的标准值由于本高塔在日本尚无先例，人们在展望室高度的实际感觉究竟如何，属于一个未知的领域，而且抗风强度设计也涉及了涡旋激振引起共振现象领域中的问题，为了解决这余留的一丝不安的感觉，决定加设TMD制振装置，提高强度和舒适性两方面的性能。在当时将类似TMD装置应用于建筑物的唯一先例只有纽约的城市合作中心大楼，所以由东大生产研究所藤田研究室和三菱制钢（株）共同进行了开发研究。

根据TMD的开发目的设定条件如下：

① 在X、Y两个方向上能分别设定不同的周期，对平面上全方位的振动有效。

② 在重现期一年一次左右的风作用下也能运行，提高舒适性。

③ 在数十年一次的强风和大地震时也能持续运行，对振动起到有效的减轻效果。

④ 保养简便，装置的成本费用为建设费用的1%左右。

⑤ 在任何环境条件下，装备设置不能产生振动上不利的因素。

根据这些条件具体设计如下：

① 装置的质量越大制振效果越好，但受到空间和成本的制约，装置的质量控制在塔的1次有效质量的1/100左右。

② 装置的最大容许振幅在强风和大地震时按不会和塔体冲撞的最大范围设定为±1.0m。

③ 装置的阻尼作用平均为15%左右，为了在平时风时装置也进入工作状态，设定低阻尼为

7.5%左右。

开发的TMD如图3-7-12所示。机构为X、Y方向可分别移动的双层框架，重叠组成平面二维自由振动系统，X、Y方向分别设置螺旋弹簧和阻尼装置用来调整周期。滑动机构采用轴承在轨道上滑动的方法减少摩擦。

6.2 振动的观测结果和TMD的作用

1987年12月17日，千叶县东海湾地区发生地震，千叶市为震度5，将得到的地震观测记录和TMD非工作状态的分析值进行了比较。结果，塔在地震中的性能和初动大变形时的性能两者之间几乎没有差异，最大变位显示了相同程度的值。根据主要振动的衰减可以确认TMD装置迅速地产生了阻尼效果。

在对风观测的结果中，将1987年10月17日17号台风时10分钟内平均风速30.9m/s（TMD固定时）和1988年2月5日季节风时平均风速28.4m/s（TMD工作时）的结果用图3-7-13进行了比较。风向角都是南风，在观测到的风速范围内由于TMD的作用，振动的加速度减少了40%左右，另外根据在展望室中的感觉，风振动的加速度也控制在约5cm/s² 以下。

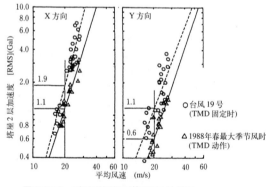

图 3-7-13 对风观测得到的 TMD 效果图

7. 结束语

千叶港高塔是建筑物中把风振问题正式作为结构设计课题的先例。尽管在当时对风洞实验和TMD开发等领域并不熟悉，但还是取得了一定的成果。另外通过对地震、强风引起的振动进行长期的观测，使设计性能得到了确认。

千叶港高塔的成功，在建筑物的结构设计方法中对风致摇动又增加了制振结构这一选择，也可说是提高了结构设计的自由度。

图中标注：
质量块框架
上部框架（X方向滑动）
定位止动件（Y方向）
定位止动（X方向）
中间框架（Y方向滑动）
阻尼装置（粘性阻尼，X方向）
台架
滚轴
导轨
弹簧用导轨
基础框架（固定）
阻尼装置（粘性阻尼，Y方向）

外形　6 4005 9002 000(高度)
可动重量　X方向　10.4t
　　　　　　Y方向　15.5t
质量比　X方向　1/120
　　　　　Y方向　1/80
　　　　（质量比＝可动重量/塔的1次有效重量）

图 3-7-12　研制的 TMD

[4] 开闭式屋盖建筑

1 有明网球观赛场开闭式屋盖

[建筑概要]

所 在 地：东京都江东区有明2丁目

业 主：东京都

设 计：KK建筑型式研究所

（株）环境开发研究所协助

施 工：竹中工务店、大都工业、立石建

设企业联合体

楼层总面积：18 505.9m²（原建筑）

9 617.56m²（新增部分）

移动式屋顶面积：17 336.1m²

层 数：4层

主 要 用 途：网球观赛场

高 度：40.1m

钢结构加工：川田工业（株）四国工厂

驱动器制作：三菱重工业（株）

竣 工：1991年3月

[结构概要]

结构类别：基础 现场灌注混凝土连续墙

行车梁 钢筋混凝土结构

屋盖结构 钢结构

移动方式：轨道上平行移动方式

驱动方式：钢丝绳牵引方式

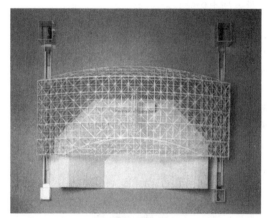

图 4-1-2 结构模型

图 4-1-1 建筑外观

1. 前言

本建筑原是作为东京都有明网球场的"森"中央赛场规划、以日本国内公开赛为目的的室外赛场，可以容纳1万人，而后变为国际网球公开赛的赛场。

现在的设计方案是在这一设施的上方架设能够开闭的屋盖，在必要时，可以转于用于其他体育活动或展示场，添加一些辅助的功能。在闭合状态屋盖及周围增设的墙体使得中央场地成为室内空间。

本方案的基本方针如下：

● 在开启状态具有充分的开放感，屋盖的影子对表演不构成妨碍。

● 新增的屋盖作为独立的体系，对现存的结构设施没有影响。

● 屋盖驱动机理简单，其系统由已经得到验证的可靠的技术构成。

基于上述方针增设的屋盖作为原建筑上部的覆盖结构，在原建筑两边的地面上设置移动路轨，采用在路轨上平移屋盖的开闭方式。

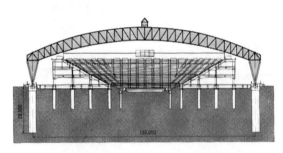

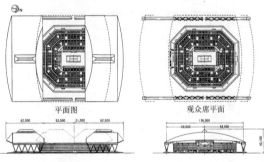

图 4-1-3　平面·立面·剖面图

2. 结构方案

2.1　关于屋盖开启和闭合的设计方针

包括屋盖和基础在内，确定系统的设计方针如下。

设计时考虑了为满足这些要求而产生的直接的外力以及间接的荷载。

1) 驱动机构

根据钢丝绳牵引的驱动方式，在柱脚部位设移动台车，卷扬机通过与台车连紧的钢丝绳对屋盖产生牵引力（图4-1-4）。

2) 开闭模式

以中央赛场为中心，将屋盖分为南北两部分。通过在移动轨道两端设置的卷扬机沿南北方向将屋盖在地面轨道上平行移动约20分钟，最大移动距离为：北侧21.0m，南侧52.5m。

3) 保持基本状态的机构

为了保证在开启或闭合的基本状态下，即使达到最大设计荷载也能保持静止，不发生滑动、飘浮等问题，安装了锁定机构。

4) 开闭过程的限制

瞬时最大风速不超过20m/s时装置可以进行开闭驱动，遇到超过该风速值的强风时，则静止地保持基本状态。地震时，当操作室内的地震仪感知到50gal以上的加速度，移动过程就自动停止。

5) 移动控制

移动的指令由管理人员人工输入，但是开闭的模式是自动控制的。移动时两侧的同步性由自动管理控制，最大相差的容许值是±100mm。

2.2　主结构的设计

关于结构形状，在研究了各种力学问题并考虑与现存建筑的协调，以及便于短期施工的要求后才加以确定。

主结构为跨度为136m的门式框架，每隔10.5m设一道拱形的平行弦桁架，桁架中部高度达7.5m，柱子为钢管组成的倒四角锥形，主结构由这两者构成。

柱距方向（纵向）为连续的四角锥柱列，柱脚支承在移动台车上，相互间为铰接连接。

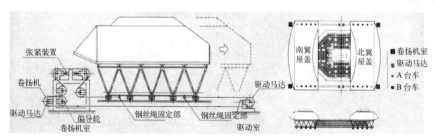

图 4-1-4　驱动方式

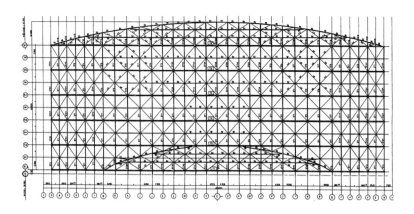

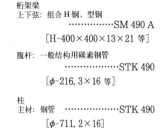

桁架梁
上下弦: 组合 H 钢、型钢
······SM 490 A
[H-400×400×13×21 等]
腹杆: 一般结构用碳素钢管
······STK 490
[φ-216.3×16 等]
柱
主材: 钢管 ······STK 490
[φ-711.2×16]

次桁架等
SS 400, STK 400, STKR 400
[H-298×194×5.5×8 等]

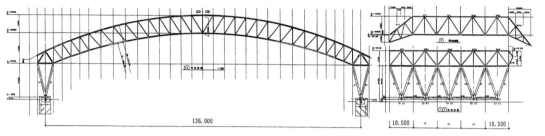

图 4-1-5 结构概况

主要的结构构件如下: 主桁架的上下弦杆采用轧制的或组合的 H 形钢（H－390～438，SM490A），斜腹杆和竖腹杆采用一般的结构用钢管（φ139.8～318.5，STK490），柱的主要构件为圆钢管（φ711.2，STK490）。

各桁架的最高高度为 GL＋34m，靠端部有约 10m 的外挑斜檐。

本结构无论是桁架还是柱，都采用空间杆系形式，杆件以承受轴力为主。构件设计时，要求在地震作用下不会因失稳导致承载力的下降和刚度的下降，包括节点在内，所有设计都保证在相当于等级 2 地震作用下不超过允许应力范围，也即是以强度为准则的设计。设计时无论静力还是动力都采用 3 维模型，以对结构的空间作用作出合适的判断。考虑到柱脚间距达136m的大跨度结构，设计时同时考虑了相当于水平地震输入1/2的竖向地震作用。

在开启和闭合两种基本状态下，主结构的柱脚通过锁定装置实现铰接连接，这也是开闭式屋盖的特征。移动过程中在行进方向和上方都是自由的。设计中，为了把握在这种状态下发生地震时的结构行为，进行了滑移分析，以防止产生过大的钢丝绳牵引力、避免滑移变位，并确保抵抗飘浮的安全性。

由于存在结构开启、闭合的状态变化以及由于原建筑的影响，屋面作用的风压系数呈复杂的分布；为了抗风设计的需要，通过缩尺刚体模型的风洞实验，确定表面风压系数。

2.3 驱动部分的设计

驱动部分的设计遵从以下基本方针:

1) 由上部结构产生的作用力通过柱脚的铰传递到台车，而不产生次应力；再通过钢制车轮传递到安装在行车梁上的移动轨道（图 4-1-6）。

2) 在驱动装置传力路径上的各种构件，都确保具有和屋盖结构相同或更高的安全性。

3) 即使瞬时风速达到 20m/s，也不会妨碍屋盖开闭的驱动力，具有在 17.5 分的移动时间内走完行程 52.5m 的能力。

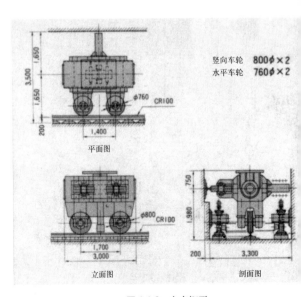

图 4-1-6 台车概要

4) 在屋盖开启或闭合的基本状态，设有防止台车滑移及防止向上浮起的锁止功能。

5) 驱动装置的结构使得零件更换时不会影响其他设备。

6) 驱动控制系统，通过操作室内的操作盘进行自动运行。

主要的荷载传递机构的构件按照建筑结构的各种规范进行设计，但和移动结构物有关的特殊荷载则按《吊车结构规格》设计。

3. 行车梁及基础结构的设计(图4-1-7)

屋盖结构的柱脚部位，由于结构形态的关系，在跨度方向产生很大的水平推力。在本建筑中，因为柱脚之间有原建筑的存在，所以难以采用诸如设置拉杆等平衡工法。为此，两侧的柱脚群分别设置独立基础，通过基础－地基连为一体的刚度来抵抗水平推力。

作为基础结构的一部分，行车梁经过台车的传递负担上部结构的荷载，每个柱脚的反力都很大，最大的竖向力约270t，水平推力约200t。此外，为了对应屋盖移动而来的荷载作用点的变化，行车梁采用了具有充分的强度和刚度的沟形钢筋混凝土连续梁。

考虑到建筑所在地的软弱地基特性，基础工法中采用了能保证很大的承载力和水平刚度、壁厚70cm～80cm的T形及冂形截面的连续墙桩，按上部结构柱脚相同的间距配设（10.5m）。

连续墙桩通过被动土压和侧面的摩擦抵抗，可以具有很大的刚度，桩头的水平变形在长期荷载作用下为1.0cm，地震作用下为2.5cm左右。

4. 屋盖钢结构安装工程(图4-1-8)

本工程工期较短，仅有11.5个月，由于钢结构制作工程、桩工程及行车梁工程的原因，屋盖钢结构安装工程实际上只有4.5个月。此外，屋盖结构跨度达136m，完成后屋盖总重量有3 000t之多，缜密的施工计划是必要的。限于在现存建筑的上部构筑屋盖这一施工条件，采用了可以限定支架位置的移动工法。在现存建筑外部可能使用吊车的场地建造了台架，将大屋盖分块逐一拼装，然后顺次移动进行安装。

图4-1-8 屋盖施工状况

在研究移动工法时遇到最大的问题是：一旦安装时的临时支点予以释放使得桁架成为自立的结构，跨度中央将会产生200mm的竖向位移，这样已经移动到位的结构块单元和还在台架上拼装的单元之间就会产生位移差，使得各分块单元之间难以连接。

为此，在移动就位的分块单元上，将其最后一榀桁架用千斤顶顶起，使其回复到安装初期的位形，然后架设下一块单元。

移动工法实施时，在柱脚下的台车上安装水平千斤顶，靠其牵引力实行水平移动。

由于采用了本工法，单元拼装的场地实现了最小化，架设材料、施工机具也都减少，同时可以将装修工程一并完成后再将块单元移动出去，既确保了施工安全，又能使工期缩短。

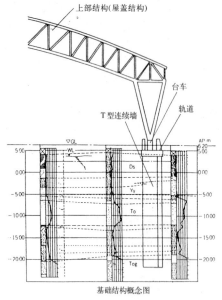

基础结构概念图

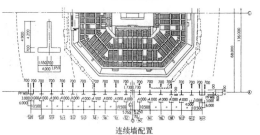

连续墙配置

图4-1-7 基础结构概况

2 福冈穹顶

图 4-2-1   建筑内观(屋盖全开时)

[建筑概要]

图 4-2-3   建筑外观
(屋盖移动时)

所 在 地: 福冈市中央区地行浜 1-29

业　　　主: DAIERIAL 不动产

设　　　计: (株)竹中工务店、前田工业建设(株)

施　　　工: 同上

楼层总面积: 186 068m²

层　　　数: 地上 7 层

主 要 用 途: 棒球场、多功能体育场

高　　　度: 檐 口 高   地上 40.8m

最大高度   地上 84.0m

钢结构加工: (屋盖)川田工业(株)、坂本工业

(下部)八幡工业、永井制作

竣　　　工: 1993 年 3 月 31 日

[结构概要]

结 构 类 别: 屋盖结构   钢桁架结构

驱动装置   电动台车

轨 道 梁   钢筋混凝土结构

下部结构   SRC、RC、S 结构

基　　础   现场灌注钢管混凝

土扩底桩

图 4-2-4   建筑外观
(屋盖移动时)

图 4-2-5   建筑外观
(屋盖移动时)

图 4-2-2   建筑外观
(屋盖移动时)

1. 前言

福冈穹顶是继特伦多 Sky Dome 之后世界第二、日本第一的开闭式穹顶。直径212m，高度68m，实际容积176 万 m³，覆盖其上的屋盖一分为三，有两片各可以朝相反方向旋转移动的顶盖形成使屋盖可以开启与闭合的系统（© PBK，WZMH），开闭所需时间约20分钟，在全开启状态，最下部的固定部分与上面两片形状相似的顶盖完全重合，保证了大约60%的开口率。

顶盖的平面形状，可以令人联想起展翅飞翔的鸟儿。这一形状以三分之一球壳为基本要素，是以追求结构稳定性出发作出的选择；然而当体验了巨大的屋盖戏剧般地移动至全开状态后，这一形状仍然不影响余韵，展示出充满紧张感的空间，这也是结构设计的目标。

具有开启与闭合两种基本形态的体育场，除棒球赛外具有适应其他多种功能的自由度，同时，也提供了满足人们所期望的"天晴处室外、天雨居室内"的空间。

2. 结构概况

本建筑物的结构，主要由覆盖直径约200m的空间的3层屋盖顶板、支承该屋盖并可旋转移动的台车、圆环状的钢筋混凝土连续轨道梁，以及以钢骨钢筋混凝土（SRC）为主体的下部结构构成。

2.1 屋盖结构

屋盖的曲面形状考虑到制作方便，以及由3片顶盖组成的屋盖可以重合，确定采用3片同心球面，为保证室内棒球场必要的天井高度，屋盖矢高与跨度之比取为0.2。

从平面投影看，将球面一分为三的顶盖，每片顶盖为中心角120°的扇形。但这样一来，顶盖的反力主要集中在各片顶盖的两端部，力的分布非常不均匀。随顶盖的移动，这一反力实际上是移动荷载，加之有3片顶盖互相重合的位置，从设计轨道梁结构和下部结构着眼，希望尽可能地减少峰值荷载而把反力分布均匀化。此外还要确保地震作用下结构的稳定性。为此，将顶盖在根部予以放大，平面形成根部约175°的中心角（图4-2-7）。结构体系由放射心线上的构件与圆周线上的构件组成的三角形为基本模式，采用平行的薄片状桁架。各片顶盖的桁架高度为4.0m，两片顶盖相邻的弦杆间的中心距为1.7m。上下弦杆采用轧制的宽幅H型钢，斜腹杆和竖腹杆则为圆钢管。现场安装全部为高强度螺栓连接。放射线方

向和圆周方向的桁架交点（节点部位），平面最多有7个桁架、包括斜腹杆、竖腹杆最多有13个杆件相集合。平面上的交角有多种，加上是球面的缘故，有的立面的角度很小。为能较容易的应对这样的角度变化，并使复杂的焊接接头简单化、提高钢结构制作过程的生产性，采用了焊接用铸钢（SCW480）制成的圆筒状铸钢节点（图4-2-9）。

设计方案中，3片顶盖各自作为独立的结构抵抗外力，但各顶盖考虑外装修材料后，最小的有效间距约为500mm左右，顾虑到强震时，特别是振幅较大的顶部附近外装修材料可能互相接触，在顶盖的旋转中心处设置了减振用的油阻尼器，以防止顶盖间的互相接触（图4-2-8）。

另外，大面积的屋盖装修所需的檩条安装产生数量庞大的零件，这成为制作和安装的瓶颈，为此，将屋盖外装修材料制成5m × 5m的板块单

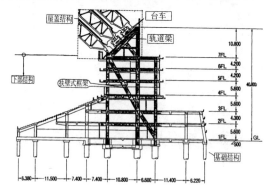

图 4-2-6 结构剖面

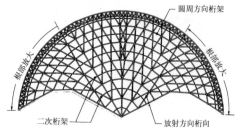

图 4-2-7 屋盖钢结构平面

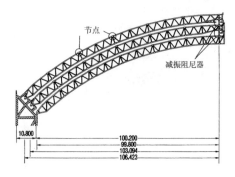

图 4-2-8 屋盖钢结构剖面

元以达到省工的目的。

2.2 驱动系统和移动轨道结构

能够进行开闭的上面两层顶盖的外周,各用24台移动台车支持。各顶盖的移动台车分别为14台驱动台车和10台从动台车。为了确保驱动台车能够获得稳定的驱动力,驱动台车主要安放在一般情况下反力较大的顶盖根部,分别配置独立的电动马达、减速器等构成的驱动元件(图4-2-10)。

移动轨道结构由倾斜45°的路面板和3道肋梁形成的刚度极大的槽形截面,是钢筋混凝土的环状的结构。在抵抗随着屋盖开闭过程产生的巨大的移动荷载的同时,起到将集中荷载分散到下部结构的作用。移动轨道梁通过钢骨钢筋混凝土桁架结构与下部结构连成整体。

在轨道梁内,承受屋盖拱轴方向荷载的轨道(移动轨道)有2条,受同一拱轴方向上浮力作用的轨道有2条,与拱轴垂直的方向(称为水平方向)左右各有1条轨道,合计共铺设6根轨道,构成连续的环状轨道。以此为导轨行走的台车车身由箱形断面的钢构件组成H形的平面形状,有4个移动轮、4个防上浮轮、4个水平轮,合计12个轮子(图4-2-12)。

为防止地震时或台风时屋盖的移动,在设定的停车位置处轨道梁侧壁安有插口,从移动台车伸出的锁舌自动插入其中。自动锁舌端有油阻尼器,当温度变化时可以调节伸缩防止产生阻力,在地震等急剧变动发生时能约束移动和滑移。

2.3 下部结构

下部结构都按同心圆布置,使屋盖及轨道梁的荷载能够顺畅地传递,全周不设伸缩缝,成为连续结构。下部结构由半径方向和圆周方向的框架构成,支承屋盖结构和轨道梁结构大约6万t重量的下部结构高层部分采用能够确保构件韧性和刚性的钢骨钢筋混凝土结构,比赛场地和外周的低层部分则采用钢筋混凝土结构。

半径方向的框架以中心角每隔5°的间隔排列72道。其中50道是连续的扶壁式框架,作为抵抗屋盖传递的巨大的水平推力和地震作用的主要抗侧构件;沿结构周向,则均等地布置了8处抗震墙,以提高结构的水平抗力和抗扭刚度。

以GL-18m~20m近旁的第3纪的砂岩(N值50以上)作为持力层,采用现场灌注的钢管混凝土桩。

3. 工程概要

3.1 基本施工方案

福冈穹顶工程中的最大课题是,为确保屋盖的移动性能对下部结构、轨道梁、屋盖钢结构均有很高的施工精度要求,而工期则只有短短24个月。为此,采用结构承重构件的预制化等尽可能实现工业化施工并保证质量、精度的方法,同时尽可能减少现场作业。为了有效地利用现场的空间,在现场制作一般情况下因道路运输条件限制而无法实现的大型预制构件,提高施工效率。

整个施工程序以屋盖钢结构工程早期着手为第一优先,将平面整体划为4个工区,屋盖钢结构安装时作为支架使用的内侧下部结构先行施工。各工区内都同样将与屋盖安装有关的高层结构、轨道梁结构先行纳入规划。这样在基础工程开始后的第11个月钢结构的安装工程就得以展开。

3.2 屋盖钢结构的安装工程

屋盖钢结构施工中,屋盖平面按同心圆的形

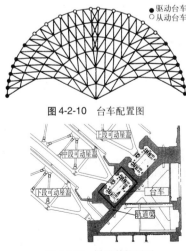

●驱动台车
○从动台车

图4-2-10 台车配置图

上段可动屋盖
中段可动屋盖
下段可动屋盖
台车
轨道梁

图4-2-11 轨道结构剖面

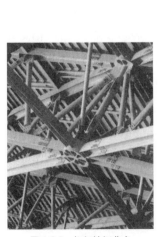

图4-2-9 桁架铸钢节点

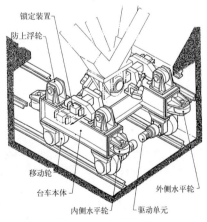

锁定装置
防上浮轮
移动轮
台车本体
内侧水平轮
外侧水平轮
驱动单元

图4-2-12 台车概要图

状分为3个工区，由外向内分为A、B、C工区。在3个工区的分界线上，差不多以均等距离布置了18根临时支柱（图4-2-13）。

以单件方式运入现场的钢构件，在现场组装成桁架，在中央赛场范围内拼装成长约40m，重约35t～70t的空间单元。这一钢结构单元从外周侧的A工区开始左右对称地架设到临时支柱上。形状相似的3重顶盖相互重叠是本建筑物的特征，充分利用这一特征，在各工区都将上层顶盖支承到下层顶盖上，采用这一"多层叠合施工法"，可以确保发挥起重机的效率和中央赛场范围内的场地利用。约9 000t的钢结构安装工程在9个月内完成（图4-2-14）。

屋盖中固定的顶盖部分在临时支柱顶部沿球心方向给以支承，上层、中层顶盖的临时支点采用滑动支承，以释放随结构自重和温度变化而产生的面内力。另外，由于上层、中层顶盖可以移

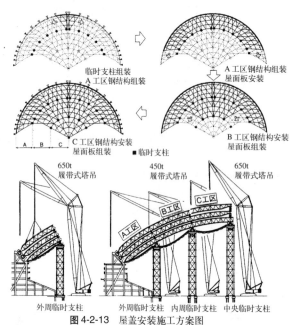

临时支柱组装
A工区钢结构组装

A工区钢结构组装
屋面板安装

C工区钢结构安装
屋面板组装

B工区钢结构安装
屋面板组装

■临时支柱

650t履带式塔吊   450t履带式塔吊   650t履带式塔吊

B工区 C工区
A工区

外周临时支柱   外周临时支柱 内周临时支柱 中央临时支柱

图4-2-13 屋盖安装施工方案图

图4-2-14 A工区施工状况

动，为确保定位精度，外周边的台车沿圆周方向予以临时固定。根据钢屋盖的施工方案进行了施工力学分析，不仅确认了钢结构构件、临时支承构件的安全性，也设定了随工程进展对屋盖根部的反力、台车的反力的控制值。屋盖根部的反力通过设置油压千斤顶予以计量，台车沿圆周方向的反力也同样通过临时固定用的油压千斤顶计测，并与上述施工分析得到的结果进行比照，边确定施工过程安全性边进行施工。

关于形状控制，在各顶盖18个临时支柱处的精度控制值设定为±20mm，为实现这一要求，重点是控制地面组装和空间单元拼装阶段的形状控制。根据事前的研究，设定了A、B、C工区间的精度调整区，采取了防止前段工区误差积累的措施。

3.3 千斤顶卸载作业

临时支点处的反力释放、屋盖成为自承重结构的千斤顶卸载作业，采取与安装顺序相反的自上层、中层而下层（固定顶盖）的顺序。释放反力的原则，是各支柱都采用相同的分段卸载比例（10%），18个支柱同时同步作业。上层、中层顶盖在释放支柱反力时，适时释放在台车上增加的反力。根据本结构的特点，在千斤顶卸载时，屋盖沿反力释放方向发生位移，同时与该方向垂直的面内方向也发生比较大的变位。为追随这一变位，释放反力用的油压千斤顶也同安装时一样采用滑动支承。

千斤顶卸载作业依据按实际作业步骤进行分析的结果，同时对反力和变位两者进行控制。各片顶盖在千斤顶卸载时的反力和位移随作业过程的变化与分析结果基本一致，变位的实测值和分析值相差在10%以内。

通过千斤顶卸载作业中测定的临时支柱反力推算，钢结构安装过程中，虽然测量值随外装修的进展和温度变化与计算值相比有若干差异，但基本上与分析结果显示的趋势是一致的，因此得出结论：钢结构的施工是按照符合实际的预测和管理进行的。

屋盖钢结构的千斤顶卸载作业完成后，1993年1月进行了屋盖开闭的试运行，顶盖移动顺利进行，同时也验证了随顶盖的移动和支承结构中发生的变形，屋盖的变位、反力变化与分析值是一致的。

4. 结语

以福冈穹顶的屋盖结构及驱动系统为中心，将结构方案和施工概要作了报告。

3 海之神穹顶

[建筑概要]

所　在　地: 宫崎市山崎町字浜山浜国有林

业　　　主: 凤凰城游乐公司

设　　　计: 三菱重工业（株）

施　　　工: 同上

占地面积: 85 775m²

建筑面积: 35 185m²

楼层总面积: 52 481m²

层　　　数: 地上3层

高　　　度: 檐口高　地上14.8m

　　　　　最大高度　地上38.0m

竣　　　工: 1993年3月

[外装修]

屋盖开闭部分: 四氟乙烯树脂涂层玻璃纤维布
　　　　　　（双重膜）

屋盖固定部分: 钛合金钢板

[结构概要]

结构类别: 屋盖开闭部分　钢结构（框架膜）

　　　　　屋盖固定部分　钢结构

　　　　　下部结构　钢筋混凝土

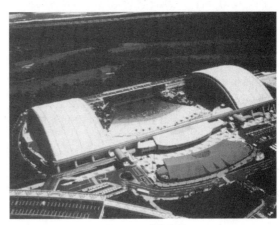

图4-3-2　建筑外观

图4-3-1　建筑内景

1. 前言

本穹顶位于宫崎县一叶海岸，以无与伦比的自然环境为舞台，是国际化游乐场所的旅客的集散中心。

穹顶沿建筑物长边方向尺度为300m，短边方向100m（净距），高度38m，保有水量18 000t，水面面积9 000m²，同时可容纳最多达10 000人的游客，是世界最大的全天候开闭式水上公园。不仅规模宏大，而且包含了最新的技术和表现要素，是全新的娱乐空间。

2. 结构方案

2.1 开闭式屋盖的概要

三菱重工业（株）实施的代表性的开闭式屋盖结构如表4-3-1所示有多种方式。本项目考虑到建筑物的形状，采用平行移动的开闭方式和电力驱动台车的驱动方式，可开闭的顶盖共4片，两端固定式的顶盖2片，由此构成全长300m的穹顶。

开闭屋盖各顶盖在根部用驱动台车支承。每片顶盖配置10辆台车。下部钢筋混凝土结构的运行道路上设置钢轨，通过电力驱动实行平移。屋盖的移动速度为每分钟9m，从全闭合状态到全开启状态耗时约10分钟（最大移动距离81.8m）。全开启和全闭合状态下，为防止可开闭顶盖的移动及上浮安设了锁定装置；针对在地震及暴风时可能发生的屋盖移动和上浮，可以确保支承结构的稳定。为确保屋盖结构在暴风中的安全性，屋盖设计中以强风时屋盖是闭合的作为基本条件。

表4-3-1 开闭式屋盖的工程实例

工程名	开闭方式	驱动方式
有明网球观赛场	平行移动方式	钢丝绳牵引
福冈穹顶	旋转移动方式	电力驱动台车
武库川学院中高等部游泳池	旋转铰滑移方式	电力驱动台车
秋田故乡之村穹顶剧场	旋转铰滑移方式	电力驱动台车

2.2 开闭式屋盖主结构概况

开闭式屋盖的主结构是最大跨度约为110m的拱状桁架钢结构（图4-3-3）。屋盖结构支承在下部结构上，屋盖重量传给驱动台车、运行道路、下部结构框架再到基础。因此如何减轻屋盖重量是方案阶段的课题。对此采取的一项措施是能将长期荷载作为轴力有效地传递到下部结构，经过参数研究，选定屋盖拱的形状。

每片顶盖下有10辆台车作支承，台车负荷是均匀的，对下部结构的负荷以及屋盖移动时的稳定性而言，也需保持结构负荷的均匀性。为此，各片顶盖的结构构成采用如下方式：高度为3.0m的主桁架5榀，高度为2.0m的次桁架6榀，在宽幅51.5m的顶盖上交错排列，作为整体刚度是均匀的。更进一步，在上弦和下弦面内均匀地配置支撑构件，确保面内刚度，防止地震及屋盖移动时发生变形。

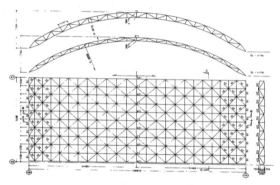

图4-3-3 开闭式屋盖主结构图

2.3 驱动机构概况

在可开闭的顶盖上5榀主桁架的根部每侧各设置5辆台车（驱动台车3台，从动台车2台）共10辆台车，来支承一片顶盖。驱动机构由支柱、台车、轴、车轮（其中移动轮2个、引导轮4个）以及轨道（移动轨道1根、引导轨道2根）构成（图4-3-4）。屋盖结构的支承条件为铰接。

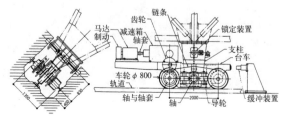

图4-3-4 驱动机构概要

上部结构为拱状，为了实现以轴力为主要传递方式的设计意图，移动轮及轨道都按拱轴线的切线方向倾斜地布置，以获得明确的传力路径。

2.4 下部结构概况

下部结构为钢筋混凝土结构，由作为上部结构移动路基的运行道路与柱子（斜柱、竖柱）以及基础构成基本构架（图4-3-5）。在屋盖两侧各有270m长的基本构架柱列构成下部结构，支持最大跨度约110m的屋盖结构。东西两列柱列长度太长，考虑温度影响，在运行道路中部设置伸缩缝。在方案中，包括柱列和下部结构都设了分缝。

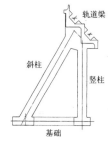

图4-3-5 下部结构简图

2.5 抗震设计概要

2.5.1 输入地震动

针对等级1（弹性设计）和等级2（弹塑性设计）的地震动确定了对于建筑基础的地震输入大小。首先调查了建设地区宫崎市过去100年间的地震数据。以这些数据为基础，预测了地基的加速度，并求出表层地面的反应值。根据本建筑物抗震设计的等级划分，以及由上述分析获得的场地特性，进行了地基分析，从而确定了相对基础的输入地震动，其中对水平地震动，等级1为180Gal，等级2为360Gal。

关于上下动的设定，取为水平动的1/2。

2.5.2 抗震安全性的验证

地震时的动力反应分析，采用包括下部结构在内的空间模型求取反应值（图4-3-6）特别的，对屋盖结构而言，宽幅51.5m在平面上已经是很大的结构了，包括屋面扭转在内复杂的振型都能得到反映，以此为对象构建了分析模型。

本建筑跨度达110m，是规模很大的结构，地震输入时除了水平动，还考虑了上下动来进行设计。此外，支承屋盖的基础相距约110m，地震动

对基础作用时的相位差也加以考虑，采用多点输入进行反应分析以确认结构的安全性。

虽然在屋盖移动过程中如果发生地震可以自动地停止移动过程，但如果有超过驱动装置制动力的外荷载作用，仍有在轨道上滑动的可能。对此，假设在屋盖移动过程中发生地震，以顶盖相互间不发生冲撞、脱轨等为目的，考虑驱动台车的制动力进行了非线性反应分析（滑移分析）。

2.6 抗风设计概况

2.6.1 风荷载

针对屋盖的开启状态、闭合状态和移动至途中的状态，进行了风洞实验，确定了风力系数（图4-3-7）。速度压力则根据建筑基准法予以确定。

由于本建筑物是矢高比较大的圆弧拱（矢跨比0.21），从风洞实验结果看，屋盖的迎风面是正压。因此屋盖设计时的风力系数设定了两种工况：以正压卓越的工况和风吸力卓越的工况。根据这两种工况进行结构的断面设计和屋盖抗吸力的校核。

图4-3-7 风洞试验状况

2.6.2 动态抗风安全性的校核

本结构因跨度达到110m，所以不仅需要校核静力荷载下的安全性，考虑屋盖动力特性的动态抗风安全性也加以研究。作为研究对象的空气动力学问题包括以下项目（图4-3-8）。

- 涡旋振动
- 共振
- 经典的颤振
- 垂直方向抖振

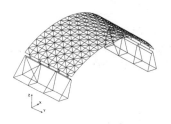

图4-3-6 地震反应分析用模型

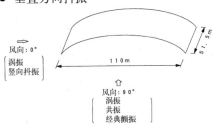

图4-3-8 动态抗风安全性研究项目

研究结果表明，在本结构中，引起上述振动的临界风速相对设计风速而言是有充分的余地的，有害的振动现象发生的可能性非常小（表4-3-2）。另外关于垂直方向的抖振，根据频域为基础的分析结果，对结构安全性不造成问题。

表4-3-2 临界风速与设计风速的关系

编号	现　　象	临界风速	设计风速*
1	涡旋振动	87m/s	
2	共振	370m/s	43.8m/s
3	经典的颤振	245m/s	

* 上部开闭式屋盖的基准高度（GL + 27.75m）处的平均风速

3. 开闭式屋盖的施工

3.1 施工上的注意点

开闭式屋盖跨度达110m是没有前例的，为此施工方案制定阶段，将以下事项作为课题进行充分研究，以期现场施工万无一失。

3.1.1 导轨的安装精度

轨道是屋盖与下部框架的接点，不言而喻，其精度对屋盖结构的安装精度以及将来屋盖移动时的驱动性能有重大影响。屋盖移动时的驱动性能又被驱动台车的机械能力以及屋盖自身的结构特性（结构刚度、反力分布）所左右，因此，轨道的安装精度按如下设定的管理值进行控制：

● 跨度方向的容许误差　　　 $\leqslant \pm 10mm$

● 轨道水平度的容许误差　 $\delta_1 \leqslant \pm 1.5mm$

● 轨道直线度的容许误差　　 $\delta_2 \leqslant \pm 4mm$

轨道全长安装完毕后进行的测量数据表明完全控制在上述管理值范围内。

3.1.2 屋盖结构的安装

轨道安装后便实施屋盖的安装。屋盖的自重并非固定在某一特定的台车上，而是均等地分布到10辆台车上，考虑到这一点，进行屋盖安装时的分块、以及起重机布置等的各项研究。研究结果，顶盖分成16块单元，起重机则使用450t的履带式吊机，以缩短施工工期。

3.1.3 膜材的施工

膜材的施工总面积达24 000m²特别是如本项目那样的拱形框架膜结构的内膜施工前例是没有的。对施工方法也进行了多项研究。其结果，为了不干扰下部结构的施工，在屋盖下弦设置临时垂吊脚手，并利用固定的顶盖上部设脚手架。

3.1.4 屋盖附属设备的安装

本开闭式屋盖的附属设备主要有中央场地的照明设备、空调管道及风扇、马道等。附属设备数量多，如何提高安装效率是整个工程中的一个关键环节。采用的对策是，在屋盖地面组装的阶段，将在屋盖上附属的设备全数一起安装到屋盖单元上，随屋盖单元安装后彻底省略了附属设备的安装作业。在管理上，制作检查单，逐一检查在各屋盖单元上搭载的设备内容、数量和安装日期，使得屋盖起吊工程没有丝毫拖延。

图4-3-9 现场施工状况

4　秋田故乡之村穹顶剧场

[建筑概要]

所　在　地：秋田县横手市赤坂字富沢62-31

业　　　主：秋田县

设　　　计：山下设计、秋田县建筑设计事业
协同组合企业联合体(负责：山下
设计)

施　　　工：鸿池组、创和建设、半田工务店
企业联合体

楼层总面积：3 987.58m²

层　　　数：地上4层

高　　　度：26.6m

外　装　修：穹顶外装为含氟树脂钢板

竣　　　工：1994年4月

[结构概要]

结　构　类　别：基础　直接基础

舞台　RC及SRC结构

下部结构　SCR结构

屋盖　钢结构、开闭式

图 4-4-2　秋田故乡之村穹顶(剧场外观)

图 4-4-1　秋田故乡之村穹顶(剧场外观)

1. 前言

秋田故乡之村是秋田的传统工艺、秋田的风味、秋田的美术等文化遗产为后世传承的文化根据地，也是新的观光基地，从构思到完成，历时7年有余，耗资达200亿日元，是一个宏大的工程项目。1994年4月在横手市郊外占地16公顷的园区内正式开放。图4-4-3所示就是秋田故乡之村的全景，由县立近代美术馆、穹顶剧场、卡马库拉剧场（卡马库拉为横手地方冬季举行的一种庆典活动的音译）、体验式手工艺作坊、故乡料理等13

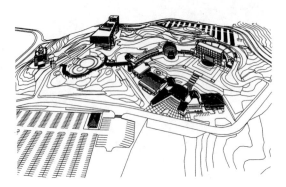

图4-4-3 秋田故乡之村全景图(右上为剧场)

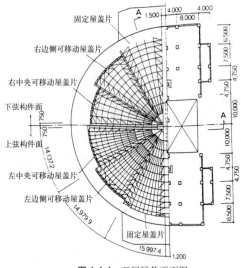

图4-4-4 开闭屋盖平面图

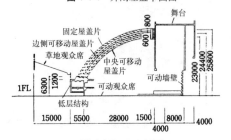

图4-4-5 A-A 剖面

个设施组成。本文介绍的穹顶剧场，就其特征而言，用一句话表达，就是"建设在豪雪地带的半球形开闭式剧场"。这一项目带来的建筑上、结构上、施工上的诸多课题，因为参与者的满腔热情和努力而得以解决。

山下设计做了多项开闭式穹顶的设计，例如长野县奥林匹克冰上曲棍球B赛场、小松穹顶（在设计竞赛中选出、与大成建设联合设计）、天城汤岛穹顶、敷岛公园室内游泳场等，而这一剧场是首开先河的建筑，值得纪念。

2. 建筑方案

(1) 大自然中的半圆形开闭式屋顶的剧场

建筑设计者的意图，是再现古希腊城市国家内所建设的郊外半圆形剧场的形象：绿色的丘陵、凉爽的风、婉转鸣叫的鸟语融为一体。例如2400年前建设的伯罗奔尼撒半岛上的厄庇达乌罗斯野外剧场可以容纳15 000观众，音响优美，直到今天，每年的夏天仍在这里上演悲剧和戏剧。又如1800年前建造于雅典的俄特翁音乐堂，可以入座5 000人，现在每年7～8月间也还是雅典节庆的会场。

故乡之村穹顶剧场位于冬天豪雪地带，作为开闭式屋顶建筑来设计，穹顶内部设1 000个坐席，室外草坪上设2 000个坐席，对于人的尺度而言，属于中等规模的穹顶。屋顶闭合时，室外的坐席不能利用。屋顶开启和闭合状态显示出截然不同的空间景象。万籁俱寂之时，光线在顶盖开启的瞬间投入，令人有在记忆中从未有过的"诞生"的庄严。舞台向南，正午时分，舞台和太阳在一直线上并列，让人产生至高无上的感觉。

(2) 3组可动的系统

穹顶剧场除了开闭式屋顶外，舞台背后宽19m、高9m的墙是可移动的，另外室内的1 000个坐席也是可动的。墙体移开后，舞台和故乡之村中央广场联为一体。坐席则可转变为平地，得以举行展示会、料理教室等需要直接在地面举行的活动。

(3) 确保冬季的大空间

在冬季举行卡马库拉庆典期间，横山市一晚可积雪1m深。位于这样多雪地带的穹顶，屋顶在冬季必须全闭以确保空间。建筑设计上，需要注意的问题有：防止结露的对策，开闭式屋顶的节点构造，积雪的对策。

3. 结构方案

3.1 结构概要

本建筑的结构大体分为舞台、开闭式屋顶和下部结构等部分。

舞台部分平面为长方形，16m×67m，高度为26.6m，主要为钢筋混凝土结构，部分为钢骨钢筋混凝土结构。上方在穹顶一侧设一牛腿，以支承开闭式屋顶的中央旋转销。其下部为观众席所围，是设有通道、放映室等的2层钢骨钢筋混凝土结构。在这一低层部的上方，围绕着观众席，设置了轨道。开闭式屋顶在此轨道上移动。开闭式屋顶为半球状的钢结构，分为6个扇形片，边上的2片固定，内部的4片为可移动的顶盖；全开状态

时，可移动的顶盖片收在固定的顶盖片之下。

3.2 开启式屋顶

开闭式屋顶的全闭合状态如图4-4-7所示，全开启状态如图4-4-8所示。每片可移动的顶盖是圆弧状的拱叶，如图4-4-6所示，开角30°，从顶部起，放射线状的布置6道平行弦桁架。顶部由中央旋转销支持，下部侧沿圆周方向布置反力桁架。反力桁架是箱形的桁架，其中安放2台驱动台车。桁架均由钢管（STK400）制成，桁架高度为800mm，两个顶盖拱叶之间的距离为600mm。屋顶约用7分钟时间完成开闭。

3.3 驱动部分的结构

一片可移动顶盖下部的反力桁架的弧长分别

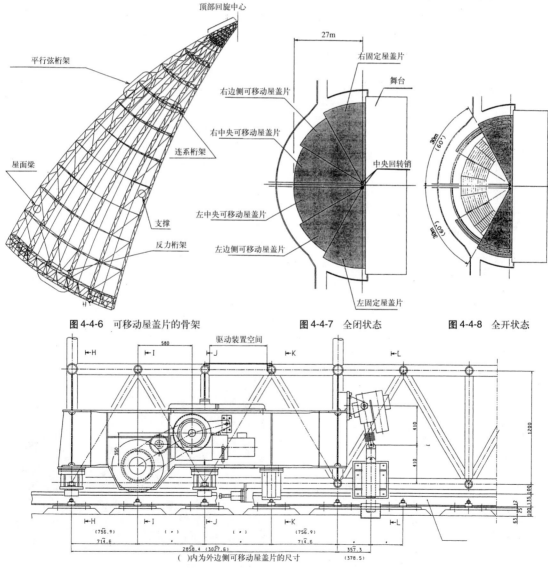

图 4-4-6 可移动屋盖片的骨架　　图 4-4-7 全闭状态　　图 4-4-8 全开状态

图 4-4-9 驱动部详图

为14.292m（中央可移动顶盖）和15.138m（外侧可移动顶盖），驱动台车设置在反力桁架的两端。

(1) 行走轮(图4-4-10)

一片可移动顶盖下设两处行走轮，行走轮由电动马达驱动，在轨道上运行。图4-4-10所示为行走轮，实际的轨道相对水平面有约60°的倾角，以下图4-4-11~图4-4-13也同样。

(2) 导轮(图4-4-11)

导轮成对设置，夹在轨道的两侧，以防止行走轮脱轨。一片可移动顶盖下设4处导轮。

(3) 防上浮装置(图4-4-12)

防上浮装置设在台车内，由夹在轨道两侧的一对J形金属加工件构成。平常并不与轨道相接，用于防止风载作用下可移动顶盖的上浮。

(4) 定位锁舌装置(图4-4-13)

定位锁舌装置是将锁舌插入轨道旁的孔内，使得可移动顶盖在全开、半开、全闭等各种状态下可被固定的装置。锁舌与驱动马达联动，在顶盖移动之前解锁，在制定位置停下后则上锁。

3.4 中央旋转销

中央旋转销支承在舞台上部钢骨钢筋混凝土结构悬挑出来的牛腿上，支持着开闭式屋顶。中央旋转销共2枚，分别支持1片固定顶盖、2片可移动顶盖。其构造即如合页，直径25cm、全长4.2m的钢棒（S45C-N）的周围，由5段轮毂所围。轮毂是外径50cm，内径28cm，厚度11cm的钢管（SS400）。固定顶盖1段、可移动顶盖2段、其间是与舞台一侧结构相连的2段。为使转动灵活，在厚壁中空的轮毂之间、以及轮毂和中央销之间，安放了滑移材料。中央旋转销的详图如图4-4-15所示。图4-4-14则是在轮毂中放入滑移材料的状况。

3.5 结构设计

设计屋顶结构时，取出一片顶盖进行空间结构的分析，针对35种荷载工况进行构件的安全性校核。

(1) 积雪荷载

考虑最深积雪为2m，也考虑了随着屋顶斜率变化而使积雪减少、积雪分布可能的偏心。根据实测，屋顶的雪可能全部落下，使得下部的雪堆积起来。设计时考虑了5m的堆雪高度。

(2) 地震作用

屋顶的水平地震力系数为0.4，垂直地震力系数取0.2。

(3) 风荷载

当平均风速超过15m/s时屋顶将关闭，因此开启状态的风速定为15m/s。闭合状态的速度压力按建筑基准法设定，风压系数因屋顶形状特殊，按ECCS规范设定，取0.1~ -0.8，内压系数取±0.2。同时进行了风洞实验，对屋顶全开、半开、全闭、舞台背后的可移动墙全开、全闭等6种情况进行实验，确认了安全性。

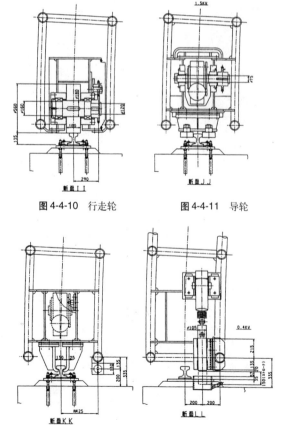

图4-4-10 行走轮 　　图4-4-11 导轮

图4-4-12 防上浮装置 　　图4-4-13 锁舌装置

图4-4-14 在轮毂空腔内放入滑移材料

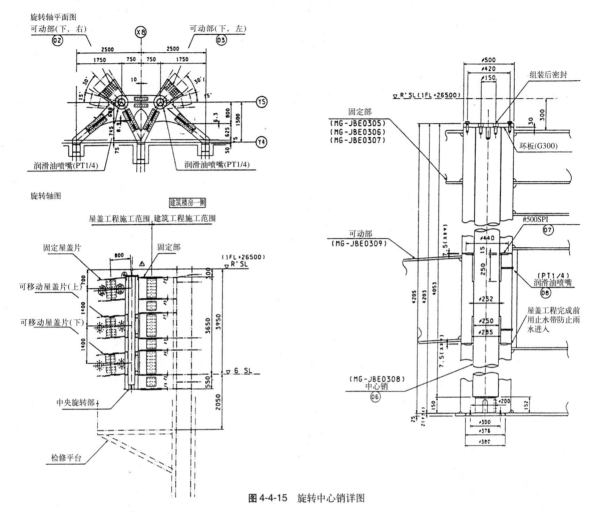

图 4-4-15 旋转中心销详图

(4) 温度应力

对屋顶结构整体温度上升20℃以及仅屋顶上表面上升20℃的情况进行了分析。

(5) 强迫位移

考虑轨道和驱动装置的制作误差，给结构以10mm向下的强迫位移、5mm水平向内的强迫位移进行计算。

4. 防水

在积雪和降雨较多的区域建设开闭式屋顶建筑，或者就其起源地而言，在古罗马斗兽场那样有夏日阳光直射的场地建设这种建筑，都需考虑充分利用这种建筑的优点。开闭式屋顶大都用于体育设施，如秋田故乡之村那样作为剧场使用，在世界上也是第一次。因为这样，防水、防止结露等都是第一次经验的事项，需要加倍慎重研究。止水方式有气流管和橡胶垫圈等，这次采用后者。构造细节分为可移动顶盖间的连接部位、可移动

顶盖根部和下部结构的连接部位、可移动顶盖和固定顶盖间的连接部位等。各部位都进行了足尺模型实验，测定其防水性、水密性等性能，最终确定了垫圈的形状和连接的细节。考虑垫圈的耐久性、耐候性、恢复力特性等，采用了氯丁橡胶。图 4-4-16 是部分橡胶垫圈的外形。

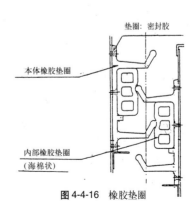

图 4-4-16 橡胶垫圈

5. 施工

施工上特别注意的有以下3点：首先建设地为多雪区域，气候寒冷，横手市积雪可接近2.0m，气温在-5℃以下。第二，前面已经说明，作为剧场来使用的建筑，对防水、结露必须确保施工质量。最后因为是开闭式屋顶建筑，对驱动装置有关的结构本体要求很高的施工精度。

5.1 确保中央旋转销的精度

确保旋转销定位精度对开闭式屋顶结构工程是极端重要的。旋转销支承在舞台上部外伸的牛腿上，钢牛腿的工厂加工要求的精度为±2mm，安装后的精度，包括水平、垂直、角度偏差都设定在±5mm内，经过许多次校正，最后能控制在目标管理值范围内。舞台部分的混凝土浇注时期恰遇严冬，建筑物用临时养护膜覆盖，通过加热进行养护。

5.2 运行轨道的精度

运行轨道与水平面成60°，其安装实际上是空间三维的，保证其施工精度也很重要。锚栓板的间距约70cm，锚栓总数940根（M24，L=50cm），精度目标值±2mm，用电子光波测量。轨道底板和锚栓支架的连接，采用长圆孔的方式以能进行微调，保证了运行轨道本体的精度。图4-4-17是锚栓的设置状况。

图4-4-17 锚板安装(轨道在锚栓群中间通过，圆孔为锁舌孔)

5.3 穹顶钢结构的安装

总共6片顶盖分左右各3片安装。各自仅在固定顶盖的下方搭建临时胎架，将3片顶盖采用叠合安装方法。临时胎架上方、以及各片顶盖之间（60cm距离）安放千斤顶来调整高度。图4-4-18是临时支柱与千斤顶的配置图。各桁架下弦的节点采用现场焊接。

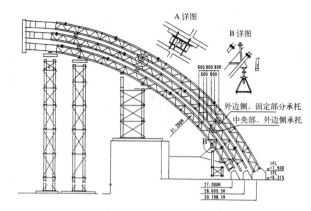

A详图

B详图

800 800 800
600 600

外边侧、固定部分承托
中央部、外边侧承托

1FL
▽17.500
1FL
▽16.315

27.000R
28.609.5R
30.198.1R

图4-4-18 临时支柱与千斤顶配置

6. 开闭式屋顶的安全管理

建筑物竣工后，制定"可移动屋顶的安全管理标准"确定管理方法、运行方法、保养检修等、制定"可移动屋顶的运行管理规定"确定有关运行的各种细则。具体来说，开闭式屋顶在预期碰到积雪、下雨、强风时、或者记录到15m/s以上的瞬间风速时处于全关闭状态；地震时在操作室内的地震仪感知到80Gal以上的加速度时自动停止运行。此外遇强风屋顶闭合时，舞台背面的大门也一起联动关闭。

7. 结语

开闭式屋顶继结构工程及屋顶装修工程完成后首次运行时，直到顺利动作之前内心一直怀着一丝不安，这是各阶段工程进行中的紧张感的延续。穹顶剧场屋顶的开闭非常顺利，一直担心着的结露、防水等对策也完全奏效，这是所有有关人员共同努力的结果。

5 小松体育馆

[建筑概要]

所　在　地: 石川县小松市林町地内

业　　　主: 石川县小松市

设　　　计: 山下设计、大成建设

施　　　工: 大成建设（株）

楼层总面积: 21 409.57m²

层　　　数: 地上 4 层

高　　　度: 59.0m

用　　　途: 体育设施兼作会场

钢结构加工: 川田工业（株）

竣　　　工: 1997 年 4 月

[结构概要]

结 构 类 别:　基础　深基础(钻土工法)

　　　　　　　结构　下部结构 钢筋混凝土(部
分钢骨钢筋混凝土、预
应力结构)

　　　　　　　　　　屋盖　龙骨、空间桁架

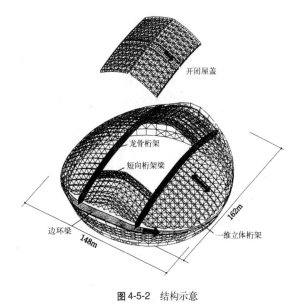

图 4-5-2　结构示意

图 4-5-1　建筑物外观

1. 前言

近年来，不论天气如何变化都能使用的大规模加盖体育设施的需求在不断增加。本建筑是在石川县小松市建造的带有开闭式机构的膜结构屋顶的体育场。开闭式屋顶是在平行的圆弧轨道上将中央顶盖向左右两侧开启的体系。开闭式顶盖为三铰结构，能够适应开闭过程中结构的变形性。另外为提高结构整体的安全性，在屋盖周边设置了刚度很大的预应力钢筋混凝土边界环梁。建设场地位于面向日本海的多雪地区，使得膜屋顶的形状便于落雪、保持屋顶的适度斜率等针对积雪的对策，与开闭式屋顶一起成为技术上的课题。

2. 结构方案

2.1 屋顶形状

考虑本建筑的基本形状时的主要问题，是开闭屋顶部分如何尽可能扩大、并且有效、合理地得以实现。在有限的建设资金中，不影响其他功能的实现，建成后的维护、管理和运行都不致成为负担是非常重要的考虑因素。

研究结果，取了较大的移动轨道半径，支持移动轨道的2道龙骨的端部越过两侧山墙面的底部（地面间跨度135m而龙骨跨度为145m），从而保证了轨道的长度，同时也控制了轨道的仰角，减轻了开闭机构的负担。因为轨道较长使得开闭式顶盖的行程大，实现了70m×55m大的开口面积，形成了其他穹顶所没有的独特的形式。

此外，屋顶所有倾角都确保大于25°，这是考虑落雪所需的。

2.2 屋顶结构

屋顶为钢结构，支持轨道的2道平行龙骨沿长径方向架设，与相垂直的短向桁梁组成井字形网格，以保持屋顶结构的稳定性。龙骨结构同时支持可开闭的顶盖和固定的顶盖，具有充分的刚度和强度，采用箱形截面的立体桁架拱（跨度145m，高4m，宽3.5m），短向桁梁也同样是箱形截面桁架（高4.0m，宽6.0m），两者弦杆大部都采用BH-400×400×28×36。

可开闭的顶盖为保持适应移动过程中龙骨结构的变形，采用了三铰空腹桁架。

固定顶盖考虑便于落雪，采用V形沟状布置屋面膜，为此采用了V形截面的单向体系桁架，其下弦与相正交的侧向构件一起形成格子状的稳定体系。

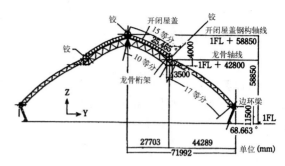

图 4-5-3 短径方向剖面图

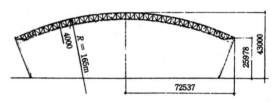

图 4-5-4 龙骨剖面图

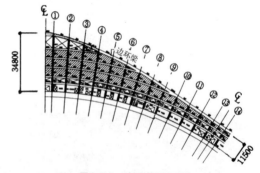

图 4-5-5 外周墙面展开图

边界环梁抵抗龙骨结构产生的水平推力，同时要用来保持屋顶结构整体的安全性，需要很大的刚度和强度。环梁采用水平宽度大的钢筋混凝土变截面梁，沿屋顶外周3维地布置。为了平衡环梁中发生的很大的拉应力和弯曲应力，在钢筋混凝土构件内引入了预应力。

赛场为直径135m的场地，外墙面为倒圆锥的钢筋混凝土结构，墙上每隔5m，设置沿圆周方向的肋梁，为防止表面的开裂也引入了预应力。

2.3 具有良好落雪性能的膜屋顶结构

考虑屋面的落雪要求，在将屋顶倾角设为大于25°的同时，设置了V形沟。采用这种形状，可以将屋面积雪划断为较小的部分，从而具有较好的落雪效果[1]。膜材为四氟乙烯树脂涂层玻璃纤维布，在相邻的上弦杆件间用V形方式把膜张开，膜的中央则利用张力棒拉向内侧后与下弦相

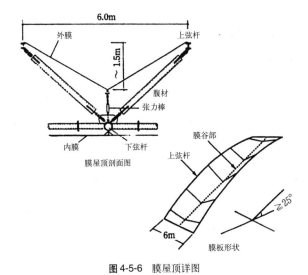

图 4-5-6 膜屋顶详图

连。这种方式是考虑便于落雪而采用的，利用张力棒不仅可以引入初始张力，以后也可以进行再张拉。可开闭的顶盖采用单重膜，固定顶盖的下弦面上作为防止结露和吸声的对策，另设置了内膜。

3. 开闭系统

3.1 开闭式屋顶概况

本开闭式屋顶采用的是沿椭圆形的屋顶长径方向的2道平行龙骨桁架上的圆弧形轨道分向两侧移动顶盖的开闭式体系。

通过左右两枚可开闭的顶盖能够实现平面达70m×55m的开口。可开闭顶盖的结构和便于落雪的25°倾角V形沟膜相适合，设为双面坡，同时为了适应开闭过程中的变形，做成在顶部设铰的三铰空腹桁架梁。

台车采用在竖向和水平方向都能防止脱轨的方式。同时为提高对轨道垂直变形的追随性，配备了与台车间通过铰接连接的运行装置。

图4-5-7显示了开闭式屋顶的概要。竖向和水平向轨道都为73公斤级的吊车轨道。竖向轨道的曲率为165m。在每片可开闭顶盖的单侧装4辆台车，总计16辆台车。通过驱动卷扬机牵引钢丝绳实现开闭过程。顶盖开启借助自重，关闭则由卷扬机牵引直径为42.5mm的钢丝绳来实现。

设计的基本状态为全闭合或全开启2种，不能在半开启状态下使用。此外积雪季节不得开启。非使用时则处于关闭状态。

3.2 开闭式屋顶的使用条件

使用频度：200天/年

开闭时间：单程约10分钟

移动速度：3.6m/分

使用年限：50年

3.3 开闭管理条件和开闭时的荷载

(1) 地震时

若在开闭过程中，在地面高度感知到25Gal的加速度，卷扬机的电磁制动就自动启动停止运行。地震结束后，确认开闭驱动部分无异常情况就将顶盖全速运行至全闭合状态。按此要求可以在最大达到100Gal的地震时保持运行能力。

(2) 强风时

当小松市的气象台发布台风注意预报（地面上方6.5m处10分钟平均风速达到12m/s以上）时，或者现场设置的风速仪测得地面上方10m处1分钟平均风速达15m/s时，屋顶快速闭合、固定，不再进行开闭操作。

(台车)8台/1屋顶×2=16台
　A,D：竖向车轮φ300×2　　B,C：竖向车轮φ400×2
　　　　水平车轮φ400×1　　　　　水平车轮φ400×2

(轨道)竖向144m×2，水平144m×2
钢　轨：73kg 吊车钢轨(竖向，水平相同)
曲率半径：165m
斜　度：闭状态6.15°，开状态18.45°
　　　　(主卷扬机)
　　　卷扬长度：36×2=72m
　　　卷扬速度：7.2m/min
　　　卷扬荷重：22t
　　　钢丝绳：JIS13号，Fi(29)
　　　φ42.5B种(2根合一)

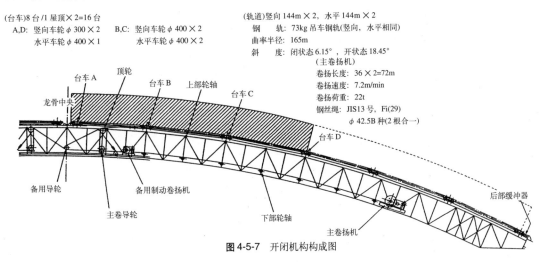

图 4-5-7 开闭机构构成图

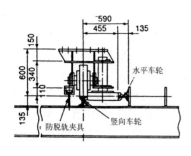
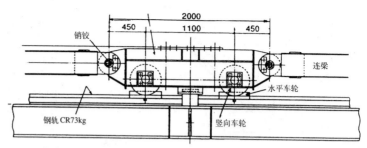

图 4-5-8 台车详图

(3) 积雪时

积雪、结冰时不进行开闭运行。因此不考虑在移动过程中的积雪荷载。

(4) 其他荷载

运行时各方向的冲击荷载以及温度荷载根据实际情况确定。

3.4 驱动装置

作为驱动源的主卷扬机在每片可开闭顶盖上左右设置1台,合计设置4台。主卷扬机安装在龙骨桁架内。钢丝绳通过在龙骨桁架内外设置的导引轴、绞绳轮连接。主卷扬机由电动机、电动制动、减速器、卷盘组成。驱动控制通过逆转换转次数实现。

3.5 安全装置

可开闭的顶盖在全开启状态或全闭合状态通过固定装置与龙骨桁架紧密连接。在开启和闭合

表 4-5-1 使用材料

部 位		使用材料	类 别
驱动部	车轮	JIS G 4501:S45C	机械结构用碳素钢
	车轴	JIS G 4501:S45C	同上
	钢丝绳	JIS G 3525:13号B种	主卷扬机用
		JIS G 4501:14号B种	非常用
结构部	台车	JIS G 3101:SS400	一般结构用热轧钢
	轨道	JIS G 1101同级别	吊车用CRT73kg
固定装置	牛腿	JIS G 3101:SS400	一般结构用热轧钢
	销铰	JIS G 4501:S45C	机械结构用碳素钢
缓冲装置	牛腿	JIS G 3101:SS400	一般结构用热轧钢

过程中的安全装置,配置了防止运行中因故障而失控、脱轨等的缓冲器、电磁制动、紧急制动、防上浮装置等。

4. 结语

开发了以龙骨结构支持的结构特性优良、落雪功能突出、开闭方式简单的膜屋顶开闭式屋顶结构。

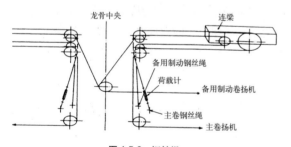

图 4-5-9 钢丝绳

〔文 献〕

1) 福祉,山田,苫米地:構造物の屋根雪処理に関する実験的研究,その1 屋上積雪形状について,日本建築学会大会学術講演梗概集,pp.2054～2055,1991.9

[5] 采用特殊结构的建筑

1 日本 SYSTEM WARE 办公楼

[建筑概要]

所 在 地: 东京都涩谷区樱丘 31-11

业　　　主: 日本 SYSTEM WARE(株)

建 筑 设 计: 莱蒙德设计事务所

结 构 设 计: 木村俊彦
　　　　　　 榎本锳雄（莱蒙德）

施　　　工: 东急建设（株）

楼层总面积: 4 068.45m²

层　　　数: 地下 2 层，地上 12 层
　　　　　　 塔楼 1 层

用　　　途: 办公楼

檐　　　高: 37.85m

高　　　度: 47.15m

钢结构加工: 川岸工业(株)千叶第一工厂

竣　　　工: 1986 年 9 月

[结构概要]

结 构 类 别: 基础　现场灌注桩
　　　　　　 框架　钢结构，地下钢筋混凝土
　　　　　　 结构，悬挂楼层结构

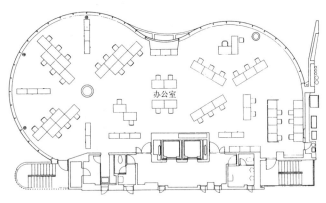

图 5-1-2　标准层平面图

图 5-1-1　建筑物外观

图 5-1-3　框架模型

1. 前言

朝着由东京涩谷车站出发的山手线外侧延伸而来的 246 号国道,即可看到本建筑。这是以计算机软件开发为业务的公司总部办公楼。为此,设计时对建筑的要求是: 面向未来,象征奔向 21 世纪的高度信息化社会,表现智能化建筑的特征。在一块仅 423.74m² 的较小的高层建筑用地上,作为对未来的表现,用两个并列的圆组成 ∞ 形,象征无限发展的可能性。1 层是悬空的无柱空间,既向社会开放,又避开了困于角落的狭隘感,和中央部收腰的两个圆柱体立面一道,形成该地域良好的都市环境。顶部设置两个圆盘,则具有直升机的形象。

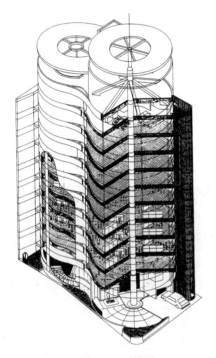

图 5-1-4 透视图

2. 结构方案

半径 6 450mm 的两个圆柱中的第一个,如同树干那样,在中央设置一根柱,从中央向周边伸出梁,总共 10 层的梁端都吊在屋顶桁架上,使得 1 层得以形成开放空间。但是,这样一个从 1 层开始的悬臂建筑很难保证在地震、风等水平作用下的稳定性(图5-1-5A)。为此,在第二个圆柱的周边设置了5根柱子,形成环状束筒;5根柱子均向中央伸出大梁,构成稳定的结构(图5-1-5B)。更进一步,将电梯井做成竖向桁架配置在两个圆柱

的收腰处。这样,电梯竖井和第 2 个圆柱非常坚固,从横向支持了第一个圆柱。

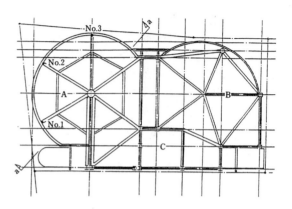

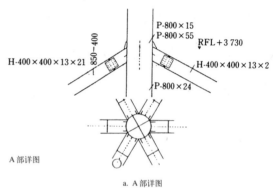

a. A 部详图

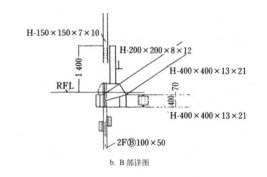

b. B 部详图

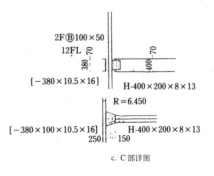

c. C 部详图

图 5-1-5 钢结构平面图

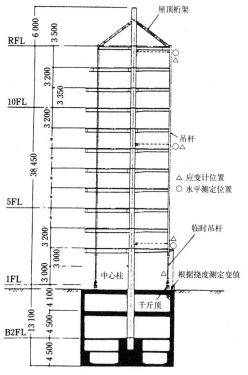

图 5-1-6　测定位置图(a-a' 剖面)

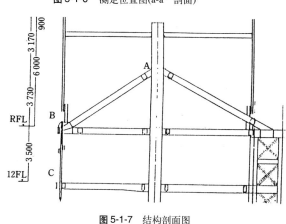

图 5-1-7　结构剖面图

3. 构件设计

第一圆柱的中心柱直径 800mm，最大壁厚 38mm，和第二圆柱外周的部分柱子，采用离心铸

造钢管（相当 SM50 级别）。第二圆柱外周的其他柱子、支撑以及梁采用轧制 H 型钢（SM50）。分布在 10 个层面的楼面吊杆采用两根 -100×50 的扁钢制成。两片扁钢在现场用对接焊连接，扁钢的位置互相错开，使得焊缝分散，以更加安全。悬挂吊杆的屋顶桁架也用轧制 H 型钢，构成简单的三角形。计算表明，3 根吊杆对桁架产生的反力并不相同，中间桁架的应力较为集中。各层的梁呈放射线布置，因此用空间结构方法进行分析。

楼面板为现浇，将 H 型钢梁的腹板处也填筑混凝土与楼板形成一体，防止梁的侧向失稳，而不依靠抗剪件的作用。

4. 通过预加载防止吊杆的伸长变形

遍及 10 层楼的吊杆的变形是不能忽视的。随着楼面混凝土的浇捣，除了吊杆伸长 8mm 外，顶部桁架的变形有 17mm，中央柱的压缩变形 9mm。另外桁架悬臂端的背侧固定在反力柱上，该柱因伸长而使桁架转动，由此引起的吊杆一端的向下变位有 6mm。相当于这 4 种变形总量的反拱共 40mm，在制作桁架时已经考虑。但是随着混凝土浇捣由下而上地进行，由于附加的楼面荷重，反拱的 40mm 总量将依次变为 30mm，20mm，逐渐减少，直到全部荷载加上去后变为 0。但是先期浇注的混凝土硬化后再经受强迫变形就会产生裂缝，钢梁端部也因强迫位移而产生较大的附加应力。为了避免这些情况发生，将预期的 40mm 变形通过预应力先往下牵引。在 1 层楼对应吊杆的位置设置临时千斤顶（图 5-1-6），每根吊杆先加约 60t 的预应力将楼面拉住，随各层楼面浇注的进展，将相当于该层楼面重量的预张力（每层约 5t）释放掉。这样，使得吊杆和屋顶桁架始终受到一个恒定的力的作用（预应力＋楼面荷载＝60t），变形量从开始到最后都保持不变，梁也始终保持水平。

2 K2 大厦

[建筑概要]

所 在 地: 大阪市都岛区东野田町2-9

业　　主: 国土建设 (株)

建 筑 设 计: 筱原一男工作室

结 构 设 计: 木村俊彦结构设计事务所

施　　工: 大成建设（株）

楼层总面积: 9 912m²

层　　数: 地下1层，地上8层，塔楼1层

高　　度: 30.19m

钢结构加工: 川岸工业(株)(大阪）

竣　　工: 1990 年 3 月

[结构概要]

结 构 类 别: 基础　现场灌注桩，反向循环钻土工法

　　　　　　结构　钢骨混凝土结构、特殊形状桁架结构

图 5-2-2　完成预想模型: 北侧立面

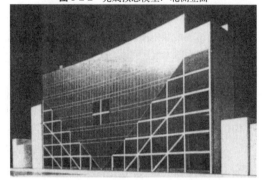

图 5-2-3　完成预想模型: 南侧立面

图 5-2-1　建筑物外观

1. 前言

本建筑物位于大阪市都岛区JR和京阪电铁本线"京桥"站前。南面是18m宽的微弯的曲线道路，北面是与该道路平行的宽21m的1号国道。基地的西北角有向西延伸驶往花博公园的地铁。仅在这条地铁的上行和下行两条隧道之间可以打桩，加上其他许多限制条件，而业主就要求在这个地块上建造房屋。

柱子的位置要避开地铁，建筑面积为容积率非常高的10 000m²，以及道路的限制等构成面临的挑战，从中提炼出独特的桁架式立面表现，形成了地上8层楼的组合大厦。

2. 结构方案

本建筑结构方案的出发点，是如何考虑在地铁隧道交错的北面楼板布置、结构样式以及立面表现。在地面部分的西北角设一根柱子，上部跨越式的桁架与之铰接。这一桁架可以承受多大荷载？另一问题是地下室的墙体做成桁架，这一桁架要承受地上3层的结构，构件应如何处理？由之确定北面的桁架结构和立面。因为北面采用桁架，为避免结构偏心，在南面的长边方向也采用桁架才比较合适。但南、北两面间跨度太大，中间还需设一列柱。

这样作为基本方案，结构的布置就确定下来。随后，从结构的要求出发，如建筑的四周要设柱子、柱和梁尽可能按通常做法布置等，决定材料，通过初步估算确定构件布置、截面的大小和方向等。同时，桩的持力层的选择、桩径的确定、在各处配置的桩的数量等也予以决定，开始进行基本设计。

如前所述，柱下的桩数被限制，北面不得不采用大跨度桁架。也即由桩的容许承载力限制了柱子的轴压承载力（即楼面面积），其他的荷载均需通过桁架的弦杆或斜杆引导到设桩的地方。而北面采用桁架的缘故，从南面刚度平衡考虑，设置斜杆构件较好，并将这一因素加以充分利用。

作为基地条件，因为西北角的地铁在地下有20m左右的贯通，限制了桩的设置。以GL-40.73m的天满层作为持力层，采用反向循环钻土工法设置扩底桩。

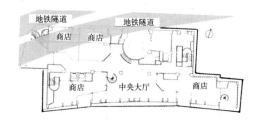

图5-2-4　1层平面图

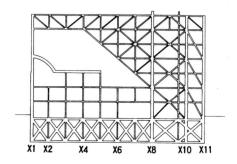

图5-2-5　北侧钢结构剖面图

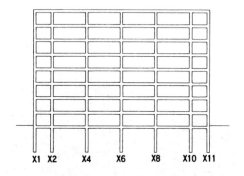

图5-2-6　中央钢结构剖面图

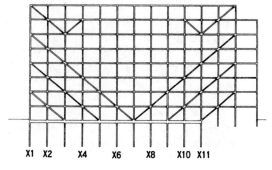

图5-2-7　南侧钢结构剖面图

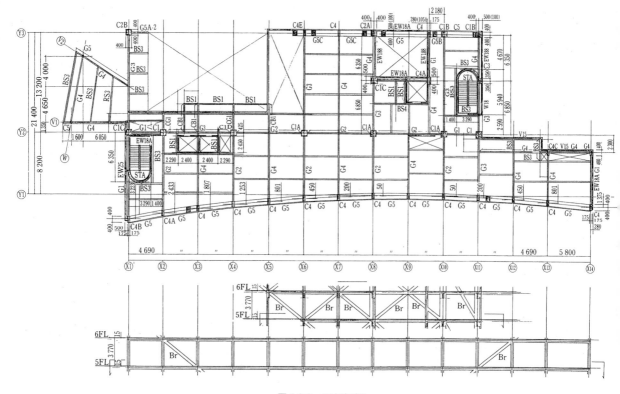

图 5-2-8　5 层平面图

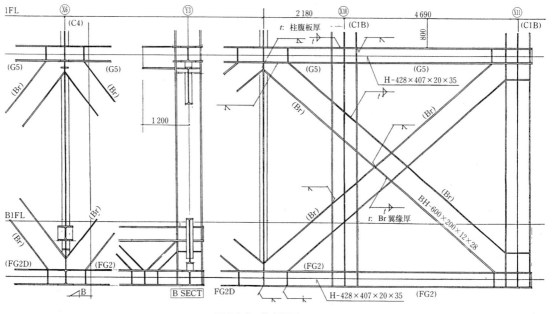

图 5-2-9　节点详图

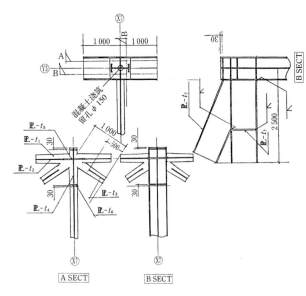

图 5-2-10 节点详图

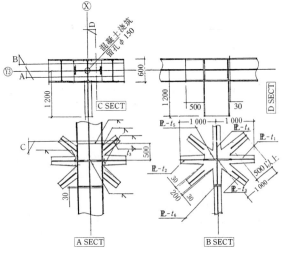

图 5-2-11 接合部详图

3. 结构构件

结构采用钢骨钢筋混凝土，充分发挥柱、梁、支撑的作用。如前所述，北面因为地铁隧道贯穿使得桩位受到限制，只能在西北角隅集中设柱。中间部位的建筑物重量都由角柱支承，这样北面就形成了跨度相对较大的桁架结构。为了与其刚度协调，南面作为基本抗震要素配置了斜撑。

南北方向原则上是两跨的框架。北面的桁架到X3轴为止仅承受屋顶和7层楼的荷载，再往东都设置向下的斜撑直到X7轴，此后可以开始设桩。地下的桁架则在X1～X7轴间架空，承受3层结构的荷载。其上部的空间相对自由度较大，安排作为活动厅。

南面构件布置时，越往下方越布置较多的斜撑。下方为商业用房，墙面安装由外向内可以透视的玻璃，中间部分为吸热玻璃，而无斜撑的上部大三角形区间则覆以半反射玻璃。南面的结构柱梁和斜撑统一采用截面外包尺寸为350mm×750mm的构件，中间的钢结构则为500mm×200mm的H型钢。

刚度及各层的偏心都考虑了结构空间布置的平衡，使得刚性率、偏心率都满足计算路径2的要求。因此计算按钢骨钢筋混凝土结构的路径2-3进行。

3　高知县立坂本龙马纪念馆

[建筑概要]

所　在　地: 高知市浦户字城山 830

业　　　主: 高知县

建 筑 设 计: 高桥晶子、高桥宽/工作站

结 构 设 计: 木村俊彦结构设计事务所

施　　　工: 大成、大旺建筑工程联合体

楼层总面积: 1 787m²

层　　　数: 地下 2 层,地上 2 层,塔楼 1 层

用　　　途: 美术馆

高　　　度: 地面以上最高高度 15.4m

钢结构加工: 北村商事仁井田工厂(高知)

竣　　　工: 1991 年 8 月

[结构概要]

结 构 类 别: 基础　预制桩、水泥搅拌桩

　　　　　　结构　钢结构与混凝土结构

图 5-3-3　地上结构(G 栋)施工状况

图 5-3-4　M 栋施工状况

图 5-3-1　东侧外观

图 5-3-5　M 栋柱梁安装

图 5-3-2　西侧外观

1. 前言

本建筑是建于高知市桂浜公园的坂本龙马纪念馆，规模不大，根据竞赛产生的建筑方案设计。但纪念意义深、结构上的形态重要。作为竞赛产生的建筑方案，其要点已经决定，但在严酷的自然环境下，下部的混凝土结构如何与上部的钢结构连接、如何确定空间分析模型的地震输入、怎样实现悬挂结构等，是结构设计时需花精力解决的。

2. 结构方案

结构的单元构成如下：由8根柱子支承的包含展示室在内的主楼（M栋）和通往展示室（GL + 2.9m）和茶室（GL + 5.3m）的斜坡（S栋）；以及作为门厅、设备房的下部1层小空间（G栋）。

M栋和S栋两者间交角8°，呈非常贴近的V形布置。两者的中间部位夹着电梯井，在展示室的高度设联络通道；在靠海的一端，相当茶室的高度也设一个通道。在地面上方建造的这两栋房屋采用钢结构，特别是M栋展示室的楼面（主层）为由8根柱子支承的斜拉结构，而其茶室、屋顶花园则通过主层楼面上的立柱支持。

设计中对由当地自然环境决定的风、地震等给予了特别注意。

3. 结构设计

3.1 基本方针

设计基本方针如下：

1）关于风荷载，考虑所在地区和地形（面海的山崖），采用了日本建筑学会的"建筑物荷载指针、同解说"的规定，取 $H = 53m$、地面粗糙度为 I（海岸）、基本风速40m/s、重现期为100年的最不利荷载，得到 $q = 540kg/m^2$。

2）关于地震作用，取 $Z = 0.9$ 予以折减。

3）活荷载与非固定席的会议室相同（360、330、210 kg/m²）。

4）M栋与S栋的主要结构为钢结构。

5）M栋的屋顶、楼板在考虑轻量化的同时，也考虑到防止振动而适当配重。采用压型钢板＋平钢板＋混凝土薄板（配以钢筋网片），使得强度、刚度和适当的重量达到平衡。

6）M栋、S栋结构内力分析采用空间模型，局部为平面模型。

7）M栋和S栋在朝海一端因考虑风、地震时水平力作用下的相对变形而难以从结构上分开，故将两者连成一体。

8）G栋和S栋结构上分开，但S栋有两个支点依靠G栋伸出的电梯井筒和M栋的悬臂梁。

9）G栋由门厅分为东西两间，都为钢筋混凝土墙体结构。

图 5-3-6　北东向夜景

图 5-3-7　1层展示室

图 5-3-9　M栋与S栋的连接(施工状况)

图 5-3-10　S栋坡道夜景

图 5-3-8　M栋与S栋的连接

图 5-3-11　南西外观

图 5-3-12　坡道上部

图 5-3-13　地下2层内观

3.2　M栋的结构

M栋主层由8根圆柱支承。相应于每根柱都伸出2根斜拉的钢索（预应力），形成斜拉桥一样的结构。沿主层长边方向的两列主桁（指柱、索、楼盖梁形成的结构体系–译者注），各设11个柱子支持屋盖结构。屋面用作屋顶花园，在靠山一侧有遮阳用的搁栅状亭盖，与此重量相当，在靠海一侧2层处设茶室。

M栋结构上有如下课题。

1）采用悬挂结构，展示室楼面和屋顶楼盖结构如何减轻重量是课题之一。主结构为纯钢结构，楼板在U形压型钢板上铺设1.6mm的钢板，其上再浇含钢筋网片的6cm厚混凝土楼板，省略了模板和临时支架，得到了轻型但刚度很大的楼板。关于防水，则采用了含防水层在内的3重构造。

2）关于钢索的伸长，在钢结构建造时，即在变形较大的梁端设立临时支柱，在混凝土的荷载施加时，在钢索内加预应力，在主桁从临时支柱

上差不多抬起时将其张紧固定，这样就使钢索产生的较大的伸长在施加预应力时得以消解。使用钢丝束做钢索的目的就在于此。看上去与前述轻量化的要求有些矛盾，即楼板并非尽量减轻重量，而是配以适当的重量，使其提高对于微小振动的抵抗和阻尼作用，同时也能抵抗风荷载作用引起的吸力。正是由于这一原因，混凝土楼板采用了从强度要求看没有必要的6cm的厚度。

3）为使长度相异的柱子在水平力作用下的变形基本相等，按柱子的长度选择钢管的壁厚，尽可能地减小柱子刚度的差别。

3.3　S栋的结构

S栋是略带倾斜的长筒状结构，是有3个支点的筒状桁架。

第一个支点是上行入口处的基础，第二为电梯井，第三是靠海一侧端部由M栋伸出的悬臂梁。后两个支点必须考虑能支持筒状的两个侧面桁架，对节点构造进行了详细研究。

图 5-3-14　吊索鞍部

图 5-3-15　吊索锚固

图 5-3-16　吊索鞍部

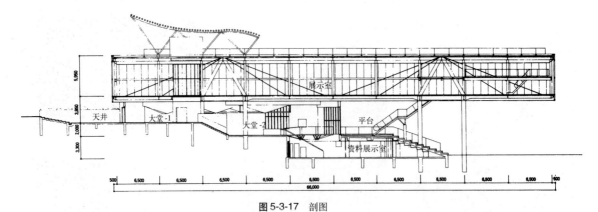

图 5-3-17 剖图

3.4 G栋的结构

地上结构通过墙壁划分为许多小的空间，各自的楼板高度变化较多，这些墙体采用钢筋混凝土结构。

由G栋中央位置的门厅1、门厅2将该栋分为东面的馆长室、休息室和西面的设备室、准备室这两部分。门厅的上方则将M栋作为顶盖使用。但是G栋和M栋在结构上并不相连，所有接触面上都设结构缝。

3.5 基础结构

持力层是强风化砂岩，遍及整个基地，直径350mm的预制桩打到这一层为止。但是这一强风化层在基地范围内的埋深变化很大，东侧为GL-11.5~19.1m，西侧则较浅，为GL-6.9~12.0m。打桩时同时采用螺旋钻，最后用油压锤打入。M东端部的临时支柱下也设了桩。

[文 献]
1）日本建築学会：建築物荷重指針・同解説，1993

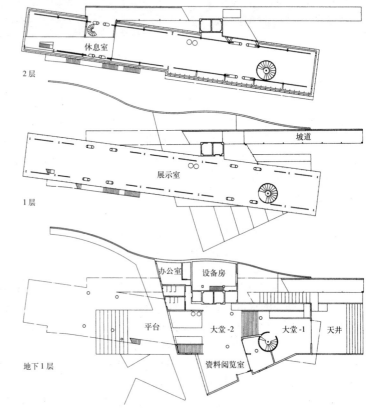

图 5-3-18 各层平面图

图 5-3-19 剖面图

4 松下电器产业信息通信系统中心

[建筑概要]

所　在　地: 东京都品川区东品川4-5

业　　　主: 松下电器产业（株）

建 筑 设 计: （株）日建建设

结 构 设 计: （株）日建建设

施　　　工: 鹿岛、竹中、户田、奥村

楼层总面积: 43 926.14m²

层　　　数: 地下1层，地上9层，塔楼1层

用　　　途: 办公楼

高　　　度: 46.54m

钢结构加工: 大和房屋（株）、枥木二宫工厂、
日立造船界重工业(株)、新日本
制铁（株）若松铁构海洋中心

竣　　　工: 1992年6月

[结构概要]

结 构 类 别: 基础　现场灌注桩

　　　　　　　结构　B1F、1F　SRC结构

　　　　　　　2F以上　钢结构

　　　　　　　巨型框架结构

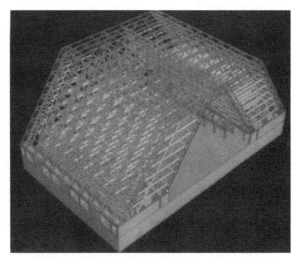

图5-4-2　结构框架

图5-4-1　建筑物外观

1. 前言

本建筑的设计目标是成为人性化电子产业的松下电器在东京的"脸面"。其创造性的空间要表达松下在东京的"脸面"并支持其创造性的工作，研究设施应追求最大限度地满足研究要求和最大程度的灵活性。本建筑以台状的外观形态、三角形的中庭空间为特点来实现上述要求。

使这一特征形态成为可能的是称之为巨型框架的结构形式。本文以巨型框架为中心介绍结构方案和施工要点。

2. 结构方案

本建筑的结构方案与两个决定性的因素有关。第一是跨度方向的框架倾斜的柱子，受到竖向荷载作用时产生很大的弯矩，对此需要有充分的刚度和承载力。另一因素是柱距方向如何将地震作用产生的剪力安全地传递到基础。

针对倾斜柱内产生的弯矩，在跨度方向采用巨型框架。为抵抗柱内弯矩，南北两翼19.2m跨的办公室空间两侧设立截面高度为2.6m的倾斜的组合柱，最上层（9层）设高度4.5m相当于一层楼高的桁架梁；通过4根组合柱和1根桁架梁形成台形的巨型框架。巨型框架每隔6.4m设置一道。

东西山墙面上，为了将靠近中庭一侧的组合柱作为建筑几何要素表现出来，巨型框架的构件采用非常紧凑的截面形式；为了控制屋顶整体扭转，提高结构刚度，在巨型框架上12.8m的长度上设置了支撑。

跨度方向由中庭一侧的2根组合柱和桁架梁形成稳定的三角形结构，对地震和暴风等水平荷载，刚度、强度都有充分保证。

柱距方向结构方案的重点考虑水平荷载作用时内力传递路径的合理性，钢结构和制作的便利性。最终结构将组合柱中的腹杆作为竖向柱子，其与上下两端的梁在各层形成一单层框架，以此抵抗水平荷载。此外在各个柱距方向的框架中，各设置两道竖向支撑，增加结构的刚度和承载力。

柱距方向框架自上而下各层顺次阶梯状地向外移出3.2m，由于上层和下层错开而不在一个平面内，楼板内就产生剪力。剪力的一部分通过钢筋混凝土楼板传递，靠中庭一侧因有电线沟存在使楼板和办公室部分不能相连，为此在楼板内设

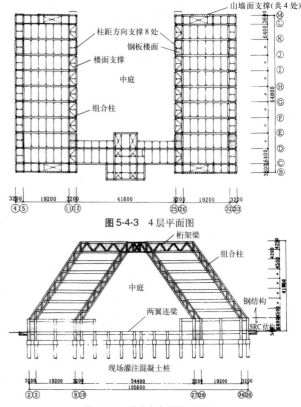

图5-4-3 4层平面图

图5-4-4 跨度方向结构剖面图

置钢结构支撑；另外柱距方向设置支撑的跨度内剪力很大，所以设置钢楼板以确保楼面刚度。

标准层中，中庭两侧的南北翼办公楼在西边与连接两翼、内设电梯间、洗手间的核心筒一起形成凹形平面；顶层楼面与柱的转折点处的两层楼面（屋面）在靠东边的两个跨度方向的框架内通过楼板和支撑形成口字形的平面，确保了南北两翼的整体性。

2层楼面以下的部分，上部钢结构的斜柱转为竖直方向，1根组合柱约产生190t的水平推力作用在1层柱柱顶。针对这样大的水平力作用，2层楼面以下采用钢骨钢筋混凝土结构，巨型框架的组合柱与110cm厚的钢筋混凝土墙连接以保证刚度和承载强度。此外，在1层楼面位置南北两翼用强固的大梁联系，分别作用于两翼的水平力通过这一大梁平衡。钢结构安装时采用屏风式工艺，随钢结构各分块安装后，浇筑3层以上的混凝土楼板，使得钢结构负担的恒载引起的拉力绝大部分传递到大梁的钢骨后再浇筑1层的混凝土楼板，这主要是考虑在工作荷载作用下1层大梁和楼板不产生裂缝。

3. 构件设计

3.1 巨型框架构件

巨型框架的钢结构构件—倾斜的组合柱弦杆和作为组合柱腹杆但沿竖向设置的柱子，采用700mm×450~500mm的SM490A级焊接H形截面，一般的最大板厚为28mm。柱距方向与支撑相连的柱子，因为地震时产生很大的附加轴力，故最大板厚为40mm。因为在跨度方向由于组合构件形成了巨型框架，对单个构件的抗弯刚度和抗弯强度要求并不高；但在柱距方向，结构在地震水平力作用下必须是具有充分的刚度和承载力的框架结构，所以H形截面柱子的强轴对着柱距方向，而在跨度方向为弱轴。

在楼面高度上，同时作为倾斜组合柱的缀材和楼面梁，采用了截面高度为750mm的H形焊接梁。

采用这样的H形截面构件的理由主要有以下三点：

1）柱、梁、支撑等构件相互都不正交，钢结构制作时的连接接口非常复杂，产生许多问题，而H形开口截面能有效的解决这些问题。

2）H形截面构件的连接处理即使也有其复杂性，但可以一边确定焊接部位一边制作。

3）现场安装能够使用高强度螺栓，便于钢结构安装和保证精度。

3.2 桁架构件

最上层设置的桁架梁的上下弦杆和腹杆都采用SM490A级的焊接H形截面。19.2m跨度的桁架梁的弦杆支承着设备房的楼面荷载，构件上有很大的弯矩，所以按竖向抗弯要求配置截面的强轴。另外连接南北两翼的中央桁架梁需直接传递组合柱的巨大轴力，按组合柱和翼缘协调、便于在翼缘面内传递主要应力的原则确定H形截面的朝向。

3.3 柱距方向框架构件

沿柱距方向连接间距6.4m的巨型框架的连系梁采用截面高度750mm的焊接H形构件，与竖向设置的组合柱腹杆成直角。这根梁是设置在竖向平面内还是设在倾斜柱的弦杆平面内，是结构方案阶段面临的一大选择。

如设置在斜柱平面内，则水平荷载可以通过连系梁与斜柱形成的斜面由上而下连续地传递，但与水平楼板的连接产生困难，梁柱连接处与跨度方向的梁的加劲肋的连接等钢结构制作上

问题产生了，在竖向荷载作用下梁还会产生扭转。另一方面，如设置在竖向平面内，连系梁的上端面与水平楼板的连接方便，在竖向荷载、水平荷载作用下梁都不会发生扭转，与跨度方向的梁的翼缘连接也互相协调，在钢结构制作上是有利的。

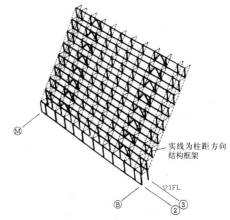

实线为柱距方向结构框架

图 5-4-5 柱距方向结构模式图

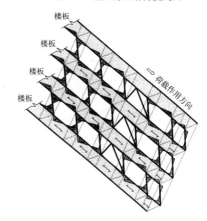

图 5-4-6 柱距方向结构地震时内力

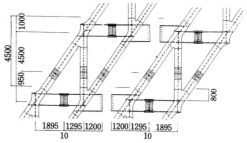

构件
斜柱   WH-700×450×22×28~WH-700×500×25×40
竖向柱   WH-700×450×22×28~WH-700×500×25×36
大梁   WH-750×400×19×25

图 5-4-7 组合柱详图

由这些原因, 在倾斜柱的腹杆面内设置柱距方向的连系梁。竖向平面内的柱子在竖向荷载作用下需支承很大的轴力, 其截面的决定, 以水平力作用下梁达到极限状态时柱仍能保持弹性为原则。

柱距方向各框架面内设置的支撑构件为便于与梁的连接也设在竖向平面内, 截面为300~400mm×300~400mm的焊接H钢。

4. 钢结构施工管理

由于巨型框架是由组合构件构成, 为保证钢结构工程的成功, 工厂和工地的组装精度是关键。

4.1 钢结构制作

(1) 构件尺寸精度

各构件的尺寸精度按日本建筑学会JASS 6钢结构工程附录6"钢结构精度检查标准"为依据进行加工。梁柱接头有54°的角度, 结合尺寸使用度规确认角度。

(2) 巨型框架组合构件的尺寸精度

本结构中柱子是倾斜的, 加之都采用组合构件, 组装的难度可想而知。为此跨度方向巨型框架的组合构件在工厂进行预拼装, 确认组装精度后反馈至工地的安装方。

4.2 工地施工计划及管理

(1) 钢结构安装计划

由于建筑物的形状及结构的特殊性, 本工程的钢结构安装有以下困难。

1) 由于钢结构框架倾斜, 所以尽管平面形状较大, 安放塔式吊车还是比较困难。

2) 在顶层桁架连接之前, 结构不能形成稳定的体系。

3) 工期仅有24个月。

考虑这些条件后, 设置临时支柱, 一边支承斜柱一边进行安装。共划分A~G7个工区, 从电梯井一侧开始向正面入口一侧施工, 采用逐块施工的屏风式工法。

采用这一工法, 各安装分块到顶层桁架的高强度螺栓终拧后将临时支柱拆除, 既节约了临时支柱材料也提高了下部作业的质量。此外, 拆除临时支柱的区块将3层以上混凝土楼板的浇筑和钢骨钢筋混凝土的模板工程并行开展, 缩短了工期。

(2) 安装精度

确保安装精度的基本方法是: 充分利用工厂预拼装的数据资料, 钢结构安装后、高强度螺栓终拧后以及临时支柱卸除后分别进行应变测试和高度测量, 并向下一阶段安装反馈数据。

安装精度的容许范围: 东西面的幕墙允许误差为±15mm, 一般建筑的倾斜允许误差为30mm, 最终将目标值控制在15mm以内。

按以上管理方式最终达到此目的。

5. 结语

信息中心综合了建筑、结构、设备和施工管理各方面的技术, 空间特征是台形的外观, 本文以结构方案为主作了介绍。

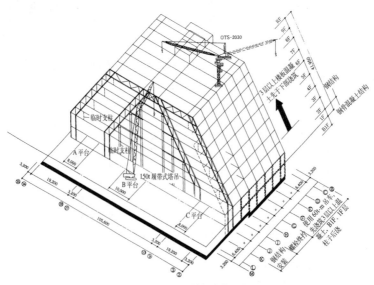

图5-4-8 钢结构安装工程

5 兼松大厦

[建筑概要]

 所　在　地: 东京都中央区京桥2-14-1/2号

 业　　　主: 兼松(株)、第一生命保险(株)

 建 筑 设 计: 清水建设(株)一级建筑士事务所

 结 构 设 计: 清水建设(株)一级建筑士事务所

 施　　　工: 清水建设(株)

 楼层总面积: 15 527.62m²

 层　　　数: 地下1层，地上13层

      塔顶层1层

 用　　　途: 办公楼

 高　　　度: 65.1m

 钢结构加工: 川田工业（株）枥木工厂

 竣　　　工: 1993年2月

[结构概要]

 结构类别: 基础　桩基础(扩底深基工法)

    结构　B1F、1F、2F　SRC结构

      3F以上　钢结构

      B1F~3F　巨型框架结构

图 5-5-2　提升施工中

图 5-5-1　建筑物外观

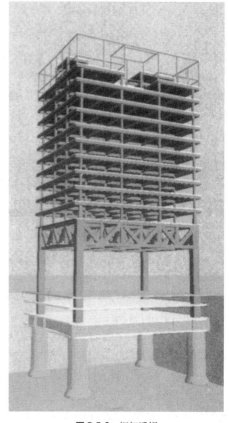

图 5-5-3　框架透视

1. 前言

本建筑的规划是将位于东京京桥、面向昭和大街的旧建筑（地下3层、地上8层的钢骨钢筋混凝土结构）拆除并代之以新办公楼。作建筑方案时，在建筑场地上原有的地下结构已经被解体。通常建筑物的更替都是将原建筑物完全撤除后在基础上重建新的建筑。但现场的有关方面提出如下要求：1）原有的桩基不再拔除；2）地下结构的外墙如果可能的话希望对挡土墙加以利用；3）新的基础桩避开原有残存的基础和地下梁。

这些要求在许多方面和设计方原来希望的不受约束的自由设计新建筑的计划是不一致的。为此，考虑了在原建筑地下结构照旧留存的条件下通过设置巨型框架来形成人工地基，由此满足两方面的要求。这里就以人工地基为中心说明设计和施工方案。

2. 建筑方案

本建筑是地下3层、地上13层的办公楼，其特征是对原建筑的地下部分再利用，地下第3层是将巨型框架连接起来的连梁及基础空间，地下2层是设备房、水槽等，地下1层同原建筑一样作为车库。上部结构则是将4根柱子支承的巨型桁架作为"人工地基"，其上建造10层办公楼。人工地基的下方是3层楼高的无柱中庭空间，作为进厅大堂。而高度为6.5m的桁架内部空间则用于设备房。

3. 结构方案

3.1 下部结构(巨型框架部分)

最初考虑的巨型框架结构类别为全钢结构，但为了将巨型柱柱脚的内力传递到连梁构件中，产生了采用钢骨钢筋混凝土梁的必要性。这样施工中就要解决如下问题:

1）往设置连梁的地下3层原有结构内搬运钢骨构件时，要通过为设置四角的巨型柱而预留的开口部位，所以需将钢骨构件切割成较短构件在地下3层位置进行拼装。

2）但拼装后的钢骨梁将高达2.5m，在地下3层的原有空间内部作业困难。

为了解决这一问题，巨型柱自巨型桁架下端开始采用内填外包混凝土的钢管柱，柱脚内力通过钢筋转递，也即连梁采用钢筋混凝土构件。连

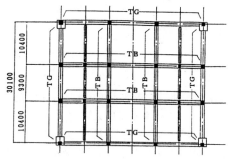

图 5-5-4　巨型桁架平面图

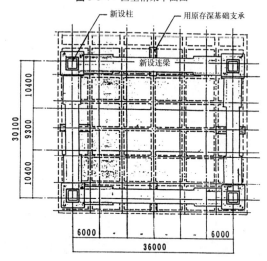

图 5-5-5　连梁平面图

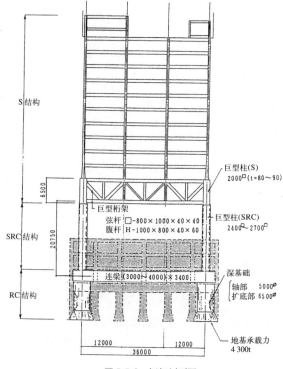

图 5-5-6　框架剖面图

梁最大跨度达36m，其中央利用原有的桩来减少竖向荷载产生的内力。曾经研究过将原有结构和巨型框架形成整体的方案，分析表明如要原有结构负担水平力会出现强度不足的问题，所以采用了将结构分开的方案。

由4根巨型柱支承巨型桁架（TG），内部设置井字形的次桁架（TB）。这种布置适应本建筑近乎正方形的平面形状，使得在竖向荷载和地震作用下的附加轴力传递到巨型桁架和巨型柱的应力能够比较均匀。另外，巨型桁架要将其上部的水平力传递到4根巨型柱上，为此在巨型桁架的上下表面都设置了水平支撑。特别是巨型桁架的下表面，楼板不是满铺的，故采用了截面高度800mm的H形钢。

3.2　上部结构

巨型桁架上部的10层结构为钢结构纯框架。在方案阶段曾考虑沿短边跨中的核心筒位置设置支撑，但因为地震作用下会在下部的巨型桁架中产生应力集中，因此最终采取了纯框架的结构体系。36m跨方向的柱距考虑到周边连续窗的布置，采用三等分方式使柱距为12m。

4.　结构设计

4.1　巨型框架构件

如图5-5-7所示，巨型框架柱为边长2000mm的箱形截面，巨型桁架及次桁架高度均为6500mm。材料为SM490A。巨型柱柱头附近应力最大处使用SM520B的钢材。柱头附近板厚为80mm~90mm，下部混凝土组合构件部分的板厚为32mm~50mm。利用栓钉将内力逐渐传递给混凝土。安装在巨型柱上的巨型桁架弦杆为800mm×1000mm的箱形截面，腹杆曾设想采用箱形截面和焊接H形截面两种形式，鉴于和弦杆的连接方便以及优先考虑焊接的便利，最后决定采用焊接H形截面。内部的次桁架则考虑控制在上部结构竖向荷载作用下产生的变形，基本上采用和巨型桁架同样的截面，念及上部结构柱子的形状及柱底和下方的桁架弦杆焊接时焊工可以采用附焊的方式，故弦杆的宽度设定为600mm。

4.2　上部纯框架结构的构件

上部结构10层为普通的钢结构，但考虑到多少减轻一些因竖向荷载引起的巨型桁架的变形，从4层开始安装的上部结构柱中角柱柱脚先作为

铰接连接，等结构整体完成后再变为刚接。这样就需考虑角柱铰接期间发生地震作用时的对策：在外周跨度中央部分设置支撑，支撑选在跨度中央的理由之一，是不让因结构自重引起的巨型桁架的变形对支撑产生应力。

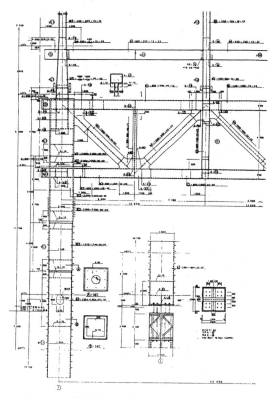

图5-5-7　巨型柱与巨型桁架详图

5.　钢结构安装方案

最初设想巨型框架的施工采用临时支架（脚手架）的方式，构件采用高强度螺栓或工地焊接予以组装。但是存在以下问题：1）临时支架位置太高，而钢结构重量又太大（巨型框架钢结构总重量约1100t），为保证临时支架的刚度，支架本身必须做得很大。2）在高空作业存在安全性问题。3）工期短，搭设临时支架的时间不够。因此巨型框架的钢结构安装采取地面组装后提升的方法。

以下是钢结构安装的顺序：

1）在施工完成的新设桩基础之上边长2m的各巨型柱的第一节由汽车吊从一层楼面四角上预开的孔中逐一吊下，用锚栓固定。

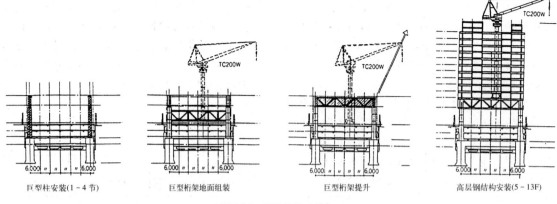

巨型柱安装(1~4节)　　　　巨型桁架地面组装　　　　巨型桁架提升　　　　高层钢结构安装(5~13F)

图 5-5-8　钢结构施工程序

2）分为4节的巨型柱在现场焊接连接，一直到达4层楼面高度的18m标高处。

3）为了减少提升施工时柱子的水平变形，巨型柱在桁架下弦高度以下全部用混凝土内填外包。

4）在原有的1层楼面上搭建2m高的临时支架，在其上组拼巨型桁架。同时对1层的楼板和楼面梁加强支撑。利用汽车吊和安放在中央的塔吊将各钢构件就位。

5）组拼完成后巨型桁架主体钢结构重1 013t（总重1 100t），作为"人工地基"用16台150t油压千斤顶历时2小时进行提升。

6）保持千斤顶工作，将巨型桁架端部搁置在由柱子外伸的牛腿上，用焊接或高强度螺栓予以固定。

7）人工地基完工后，将塔吊移至巨型桁架上方。

8）利用塔吊，上部的钢结构和其他高层的钢结构一样进行吊装，同时对原有的地下结构进行改建。

6. 钢结构制作

与巨型桁架连接的巨型柱顶，内部有相当复杂的钢板，又因为构件太大，工厂的生产线上无法加工，不能采用电渣焊。这一部分按实际情况制作了模型，对组装方法和焊接方法进行了研究。巨型桁架上下弦杆的箱形截面的四角焊缝，除与巨型柱、桁架的斜腹杆、竖腹杆连接附近的范围内采用完全焊透的焊缝外，其余地方都采用部分焊透的焊缝。由于巨型桁架的轴力作用使巨型柱沿板厚方向受力的部分采用了超过50mm的钢板以提高安全性。

关于钢结构的制作精度，对1）工地组装时因焊接引起的缩短；2）巨型柱的安装精度；3）提升时的柱子和桁架变形进行了预测，在此基础上进行精度控制。焊接收缩假定每处为2mm，通过巨型柱测量位置的数据反馈调整焊接间隙。因提升时变形柱顶有约8~10mm的倾斜，针对此将柱子位置外移若干。由于桁架变形产生的误差，则对上部结构的柱长进行调整，调整位置设在4层和8层。

7. 结语

现在正强调节省资源、节省能源，而将原有结构的地下部分加以再利用，从而满足设计者、施工者的要求的工法，对今后的建筑物改建是值得参考的。

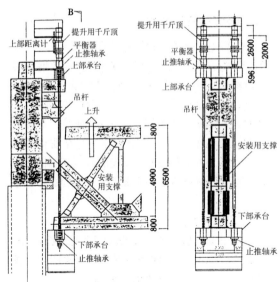

图 5-5-9　提升要领图

6 东京都江户东京博物馆

[建筑概要]

所　在　地：东京都墨田区横纲1丁目

业　　　主：东京都(主管：生活文化局)

建 筑 设 计：菊竹清训建设设计事务所

结 构 设 计：松井源吾、ORS 事务所

施　　　工：鹿岛建设等8企业联合体

楼层总面积：46 590m²

层　　　数：地下1层，地上7层
　　　　　　塔楼1层

用　　　途：展览馆和多功能厅

高　　　度：62.2m

基 础 形 式：钢管桩，TN工法

竣　　　工：1993年3月

[结构概要]

柱：地下1层~地上5层+4 400　SRC结构
　　6层~PH1层　钢结构

梁：地下1层~地上3层　SRC结构
　　4层~PHR层　钢结构

[钢结构工程概要]

主要钢材：TMCP 钢
　　　　　($t > 40$mm，屈服点 3.3t/cm²)
　　　　　SM490A（$t < 40$mm）

高强度螺栓：70 万副，F10T，M24

工地焊接焊缝总长：25 万米（按6mm换算）

图 5-6-2　结构框架

图 5-6-1　建筑物外观

1. 前言

江户东京博物馆是以16~20世纪作为日本中心的江户—东京为主题进行展示的都市博物馆。

博物馆在系统地展示江户—东京历史、昭示先人生活、文化的同时，不是单纯地局限在史料的陈列上，而是回顾都市发展历史，进行与世界各大都市的比较，进而就东京的未来进行展望，成为一个可以提供学习场所的设施。

本建筑位于隅田川的东岸，与国铁两国车站相邻，基地面积约3万m²，建筑面积48 000m²，地下1层，地上7层，最高高度和江户城基本相同为62.2m。

建筑表现为4根巨型柱子支承的大空间结构，象征日本建筑的独特性并没有在现代都市建筑中埋没。

在截面高、宽均为14.4m的H形状的大型柱上架有悬挑长度43.2m、总长158m、高度达37.9m的大空间，其重量约为85 000t，是没有先例的大跨度结构。

建筑的设计、施工上有以下特点：

1）大规模、大重量的钢结构

2）与特殊形状相适应的施工方法

3）为缩短工地焊接的工期采用了工地电渣焊的自动焊接工艺

4）在结构悬挑部分设置制振装置

2. 主体结构

图5-6-3所示为5层楼的平面图，图5-6-4~图5-6-6是主要的剖面图。本建筑包括地下1层、地上7层、塔楼1层的高层部分，位于建筑物东侧的2层高低层部分，位于建筑物西侧的进厅是2层高的中庭。

高层部分最大高度62.2m。地下1层起设置4根截面高、宽均为14.4m的H形状的大型柱子。3层有约14 000m²为室外购物场，4层为库房，其间形成约20m高的中庭，上方为桁架式屋盖。建筑物从整体看，象2层楼的建筑。

从地下1层地面到地上3层楼面高度，在钢骨钢筋混凝土结构的大型柱子中间，X方向沿A、J轴，Y方向沿7、17轴设置抗震墙。

从3层楼面到6层楼面，大型柱为钢骨钢筋混凝土结构，梁为钢结构。

结构的形式，柱、梁都是格构式巨型结构构件，6层以上梁柱都是钢结构构件。

长边方向沿A、J、C、H轴为主要框架。

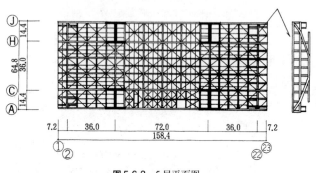

图5-6-3 5层平面图

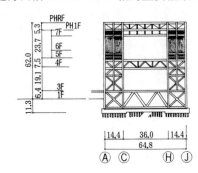

图5-6-4 7轴剖面图

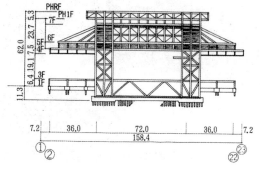

图5-6-5 A轴剖面图

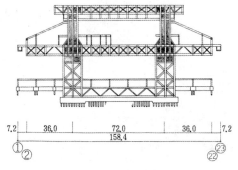

图5-6-6 C轴剖面图

外侧A、J轴的框架，是两个大型柱的翼缘面和高度为地下1层到地上3层的下段梁；中段梁的下弦为5层楼面梁，梁高为6.25m的实腹板；上段梁以PH层的层高作为梁高（5.65m），实腹梁从大型柱柱轴外挑43.2m，并从大型柱侧用斜杆拉住。在5层~7层的大型柱之间，为平衡斜杆反力设置了水平杆。水平杆间用立柱和支撑连接。

内侧C、H轴的框架，是两个大型柱的翼缘面和高度为地下1层的下段梁；中段梁为桁架梁，高度为整个4层的层高（7.65m）；上段桁架梁以PH层的层高作为梁高（5.65m）。悬臂部分由中段桁架梁向外延伸，悬臂端端部支承着与此正交的反拱梁。

短边方向的主框架沿大型柱的强轴方向，设在7、17两轴上。结构形式与长边方向相同，由大型柱的腹板与高度自地下1层到地上3层高度的桁架梁以及4层、PH层相当1层楼高的大型梁共同组成结构框架。此外，为保证4、5层处在8~16轴间的楼面体系的刚度沿10、12、14轴布置了高度为1层的次梁。

4、5层处大型柱的外侧东西方向悬挑出43.2m的构架，通过架设在大型柱上位于A、J、C、H轴的高度为1层的大型梁、C、H轴之间高度为1层的次梁以及A、J轴上的吊杆支承。

为保证悬挑构架的刚度，还设置了反拱梁以将竖向荷载传递到A、J轴上。

为提供悬挑部分倾斜屋盖的面内刚度，以及防止其端部反拱梁上弦杆的失稳，在A、C轴间、H、J轴间以及悬挑构架端部设置了水平支撑。

4层以上的楼面内为使地震力能顺畅的传递也设置了水平支撑。

构成大型柱的竖向构件（主要截面BH-800×800×80×80）、水平构件、支撑构件、桁架梁弦杆（主要截面BH-900×600×40×80）以及腹杆、悬挑构架的吊杆等采用焊接组合H形截面。上、中、下三段桁架梁、悬挑部分的反拱梁结构的一部分采用了王字形焊接组合截面。

对于大型柱、大型梁，等级2地震时允许其钢骨钢筋混凝土部分进入塑性范围，但钢结构部分由单根构件组成的桁架受轴力控制，停留在弹性范围内。

3.　制振装置

一般的大跨度结构需进行地震上下动的计算。但在大地震时必须保护展品，从这一点出发在悬挑部分的端部2 800m²的双重楼板内安装了上下动的制振装置。图5-6-7为装置的配置图，图5-6-8为制振装置。

利用空气弹簧作为竖向弹簧，楼面重量传递到下方的结构楼面上，同时利用空气压力调整弹簧刚度使得基频为0.8Hz左右，结构楼面传递的振动加速度减少到1/4左右。利用油压阻尼器吸收地震能量。空气弹簧两侧设置导轨兼作剪力传递装置，在将地震时发生的水平力传递到结构楼面的同时不影响空气弹簧的上下移动。

● 记号为制振装置

图5-6-7　制震装置配置图

图5-6-8　制震装置

4.　施工

本工程无论是结构形式还是单体结构重量，和一般的超高层建筑相比，都属于特殊的大型结构，为此在施工中研究了如下问题。

1）钢结构的大型柱、大型梁都采用大型截面构件形成桁架形状，施工时如需要矫正一定会产生对构件来说不容忽视的施工应力。为此在制定施工方案时，采用尽力避免矫正的施工方法，尽可能使得不产生施工应力。

2）大型结构中单个构件因重量关系受到运输上的限制，因而连接接头多。主要构件的总数达7 900

件，高强度螺栓 70 万个，现场焊接按 6mm 焊缝高度计算达 25 万米。考虑到大型梁工地焊接引起的收缩，在中央接头采用高强度螺栓连接，以图避免工地焊接收缩、施工附加应力和焊接裂纹。

3）本工程中钢结构构件厚板多，最大板厚达 100mm，焊接量大。工地焊接中梁腹板中厚度 40mm 以上的板采用适合板厚垂直焊接的自动电渣焊。板厚变化的地方采用二氧化碳气体保护半自动焊。柱和梁的上下翼缘采用二氧化碳气体保护半自动焊。

5. 钢结构安装

钢结构总重量 23 000t，最大板厚 100mm，单个构件最大重量 40t，结构形式也是未有先例的，钢结构安装前研究了多种方案。其结果，先用 400t 履带式吊机安装 4 根巨型柱（Step1），然后在巨型柱顶部固定 2 台 3 500t-m 的旋臂式吊车、2 台 K-900（Step2），依靠这些吊机在 16 个临时支架上安装巨型梁（Step3），安装楼面结构后浇筑混凝土楼板，5 层大梁上搭建 7 层~塔楼安装用的临时支架，安装上段巨型梁（Step4），屋盖安装后拆除吊机（Step5）。

图 5-6-9 安装 STEP1

图 5-6-10 安装 STEP2

6. 工地电渣焊

为缩短工地焊接的工期，梁腹板中厚度 40mm 以上且板厚无变化处若上方有 1m 以上的作业空间，就采用自动电渣焊。

焊接的构件为高度达 900mm~1 500mm，板厚 40mm~80mm 的大型截面，以前没有工地焊接的经验。为此事先进行焊接施工试验，除了应用所获得的经验外，进行了超声波探伤、各种机械试验等。

图 5-6-11 安装 STEP3~4

图 5-6-12 安装 STEP5

图 5-6-13 工地电渣焊自动焊接

7 东京辰巳国际游泳馆

[建筑概要]

所　在　地: 东京都江东区辰巳2-8
业　　　主: 东京都港湾局
建　筑　设　计: 仙田满，环境设计所
结　构　设　计: 结构规划研究所
施　　　工: 清水、大日本、胜村、丸石建设
　　　　　　企业联合体
占　地　面　积: 12 413m²
楼层总面积: 22 319m²
层　　　数: 地下2层，地上3层
用　　　途: 游泳池、跳水池
　　　　　　固定观众席3 635座
钢结构加工: 巴Cooperation
竣　　　工: 1993年3月

[结构概要]

结　构　类　别: 下部　钢筋混凝土结构，部分钢
　　　　　　　　骨钢筋混凝土结构
　　　　　　屋盖　空间钢管结构

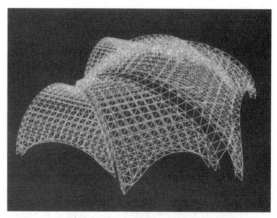

图5-7-2　网壳结构的计算机图像

图5-7-1　建筑物外观

1. 前言

东京辰巳国际游泳馆依据东京都第二次长期规划，适应"进行中的体育"、"观赏的体育"的需要进行设计。全年都能让市民利用，定位于东京都全区域的体育中心设施。

游泳馆中，大游泳池等用椭圆筒状的5块屋面板覆盖，表现着水畔振翅欲飞的鸟儿的形象。这样的造型在展示体育运动的动感的同时，也体现出柔顺与舒适感。

大空间结构采用钢管网壳结构。这里就建筑概况、屋盖网壳概况和结构设计、施工情况予以介绍。

2. 屋盖网壳概况

屋盖网壳的形状如图5-7-2、图5-7-3所示。屋盖为矢高、跨长相异的3种椭圆筒壳用圆弧、斜线切割后再加以组合。各筒壳相叠合的部分用桁架连接，形成的龙骨成为肋拱。

依跨度由大到小的顺序，依次将筒壳定名为R-A、R-B、R-C，屋盖的规格和组合单元如表5-7-1、图5-7-4所示。桁架高度与网格单元尺寸的比例一般钢管网架结构为 0.5～0.7，本结构为 0.65，在上述范围之内。

通常在筒壳结构中屋盖支座如图5-7-5所示均匀地设置在筒壳的侧边。但是本建筑物的支承只能如图5-7-6那样设在中央的端部的3个位置，这是结构设计中的难点之一。

结构构件共有钢管约6 900根，球节点1 800个，总重量约510t。

表5-7-1　屋盖结构的基本尺寸

（单位 m）

屋盖	R-A	R-B	R-C
跨度	98.6	81.0	51.7
网壳高度	3.0	2.7	2.0
网格尺度	4.5	4.0	3.0

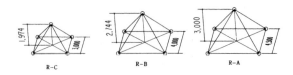

图5-7-4　基本单元

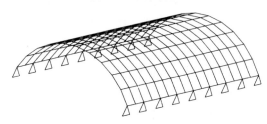

图5-7-5　支承位置概念图(圆筒形)

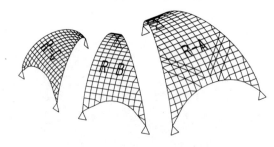

图5-7-6　支承位置概念图(本建筑物)

3. 结构设计

3.1 设计荷载

(1) 恒载(DL，长期)

a.屋盖 　　　　　　(R-A) 　　(R-B、C)

	(R-A)	(R-B、C)
屋面装饰	55	55
檩条	25	20
立柱	15	15
网壳自重	40	35
设备	10	10
小计	145kg/m²	135 kg/m²

b.格子墙面

格子外装	40
龙骨	50
小计	90 kg/m²

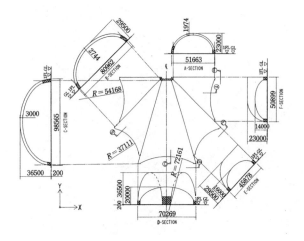

图5-7-3　屋盖形状概念图

c.钢板墙面

钢板	10
龙骨	30
小计	40 kg/m²
d.肋拱	200

(2) 积雪荷载 (SL，短期)

30cm × 2kg/cm/m²=60 kg/m²

屋面坡度大于60°的部分不考虑积雪荷载。

(3) 风荷载 (WL，短期)

根据日本建筑学会《建筑物荷载设计指针·同解说》（1981）采用。

a.基本风速：V_0=30m/s

（东京都，50年重现期）

b.风速沿高度方向的分布系数：E

$E = 1.12$ $\quad (Z \leqslant 5m)$

$E = 1.20(Z/10)^{0.1}$ $\quad (Z > 5m)$

（地面粗糙度分区：I）

c.风速重现期的换算系数：R

$R = 1.00$

d.结构框架用阵风系数：G_f

$G_f = 2.1$

e.设计用风速压力：q

$q = 0.5 \, \rho \, V_z^2$

$\rho = 0.125 kg \cdot s^2 m^2$

$V_z = V_0 \cdot E \cdot R$

f.框架结构用风速压力：$q' = G_f \cdot q$

不同高度的 q' 值如图5-7-7所示。

g.风力系数：C_p

风力系数 C_p 考虑内压（= ± 0.2）。图5-7-8所示为以沿X正向的风作用时的风力系数。

(4) 地震荷载(EQ，短期)

构件计算时的剪力系数：C_r

$C_r = 0.3$

3.2 设计中的问题点及解决方法

本建筑设计上的问题点是风作用下的变形。这是因为支点较少，以及相对恒载而言风荷载较大的原因。

为了解决这一问题采用如下对策：

(1) 中间屋盖上设置支撑杆件。

(2) 支点（柱脚）附近的网格单元由四角锥改为三角锥。

(3) 相邻屋盖板块重合处用构件相连，形成龙骨，称为肋拱。

(4) 中央屋盖板块在肋拱龙骨上方的部分，腹部用钢板做成实腹式。

采用以上措施提高屋盖的刚度。但是关于第（4）点，采用体系化的桁架系统如何与钢板加工的腹部连接成为需要解决的问题。在本工程中，将螺栓球节点埋入到钢板中。

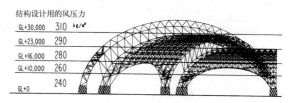

图5-7-7 钢结构设计用速度压分布

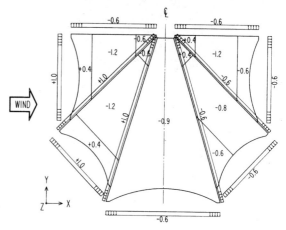

图5-7-8 风力系数分布

3.3 分析结果

分析结果以X方向正向风荷载为例。

(1) 内力图

图5-7-9是R-A、R-B重叠处肋拱的内力。肋拱呈现出两端固定拱的性质：较高处上面两层杆件受拉，最下层受拉；反之，在较低处，最上层受压，下面两层受拉。中间部分内力较小，表现为反弯点的位置。这表明四层网壳形成整体的肋拱共同工作。

图5-7-9 R-A，R-B叠合部的拱肋内力图(WL[+X])

(2) 变位图

X正向风荷载作用时的变位图见图5-7-10。图中细线为初始位置，粗线为变形状态。位移最大值 X 方向为 10.1cm，Y 方向为 6.8cm，Z 方向为 10.8cm。周边拱因受到墙壁上作用的风，比起内部来水平变形更大。

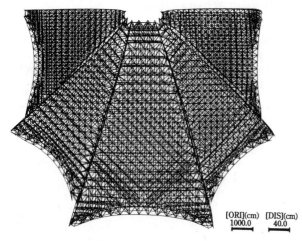

[ORI](cm) [DIS](cm)
1000.0   40.0

图 5-7-10　变位图(WL[+X])

4. 钢管结构体系的加工

4.1 体系化钢管结构简介

体系化钢管桁架概要如下：

(1) 桁架各部分的名称

体系化桁架（空间桁架）如图 5-7-12 所示由几部分标准化零件组成。

球节点：厚壁钢球，通过螺栓向心连接，内有阴螺纹。

钢管：作为弦杆或腹杆。钢管两端焊接有锥头。

螺栓：连接球节点和钢管，两端有螺纹，中间为六角形。

垫圈：插在螺栓和球节点之间，安在螺栓的螺纹部位。

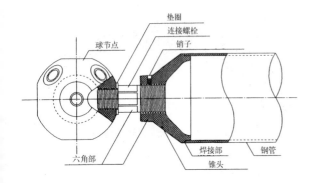

图 5-7-12　钢管桁架接合部详图

(2) 体系化桁架的特征

构成空间桁架体系的基本单元有三角锥、四角锥两种类型。可以制作大小不一的单元，从而形成各种各样复杂的形状。

在本结构使用的桁架中，还具有调整钢管杆长的功能。钢管两端分别向右转、向左转，可以起到与花篮螺栓一样的作用。在组装阶段，可以吸收 ± 5mm 范围内的累积误差。

(3) 设计及生产方式

体系化桁架从设计到制作是一个连续的整体，充分发挥计算机的作用。只要给定节点坐标，无论是复杂的曲面还是单纯的平板，在制作上是相同的。

4.2 施工

由于形状复杂，安装采取满堂脚手。施工场景见图 5-7-11。空间网壳的覆盖面积约 9 300m²，最大高度 36.5m，脚手架的体积达 17 万 m³。安装顺序是：先从中央板块屋盖开始，由跨度较小的一方朝较大一方安装。安装场地上先搭好脚手架，然后安装钢管支柱，再进行网壳组装。组装后撤去钢管支柱。体系化桁架由 NC 加工机制作，加上有调节杆长的功能，相对基础锚栓位置精度可亦控制在 5mm 以内。

图 5-7-11　施工状况

5. 结语

以上介绍了采用体系化钢管桁架的东京辰巳国际游泳馆网壳结构的简况、结构设计及施工。

8 不二窗玻璃幕墙试验中心

[建筑概要]

所　在　地: 千叶县市原市八幡海岸大街13号
业　　　主: 不二窗（株）
建　筑　设　计: 清水建设(株)一级建筑士事务所
结　构　设　计: 清水建设(株)一级建筑士事务所
施　　　工: 清水建设（株）、佐藤工业（株）
建　筑　面　积: 2 340.404m²
层　　　数: 地上2层
高　　　度: 30.04m
用　　　途: 玻璃幕墙试验室
钢结构加工: 平野铁工（株）
竣　　　工: 1995年12月

[结构概要]

结　构　类　别: 基础　PHC桩
主　体　结构: 钢管结构
山　墙　结构: 预应力自平衡环结构

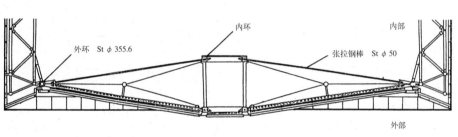

图5-8-2　剖面图(平面)

图5-8-1　墙面内观

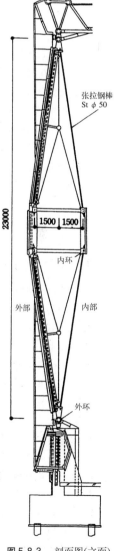

图5-8-3　剖面图(立面)

1. 序

本建筑物是进行玻璃幕墙抗风、气密性、水密性等试验的设施。为了安装大型试验设备、方便作业、充分利用自然光以便于检查铝合金框架的外观等目的，需要有大空间。此外，作为铝合金框架的制作商，要求将铝合金框架作为新型玻璃幕墙的外观表现。

建筑的特征在于，大空间两边的山墙上作为装修，设置了直径为23m的圆形铝合金玻璃幕墙。本文就介绍支持该幕墙并与主体结构联为一体起到抗震、抗风作用的次要结构体系的结构方案及其施工方法。

2. 对次要结构体系的要求

本建筑物的山墙由图5-8-6所示3要素构成。第一，作为外墙饰面的铝合金玻璃幕墙；第二，联接外装材料和结构本体的次要结构体系；第三，由柱、梁构成的主体框架。

对联接外装材料和结构本体的次要结构体系的要求如下：

建筑表现上，为了突出外墙饰面的铝合金框架，尽量要求隐蔽次要结构体系。

结构上作为大空间结构的墙体体系，要能够将墙体自重以及面外荷载顺畅地传递到主体结构，同时不能产生对装修材料造成不良影响的变形。

施工方面，从保证精度和便于操作着眼，要求次要结构体系能在地面组装。

3. 次要结构体系的结构方案

通常的墙面结构由墙柱、水平杆件组成，设在主体结构之间，并连接墙体材料。这种做法不能满足建筑外观设计的要求。因此从大空间屋盖结构入手，考虑可否将屋盖形式之一的张弦梁用于墙体次要结构。

用于屋盖结构的张弦梁示于图5-8-7，由受压杆件、撑杆、张拉杆件组成，形成具有轻快、张紧感的大空间。由之，可否考虑如图5-8-8那样，将其旋转90°来作为墙体次要结构？这里，马上发生两个问题：第一，用于屋盖的张弦梁在竖向作用的自重和装修材料重量作用下，形成由压杆、撑杆、张拉构件形成的稳定的合理的力学体系。但是一旦作为墙体结构，其原理就不适用。第二，遇到暴风时，若面外荷载是正压，则可以形成张弦梁结构，但是在负压的情况下，原来在屋盖中

由于自重等一直保持为张拉弦的构件马上就会失稳。

图5-8-4　建筑物外观

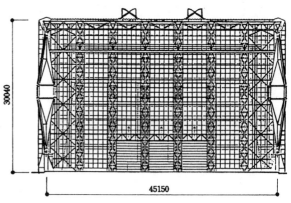

图5-8-5　建筑物剖面图

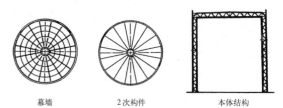

幕墙　　　　2次构件　　　　本体结构

图5-8-6　山墙面结构的构成要素

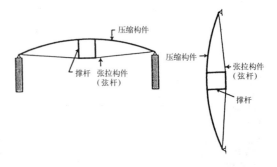

图5-8-7　用于屋盖的张弦梁结构　图5-8-8　张弦结构在墙面的应用

为此，在本结构中，结合外饰墙面的形状（直径23m的圆形玻璃幕墙）采用直径23m的外环，内设直径2.5m的同心圆作为内环，内环高度3m。两圆环间用钢棒连接。在钢棒内导入预应力，将这样一个环结构作为连接外装幕墙和主体结构的次要结构体系。

环结构中通过对钢棒施加预应力，使得外环受压而内环受拉，成为自平衡体系。

在钢棒中导入预应力后，钢棒上即使受到压力作用，只要压力值不超过预应力，钢棒就不会受压，结构仍能成立。同时，面外受负压的问题也解决了。

这种构造在结构上的特点是面内、面外都有很大的刚度。面外方向而言，暴风雨时也不至于对外墙造成很大的变形，其传力机制也满足作为次要结构体系的要求。对面内而言，环结构嵌在主体结构中，不仅作为次要结构体系将墙面荷载传递到主体结构，还可以和主体结构共同工作，作为抗震、抗风结构看待。

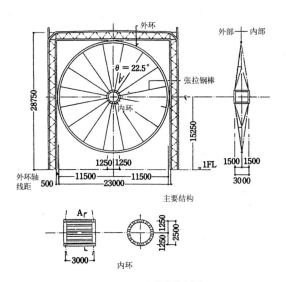

图 5-8-9　山墙结构剖面

4. 环结构设计

环结构如图5-8-10所示。外环采用直径350mm的厚壁圆钢管。内环考虑到张紧钢棒时设置千斤顶的空间要求，直径采用2.5m。内外环之间，单面16根、合计设置32根钢棒。考虑面内、面外荷载，为使钢棒不受压，施加25t的预张力。

当面外有暴风荷载作用时的最大变形，环中

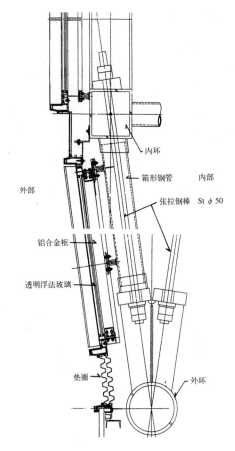

图 5-8-10　幕墙安装详图

央的相对变形为2.6cm，相对环直径而言约为1/800。受面内荷载时，由于环在上下左右有4点与主体结构连接，可以利用圆形结构作为支撑，其结果是整个结构55%的水平力由山墙面结构负担。

设计上较大的问题是环结构上幕墙如何连接。钢棒轴向抗力很大，但垂直轴方向抗力很小。而且焊接也困难。此外铝合金框架与钢结构的热膨胀系数不同，必须加以考虑。为了解决这一问题，靠外墙面一侧的钢棒上外覆箱形型钢。铝合金框架与箱形型钢连接。型钢采用与钢棒不直接接触的最小规格支承在内环和外环上。与外环连接一侧，采用能够相对滑动的辊轴支承，使得环结构的变形不会成为强迫位移作用到幕墙上。由于箱形型钢不是环结构的一部分，其截面规格可以小于铝合金框架的尺寸。热膨胀系数的问题，通过将铝合金框构件的尺寸略微缩短、并在安装点沿杆轴设辊轴连接的方法解决。

图 5-8-11　钢棒张紧时的情景

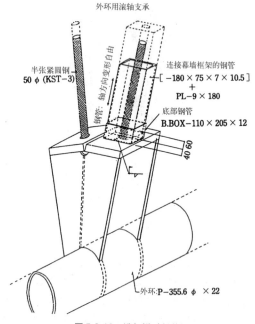

图 5-8-12　端部滑动机构

外环用滚轴支承

半张紧圆钢
50 φ (KST-3)

钢管：轴方向变形自由

连接幕墙框架的钢管
[-180×75×7×10.5]
+
PL-9×180

底部钢管
B.BOX-110×205×12

40 60

外环：P-355.6 φ ×22

5.　环结构的施工

钢结构安装时，柱、梁等主体结构先行，形成稳固的骨架，然后再行山墙结构施工。利用环结构的自平衡性，先在地面组装，完成环结构体系。这对施加预应力、施工安全性等都是最有利的。

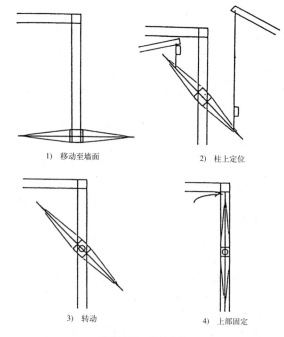

1) 移动至墙面　　2) 柱上定位

3) 转动　　4) 上部固定

图 5-8-13　安装方法

在地面组装的内环内侧，安放32台中央控制液压千斤顶，同时进行预张拉作业。预应力控制原则是：设计预应力每根钢棒25t，负偏差为零，正偏差不超过2t。

环结构在主体结构上的安装，通过在外环外周4点设吊点，用3台吊车先将其水平提升，吊到主体框架两边柱上外伸的回转轴上。然后将环旋转90°，到达预定的位置加以固定。安装十分顺利，环结构从起吊到固定在预定位置上仅费时20分钟。

6.　结语

次要结构构件通常只是作为外墙材料和主体结构之间的"连接件"，但在本结构中，其存在成为左右建筑设计的一个因素。考虑到其结构性能、外观表现性能，多少与单纯的"连接件"概念区别开来，使之与主体结构一起发挥了结构要素的作用。

[6] 采用混合结构的建筑

1 仓纺公司大楼

[建筑概况]

所 在 地: 大坂市中央区久太郎町 2-4-31
业　　主: 仓敷纺绩（株）
设　　计: （株）竹中工务店、（株）大林组、
　　　　　（株）藤木工务店
结构设计: （株）大林组
施　　工: （株）竹中工务店、（株）大林组、
　　　　　（株）藤木工务店
占地面积: 16 659.70m²
层　　数: 地下二层，地上 14 层，塔楼 2 层
用　　途: 办公楼
高　　度: 59.70m
竣 工 年: 1988 年 1 月

[结构概况]

结构类别: 基础　天然地基（筏基）
　　　　　主体结构　钢筋混凝土结构
　　　　　屋顶　钢结构
　　　　　办公室楼面　钢梁＋钢筋混凝土
　　　　　楼板

图 6-1-2　标准层平面图

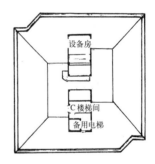

图 6-1-3　塔楼 1 层(屋顶面)平面图

图 6-1-1　建筑物外观

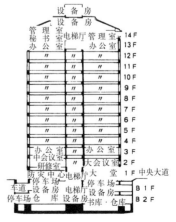

图 6-1-4　剖面图

1. 前言

本工程建筑设计要求外立面门窗洞口少、不采用厚重的予制板、且满足办公室内部空间无柱子的要求。结构体系为混合结构，即抗震构架采用钢筋混凝土结构，大跨度的楼层梁采用钢结构，并且钢结构梁只承受竖向荷载的作用。

2. 结构设计

楼层平面（图6-1-2）的中部是核心筒，东西立面为剪力墙、南北立面为列柱，是中心对称的比较规则的平面。同时，为了达到建筑设计的要求"有像砌石结构一样厚重的雕刻效果，不能使用大型的预制板，而利用传统的贴石材湿作业法"，结构设计按以下的方案进行。

2.1 采用混凝土结构+钢结构的混合结构

根据结构平面布置中的剪力墙、柱的抗震性能，与钢骨混凝土结构比较，采用混凝土结构具有缩短工期、节约造价的优点。从有效地发挥各结构构件的抗震性能出发，确定构件的截面尺寸。结构形式见图6-1-5和表6-1-1所示，Ⓐ Ⓑ Ⓘ Ⓙ 轴为剪力墙，② ⑤ 轴为框架结构，③ ④ 轴和轴抗震构件形成筒体剪力墙，因此，根据② ⑤ 轴上的跨度，在③ ④ 轴上可不需设柱子，核心筒部分的楼梯、电梯等的布置可以不受限制地设计，而不浪费核心筒的面积。同时，考虑到办公室部分楼板体系的大跨度梁可不承受地震荷载，确定了"主体结构（钢筋混凝土结构）+梁板结构（钢结构）"的结构方案。作为一种合理化的高层钢筋混凝土结构的施工方法，在② ⑤ 轴的梁柱中采用了在实际工程中应用过的组合钢筋工法，组合钢筋工法能确保梁柱节点处的强度和延性，可以达到提高质量、缩短工期的预期效果。钢梁和钢筋混凝土柱的接头部分的构造可以用简单明确的方法解决（专利申请中）。此部分及③ ④ 轴上梁和钢梁的节点构造如图6-1-6、图6-1-7所示，图6-1-8表示了小钢梁的形状，钢梁两端高度可以减少，作为主要管道的空间利用，使办公室空间可以不设置用于管道的吊顶（标准层层高3.65m，吊顶高2.6m）。

楼板部分采用压型钢板，钢板的凹槽部分可视情况考虑放置电线。另外，为了减轻建筑物的重量，楼板的混凝土和其他一些部位的混凝土使用了第1种轻型混凝土（F_c =210kg/cm²）。

地下室部分比地上部分面积更大，有利于地震时建筑物的稳定和抗倾覆性能，同时，一层办

公室部分的楼板较厚（t =250m²），可以确保楼层平面内的刚度、抵抗地下室外墙的水平推力，并且能够承受施工时的荷载。

2.2 办公室部分钢梁的振动特性

关于办公室部分的钢梁（组合梁）的振动性能，在梁跨中央布置正交的联系梁，当梁高增加时，随着梁的刚度的提高，在对楼板施加冲击力时，楼层梁的等效质量会随着加大，出现预期的板加强的效果。对此，进行振动测试（砂袋落下、人步行），确认正交梁的效果，以及对办公室楼板的其他所要求的性能进行确认。

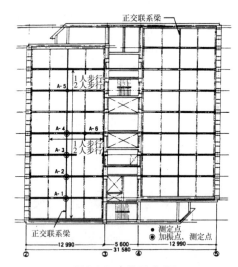

图 6-1-5 标准层平面图

表 6-1-1 抗震结构构件

方　向	抗　震　构　件	
X方向 （南北方向）	A、J轴独立的剪力墙	t =300~600
	B、I轴带边框的剪力墙	t =300~600 边框梁$B \times D$ =600×500
	D、F轴独立的剪力墙	t =300
Y方向 （东西方向）	② ⑤ 轴框架结构	柱 $B \times D$ =750×650 梁 $B \times D$ =700×1 000
	③ ④ 轴带边框的剪力墙	t =250~600 边框梁$B \times D$ =600×500

3. 抗震设计

根据空间结构的内力分析结果，柱、剪力墙的最大剪应力分别为12kg/cm²（$0.04F_c$），27kg/cm²（$0.09F_c$）左右，楼板内的最大剪应力是6kg/cm²（$0.03F_c$）。

剪力墙是控制本建筑物抗震性能的重要构件，剪力墙端部设置端柱或暗柱，螺旋式箍筋密排在混凝土中，提高对混凝土受压部分的约束作用；

同时，将其作为承受弯矩和剪力的柱子进行断面设计。为了使剪力由钢筋承受，配置了足够的剪力补强钢筋。

结构的刚性率（$R_S = \dfrac{a_i}{\bar{a}_i}$：指某层刚度与结构各层平均刚度之比－译者注），除在第 14 层的 X 方向为 0.56 以外，其余都在 0.6 以上，偏心率为 0.001~0.008，表6-1-2为结构动力分析结果的自振周期。

最大层间位移角和塑性率，充分满足当时的设计准则（参照表6-1-3），各层剪力的最大值，与按照"建筑基准法施行令"计算的极限承载力相比，非常之小。350gal 弹塑性反应时，③④轴的边梁及②⑤轴框架梁的一部分处在刚刚开始出现弯曲屈服的阶段，但两个方向均没有达到计算时设定的极限破坏状态。对于倾覆力矩，基础底部 X 方向的抗倾覆力矩是倾覆力矩的 2.03 倍，Y 方向是 1.76 倍，有足够的安全系数。

表6-1-2　自振周期　（单位：s）

	第 1 周期	第 2 周期	第 3 周期
X 方向	0.729	0.316	0.202
Y 方向	0.745	0.298	0.185

表6-1-3　设计准则与最大反应值（350Gal弹塑性反应）

	最大反应值		设计基准值
	X 方向	Y 方向	
层间位移（cm）	1.72	1.37	
层间位移角	1/213	1/267	1/200
塑形率	0.886	0.769	1.5

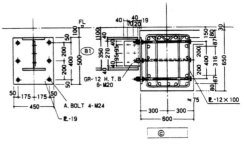

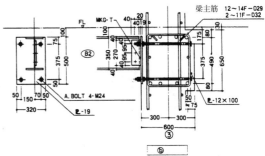

图 6-1-7　钢次梁与③、④轴大梁的连接详图

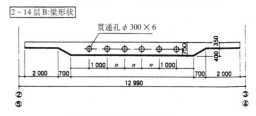

图 6-1-8　钢次梁的形状

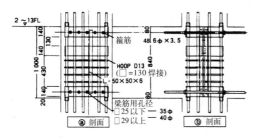

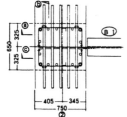

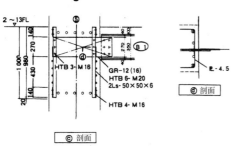

图 6-1-6　钢次梁与②、⑤轴的柱(组合钢筋)的连接详图

图 6-1-9　组合钢筋

6. 采用混合结构的建筑

图6-1-10　钢梁安装

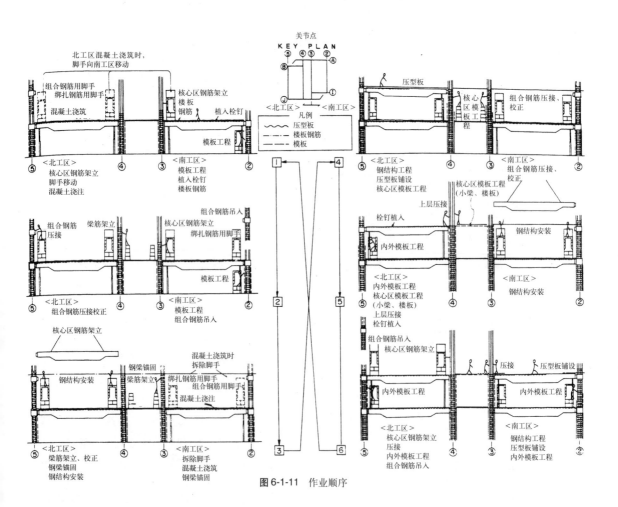

图6-1-11　作业顺序

2 米子新街天满屋

[建筑概况]

所 在 地: 鸟取县米子市西福原 561

业　　主: （株）天满屋

建筑设计: 清水建设(株)一级建筑士事务所

结构设计: 清水建设(株)一级建筑士事务所

施　　工: 清水建设·前田建设工业企业联合体

占地面积: 28 313m²

建筑面积: 13 526m²

总 面 积: 55 270m²

层　　数: 地下 5 层, 塔楼 2 层

用　　途: 商店、停车场

最大高度: 42m

檐口高度: 25m

钢骨加工: 寿铁工（株），内藤铁工（株）

竣 工 年: 1990 年 10 月

[结构概况]

结构类别: 基础　打入式 PHC 桩

　　　　　主体结构　RCSS 结构（柱 RC, 梁 S 造）

图 6-2-2　中央区内观

图 6-2-1　建筑物外观

1. 前言

随着成熟社会的到来，消费者购买动向的变化使商场向大型化、郊区化加速发展，要求在短期内能够建设价格低廉的店铺。

针对这种要求，结合钢筋混凝土结构建设费用低，钢结构施工周期短的两大优点，开发了钢筋混凝土 RC 柱和钢骨 S 梁 RCSS 结构体系。

这种结构体系，到现在为止，以商场为主已有 24 个工程实例，都满足了开发初期成本、工期的预定目标。随着柱子的预制化，离心法制造空心管桩等工业化的推进，混凝土浇捣采用 VH 法的事例正在增加。RCSS 结构体系在 1995 年已得到了建设大臣的一般认定。

2. 建筑计划

山阴县第一商都"米子"，一直是作为新型的超级百货商店来规划的建筑物，是商场、停车场，外围的街道结合成一体的复杂设施。

建筑物中心位置为中央区，是由 5 层的螺旋形电动扶梯形成的中庭空间。

建筑的外立面是在圆弧状的饰面砖墙中穿插反射玻璃，从那里发出的扩散波纹状的风景设计，与"信息发送"的综合设施相适应。

3. 结构方案

本建筑物有复杂的外墙形状和 24m×24m 的 5 层大空间中央区，包括水池、大堂等的综合设施。为了使包括桩基工程在内的整个工程能在短短的 1 年内，以较低的成本建造，采用了 RC 柱和 S 梁的 RCSS 结构体系。

结构平面是 8.1m×8.1m 跨度的网格，必要场合设置的剪力墙与框架结构一起抵抗地震作用，由于复杂的建筑形式，在布置抗震剪力墙时，还需要考虑不在各楼层中产生扭转效应。

构件的基本尺寸：钢筋混凝土柱 700×700（mm），钢骨大梁是 H-600×300（mm），楼板是以压型钢板为模板的混凝土板。

结构计算中，内力分析时柱、梁作为弹性构件，与通常的建筑物一样进行内力求解，验算截面。柱、梁节点处的连接板验算，根据与实际尺寸同样大小的试件进行的实验结果，钢梁的腹板、翼缘以及混凝土节点板一起承担剪力，按累加方式计算。

现场节点为牛腿的形式，钢梁的翼缘，腹板都是用高强度摩擦型螺栓连接，参照实验结果，

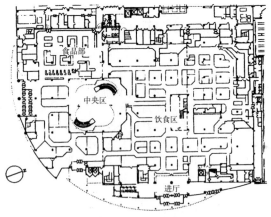

图 6-2-3　1 层平面图

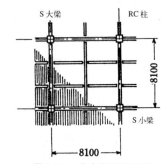

图 6-2-4　基本单元梁平面图

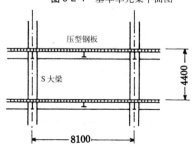

图 6-2-5　标准层剖面

剪力墙和钢骨梁的连接处，试验结果如图 6-2-7 所示，用开口的钢筋与梁焊接，达到将二者连成一体的目的。同时，考虑到混凝土的施工效率，柱、墙、板同时浇捣。

基础为桩基础，支承在地面以下 25m 的砂砾层上，考虑到相邻住户和施工速度的影响采用 PHC 桩（TAIP 工法），一层的楼板和基础采用钢筋混凝土结构。

本建筑物使用的材料如下所示

混凝土 ： $F_c = 240 \text{kg/cm}^2$

钢筋（主筋） ： SD345

钢筋（箍筋） ： SD295A

钢梁 ： SM490A,SS400

高强度螺栓 ：F10T
压型钢板 ：SDP1
PHC桩 ：Ａ型、Ｂ型
使用东京铁钢生产的带螺纹钢筋。

4. RCSS体系

为了确认钢筋混凝土柱和钢结构梁两种不同材料的构件能在梁柱节点处形成刚性连接，如图6-2-6的做法，进行了足尺实验来确认其承载能力和变形能力。在节点区，钢梁和带螺纹的贯通的柱主筋在梁上、下翼缘处用螺帽固定，节点区域的四周用6mm厚的补强用钢板覆盖，由于这种连接板具有梁柱节点的补强和模板二种功能，不必为了使柱与梁的型式相配合而切除，有助于模板施工的合理化。节点正交的梁的翼缘之间采用对接焊接。由于全部是在工厂焊接的，其质量容易得到稳定的保证。

柱主筋在工厂内按节（2～3层）预制连接成柱的形状，这时，钢结构大梁节点部分也一起预制。在施工现场，由于这种预制钢筋柱及钢梁与普通的钢结构一样可以采用起重机吊装，因此能够大幅度地缩短工期。

因为钢结构大梁比相应的钢筋混凝土梁可以有更大的跨度，能够自由地布置，并且，建筑物的重量比钢筋混凝土结构的重量轻的缘故，柱子的断面较小，对基础的设计也是有利的。

由于楼板采用压型钢板，次梁也是钢梁，可以不需要支撑的模板，有助于加快施工进度。

5. 足尺结构实验

为了掌握RCSS结构体系梁柱节点处的承载力和刚度性能，进行了和实际节点同样大小的足尺实验，对构架的刚度、承载力及抗震变形性能的安全性预以确认。

实验构件如图6-2-8所示，为十字型的中柱，ㅏ型的边柱，及Ｔ字型的最上层柱和钢梁形成的构架，为考虑组合梁的作用，梁的有效宽度适当考虑了压型钢板上覆混凝土的楼板作用。

十字型及Ｔ字型的实验构件，设计成柱子先破坏，这种恢复力特性是RC结构特有的，可以看到反向的Ｓ形趋势，层间位移角在R=1/20时承载力开始下降，表示出良好的韧性。ㅏ型试件设计为梁先破坏，表示出钢结构特有的纺锤型恢复力模型，从中可以了解到其优良的抗震性能。

所有的结构试件，柱子的承载力都大于2倍以上的设计剪力，设计荷载下的变形（绕度）都在1/200以下，由此可以知道，RCSS结构体系的梁柱节点是具有充分的变形性能的节点。

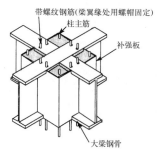

图6-2-6 柱梁节点

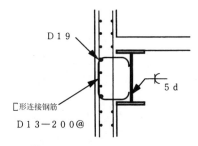

图6-2-7 钢梁与剪力墙的连接

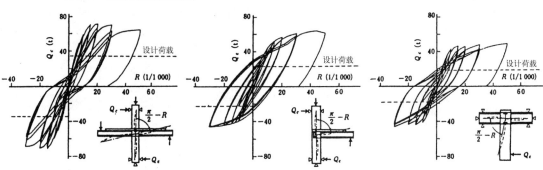

图6-2-8 恢复力特性的实验结果

6. 钢结构的施工管理

柱主筋，在工厂与钢结构大梁的节点部分一起先预制成柱子的钢筋笼，因此，对这种钢筋尺寸精度的控制按照钢结构施工要求进行。

RCSS体系，只有梁柱节点内梁-梁翼缘的连接采用对接焊，接头范围内梁的截面相同，容易连接，这些节点的焊接部位都进行了超声波探伤试验，2次抽选检查，确认没有焊接的缺陷问题。

节点区补强板是用6mm厚的花纹钢板弯曲成型，与钢梁的翼缘和腹板用角焊缝连接。

因为预制的柱钢筋笼承受楼板的混凝土的重量，为防止柱主筋的屈曲，在柱子的内部设置6mm厚的钢板衬，另外，采用螺旋形箍筋，并用铁筋勾子与柱主筋紧紧连接。

施工方面，用起重机将钢结构大梁的牛腿部分和预制的柱钢筋采用与钢结构柱同样的方法吊立起来，钢梁用高强度螺栓连接，柱主筋的连接采用机械接头（对接），连接时必须进行检测以确认不能有过大的应变产生，并且，由于预制的柱子钢筋笼的刚度较小，使用钢丝绳以确保建造精度。

混凝土浇捣时，需特别注意与钢结构结合的节点区内的填充性，以形成密实而均匀的混凝土。

7. 结语

钢筋混凝土柱和钢梁不同材料的混合结构体系（RCSS体系）适用于大规模的综合商场，满足业主了对建筑物质量高、成本低、工期短的要求，可以实现工业化的发展趋势。

今后，对结构体系还要进一步的改进，作为提高生产效率的一种体系可以用于各种各样的建筑物。

图6-2-9　施工状况

图6-2-10　3层楼面施工状况

［文 献］
1) 富永・村井・坂口・塩沢：混合構造による大規模店舗建築物の設計・施工，昭産上尾ショッピングセンター，コンクリート工学，Vol. 27，No. 6，June. 1989
2) 北村・村井・坂口・綾野・吉田・磯田：混合構造の現状とその展望—RC柱・S梁構造の設計・施工例，日本建築学会構造委員会SRC構造部門パネルディスカッション資料，Aug. 1992
3) 富永・村井・坂口・高瀬他：鉄筋コンクリート柱と鉄骨梁で構成される架構（RCSS構法）の耐力および変形性能（その1～その19），日本建築学会大会学術講演梗概集，1986～1991

3 大成建设大阪支店大楼

[建筑概况]

所　在　地: 大阪市中央区南船场 1-14-10

业　　　主: 大成建设（株）

建筑设计: 大成建设（株）
　　　　　大阪支店 一级建筑士事务所

结构设计: 大成建设（株）
　　　　　大阪支店 一级建筑士事务所

施　　　工: 大成建设（株）

占地面积: 8 587.54m²

建筑面积: 13 526m²

层　　　数: 地下2层，地上9层，塔楼1层

用　　　途: 办公

最大高度: 檐口高度36.7m

竣　工　年: 1992年8月

[结构概况]

结构类别: 基础　现场钢管混凝土打入桩

　　　　　上部结构　纯框架结构

　　　　　柱　钢筋混凝土

　　　　　梁　钢梁

　　　　　地下结构　框架剪力墙结构

　　　　　　　　　　钢筋混凝土

　　　　　　　　　　钢骨混凝土

图 6-3-1　建筑物外观

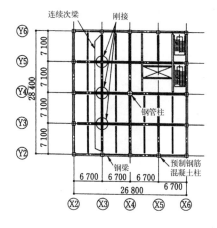

图 6-3-2　标准层平面

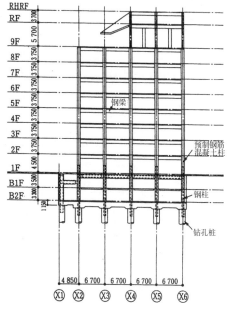

图 6-3-3　结构剖面图

239

1. 前言

作为办公大楼的规划项目，必须确保办公空间和建筑物刚度，同时要考虑建造成本，施工工期，建筑物重量的减轻，施工性等因素，为确保空间和刚度这一对要求均得到满足，考虑采用混合结构。大成建设大阪支店办公大楼，采用的混合结构形式是地上部分柱子为钢筋混凝土，梁为钢结构，本建筑物的结构特色是地上部分柱为预制钢筋混凝土柱，节点区域用铸钢隔板和方形钢管，钢管中用混凝土填充，采用预埋管的形式，形成梁柱的整体性。本文主要介绍这个建筑物的结构方案，结构设计及施工方法（图6-3-5）。

2. 建筑方案

对于30m×30m的平面（图6-3-4），建筑物

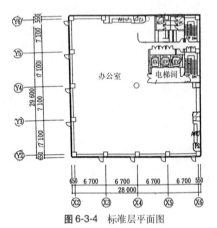

图6-3-4 标准层平面图

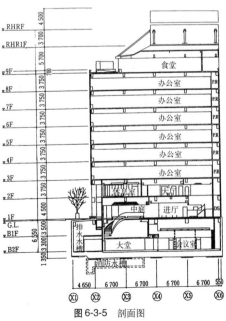

图6-3-5 剖面图

的四周是刚度较大的框架，为尽量减少内部的柱子，采用纯框架结构。内部仅在中央设柱，梁的跨度较大，可以创造出没有竖向遮挡的宽敞的办公空间，立面设计中，层高与已建的（9层）办公楼层高相同。地下部分是天顶（层高）高度较高的会议室，与旁边的较低的2层房屋相对应。

3. 结构方案

3.1 结构体系(图6-3-2，图6-3-3)

为抵抗水平力的作用，建筑物的四周采用刚度较大的框架结构，为确保实现内部大空间的目的，采用了具有钢结构和混凝土结构综合优点的混合结构形式。平面中央的柱子为钢管柱，施工时兼作塔吊起重机的桅杆。

标准层楼面小梁全部为连续井格梁，可以提高梁的垂直方向的刚度，柱子为预制的混凝土柱，楼板为压型钢板和轻量混凝土组合楼板。对不同的结构形式成本进行了比较，混合结构的成本为钢结构成本的94%。

在方案中，采用的是开挖地下以前先施工一层楼板的逆作工法。地上和地下作业同时进行，达到缩短工期的目的。桩的顶部撑起的钢结构柱，作为SRC混合结构地下柱，用在建筑的结构体内。

3.2 预埋管方式(图6-3-6)

本建筑物的地上部分是利用混凝土柱和钢梁的长处的混合结构形式。柱和梁的结合部，采用的是预埋管方式（图6-3-6）。梁翼缘与柱内上下横隔板焊接，横隔板间是钢板焊成的预埋管，由

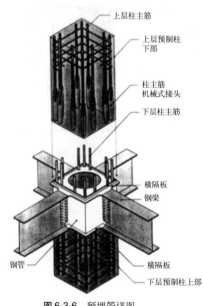

图6-3-6 预埋管详图

此形成节点核心区。横隔板中央，设置用以浇灌混凝土的直径为 ϕ 400 的孔和穿柱主筋的小孔。下层预制柱的顶部设置这个预埋管式接口，内部用混凝土填充，混凝土硬化后，与钢梁结合在一起。梁端部翼缘现场焊接，腹板用高强螺栓连接，预制柱的主筋用冷挤压套筒。

4. 结构设计

4.1 地面结构主要构件的设计准则

为确保建筑物整体的韧性，结构的破坏机制为梁的弯曲屈服先行的整体破坏模式，到达极限状态的柱子不产生塑性铰（一层柱脚和最上层柱顶除外），梁柱节点也有承载富余。表6-3-1为所示部位的设计准则。

表6-3-1　主要构件设计准则的确定

柱	轴压比的限制	极限承载状态时，轴力为拉力时达到主筋屈服承载力的70%以上；为压力时轴力在钢筋混凝土屈服承载力的60%以下
	弯曲承载力的调整系数	极限承载状态时，对于弯曲承载力的调整系数：内、外柱是1.3，角柱是1.5，受拉柱是1.0
	受剪承载力	极限承载状态时，剪切承载力的调整系数为1.1，剪应力为$0.1F_c$
	裂缝破坏的验算	为避免裂缝，极限承载状态时防止角裂缝和贯通裂缝
大梁	宽厚比	FA级别的构件的宽厚比的要求
	梁、柱接头验算	梁、柱接头翼缘板现场焊接，腹板高强度螺栓连接，作极限承载力验算
梁，柱节点	最大剪力	采用《钢骨钢筋混凝土设计规范》中内填钢管混凝土的承载力公式
	横隔板的承载力	根据《钢管结构设计施工指南》中内填混凝土方钢管的承载力公式

4.2 材料的选择

使用材料的情况用图6-3-7表示。钢筋混凝土基础，地上部分柱子用FC270~350普通混凝土，2层以上用FC210的第一种轻型混凝土，钢筋的主筋用SD345和SD390，剪力补强筋是用高强度的异形PC钢棒，2层以上的梁，SRC柱的钢骨及预埋管的钢板用SM490A，预埋管的加劲板使用与SM490A相当的铸钢。

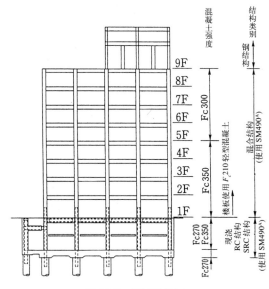

图6-3-7　使用材料区分

4.3 建筑物抗震设计

一次设计用的层剪力：一层的层剪力系数（C_B）为0.172，最上层的剪力系数$C_i =0.451$，结构特性系数（D_s值），2层以上的FA级纯钢框架结构为0.25，1层为0.30。极限水平承载力用增重荷载非线性分析求得，以最大层间变形角为1/100时的水平承载力作为必要的水平抗力加以满足。

地震反应分析采用等价剪力模型，EL CENTRO 1940NS，TAFT 1952EW，OSAKA

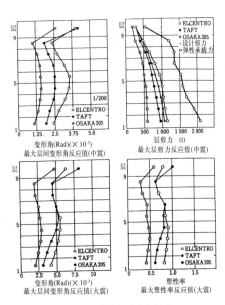

图6-3-8　地震反应分析结果

2051963EW的3条波，最大速度值取20cm/sec（中震）及40cm/sec（大震）。中震时，无论哪一层的剪力都在弹性承载力以内，最大层间变形角1/226。大震时，最大层间变形角是1/123，一部分区域进入塑形，最大塑性率1.07（图6-3-8）。

4.4 柱梁节点的内力传递

梁端内力由翼缘传递到柱的横隔板、由梁的腹板传递到钢管。一方面，混凝土柱的内力由节点内部的贯通的钢筋和混凝土向混凝土节点区传递。节点区域的钢（钢管＋横隔板），与钢筋混凝土的内力传递是基于两者一起协调变形而考虑的。根据图6-3-9所示，节点区域因水平力产生变形的

情况下，与梁连接的两柱面产生压力（承压面的摩擦力），混凝土区形成压力带传递内力。根据构件实验结果，节点弹性刚度是可以将钢和混凝土叠加评价的，极限承载力也能够用累加式。

从梁翼缘到节点区传递内力的横隔板，本工程采用铸钢造的变厚板，板中央开圆型孔。由于在荷载作用下各部分的内力不同，这里采用FEM进行内部应力的分析。水平荷载作用时（一侧翼缘受拉，另一侧受压）的分析结果（应力图、变形图）如图6-3-10示。钢筋孔旁和角部可以看见应力集中，这是局部的，相邻单元应力非常小，作为整体是完全处在弹性限度内，可以认为梁屈服后仍能保持十分健全的状态。

5. 施工

如前所述，采用预制化的柱及楼板使工地现场节约劳力；逆作法的采用，结构柱和塔吊式起重机的兼用等，从设计方案阶段就开始考虑，以期达到合理化及缩短工期的目的。图6-3-11表示的是混合结构的逐层施工工法概念，如图示，本工程节点区域的混凝土采用后浇法，也可以考虑将预埋钢管构件在工厂就连接到预制柱上的方法。各构件制作的工厂化可以提高生产率，与过去的方法相比工期可以缩短约35%。

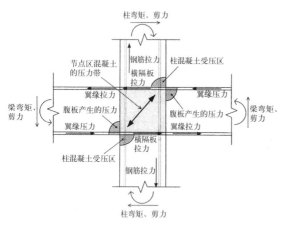

图6-3-9 节点区内力传递

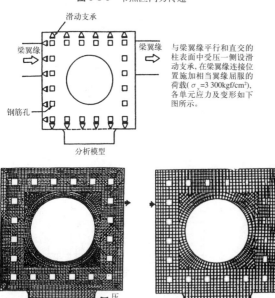

图6-3-10 FEM应力分析

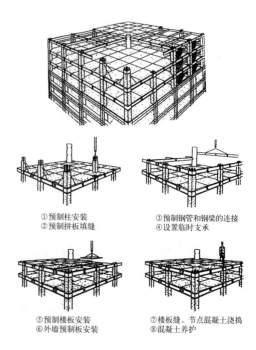

①预制柱安装
②预制拼板填缝

③预制钢管和钢梁的连接
④设置临时支承

⑤预制楼板安装
⑥外墙预制板安装

⑦楼板缝、节点混凝土浇捣
⑧混凝土养护

图6-3-11 工法概念图

4 沙比亚饭能购物中心

[建筑概况]

所 在 地：埼玉县饭能市南町150-1

业　　主：（株）沙比亚协作

设计监理：（株）藤田 一级建筑士事务所

施　　工：（株）藤田关东支店

占地面积：13 965.55m²

建筑面积：9 526.58m²

层　　数：地上4层，塔楼2层

用　　途：商场、停车场

建筑高度：檐口高度　GL+16.45m

　　　　　最高部高度　GL+26.0m

工　　期：1991年11月~1992年11月

[结构概况]

结构类别：基础　天然地基

　　　　　结构体系　FSRPC结构

　　　　　　　　（设RC抗震墙）

　　　　柱：RC混凝土结构（PCa）

　　　　梁：S钢结构

　　　　板：轻型压型钢板组合楼板

　　　　　（2层、3层），

　　　　　带肋钢筋混凝土合成板（FB板）

　　　　　（3层、4层）

外　　墙：PCa幕墙，RC混凝土墙，ALC板

图6-4-2

图6-4-1　建筑物外观

1. 前言

饭能购物中心是在市区建设的大型商场。

近年来，购物中心和超市的出现要求有大跨度的空间，作为对应的结构形式，采用了预制的 (PCa) 钢筋混凝土柱 (RC) 和 H 型钢梁形成的混合结构 (FSRPC 技术)，可以满足缩短施工周期和大空间的要求，并且建筑物具有承载能力高和刚度大的特点。

本工程梁柱节点处，采用预制柱中 H 型钢梁贯通的形式，节点处用 10cm 宽的加劲板与钢梁的上、下翼缘焊接，对柱的四周形成约束 (图 6-4-3)。

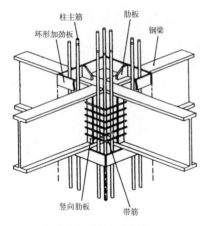

图 6-4-3　梁柱节点构造

2. 钢筋混凝土预制柱的 (PCa) 和钢梁的混合结构 (FSRPC 方法)

作为基本结构，在工厂生产的钢筋混凝土预制柱和钢梁形成混合结构形式。梁柱节点用图 6-4-3 表示，H 形型钢组成十字形，楼层板以下的用环形加劲板与钢梁的上下翼缘焊接，埋入预制柱中。

一般而言钢梁和混凝土柱相互间内力的传递非常困难，但用这种环形钢加劲板将柱子的一部分加以约束，使节点性能得以提高。环形加劲板使钢梁的内力能够非常合理地传到钢筋混凝土柱子，试验证明梁柱节点的性能和 SRC (劲性混凝土) 结构基本相同。并且十字形梁柱节点的抗剪模式，以及以此为基础的抗剪承载力计算公式的建议[6] 已经提出。

现场施工时，与钢结构的情况相同，预制混凝土柱和钢梁一层层向上组装，节点处采用干式施工法，即缩短了工期又节省了劳动力。

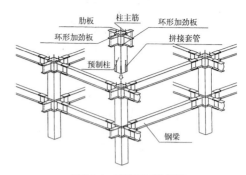

图 6-4-4　FSRPC 工法概要

综合 FSRPC 工法有以下几点特点：

1）在钢筋混凝土柱柱顶和柱脚的四周，楼层板以下的范围用环形加劲板约束，钢筋混凝土柱和钢梁形成混合结构的节点设计成为可能。

2）梁柱节点的性能和承载力与劲性混凝土柱和钢梁的节点基本相同。

3）与劲性混凝土结构相比，可节省约 60% 的劳力，可以象钢结构那样逐层建造，在狭窄的场所也可以施工。

4）与劲性混凝土结构相比，工期约缩短 25%。

3. 建筑方案

本工程位于埼玉县饭能市的西武池袋饭能站南侧，是购物中心建筑，1 层、2 层是商场，3 层、4 层和屋顶层是停车场，地上 4 层，塔楼 2 层，檐口高度是 16.45m。

X 方向为平面尺寸 10.2m 的柱网共 11 跨，Y 方向为平面尺寸 8.5m 的柱网共 11 跨，长边方向 112.2m，短边方向 93.5m 的长方形建筑。北侧为半圆形的曲面，1 层和 2 层之间有一个共享空间。

购物中心的平面跨度比较大，可以提高商场布局的灵活性，充分考虑了平面设计的多样化。由于停车场空间中柱子较少，停车场的使用率得以提高。

4. 结构方案

结构体系中，两个方向都布置了抗震墙，车道部分的柱子为不规则柱 (车道部分的层高不一样的缘故)，全部采用预制柱 (PCa)，所有的梁包括剪力墙的梁均为钢梁，既可以缩短工期又可以节省劳动力。并且可以提高建筑物的承载能力和刚度。现场混凝土浇筑楼板和剪力墙，对框架的安装工程没有影响。

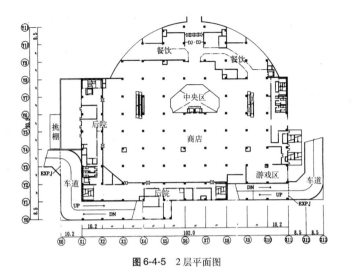

图 6-4-5 2 层平面图

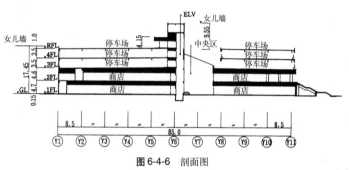

图 6-4-6 剖面图

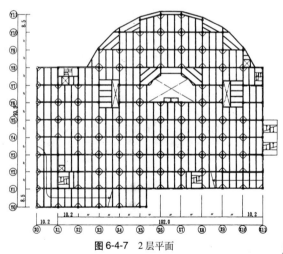

图 6-4-7 2 层平面

柱主筋的连接采用灌浆式的钢筋接头，最上层的柱主筋采用锚板定位。剪力墙周边框架是预制柱、钢梁以及现浇的钢筋混凝土梁，钢筋混凝土梁的主筋与预制柱伸出的主筋焊接。钢梁的翼缘开始安装时，与钢筋混凝土梁一起施工。2 层、3 层楼板采用节省劳力的轻钢组合楼板，4 层和屋

顶停车场的楼板采用带肋钢筋混凝土合成平板（FB 板），不设小梁。

剪力墙以外的外墙采用的是 ALC板，内墙采用干式耐火轻型隔墙。

基础以地面以下 2.2m 附近的砂层作为天然地基的持力层，建筑的四周设置双层楼板，提高了建筑物的刚度。

5. 结构设计准则

(1) 抗震构件及承载能力

一次设计时，较低的剪力墙刚度是满足基础不上浮。

二次设计时，采用荷载增量法计算承载能力，以剪力墙剪切破坏时的抗力作为承载极限，作为参考，也计算了不包含剪力墙的框架的承载力。

(2) 结构特性系数

以钢筋混凝土墙剪切破坏时的承载能力作为极限承载力，特性系数按钢筋混凝土结构计算。

(3) 梁柱节点设计

在梁柱节点处，设计为钢梁先进入弯曲屈服，这时不发生节点处剪切破坏、钢筋混凝土柱的弯曲破坏、剪切破坏。同时在钢梁屈服弯矩的反复作用下，节点的承载能力不下降。

节点处的细部构造以简单为目的，使 H 形型钢完整地通过节点，节点处的承载能力及变形性能用 1/2 比例的十字型、丁字型缩尺构件进行试验得以确认。

6. 梁柱节点处的性能

6.1 实验结果

图 6-4-8 表示的是有环形加劲板和无环形加劲板两个试件的柱剪力-层间变形角曲线。

无环形加劲板的试件在变形角 $R = 20 \times 10^{-3}$rad 时节点板发生剪切破坏，达到最大拉力，随着变形的进一步增加，承载能力明显降低。在 $R = 50 \times 10^{-3}$rad 时，已降到最大承载力的 65% 不到，滞回曲线呈捏拢型，只吸收了非常小的能量。在达到最大承载力 $R = 20 \times 10^{-3}$rad 的变形处反复加载时，钢梁的上、下翼缘与柱顶及柱脚连接处的混凝土

严重压溃。梁翼缘和混凝土之间产生空隙，无法向钢筋混凝土柱传递内力。

有环形加劲板的试件在变形角$R = 38 \times 10^{-3}$rad时梁弯曲屈服，达到其最大抗力，在这以后反复加载也没有见到承载能力的降低；变形达到$R = 50 \times 10^{-3}$rad时，仍显示出稳定的纺锤型的轨迹特性，节点性能和承载能力得到保持。

6.2 剪力抵抗体系

对于钢筋混凝土柱与钢梁的混合结构，以十字型梁柱节点为对象，建立了抗剪模型，抗剪承载力计算公式已在日本建筑学会的论文报告集上发表[6]，详细情况参考有关论文。

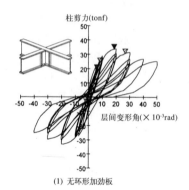

(1) 无环形加劲板

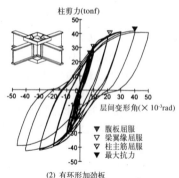

▼ 腹板屈服
▽ 梁翼缘屈服
▼ 柱主筋屈服
▲ 最大抗力

(2) 有环形加劲板

图 6-4-8　柱剪力-层间变形角曲线

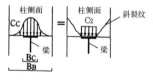

(1) 无环形加劲板

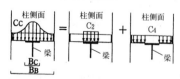

(2) 有环形加劲板

图 6-4-9　柱顶混凝土压力分布假定

无环形加劲板的节点，由于钢梁的作用，钢梁翼缘的上面和下面与柱顶柱脚连接处的混凝土会压坏，梁翼缘和混凝土之间会产生空隙，随即就会产生斜裂缝，这种裂缝会使梁柱节点处的抗剪承载力降低。但是，当梁柱节点处钢筋混凝土柱的柱顶、柱脚有环形加劲板的约束，节点处有效加劲幅会增大，对于改善这种体系的弱点，大幅度提高梁柱节点性能的效果非常明显。

7.　施工概况

作为施工监理需要特别注意的是预制柱的制作精度，预制柱的制作是钢结构制作者和预制构件制作者共同的工作，保持精度要求比较困难。在梁柱节点处钢结构制作者需和预制构件制作者一起检查，随时调整工厂生产的预制柱的制作误差。

施工方面，一日一台起重机可吊装12根预制柱，28根~40根钢梁，与全钢结构施工速度相当，比以往钢筋混凝土结构的工期相比缩短约3个月，为11.5月。现在的FSRPC施工方法中，2~3层的预制柱为一根，预制柱也可以在现场制作，更加可以提高生产效率。

[文　献]

1) 三瓶昭彦，吉野次男，佐々木　仁，山本哲夫，久保田　勤：プレキャストコンクリート柱と鉄骨梁で構成された混合構造工法に関する研究開発（その１~その10），日本建築学会大会梗概集，pp.1199~1203，1990.10，pp.1643~1646，1991.9，pp.1899~1908，1992.8

2) 三瓶昭彦，佐々木　仁，松戸正士，岸井知行，小林　進，小早川　敏：柱RC・梁Sとする混合構造のPCa工法（FSRPC工法）の開発，混合構造の力学的挙動と設計・施工に関するシンポジュウム論文集，日本コンクリート工学協会，pp.69~76，1991.12

3) 小早川　敏，三瓶昭彦，小林　進，小松芳樹：柱プレキャストRC造・はりS造とする混合構造におけるオフィスビルの施工，コンクリート工学，vol.30，No.9，pp.37~47，1992.9

4) 久保田　勤，五味晴人，山本哲夫，三瓶昭彦，佐々木　仁：（仮称）飯能シルクショッピングセンター　PCa柱にH形鋼ばり，貫通の柱・はり接合部工法，日本建築センター，ビルデングレター，pp.7~14，1992.8

5) 三瓶昭彦，山本哲夫，久保田　勤，小早川　敏，元宗照良，太田　勝，浅沼俊二：柱RC・梁Sとする混合構造の工業化工法，建築の技術，施工，pp.100~107，1992.11

6) 佐々木　仁，久保田　勤，三瓶昭彦，山本哲夫，狩野芳一：柱RC・梁Sとする混合構造柱・梁接合部のせん断抵抗機構，日本建築学会構造系論文報告集，No.461，pp.133~142，1994.7

5 六本木第一大楼

[建筑概况]

所　在　地: 东京都港区六本木 1-113 等

业　　　主: （株）森大楼，（株）森大楼开发，（株）住友不动产，（株）住友不动产商社，灵友会，（株）八木通商

建筑设计: （株）森大楼设计研究所，（株）入江三宅设计事务所

结构设计: （株）清水建设 一级建筑士事务所

施　　　工: （株）清水建设

建筑面积: 46 684m²

层　　　数: 底层部分　地下4层，地上1层
　　　　　　高层部分　地下4层，地上20层，塔楼2层

用　　　途: 办公室，展览厅，停车场

建筑高度: 84.92m

钢结构加工: （株）住友金属工业，（株）藤木铁工，（株）丰国重机

RCSS柱制作: （株）日本混凝土工业

竣工年月: 1993年10月

[结构概况]

结构类别: 低层栋　SRC结构
　　　　　　　　　　（RCSS-PHC体系）
　　　　　　高层栋　SRC+S结构
　　　　　　　　　　（柱CFT结构）

基础形式: 直接基础（筏基础）

图 6-5-2　RCSS-PHC 体系

图 6-5-1　建筑物外观

1. 前言

本工程是在都市中心丘陵地带上建造的办公大楼，由一栋地下4层、地上20层、塔楼2层的高层栋和一栋地下4层、地上1层的低层栋东西并列设置。

最初的方案设计时，考虑当时建筑业景气的关系，熟练操作工人不够，以及场地的限制，采用能够确保施工工期的公法是决定结构体系的最重要的课题。为了完成这个课题，开发了预制混凝土柱+钢梁的（RCSS-PHC）混合结构体系。本文以RCSS-PHC结构体系为中心，介绍工程的结构和其施工概况。

2. 结构概况

本工程地基面倾斜，北高南低，方案设计时就明确了地下1层以上作为地上部分处理，由于低层栋地下1层以上为展览厅，有挑空的大空间的缘故，地下1层楼板以上高层栋和低层栋在结构上分开，地下一层楼板以下结构连成整体。

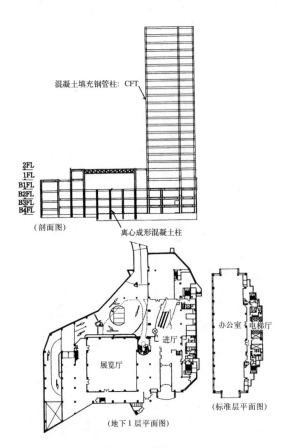

图6-5-3　建筑概况

高层栋的地上部分，长方向为6.8m×9跨，短方向为17m跨度的办公室空间和7.75m跨度筒体的边筒体系。平面布置时由于不能设置支撑等有效的抗震构件，只能采取纯框架结构。短方向立面的高宽比约3.4，属于比较长细的建筑，柱子采用刚性高，强度和韧性大的混凝土填充钢管（CFT），CFT按字面的解释为钢管内填混凝土，钢骨的优点和混凝土优点组合在一起，同时具有由于外侧钢管的约束使内部混凝土的强度得以提高的所谓＋α性能。本工程有效地利用了圆形钢管的约束效应，与纯钢结构柱对比，截面效率更高。此外混凝土热容量大，CFT柱的耐火材料厚度通常可以减少一半（已经取得了耐火的特别认定）。因此，采用了CFT技术。

另一低层栋，地上部分为27.2m×27.2m的展览室和约6.8m柱网组成的抗震墙＋框架结构体系。为缩短工期，低层栋的地下部分本工程开发并采用了RCSS-PHC体系，下面详细介绍这种体系。

图6-5-4　混凝土填充钢管柱(CFT)

3. RCSS-PHC 体系

3.1 本体系的开发背景

本工程场地和建筑布置由图6-5-5表示，不规则的场地南侧是住宅楼（RC结构，地下1层，地上20层），其北侧是全部是办公楼。办公楼和住宅楼同时施工，施工用的出入口在场地的西北部，与前面的道路只有1个地方连接，确保往住宅楼搬运材料的道路畅通为本工程的重点。为考虑这样的场地限制以及施工周期，在场地的中央位置先施工办公楼的低层栋（展览厅、地下停车场部分）的地下一层，创造必要的施工作业面。这里介绍的RCSS-PHC体系，就是为适应这一要求开发的最适合的体系。

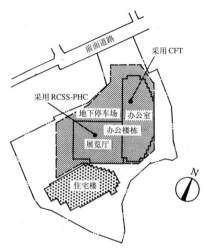

图 6-5-5 基地形状与建筑物配置

3.2 RCSS-PHC 体系概况

这种体系是以清水建设（株）在物贩施设类建筑中多次实际应用的 RCSS 体系为基础，进一步实现工厂化的产物，钢结构的梁与在工厂制作与离心成形的混凝土柱组合成混合结构，柱子的中空部分，在工地安装后用混凝土填充（图 6-5-6）。

本工程中，根据柱轴力的大小分别使用直径为 800mm 和 900mm 的二种类型圆柱，这种离心成形的混凝土柱，在工厂制作时应在内部设置必要的结构主筋和箍筋，柱和大梁连接部分设置带加劲板的钢管，梁的翼缘和加劲板现场焊接，腹板用高强度螺栓连接（图 6-5-7）。梁柱连接处的钢管，在使节点区的承载能力和韧性性能都得到提高的同时，也起到确保节点精度的作用。大梁受剪节点处钢管加劲板向管内挤压，将压力传递到混凝土。这种带加劲板的钢管，离心成形时就

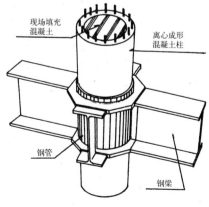

图 6-5-6 RCSS-PHC 体系的概念

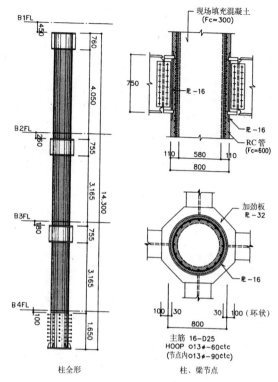

图 6-5-7 柱的构造

固定在混凝土中，混凝土柱壁厚为 110mm。这一厚度的确定是考虑到起重时的重量限制和避免吊装时出现弯曲裂缝这两个因素，为了柱脚埋入基础部分的内力可以顺利传递，钢管上设置拴钉。

结构计算时，设柱、梁构件为弹性，进行静力分析求得构件内力。柱用学会（日本土木工程学会——译者注）的 RC 标准、梁用 S 标准、柱梁节点用 SRC 标准进行截面验算。同时还进行了足尺模型试验，确认包括梁柱节点在内的结构安全性。

3.3 柱子工厂制作的概况

在工厂制作时，首先将柱主筋及箍筋环状配置，在这种钢筋笼上，将与钢梁连接用的带加劲板的钢管设置在相应的各层位置。然后将其放置在圆筒形的钢制模板中，用与离心成形的混凝土管同样的方法浇捣凝固，脱模后，进行常压蒸气养护。梁柱节点处的钢管，利用连接梁翼缘的节点板使其在模板内的位置保持不变，可以确保成品与钢结构具有同样的精度。照此方法，形成了将钢筋包藏在内，连梁柱节点一并制成的预制柱。

本工程中在地下 3 层中采用了这种柱子，由于全长约 15m，因此中间无接头，整根制作。并且由于离心成形制作的缘故，柱的混凝土表面能够达到平滑的效果。

图 6-5-8 柱配筋及节点区钢管的定位

图 6-5-9 离心成形混凝土柱与模板

3.4 现场施工概况

本结构体系的施工次序与钢结构是完全一样的。首先，柱子用锚栓与基础连接，然后架设钢梁，铺设轻型压型钢板并浇制混凝土作为楼板。

在本工程中，柱子表面处理在混凝土预制中即已实现，使柱的混凝土表面不再作其他的装修。因此，从工厂成品出厂到施工结束，柱子的表面一直是包起来的，施工时为防止柱子开裂一根柱子用二台起重机起吊，仔细地保护柱子的表面。

3.5 本体系的优点

本结构体系的最大特征是，柱子是用离心成型的方法在工厂制作的，作为柱子所必需的部件全部在工厂制作时完备，因此，钢筋混凝土柱现场所必要的配筋工作和浇捣成型工作都不需要。由于离心成型的柱子在现场施工时已具有非常高的强度和刚，因此柱最上层的 B1 层楼面可以先行施工，这层楼面早期就可以作为施工的作业面，这样能够缩短工期 2~3 个月，达到了最初的目的。

实际上由于本工程柱混凝土表面是光滑的，这样的精制混凝土饰面，可以不需要现场特别的加工，也是本体系的优点之一。

3.6 足尺试验

为了对体系的结构性能进行确认，进行了足尺试验。试件的各部件均与本工程使用的实物同样大小。柱的直径 800mm，壁厚 110mm，中空离心成型的混凝土柱（F_c=600kgf/cm²）内部用现浇混凝土（F_c=300kgf/cm²）填充。梁截面 H-750×300×14×19(SM490A)，压型钢板作为楼板。加载方式为位移控制的反复加载方式。

试验的结果表明，层间变形角达到 R=1/200 时仍为弹性，这时柱的剪力可以达到 Q_c=65tf 以上，并且最大抗剪承载力超过 100tf。恢复力特性具有较强的韧性，至 R=1/33 时仍画出稳定的滞回曲线（图 6-5-10）。节点的强度与柱、梁强度比提高相当多，直到柱子达到最大承载力也不发生屈服，可以确认节点设计有充分的富裕。

在本工程中，这种柱是在地下部分采用，柱的设计用剪力为 5tf 左右，因此在本体系是适用的，在结构上全无问题。

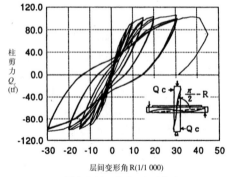

图 6-5-10 荷载 - 变形曲线

4. 结束语

采用了设计和施工相结合共同开发的 RCSS-PHC 体系，现场的施工周期可以大幅度的缩短。

［文　献］

1）吉田，富永，大美賀，坂口，斎藤，山野辺，榊間：鉄筋コンクリート柱と鉄骨梁で構成される架構（RCSS 構法）の耐力および変形性能（その 17　遠心成形コンクリートパイル柱），日本建築学会学術梗概集，pp. 1637～1638，1991.9

6 横浜新时代大楼

[建筑概况]
　　所 在 地: 横浜市神奈川区新浦岛町
　　业　　主: (株)东京建物、(株)日本卡邦
　　建筑设计: (株)大成建设　一级建筑士事务所
　　结构设计: (株)大成建设　一级建筑士事务所
　　施　　工: (株)大成建设
　　建筑面积: 50 273.93m²
　　层　　数: 地下1层，地上18层，塔楼1层
　　用　　途: 办公楼(部分商场)
　　建筑高度: 78.02m
　　钢结构加工: (株) 白川, (株)安治川铁工建
　　　　　　　　设
　　竣工年月: 1993年11月
[结构概况]
　　结构类别: 基础　直接基础
　　　　　　　结构　钢筋混凝土和钢结构的混合
　　　　　　　结构

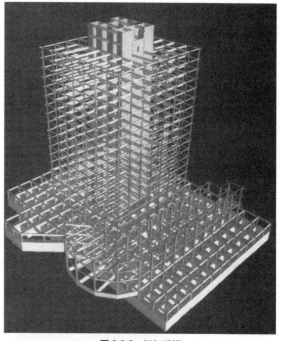

图6-6-2　框架透视

图6-6-1　建筑物外观

1. 前言

依据在结构中的部位和大小不同，混合结构能够用构件级，构架级，建筑物级进行分类。最近建造得较多的RC柱、S梁混合结构，是构架级的混合结构。对于建筑物级的混合结构，是平面上可以分开使用的不同的结构类型。这里介绍的是核心筒为钢筋混凝土剪力墙，外围框架为钢结构刚架的高层混合结构。本体系的特点是结合了不同构架的优点得到合理的结构形式，提高了生产效率。过去在海外国家以美国为主有建造实例，但作为地震国的日本没有先例。这里主要介绍的是我国最初采用本体系的工程，横浜新时代大楼的结构方案、结构设计和施工方法。

2. 建筑方案

本建筑物底层平面的中央部分集中了公共设施，其外侧布置的是明亮的办公空间，核心筒形式为外围是7×6.4m跨的正方形平面，其中核心筒约占3跨，两方向均平面对称。

本体系的方案特色是具有核心筒，作为共用部分的电梯、厕所、楼梯及其他设备空间都集中在核心筒处。周边的办公空间对隔音的要求较高，并且核心筒内部也需隔开，因此采用钢筋混凝土墙，构造上起剪力墙的作用，芯筒使用合理，并满足了建筑和设备的要求。

底层平面布置图见图6-6-3，剖面示意图见图6-6-4。

结构的基本考虑为根据不同的材料，在不同的地方合理地布置各种构架，荷载分担简单明确。即：

● 核心筒→钢筋混凝土剪力墙→作为抵抗地震力的主要要素。

● 外围框架→纯钢结构刚架→抵抗竖向力的轻型构架。

以前的框架结构，每个柱子既是抵抗地震力的抗震构件，又要承受竖向力，在本结构体系中地震力几乎是由钢筋混凝土的核心筒壁承受，承受竖向力的外围框架的柱子断面小，与钢结构的梁可以形成刚架，这样，结构功能具有以下的优点：

● 作为钢筋混凝土结构的特点，建筑物在承受暴风荷载和地震荷载时的位移可以较小；

● 作为钢结构的特点能够有较大的跨度。

但是，由于地震力集中在核心筒的墙上，这部分钢筋混凝土的柱和墙的截面配筋容易过大。

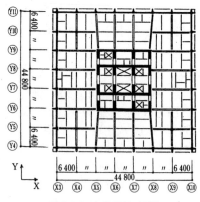

图6-6-3 标准层楼面结构

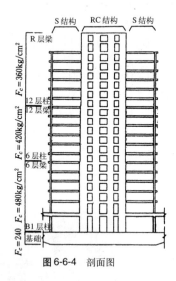

图6-6-4 剖面图

3. 结构方案

为了这类结构能够在我国实现，结构方案考虑了以下各点。

3.1 钢筋混凝土核心筒部分

在确定核心筒墙的形状时，为了使作为主要抗震构件的核心墙不产生静力扭矩，按双轴对称布置剪力墙，以此为基础完善结构方案。因此，X方向设置了4道连层剪力墙，Y方向的墙和连梁形成4道刚架。

对于核心筒应力集中的处理，为减轻墙柱和梁的配筋量，使用高强度的材料，如剖面示意图表示，混凝土采用 F_c =360~480kgf/cm² 的高强度混凝土，作为柱和梁的主筋采用屈服强度为390N/mm²的钢筋，最大钢筋直径为D51。

连接Y方向墙的连梁跨度非常小，按一般的水平配筋会发生剪切破坏，连梁剪切破坏发生时结构就失去了韧性，为避免这种情况，采用X形的配筋形式，达到确保强度和韧性的目的。

3.2 外围的钢结构框架部分

按本工程的结构体系, 地震力的80%~90%是由核心筒承受, 外围钢结构框架内力较小, 断面可以设计得较小。但是, 由于刚度集中在核心筒, 建筑物整体的抗扭刚度通常会较小。设计中, 增强了外围钢结构框架的承载力和刚度, 使其留有余地, 提高了对扭矩的抵抗力。具体是, 将外围结构部分承受竖向荷载的相应面积范围内的地震力作用的30%作为柱、梁截面设计时考虑的剪力。

连接外围钢结构刚架和核心筒壁的梁是钢结构梁, 可以有较大的跨度。梁端为铰接, 容易实现与核心筒壁的锚固。

4. 结构设计

4.1 设计方针

设计时分别按允许应力和极限承载力设计, 并用地震分析验算抗震性能, 对等级1和等级2的地震动进行了反应分析。

4.2 内力分析

地震的内力分析根据矩阵位移法进行弹塑性平面框架的增量分析, 对钢筋混凝土部分的刚度进行合适的评价, 框架的计算模型如图6-6-5所示。X、Y两方向均为钢筋混凝土核心筒结构与外围钢结构框架连接的模型, 根据各层水平位移相等求得内力。图6-6-6表示极限承载力时核心筒和外围框架分担水平力的比率。由图可见, 外围钢结构框架分担水平力不超过10%~20%, 其余部分全部由核心筒墙承受。

4.3 构件断面

核心筒的钢筋混凝土部分构件典型断面由表6-6-1表示。

外围钢结构框架使用SM490, 4个角柱是500×500的组合方柱, 板厚25~19mm, 其余柱子是组合H型截面柱, 尺寸为BH-500×400~300, 板厚32~16mm, 大梁为型材, H-600~500×300系列, 梁柱接头部分柱贯通, 梁采用牛腿连接的方式。核心筒墙体和外框架的连接大梁采用的材料是SS400, 型材是H-800×300系列, 梁端部和钢筋混凝土部分墙体的节点由图6-6-7表示, 钢制的牛腿用高强螺栓与混凝土连接, 搁置钢梁的构造节点, 地震时能够满足节点处墙的转动变形要求。

4.4 地震反应分析

地震反应分析采用多质点系等价剪切模型,

这时恢复力特性由核心筒支配, 从增量分析得到荷载变形曲线置换为三线性模型, 阻尼系数取 h_1 =0.03, 按频率成比例变化, 同时为了比较, 进行了构件水平的振动分析。

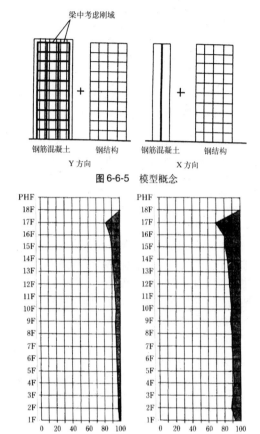

图6-6-5 模型概念

图6-6-6 核心筒与外周框架的水平力分担率

表6-6-1 RC结构代表性构件

标准剖面	墙柱(Y方向)	墙	连梁
		X 方 向	

层	$B×D$	主筋	箍筋	t	$B×D$	主筋	箍筋
15层	500× 3300	18-D 38+ 26-D 29	U11-□ -@100	400	500× 1200	3-D 51	D13-□ -@150
9层	650× 3300	30-D 38+ 26-D 32	U13-□ -@100	550	650× 1200	4-D 51	D13-□ -@150
3层	800× 3300	40-D 51+ 22-D 38	U13-□ -@100	700	800× 1200	4-D 51+ 2-D 41	D13-□ -@150

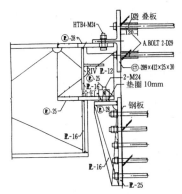

图6-6-7　钢梁与钢筋混凝土墙的连接

结果表明，最大的层间位移角在等级1地震时为1/400左右，在等级2为1/200左右。本结构体系在地震作用时的水平变位为相同规模的纯钢结构的一半左右。

5.　施工方法

本结构体系构造上的合理性，在施工上得到更进一步的体现。也就是说，核心筒浇筑混凝土时使用能够自动提升的模板，然后进行外围框架的施工，达到节省劳力、缩短工期的目的，生产效率得到提高（图6-6-8）。

施工顺序如下：

① 钢筋混凝土核心筒先行施工。

② 几层以后，浇筑芯筒内部的混凝土楼板。

③ 再几层以后，进行外围钢结构的施工，浇捣楼板混凝土。

④ 外围幕墙施工。

为了使核心筒的钢筋混凝土施工能够高效而正确地进行，钢筋采用预制化工法。在这种工法中，墙柱和连梁的粗钢筋在工厂先分别装配，送到施工现场组装后吊装，尽量减少现场的钢筋装配工作量。

外框架的钢结构施工时，采用组合楼板施工法，这种施工方法先从外圈的梁柱形成框架构成屏风状，核心筒和外圈的连接是用2道长梁和小梁形成组合楼板进行安装，楼层的模板和设备管线的布置可以统一考虑，提高了生产效率（图6-6-9）。

6.　展望

本结构体系应用在日本国内时，超过一半的较大的水平力由核心筒承担，容易产生壁厚增加、配筋增多的倾向。对于今后建造更高建筑，使这种结构体系适用于更广泛的用途，要考虑诸多因

图6-6-8　外周钢框架施工状况

图6-6-9　单元组合楼板

素：芯筒墙体的顶部及中间和外圈框架连接刚度较高的梁；外圈框架用钢筋混凝土结构提高刚度；芯筒设置在建筑物的两侧或四角，使核心筒的应力集中得到扩散等。

本工程的建筑物是规则的办公楼，基于外圈部分钢结构的特性，可以自由地设计建筑的外立面。

核心筒墙体作为主要高层混合结构的受力构件，既可以建造较高的楼层，又能够构成自由的空间，是一种有前途的结构形式。

［文　献］

1）ビルディングレター：(仮称)日本カーボン横浜工場再開発計画，1992.12

2）コンクリート工学：センターコアRC造・外周フレームS造の混合構造の設計，1995.1

7 狮座广场川口规划 A 栋

[建筑概况]

所 在 地: 埼玉县川口市元乡2-15-1

业　　主: (株) 大京

设　　计: (株) 竹中工务店

施　　工: 竹中, 埼玉, 鹿岛共同企业

建筑面积: 66 057.03m²

层　　数: 地下1层, 地上55层, 塔顶层2层

用　　途: 共公住宅

建筑高度: 185.80m

钢 结 构: (株) 白川釜石工厂

　　　　　(株) 川田工业　栃木工厂

竣　　工: 1998年3月

[结构概况]

结构类别: B1F SRC+RC结构

　　　　　1F以上 CFT 结构

框　　架: 交叉管结构

基　　础: 地下连续墙柱桩

　　　　　现场打入式 RC 桩

图 6-7-2　钢结构安装状况　　　　　　　　图 6-7-1　外观

1. 前言

　　狮座广场川口规划具有开发面积达 56 000m² 的规模，到现在为止已经过去了十年的岁月。时代和原规划方案都发生了变化，现在的55层建筑基于立体都市的构想，提出于经济繁荣最鼎盛期的 1990 年。

　　由于都市中心的人口增多，土地逐渐不足而使住宅高层化的倾向，实际上是时代进步发展的产物。有效地利用土地建造公园、道路等公共设施，改善居住环境、创立开放空间的构想得到肯定。超高层也作为公共住宅的一种形态而被认同。

　　竹中工务店较早地认识到了住宅高层化的趋势，对钢结构，钢骨混凝土结构，钢筋混凝土结构等各种各样结构特性的整体结构体系进行了开发研究。另一方面，从1985年开始在建设省新都市住宅工程中对 CFT 结构体系进行开发。

　　本工程是在日本第一的 55 层超高层住宅中，应用 CFT 的结构。本文介绍结构方案及施工技术。

2. CFT 结构体系

　　CFT 结构是在建设省新都市住宅工程中产生的，是继钢筋混凝土结构，钢骨混凝土结构，钢结构后的第四种结构形式。在钢管中填充高强混凝土，作为主体的结构形式，利用钢管和混凝土的特性，使其相互约束得到结构性能、耐火性能、施工性能等优越的结构特性。可以用较小的柱子截面建造较高的层高、较大的柱距，特别适用于超高层建筑，大跨度建筑。

　　CFT 结构的第一优点是具有刚度大、强度高并具有较大的变形能力等结构性能，填充了混凝土以后，约束了钢管的局部变形，防止了由于屈曲而导致的承载能力的降低。同时由于钢管约束了混凝土，像 RC 柱和 SRC 柱那样的裂缝是不会见到的，提高了混凝土强度。这种钢管和混凝土相互作用的效果被称之为"套箍效应"，CFT 柱承载能力提高的同时，具有在达到极限承载力后的较大的水平变形范围内，承载力保持不变，变形能力提高的特点。

　　第二优点是填充混凝土的吸热效应而具有的耐火性能，不仅可以使防火涂层减薄，而且当长期轴压不超过一定值时有可能不需要涂层。

　　第三优点是施工性能好，与钢结构相比几乎没有差别，与钢骨混凝土结构相比，没有钢筋、模板的工作量，既节省了劳力又缩短了工期。

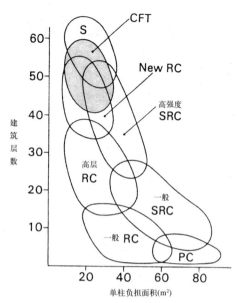

图 6-7-3　公共住宅的层数·单柱负担面积与结构类别

	RC	SRC	S	CFT
空间自由度	□	○	◎	◎
地震·台风时摇动	◎	◎	□	○
耐火性	◎	◎	□	○
对高层建筑的适用性	□	○	◎	◎
施工性	○	□	◎	◎

◎：非常优秀　　○：优良　　□：普通

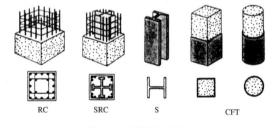

图 6-7-4　结构体系的特点

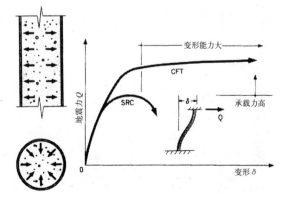

图 6-7-5　CFT 柱的变形能力

3. 结构方案

3.1 采用 CFT 的原因

作为 55 层的高层结构形式，考虑了引用高层 RC 结构技术，采用高强混凝土的 SRC 结构，采用极厚钢板的 S 结构，和钢管混凝土（CFT）结构等。

为了适应高层钢筋混凝土结构高度加大的趋势，技术人员正在开始进行新 RC 的技术开发，但适用于 55 层的结构还为时尚早。

由于 S 结构与结构周期的关系，为了抵抗风的作用，需设置必要的制振装置，对今后租赁或分让式公寓楼的使用和管理都带来麻烦。

因此，用高强度混凝土的 SRC 结构和钢管混凝土结构进行比较，综合成本等各方因素做出了决定。

S 结构的办公楼建筑采用了 CFT 柱，用钢量会减少，成本会随之下降，与 SRC 结构住宅楼要考虑防火涂料和基层装修的成本会上升相比较，在结构造价上吸收这一因素是一个关键。

在进行方案比较的初期，采用 CFT 结构的费用比 S 结构高。91 年竹中开发了简单环板加劲的 CFT 节点细部构造 TRS-CFT，使加工费用可以大幅度地削减。

在此基础上，再进行成本比较，与 SRC 相比结构造价约差 5%，考虑装修后总费用几乎相同。综合判断，CFT 结构在高轴力作用下，变形能力优越，这对抗震性能十分重要；施工质量容易保证；工期可以缩短。因此决定采用 CFT 结构。

3.2 结构形式

由于本工程塔状建筑的高宽比较大，为 4.3，地震时由倾覆力矩产生的轴力比剪力大很多，采用筒体结构是有利的。

同时为了确保各户通风、采光等目的，中央部分设置口字形的空腔，这种情况下建筑的外围结构面和内部结构面分别采用筒形成双筒结构是一般的处理方法。

但是，外围结构采用筒体，使外立面设计受到了很大制约，尤其是与要求建筑上部有变化的设计概念相矛盾。

因此在本方案中，采用了二个互相交叉 90° 的长方形筒体结构，建筑的角柱与抗震结构筒体分开，使上层的立面退层变化容易处理。柱子的间距是根据在风荷载作用下保证必要的刚度而确定的，柱距 4.8m，垂直方向 9.3m。

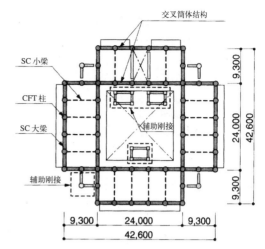

图 6-7-6　标准层梁平面图

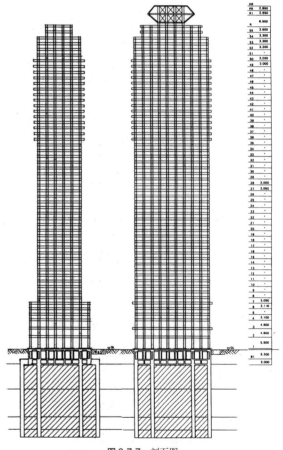

图 6-7-7　剖面图

3.3 构件断面

本工程采用的 TRS-CFT 的特点，如图 6-7-8 所示，钢管插入环状钢板，梁柱节点仅用角焊缝，达到降低钢结构加工费用的目的。同时由于加劲外加，钢管内填充混凝土时没有阻碍，可以说是最

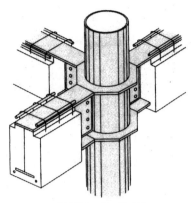

图 6-7-8 梁、柱节点

适合CFT柱的方式。焊接大梁的H型钢用混凝土覆盖，在满足防火要求同时，刚度也可以增加，降低了强风作用时建筑物的摇晃。

3.4 使用材料

柱子采用的是 SM490A 及 SM520B 的 UO 钢管，钢管内填充 F_c =600~480kg/cm² 的高强混凝土，梁采用 SM490A 和 SM520B。

CFT技术的要点是，钢管内混凝土紧密填充没有空间，竹中工务店独自开发了流动性好，没有泌浆和下沉的混凝土产品，将直径为0.1~0.5微米的含硅粉末混入其中，混凝土的强度和流动性可以大幅度地提高，使用于 F_c 大于 540kg/cm² 部分。

由于CFT柱通常比S柱热容量大，2小时耐火时间可以无需防火涂料，3 小时耐火极限的防火涂料层可以减薄。本工程大部分楼层要求 3 小时的耐火极限，设计时采用半湿喷涂式薄型防火涂料（为通常涂层厚度的一半）。

4. 施工

钢结构施工时，柱子3~4层为一节，梁的混凝土部分采用预制，构件的连接处，柱与柱现场焊接，柱、梁节点处梁翼缘用焊接、腹板用高强度螺栓连接。

向钢管柱内填充混凝土时，进行了各种施工实验，采用分节浇注混凝土的方法，混凝土的密实性可以简单地从上部通过目测得到确认，也不需要压力灌浆的预留孔及临时部件

整体施工时，1 个层面分成4个工区，采用积层施工法连续施工，7 日为流水作业的一个循环，到1996年9月已施工了30层，正在进行下一楼层的施工，预计到1998年3月可以顺利竣工。

表 6-7-1 构件断面

层	柱		梁
	钢骨断面	混凝土断面	钢骨断面
55~43	○-609.6×12~22	425×850	BH-650×200×12×16~40
42~22	○-711.2×12~28	450×850	BH-650×300×12×22~19×40
21~3	○-812.8×22~40	450×900~1 000	BH-700×300×12×25~19×45
2	同上	450×1 200	BH-1 000×300×19×32~36
1	同上	1 600×1 000	—
B 1	1 600×1 600（con）	1 600×3 000	—

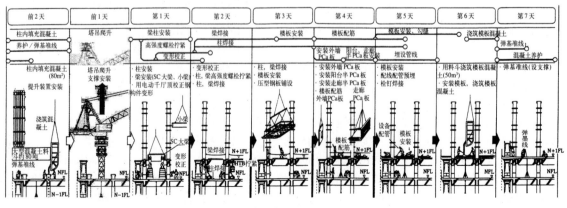

图 6-7-9 标准层结构施工程序(柱子安装时)

[7] 使用耐火钢的建筑

使用耐火钢的建筑物，因为将应用在火灾时钢材温度超过建筑基准法规定的允许温度（平均350℃、最高达600℃）的场合，所以目前每幢房屋都必须个别获取建筑大臣关于耐火设计的认可（基准法第38条认可）。但是一定规模以下的停车场已经取得了一般认定（译者注：即不必就单个建筑物专项申请认定）。由5家炼钢厂制定的使用耐火钢（FR钢）的建筑物抗火设计规定《FR钢抗火设计指南》（以下称"指南"）已经通过评审和认证。"指南"规定的抗火设计程序如图7-0-1所示。以下根据该程序对抗火设计予以说明。

(1) 火灾特性预测

火灾特性可由防火区划内的可燃物数量、窗户等开口条件确定。其主要类型有以下两类：

1）自由燃烧火灾

2）空气流通受限制的火灾

自由燃烧火灾是在比较大的空间中较少可燃物燃烧造成的火灾。图7-0-2是自由燃烧火灾和火焰形状与钢结构构件位置的关系。火焰的形状和温度的简便计算方法，可以参考《建筑物综合防火设计法》等文献。

一般火焰的表面温度为700℃~800℃，因此钢构件如果被火焰包围，其表面温度大约在600℃以下。因此若使用耐火钢，就可以将钢结构外露（译者注：指不需要敷设防火材料）。

可能发生自由燃烧的建筑物的类型有：

① 停车场

② 中庭建筑

③ 体育设施

④ 美术馆、博物馆、展览馆等

⑤ 车站（线路上方有结构）

等等。

与自由燃烧相对应，图7-0-3所示即为空气流通受限制的燃烧。这是多发于办公楼、商场等较小空间的火灾，可燃物多，而开口又小，因而空气流通受到限制。在这种火灾中，室内充满可燃性的气体后发生爆发性的燃烧，室内温度也会达到1 000℃。建设省告示第2999号"抗火结构的指定方法"中规定的标准升温曲线就是根据这类空气流通受限制的火灾确定的。图7-0-4是标准升温作用下无防火层保护的钢构件表面温度的测试结果。升温1小时后钢构件温度已经到达900℃附

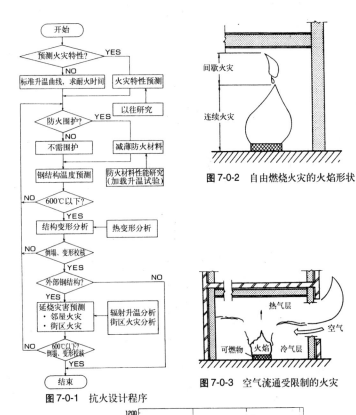

图 7-0-1 抗火设计程序

图 7-0-2 自由燃烧火灾的火焰形状

图 7-0-3 空气流通受限制的火灾

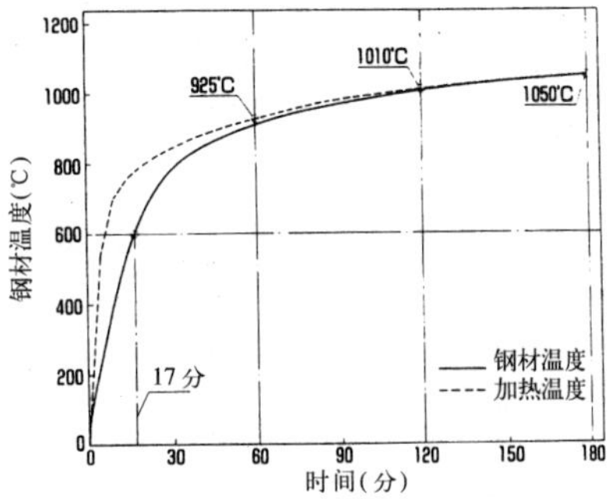

图 7-0-4 无防火围护的钢材升温曲线

近，超过了耐火钢的允许温度（600℃）。也即在空气流通受限制的火灾有可能发生时，即使采用耐火钢，也必须覆盖防火层（约法定厚度的一半）。

但是，上述这类建筑物中将钢构件放在室外的建筑（称为外部钢结构），其升温部分仅限于开口部位（如窗口）喷出的火焰，如果钢构件和火焰的相对位置比较恰当，也可以不做防火保护。

(2) 钢材温度预测

受火灾影响的钢材的温度可以通过热传导分析加以计算。分析方法有简略算法（一维分析）和精确算法（二维分析）。

二维热传导分析的模型例见图7-0-5。模型基于支承钢筋混凝土楼板的钢梁。楼板下方全部升温。二维分析时，如模型所示，升温是有方向性

7. 使用耐火钢的建筑

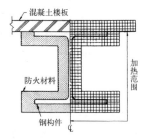

图 7-0-5　二维热传导分析模型

图 7-0-7　加热后柱的变形

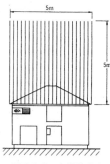

图 7-0-8　木结构火灾

的，因此一般考虑在构件截面内温度的分布梯度。

另一方面，如室内的柱子那样四周均匀升温的场合，钢构件截面内的温度比较均匀，可以近似采用一维差分进行热传导分析。

(3)　结构的稳定性

结构在高温时的稳定性，需要考虑高温时的应力-应变关系，通过弹塑性热变形分析加以验证。图 7-0-6 显示了普通框架结构受热变形的状况。图中的变形随温度的变化而变化。

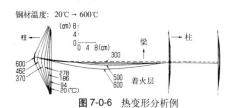

图 7-0-6　热变形分析例

钢构件在高温中随温度升高强度降低，同时因为热胀原因产生大变形。特别是由于梁的热胀使得刚度较低的柱子发生很大的水平变形（译者注: 此处指挠曲）。因为变形的缘故将诱发柱子的局部失稳，可能会使柱子丧失轴压承载力。因此，进行了关于受到这种强迫位移后构件承载能力的研究（图 7-0-7），设定了结构的允许变形（柱子为层高的 1/50，梁为 $L^2/800H$，其中 L 为梁的跨度，H 为梁的截面高度）。

(4)　延烧灾害预测

所谓延烧灾害，指建筑物周边区域发生火灾使得建筑物中钢构件升温的情况。钢构件如果设在耐火材料的内侧，在这种情况下是没有问题的，但对于外部钢结构就需对延烧灾害进行预测。

延烧灾害的火源，设想有以下两类:

① 相邻的木结构等房屋的火灾（以下称为邻屋火灾）

② 木结构密集地区发生的火灾（以下称为街区火灾）

针对邻屋火灾的预测，火源如图 7-0-8 那样设定。屋顶上方的火焰范围为 5m×5m 的正方形火源，辐射量为 50kW/m²。根据这一火源的热辐射

计算钢构件的温度。

针对街区火灾的预测依据建设省综合技术开发项目编制的《都市防火对策的开发—报告书》进行。这一方法能按照街区中木结构房屋的比率、总面积等对火灾特性进行预测。图 7-0-9 所示为街区火灾的模式，火灾形状由以下要素决定:

① 火场宽度: D_0（m）

② 火焰高度: H_0（m）

③ 火势倾角: θ（°）

④ 延烧中止线到火场的水平距离: L_0（m）。延烧中止线是所设计的建筑物与街区火场最接近的边界线。一般可以考虑:

① 街区界线

② 如中间有道路隔开，则为道路的对侧

钢材的温度根据火场的辐射以及周边气流的热传导进行计算。一般距设定的延烧中止线能保证 20m 的话，钢材温度将在允许温度（600℃）之下。

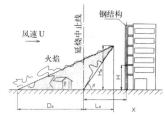

图 7-0-9　街区火灾模型

(5)　工程实例

详见以下各例。

[文　献]

1) 建築物の総合防火設計法: 国土開発技術センター，日本建築センター

2) 古村福次郎他: 塑性設計された鋼構造骨組の弾塑性クリープ熱変形挙動，日本建築学会論文報告集，第 368 号

3) 斎藤光他: 耐火鋼を用いた H 形・鋼管断面柱の高温時耐力，構造工学論文集，Vol. 39 B，1993. 3

4) 建設省総合技術開発プロジェクト「都市防火対策手法の開発，報告書」，建設省

1 SOGO 停车场

[建筑物概况]

业　　主: 千叶新町第二地区第一种市街地再
　　　　　开发个人实行者(千叶 SOGO 等)

建筑、结构设计: Takaha 都市科学研究所

施　　工: 大成、鹿岛、奥村、不动、旭建设
　　　　　企业联合体

占地面积: 7 168m²

建筑面积: 86 134m²

高　　度: 59.8m

层　　数: 地下2层，地上17层

建筑物位于千叶市国铁（JR）千叶站前，17层高，可停车 1 800 辆，是我国最大规模的自行式立体停车场。图 7-1-1 为外观，图 7-1-2 位标准层平面，图 7-1-3 为结构剖面。

停车场 4 层以下为商场，5~17 层为停车场空间。停车者由建筑物外东侧的圆形斜坡进入 5 层的停车场入口，沿建筑物内的圆状斜坡到达各层的停车位置。停车车位围绕着圆状斜坡，处在一边长 39.5m 的六角形平面内。沿外周边宽 17m 的场地内在车道两旁为停车车位。

图 7-1-1　SOGO 停车场外观

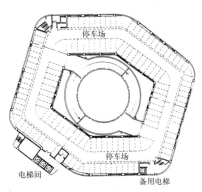

图 7-1-2　标准层平面图

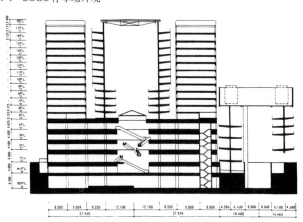

图 7-1-3　剖面图

结构在跨度方向为框架，沿柱距方向（六角形的周边方向）为支撑框架。采用K形支撑，每隔一个柱距设置一道。

尽管是高达17层的高层停车场，由于从室内圆状斜坡处可以采光，钢柱之间非常明亮，感觉是非常清洁、开放的停车空间。

[抗火设计简况]

汽车主要由车身钢板等不燃性材料组成。其中的可燃物，包含汽油、润滑油等只占总量的15%（图7-1-4），不是什么大的火源。另外几台车辆同时燃烧的机会很少，不会形成爆发性火灾。

图7-1-6是汽车燃烧实验的场景。车内的坐垫、装修等燃烧起来，窗口向外喷吐火焰，但火

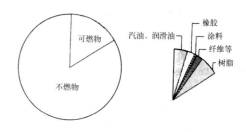

图 7-1-4　汽车可燃物数量

焰接触不到钢材，钢材温度不过500℃左右。

因此，本建筑可以使用耐火钢，且不需要耐火保护。

图 7-1-5　停车空间

图 7-1-6　汽车燃烧实验

［文　献］

1）千葉新町第二地区市街地再開発，駐車場部をSFI工法とFR鋼を採用して大幅に省力化，建築技術別冊，1992. 12

2 日本长期信用银行总行大楼

[建筑物概况]

业　　主: 日本长期信用银行

建筑、结构设计: (株) 日建设计

施　　工: 竹中工务店

占地面积: 2 797m²

建筑面积: 62 821m²

高　　度: 130.0m

层　　数: 地下5层, 地上21层

日本长期信用银行总行大楼位于东京都千代田区的日比谷公园南端, 与印刷中心大楼相邻。图7-2-1为外观。

这一高层建筑高130m, 下部约1/3的部分南北同时向内收分, 使建筑物整体呈T形。在T形下方, 南北两边都有高达30m、外饰玻璃的中庭式建筑。

中庭不设玻璃框架, 结构框架也纤细到几乎

图 7-2-1　日本长期信用银行总行大厦外观

感觉不到其存在，极力造成玻璃自身矗立空间的错觉。室内视角如图7-2-2所示。

这种轻快的框架通过张拉结构（图7-2-3）来实现。为了使构件尺寸尽可能小，柱子采用外径300mm的无缝钢管，在荷载集中的梁柱节点采用锻钢件。两者都采用耐火钢并且外露。

由此，即通过采用大胆的结构形式、外露式的钢结构，使这一中庭得到无框架存在似的轻巧感，无损玻璃建筑的透明感，实现了设计意图。

[抗火设计简况]

图7-2-4是中庭内的布置。可能的火灾为桌椅着火。设想一套桌椅燃烧与打扫时集中在一起的桌椅的燃烧两种情况。图7-2-5是4套桌椅燃烧时的火场情况，火场的平面形状与燃烧物的底面相同，火焰高度可以通过该平面形状和传热速度加以计算。

本设计例中，如假定9套桌椅在柱子旁边（相距0.1m）集中燃烧，计算结果钢结构计算温度达到496℃。因此可以使用外露的耐火钢。

图 7-2-2　中庭内部

图 7-2-3　张拉结构

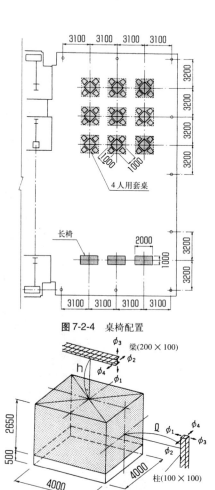

图 7-2-4　桌椅配置

图 7-2-5　套桌火灾

［文　献］
1）日本長期信用銀行本店ビル，建築文化，1994 年 1 月号
2）建築物の綜合防火設計法：国土開発技術センター，日本建築センター

3 JR大井町车站大楼

[建筑物概况]

业　　主：JR东日本
建筑设计：安井建筑设计事务所
结构设计：JR东日本东京工程事务所
施　　工：户田建设（株）、铁建建设（株）、
　　　　　（株）藤田
占地面积：4 119m²
建筑面积：26 235m²
高　　度：45m
层　　数：地下1层，地上9层

JR大井町车站作为东海道线和京浜东北线换乘站是首都圈内的干线车站。在线路上方的车站大楼，是用作商业设施的多功能大楼。图7-3-1是大楼外观，图7-3-2是站台周围的钢结构。

钢结构两个方向都是框架，1层的钢柱为：□-850×850×40×50，梁为焊接组合H形截面：H-1200×450×20×40。这是一般高层建筑级别的重型钢构件。梁采用耐火钢，构件外露；柱为普通钢材，用防火板围护。

图7-3-1　JR大井町车站大楼外观

图7-3-2　站台周围的钢结构

[抗火设计简况]

根据建筑物的用途，火灾起因设想为列车与零售店铺。现在，列车已经几乎都是不可燃的，因此店铺成为最主要的火源。图7-3-3是店铺的燃烧实验场景。店铺中，杂志、报纸等可燃物多，但是离开梁、柱有一定距离，钢构件的温度最高为400℃。图7-3-4为结构高温变形的分析结果，即使结构达到这一最高温度也不会发生倒塌，结构的最大变形为：柱子13.6cm（h/53），梁4.74cm（L/263），两者都在"指南"的限值范围内。

图7-3-3 店铺燃烧实验

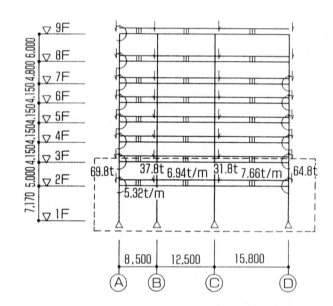

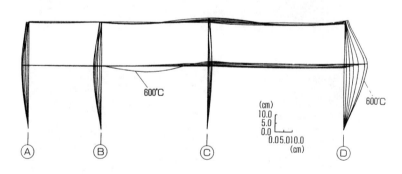

图7-3-4 热变形分析结果

4 大林综合大厦

[建筑物概况]

业　　主：Kamiogi 不动产
建筑、结构、施工：（株）大林组
占地面积：1 515m²
建筑面积：26 850m²
高　　度：77.6m
层　　数：地下 2 层，地上 18 层

大林综合大厦是高层办公楼，建在东京都杉并区 JR 荻洼车站的北口。面向青梅街道的立面一侧，设计成格子状的外部钢结构，兼作空调设备放置场所，显出建筑物独特的造型。图 7-4-1 是建筑物的外观，图 7-4-2 是摆标准层平面图。

外部钢结构离开墙面 3m，柱距 6m，每隔一道安放空调机，其间是窗户。

图 7-4-1　大林综合大厦外观

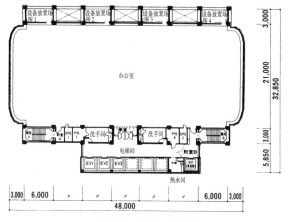

图 7-4-2　标准层平面图

钢结构采用耐火钢，主要构件为：

柱：焊接箱形截面，□-600×600

梁：焊接组合 H 形截面，H-650×300

两者都用铝合金面板作外装。

柱的钢板厚度最大为 70mm，因此采用 TMC 规格（轧制时控制冷却）的耐火钢，并进行了足尺梁柱的焊接实验（图 7-4-3）。

格子状的外观设计从新宿、池袋都可望见，非常引人注目。

图 7-4-3　焊接试验

[抗火设计简况]

由于是外部钢结构，升温模型依开口部分（窗户等）往外喷吐的火焰设定。

外喷火焰的形状及温度有许多实用的计算方法，耐火钢抗火设计时采用美国钢铁协会设计手册采用的方法。本方法就是针对外部钢结构的模型计算温度的，与其他方法相比，火焰的形状以及钢构件的温度都是偏于安全的，计算方法又简单，近年来，在抗火设计中广泛应用。

图 7-4-4 表示本方法的分析结果。火焰从窗户上方 2/3 处喷出，沿外墙上升。由于外部钢结构的梁、柱构件未被火焰包围，钢材温度为 434℃，低于耐火钢的允许温度（600℃）。

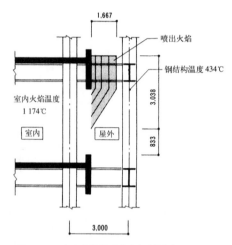

图 7-4-4　喷出火焰的形状与钢材温度

[文　献]

1）耐火被覆なしのS造，荻窪大林ビル，日経アーキテクチャー，1993 年 2 月 15 日号

2）M. Low : "FIRE SAFETY of External Building Elements A Design Approach", AISI, Engineering Journal

5 长谷川力大楼

[建筑物概况]

业　　主: 长谷川力

建筑设计: 长谷川纮都市建筑事务所

结构设计: 梅泽建筑结构研究所

施　　工: （株）川田工业

占地面积: 1 300m²

建筑面积: 912m²

高　　度: 29.9m

层　　数: 地上8层

　　长谷川力大楼，建在东京都涩谷区JR惠比寿车站附近。支撑框架外露，建筑立面独特。图7-5-1是建筑物正面外观。

　　建筑物1~6层为办公楼，7层与8层是跃层式的住宅。

　　外部钢结构都采用耐火钢，主要构件为:

柱: BH-300×300×16×22

梁: H-300×305×15×15

支撑: H-200×200×8×12

　　H钢的截面样式都向外，显示出翼缘尖锐、张紧的感觉。

图 7-5-1　长谷川力大楼外观

[抗火设计简况]

本建筑靠近将来可能建造很多木结构房屋的准防火街区，考虑了街区火灾引起的延烧灾害。

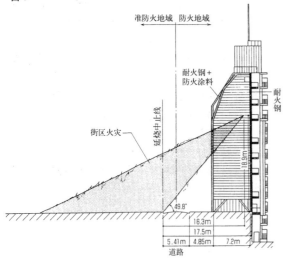

图 7-5-2　街区火灾与钢结构的相对位置

图 7-5-2 是分析结果。其实，目前建筑物周边并非是木结构集中的地区，所以对设想的将来木结构集中的状况，采用了一般街区的平均状态，设定火焰高度为 18.9m，火焰倾角 49.3°，从延烧中止线到火焰顶点的水平距离为 16.3m。外部钢结构与延烧中止线的距离不够远（仅 10.2m），火焰能接触到钢结构，钢材的温度将超过 600℃。为此本建筑物涂刷防火涂料。涂料由英国生产，钢结构制作时即预涂（图 7-5-3）。防火涂料外观和普通涂料一样（图 7-5-4），火灾遇热后，将会膨胀 10 倍，发挥阻热作用。图 7-5-5 是涂刷防火涂料的耐火钢梁在受载情况下的升温实验，通过实验确认有 1~2 小时的耐火时间。

因此，可以确认即使在超过耐火钢允许温度的场合，也可以使用耐火涂料，使得建筑设计上表现轮廓分明的钢构件的意图能够实现。

图 7-5-3　防火涂料的预涂装

图 7-5-4　防火涂料外观

图 7-5-5　防火涂料的抗火试验

[8] 使用高性能 590N/mm² 钢材的建筑

1 奇爱思大厦

[建筑概要]

业　　主：KIENSU
设　　计：日建设计
施　　工：大林组
占地面积：1 709m²
建筑面积：21 638m²
层　　数：地下1层，地上22层

建筑物位于新大阪站南面的淀川河附近，对岸是梅田的高层楼群和大阪商业公园。考虑有效地利用其优越的占地位置使楼内有良好的眺望功能，采用了从柱子及核心筒向外挑出外壁的独特的结构形式。既实现了宽广的转角窗，又形成了独特的建筑造型。另外，该楼也是首先采用建筑结构用的高性能590N/mm²的钢材(以下称高性能590 N/mm² 钢材)的房屋。

[结构方案概要]

图8-1-1是建筑物全景，图8-1-2是标准层结构平面。结构采用对角线对柱框架的形式壁中央的柱子(对柱)和2根大梁(对梁)连接，由此形成与外壁呈45°夹角的框架。对柱在下部中庭处和钢骨混凝土抗震墙连为一体，形成封闭截面的巨型柱。4根巨型柱使整个高层栋得以从地面上升浮起，作为建筑物的支脚在底层形成20m高的敞开式中庭，呈现出一个对外开放的环境。

[高性能590 N/mm² 钢材的应用部位]

对柱为外包内填式钢管混凝土柱，钢管和内填混凝土两者可以满足承载能力的要求，外包混凝土是为了提高柱的刚度并起防火作用，也作为外装修材料。标准层采用50kg级别的钢管(直径660.4mm)，内填抗压强度36MPa的混凝土，梁柱节点处采用锻造的横膈板。

图8-1-1 奇爱思大厦外观

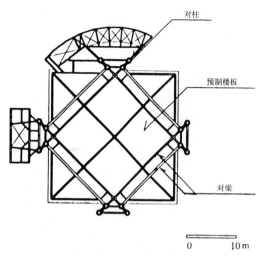

图 8-1-2　标准层结构平面图

每一组对柱在下层部受到的轴压力约达到 4 000t，因此，除将外侧柱子的钢管直径扩大至914.4mm，还同时采用高性能590 N/mm² 钢材。钢管用冷成型加工，作为承受巨大轴力的结构构件。节点部位的锻造横膈板也是60kg级别，与高性能590 N/mm² 钢管的设计强度相同，都是450MPa。

高性能590 N/mm² 钢材的最大板厚，钢管直径为914.4mm时为50mm（D/t =18.2），直径为660.4时为32mm（D/t =20.6）。如果采用50kg级钢材，板厚将达到近80mm，考虑到卷板钢管的加工性、焊接性、经济性，最终选择了高性能590 N/mm² 钢材。

针对高性能590 N/mm² 钢材的焊接施工，进行了各种材料试验（钢管，隔板），同时进行了焊

接性能试验（柱梁接头，柱现场拼接接头）。另外，对采用高性能590 N/mm² 钢材的钢管混凝土构件进行了圆环张拉试验（局部强度），钢管混凝土梁柱节点的结构试验（采用十字形模型）。

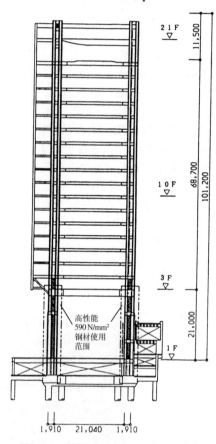

图 8-1-4　高性能590N/mm² 钢材使用范围

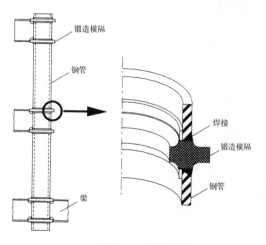

图 8-1-3　钢管柱构成

表 8-1-1　高性能590 N/mm² 钢管机械性能

屈服点 N/mm²	抗拉强度 N/mm²	屈强比 （%）	伸长率 （%）	冲击功 （J）
440以上 540以下	590以上 740以下	80以下	20以上 JIS-5 号	47以上

［文　献］
1) 花島他，「キーエンス新大阪ビルの構造設計」，鉄構技術（STRUTEC），1994. 5～1994. 6

2　横浜Queens广场B塔楼

[建筑概要]

业　主: T.R.Y90业主联合体、三菱地所(株)、住宅都市整备公团

设　计:（株）日建设计、三菱地所（株）

施　工: T.R.Y90工区—大成、鹿岛、东急等企业联合体
三菱地所工区—大成、大林等企业联合体

占地面积: 34 640m²（规划总面积）

建筑面积: 498 634m²（规划总面积）

高　度: 137.8m

层　数: 地下5层，地上28层

建设中的横浜Queens广场在被作为横浜市港口未来发展区域的24街区，与横浜路地标志大厦（Landmark）与横浜国际会场相连，包含有办公楼、酒店、音乐厅、商场等，是综合性的设施。其中B塔楼跨过商业 步行街的上方，地下则有地铁贯通，高度达137.8m。

[结构方案概要]

图8-2-1是建筑物全景，图8-2-2是标准层平面，图8-2-3是B塔楼剖面。

B塔楼5层以上为带支撑框架，沿X方向配置4道支撑，Y方向配置6道支撑，结构布置均匀。4层以下柱子为钢骨钢筋混凝土结构。

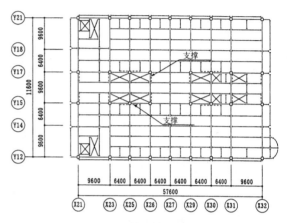

图8-2-2　B塔楼的标准层平面图

图8-2-1　横浜QUEENS广场外观(自上而下第2栋楼即B塔楼)

277

下层部设置大空间，2 层起的中庭作为开放空间，并作为规划中沿南北方向延伸的地下铁车站的连接点。

下层部建筑四角各有 4 根柱用支撑联结起来，形成边长为 9.6m 的正方形组合柱，与位于 5 层的大桁架构成巨型结构。

[高性能 590 N/mm² 钢材的应用部位]

建筑物中，5 层以上的柱子为 600mm 见方的箱形柱（5 层、6 层的部分柱子截面为 600×800），4 层以下为 800mm 箱形柱。从 7 层柱柱脚部分到地下 5 层采用了高性能 590 N/mm² 钢材，其中最大板厚为 70mm。巨型结构桁架的弦杆也采用高性能 590 N/mm² 钢材。在该建筑中，这类钢材共使用了 2 200t。

使用高性能 590 N/mm² 钢材的梁柱节点接头构造见图 8-2-4。箱形截面面板及隔板都采用高性能 590 N/mm² 钢材，梁则采用 50kg 级别的钢材。

关于高性能 590 N/mm² 钢材的焊接施工，参照建设省综合技术开发项目编制的《高性能钢材使用技术指南》，进行了各种材料的性能试验和焊接性能试验。

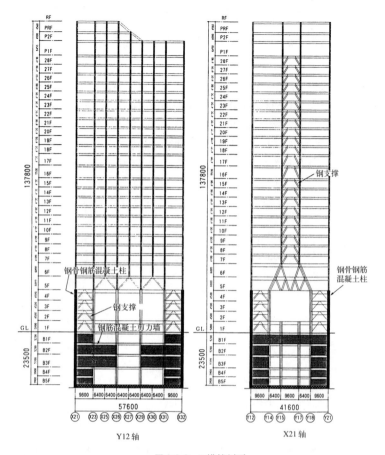

图 8-2-3　B 塔楼剖面

[文　献]

1) NIKKEI ARCHITECTURE, 1996 年 9 月 23 日号

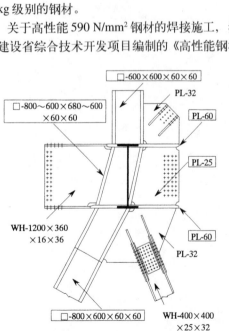

内的构件使用高性能 590 N/mm² 钢材

图 8-2-4　箱形截面柱的坡口处钢结构详图

3 JR 东日本本部办公楼

[建筑概要]

业　主: JR 东日本

设　计: (株)日建设计、JR 东日本建筑设计事务所

施　工: 鹿岛建设（株）、铁建建设（株）、大成建设（株）、小田急建设（株）

占地面积: 3 225m²

建筑面积: 79 070m²

高　度: 150.15m

层　数: 地下 4 层，地上 28 层，塔顶层 1 层

[结构概况]

基　础: 钢筋混凝土直接基础

地　下: 钢骨钢筋混凝土结构

地　上: 钢结构

JR 东日本本部办公楼是 JR 与小田急联合规划的一部分，建于新宿站南口，对面就是被 JR 山手线、中央线所夹持的新宿时代广场，可以望见新宿副都心的高层建筑群。该建筑物采用巨型框架，室内空间柱子少、自由度高、与建筑功能相匹配。

[结构方案]

如图 8-3-3 所示，巨型框架由带斜杆的大型柱、桁架梁组成，这些巨型构件负担了几乎所有的竖向荷载和水平荷载。标准层是图 8-3-2 所示的柱子很少的办公室空间，以及建在相当于高架人行道高度的大规模中庭，都籍由巨型框架方案而得以实现。更进一步，采用这种结构体系，即使在上层部，也能形成大型的中庭式空间。设计巨型结构构件时，其标准是: 基于当地具体条件，即使遭遇历史上曾经有过的或将来可能发生的最大等级的地震或风荷载，也不会对结构造成损伤。

图 8-3-1　建筑物外观

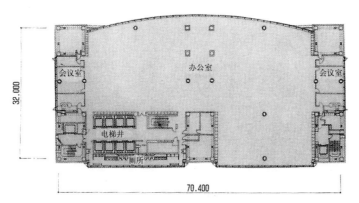

图 8-3-2　高层部标准层平面图

图 8-3-3　巨型框架

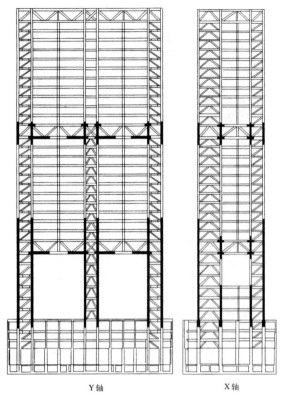

Y轴　　　　　　　　X轴

图 8-3-4 高性能 590 N/mm² 钢材使用范围(粗线表示)

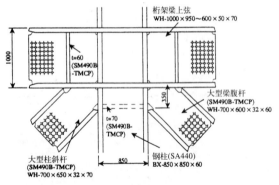

图 8-3-5 使用高性能 590 N/mm² 钢材的细部

巨型结构中的大型柱采用焊接箱形截面，斜杆为焊接H形截面，大型柱柱肢间的距离为6m和11m。这样的大型柱在标准层共配置5个，下部配置6个。桁架梁上下弦、腹杆都采用焊接H形截面，桁架梁高度为6m，其位置分别在地下第4层、地上第5层，第17层，及屋顶层。利用其所具有的刚度和层高，安排了设备房。

[**高性能 590 N/mm² 钢材的应用部位**]

巨型框架结构构件中的柱肢、桁架梁的弦杆都负担很大的荷载，如采用490 N/mm² 级别钢材（50kg级钢材），所需的板厚将超过100mm，可能产生焊接等一系列问题，为此，在地震时引起较大轴力、弯曲应力的部位：下层结构，桁架梁所在层及其上下层的柱肢，以及桁架弦杆的端部等采用高性能 590 N/mm² 钢材，如图 8-3-4 所示。柱肢截面为780×780~850×850，最大板厚80mm。桁架梁弦杆的焊接组合 H 形截面为 1 000 × 600 ~850 × 850，腹杆为 700 × 600，板厚70mm。大型柱和梁的焊接接头见图8-3-5，桁架梁的翼缘贯通。

对高性能 590 N/mm² 钢材的箱形截面柱进行了各种焊接试验。特别是大型柱与梁的连接部位，应力较大，板也较厚，利用同种钢材进行了对接焊缝的基本研究。

[**文　献**]
1) 青木他：高性能 60 キロ鋼の実施工への適用（その 1　材料検査証明書分析），日本建築学会大会学術講演梗概集（近畿），1996.9
2) 常木他：高性能 60 キロ鋼の実施工への適用（その 2　性能確認試験），日本建築学会大会学術講演梗概集（近畿），1996.9

4 代代木三丁目共同大厦学园楼 1

[建筑概要]

业　　主: 学校法人文化学园
设　　计: 都市规划研究机构、三菱地所(株)
施　　工: (株)藤田,(株)浅沼组、鹿岛建设
　　　　　(株)
占地面积: 2 995m²
建筑面积: 56 300m²
高　　度: 89.05m
层　　数: 地下 2 层，地上 20 层

代代木三丁目共同大厦建设规划 1 期工程学园楼 1（以下称"代代木三丁目共同大厦"）位于JR 新宿车站西南沿甲州街道分布的文化女子大学、文化服装学院校区内，毗邻新宿副都心的超高层建筑群。考虑到基地周边的都市规模，与该区域的街道风格相协调，形成都市化的标志性建筑，设计上用对称的外观来呼应建筑物正面的新都心。此外，代代木三丁目共同大厦也是首次在方钢管混凝土构件中采用高性能 590 N/mm² 钢材的建筑。

[结构方案]

图 8-4-1 为建筑全景，图 8-4-2 为标准层平面，图 8-4-3 为结构剖面。

图 8-4-1　代代木三丁目共同大厦外观

图 8-4-2　标准层平面图

主体结构中,地下1层起往上柱子为方钢管混凝土构件,地下2是钢骨钢筋混凝土构件。

结构抗震上的考虑,从地下1层起上部采用极低屈服点钢材的耗能墙柱,并根据平面和立面的参数在核心筒周边配置。地下2层则在平面两个方向均衡地设置钢筋混凝土抗震墙,使结构下部具有所需的刚度和承载力。

为了减少强风作用下建筑物的摇晃,并提高舒适度,在建筑物顶部设置了主动控制器。

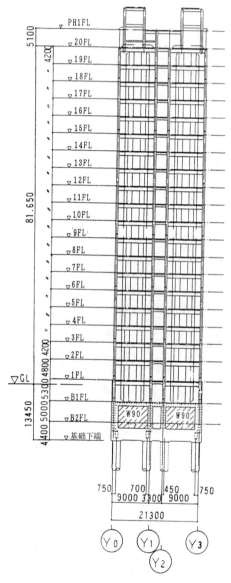

图8-4-3 剖面图

[高性能 590 N/mm² 钢材的应用部位]

本建筑中的箱形截面柱截面宽度为600mm（部分500mm），板厚为19mm~45mm。地下1层及地上1层柱45mm的板采用高性能 590 N/mm² 钢材。一方面控制了板厚,另一方面也保证了必要的变形能力。柱子钢板在角点的焊接为2/3熔透的部分熔透焊缝。共用了110t高性能 590 N/mm² 钢材。

采用高性能 590 N/mm² 钢材的箱形截面柱的梁柱节点构造见图8-4-4所示。柱的钢板为高性能 590 N/mm² 钢材,而梁以及柱内隔板为490 N/mm² 级别钢材。梁翼缘为工地焊接,腹板采用高强度螺栓摩擦型连接；柱子拼接为工地焊接。

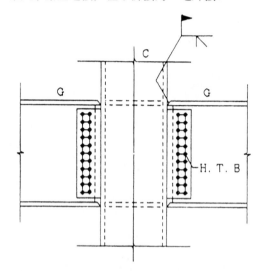

图8-4-4 箱形截面柱柱梁接头标准构造

对高性能 590 N/mm² 钢材进行了各种材性和焊接试验。为了掌握柱角采用部分熔透焊接的方钢管混凝土柱的性能,进行了这种焊接条件下的钢管混凝土柱—梁节点实验。

［文 献］
1) 岡田ほか：予熱低減型・建築構造用高性能 590 N 鋼板を使用した4面溶接ボックス断面柱の溶接適性試験, 日本建築学会大会学術講演梗概集, 1995.8
2) 藤原ほか：柱かど溶接を部分溶込溶接としたコンクリート充填角型鋼管柱・H形断面梁構造の力学性能に関する研究（その1・その2), 日本建築学会大会学術講演梗概集, 1995.8
3) 佐々木ほか：柱かど溶接を部分溶込溶接としたコンクリート充填角型鋼管柱・H形断面梁構造の力学的挙動に関する研究, フジタ技術研究所報, 第30号, 1994

5　武藏浦和站第2街区再开发事业A栋楼

[建筑概要]

业　　主: 武藏浦和站第2街区第一种市街地再开发事业个人施行者

设　　计: （株）久米设计，（株）Aitech规划

施　　工: 钱高组、前田建设工业企业联合体

占地面积: 7 261m²（总规划面积）

建筑面积: 73 372m²（总规划面积）

高　　度: 98.5m

层　　数: 地下1层，地上27层（塔顶层1层）

"武藏浦和站周边地区再开发"规划以JR琦京线与武藏野线交点的JR武藏浦和站为中心，本项目即其中的一环，是作为住宅、业务设施、商业设施的复合设施。建筑群包括高层栋（A栋楼）、中层栋（B栋楼）、低层栋（C栋楼）。地下部分则连为一体。A栋楼1~2层为店铺，3~7层为办公楼，8层为设备房，9~27层是环绕着中央中庭的公寓式住宅。这也是一幢首次在组合H梁中采用高性能590 N/mm² 钢材的建筑。

[结构方案]

A栋楼的外观见图8-5-1，低层部标准层平面见图8-5-2，结构剖面见图8-5-3。

A栋楼地面以上的平面尺寸，高层部为38.4m×51.2m，低层部的店铺、办公楼为43.4m×56.2m。两个方向都为纯框架，柱距为6.4m（局部为12.8m），负担了大部分地震水平力。柱子采用钢骨钢筋混凝土，9层以上的梁跨度达12.8m之处采用钢结构，跨度6.4m处采用钢骨钢筋混凝土，以提高住宅结构的刚度。8层以下的梁跨度为12.8m，采用钢结构，以为自由的大空间办公室提供条件。

[高性能590 N/mm² 钢材的应用部位]

本建筑如图8-5-2、图8-5-3所示，4层~8层边跨外扩，这部分的梁采用高性能590 N/mm² 钢材。

图8-5-1　A栋楼外观图

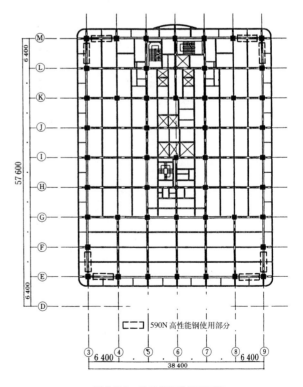

□□□ 590N 高性能钢使用部分

图8-5-2　低层部标准层平面图

8. 使用高性能590N/mm² 钢材的建筑

梁的截面为 BH-900 × 350 × 19 × 45~ BH-900 × 350 × 25 × 55。边跨梁与其他的梁相比需要的承载力大，钢板较厚，随之有更大的应力集中。因此，采用高性能 590 N/mm² 钢材可以尽量减小翼缘厚度，减少焊接施工的难度。针对焊接施工问题进行了各种材料试验和焊接性能试验。本结构设计中，允许钢梁的一部分发展塑性，这也符合屈强比控制在80%以下的高性能 590 N/mm² 钢材的使用方法。图 8-5-4 是使用高性能 590 N/mm² 钢材的部位的详图。

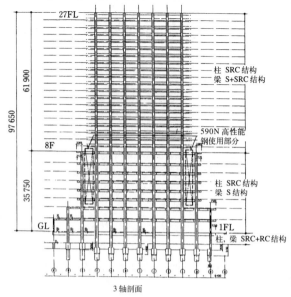

图 8-5-3　剖面图

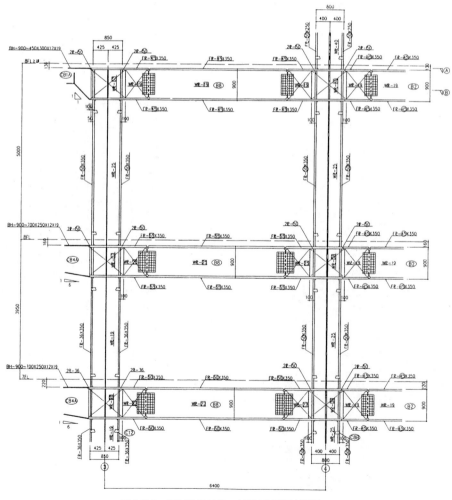

图 8-5-4　高性能 590 N/mm² 钢材使用部分详图

[9] 不锈钢建筑

建筑结构中采用不锈钢，是利用其表面的美观，兼做建筑装饰的一种使用方法。通过结构外露，增加建筑设计的自由度，充分发挥不锈钢本身的艺术特性以及外表美观的持久性。同时由于不必采用装饰外覆材料，可以直接确认结构的安全性，也使得管理维修工作简单化，能够长期保持整洁的外观环境。

结构用奥氏体系不锈钢(SUS 304)具有以下的优良性能。

1. 艺术性

可以通过轧制、研磨得到表面效果(镜面、拉丝表面等等)，自由选择颜色、光亮等等各种表面形式，可以兼做外装饰。

2. 耐久性、耐腐蚀性

耐腐蚀性非常高，最适合于一般环境下要求长寿命和免维护的建筑物中。

3. 耐火性、低温特性

高温下强度劣化小，同时在低温下具有较高的韧性，适用于对耐火性和低温特性有要求的建筑物中。

4. 非磁性

能够适用于与电导性能等有关的非磁性要求的建筑物中。

5. 结构特性

塑性变形能力大，韧性好，适用于有变形要求的结构体系。

6. 加工性

由于具有良好的韧性，所有具有良好的可焊性和机械加工性，能够进行复杂的加工。

可以在对这些性能有要求的建筑物用不锈钢作为结构材料，表9-0-1概括了适应这些不锈钢特性的主要用途。

下文将介绍不锈钢作为建筑结构材料使用的实际例子。实际上使用的钢种，主要为不锈钢协会规格 SAS 601《建筑结构用不锈钢钢材》中的 PS 235-SUS 304。

表9-0-1　适应不锈钢的特点的主要用途举例

特征	建 筑 物 、 构 造 物 的 用 途			
	商 业	产 业	文 化 、 研 究	其 他
艺 术 性	展览馆 商店 天井	服务中心	美术馆 水族馆 温室 研究所	纪念性构造物 三维网架
耐腐蚀性 耐 久 性	站台 塔楼 室外楼梯	化学工厂 沿海地带工厂设施 核电站关联建筑	除尘室 温室	体育馆屋顶 游泳池屋顶 高架水槽 储仓 地下储藏室
耐 火 性	旅店 商店		电影院 剧院	医院
低温特性		冷冻仓库 高寒地区设施	极低温研究设施	
非 磁 性		医疗设施建筑 MHD 发电设施建筑	宇宙观测建筑 磁悬浮列车关联设施	
结 构 特 性 （抗震性）	（可以与普通钢同等使用）			支撑 柱脚 隔振装置

注：粗体字为完全适用的建筑物、结构物。

[文　献]
1) 「新ステンレス鋼利用技術指針」：建設省建築研究所，ステンレス協会，1993.10

1 日新制钢加工技术研究所(裙房)

[建筑物的概要]

业　　主：日新制钢（株）

设计、结构：（株）大建设计

施　　工：鹿岛建设（株）

钢构件制作：（株）

建 筑 面 积：199.8m²

总建筑面积：349.76m²

建 筑 高 度：7.9m

层　　数：地面以上2层

图 9-1-2　门厅空间

　　兵库县尼崎市的日新制钢加工技术研究所裙房作为该所的附属建筑，是最早在我国建造的2层不锈钢结构建筑物。图9-1-1为建筑物的外观，图9-1-2为门厅的空间。

　　建筑物内有展示厅、办公室、会议室等等，门厅处部分抽空，其上部设置采光天窗。图9-1-3、图9-1-4、图9-1-5表示了建筑物的空间布局以及平面图、立面图和剖面图。

　　建筑物的基础为PHC桩（ϕ500mm）以及RC的点式基础。上部结构为：次梁间距6.1m×2跨，主梁5.6×4跨，双向均为2层框架结构；大门雨棚为独立结构。柱、大梁、次梁以及屋面杆件等等均采用不锈钢材料。柱为方钢管，梁为焊接工字钢（BH），屋面杆件为带有花篮螺栓的圆钢棒（M12）（参见图9-1-6）。

图 9-1-3　建筑物内部空间

图 9-1-1　建筑物外观

9. 不锈钢建筑

使用的主要材料如下:

柱:（1层）□-250×250×9

（2层）□-200×200×9

（雨棚）φ-200×6

大梁:（2层）BH-350×175×9×12

（R层）BH-250×125×6×9

（雨棚）BH-200×100×6×9

梁贯穿形式的梁柱连接处,采用工厂焊接。梁和梁的连接,采用不锈钢高强螺栓 10T-SUS（不锈钢协会规格 SAA 701）的摩擦连接,摩擦面的处理满足抗滑移系数为 0.45 以上。现场采用转角法紧固螺栓。

柱脚采用不锈钢锚固螺栓（SUS 304）与基础锚接,并用外包 RC 对柱脚予以固定。

建筑物上的外露梁和外露柱实施拉丝或者镜面的表面处理。

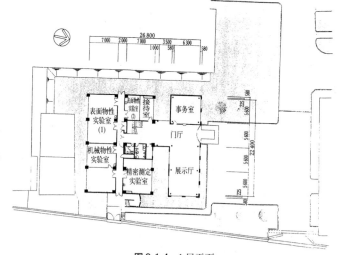

图 9-1-4　1 层平面

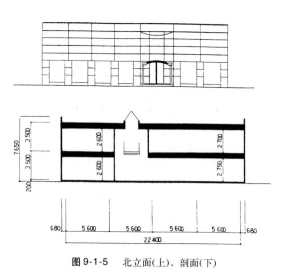

图 9-1-5　北立面(上)、剖面(下)

其他的内外墙壁、顶棚、楼面、屋顶等等采用了数十种新的表面装修材料,使建筑物全体展现不锈钢建筑的特色。

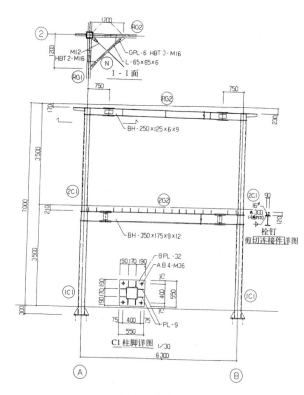

图 9-1-6　框架详图

[文　献]

1) 計良・志村：ステンレス鋼建築構造物とそのケーススタディ,
ステンレスと建築（S-a）No. 90, 1992. 9

2 住友金属工业小仓制铁所正门门卫室

[建筑物概要]

    业   主：住友金属工业（株）

    设计、结构：（株）FUJITA

    制   作：日田建工（株）

    建 筑 面 积：71.58m²

    室 内 面 积：32.53m²

    建 筑 高 度：3.54m

    层   数：地面以上1层

    北九州市小仓北区的住友金属工业（株）小仓制铁所正门门卫室是作为主楼正面玄关接待室用的不锈钢结构建筑物。

    屋盖檐口尽量轻薄以表现轻快感的造型设计，外墙面从立柱处后缩留出接待空间使访客有轻松感。图9-2-1、图9-2-2表示建筑物的外观，图9-2-4、图9-2-5给出了建筑物的立面和平面图。

    基础结构为RC独立基础。上部结构为长8.1m，宽7.2m长方形平面，形成两个方向单跨框架，柱头设置L形夹具，大梁用夹具铰接成简支梁。

    柱脚为外露形式，为考虑了锚固螺栓的伸长变形使柱脚具有转动刚度的抵抗水平荷载的悬臂结构。柱、大梁、小梁、屋面支承以及锚固螺栓均为不锈钢产品。柱为圆钢管，梁为轧制H型钢。主要使用的构件为，柱：$\phi^\cdot$-318.5×6.9，大梁：H-300×150×6.5×9。

图 9-2-2　柱子部分

图 9-2-3　梁柱节点

图 9-2-1　建筑物外观

焊接均采用工厂焊接，梁与梁之间的连接采用不锈钢高强度螺栓 10T-SUS 的摩擦连接。

根据建筑设计的意图，采用不锈钢材料以表现简洁明快的构架形式，避免在梁柱节点区域的焊接以及大梁中部的连接，仅仅在大梁的腹板处能见到少量的螺栓。图9-2-3表示了梁柱节点的情况。

为了使 H-300 的梁具有 H-150 的观感，采用了大梁高度一半处露出平钢板条的处理方法（参见图 9-2-6）。

露出屋外的柱和大梁的装修采用了拉丝（一部分为镜面）处理。

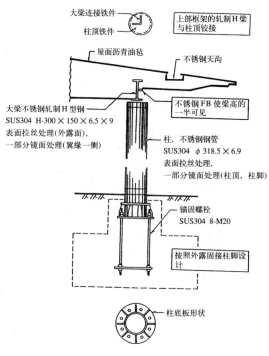

图 9-2-6 结构方案

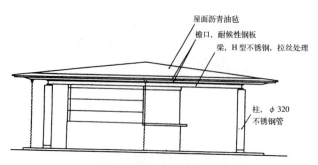

图 9-2-4 立面图

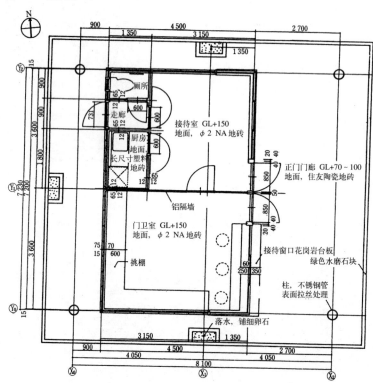

图 9-2-5 平面图

［文　献］
1）　計良・志村：ステンレス鋼建築構造物とそのケーススタディ，ステンレスと建築（S-a）No. 90, 1992. 9

292

3 加贺美山法善护国寺不动明王殿

[建筑物概要]

业　　主: 个人
设　　计: 三菱地所房屋（株）
结　　构: OVERLAP & PARTNERS
施　　工: 三菱地所房屋（株）
制　　作:（株）新菱制作所
占地面积: 335.01m²
建筑面积: 119.34m²
建筑高度: 12.24m
层　　数: 地面以上1层

不动明王主殿建造在山梨县中巨摩郡若町（甲府市西南约十公里)的加贺美山法善护国寺内中心位置的池塘上。

寺内有高度为8m的不动明王木雕的祭堂，为了保证其耐久性（使用年数500年)，支承大屋顶的主体结构采用了不锈钢结构。

殿堂坡屋顶的平面尺寸为14.7m×20.0m，高度为12.2m。殿堂墙壁为独立的钢筋混凝土结构，并与屋顶结构分离。同时，连接正面参拜道路的桥也采用不锈钢轧制H型钢为结构构件。

图9-3-1、图9-3-2表示了建筑物的外观和内部情况。图9-3-4、图9-3-5为构架立面图，图9-3-6为剖面尺寸图。

基础采用了比较有利的直接基础。

上部结构由不锈钢钢管上焊接T形截面钢构件的组合截面斜柱构成A字形构架，柱头为铰接。檩条为焊接H型钢，用不锈钢高强度螺栓与斜柱的T形钢构件形成刚接。同时，在柱下部将组合截面变化为纯钢管截面，并与形成挑棚的桁架相

图9-3-1　不动明王殿外观

衔接，有助于提高整个构架的刚度。斜柱的柱脚通过铸钢柱靴形成铰接，由与基础连接的钢筋混凝土短柱支承。

从柱脚的锚固螺栓到上部结构均为不锈钢材料，主要的构件如下:

柱:　 φ-216.3×12.7
　　　 φ-267.4×15.1
檩条: BH-125×1256.5×9
　　　 BH-150×150×7×10
挑棚: □-150×150×6

对于斜柱、檩条和桁架，仅在外观上能见部分做拉丝表面处理，而铸钢柱靴则采用喷沙进行大致处理，表面形成细微的凸凹状。

屋顶为陶瓦，挑棚部分则采用不锈钢板瓦（t=0.5mm)。

图9-3-2　建筑物内部

图9-3-3　挑棚内部以及柱脚

[文　献]
1) 月田，田中: KF 计画不动堂，月刊铁构技术，1995.7
2) 月田: 真言宗加贺美山法善护国寺不动明王殿の設計について，ステンレス建築 No.2, 1996.3

9. 不锈钢建筑

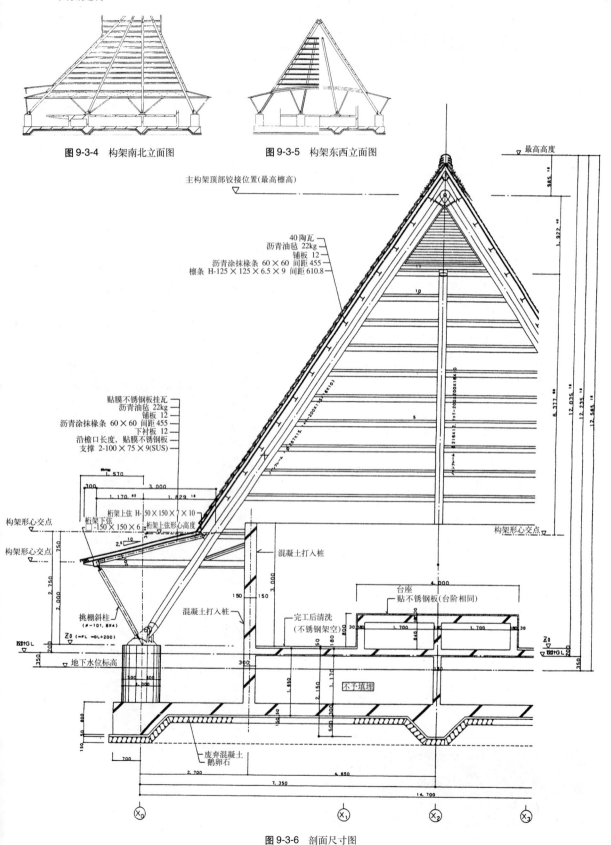

图 9-3-4 构架南北立面图

图 9-3-5 构架东西立面图

最高高度

主构架顶部铰接位置(最高檐高)

40 陶瓦
沥青油毡 22kg
铺板 12
沥青涂抹椽条 60×60 间距 455
檩条 H-125×125×6.5×9 间距 610.8

贴膜不锈钢板挂瓦
沥青油毡 22kg
铺板 12
沥青涂抹椽条 60×60 间距 455
下衬板 12
沿檐口长度,贴膜不锈钢板
支撑 2-100×75×9(SUS)

构架形心交点

构架形心交点

桁架上弦 H-150×150×7×10
桁架下弦
-150×150×6
桁架上弦形心高度

混凝土打入桩

构架形心交点

台座
贴不锈钢板(台阶相同)

挑棚斜柱
(φ-101.6×4)

混凝土打入桩

完工后清洗
(不锈钢架空)

地下水位标高

不予填埋

废弃混凝土
鹅卵石

图 9-3-6 剖面尺寸图

4 八幡屋室内游泳馆及活动地板装置

[建筑物概要]

业　　主：大阪市

设　　计：大阪市都市整备局营缮部，（株）东
　　　　　畑建筑事务所

结　　构：三菱重工业（株）

施　　工：三菱重工业（株）

制　　作：（株）合金

建筑面积：（50m泳池）1 300m²

　　　　　（跳台泳池）300m²

深　　度：（50m泳池）3.0m

　　　　　（跳台泳池）5.0m

八幡屋室内游泳馆位于大阪市港区八幡屋公园内，由50m游泳池和跳台泳池组成室内游泳设施。游泳池采用活动池底。图9-4-1以及图9-4-2为各游泳池全景。

通过升降游泳池的池底，可以在同一个游泳池内进行不同的游泳比赛，同时通过调整水深，既可以为儿童提供游泳服务，也可以向一般的市民开放。甚至可以将游泳池底升至地面标高，这样又成为室内体育馆或者滑冰场等等，可以具有多功能的用途。

50m泳池的活动池底沿长边方向分割为4块（10×26m、15×26m各两块），跳台泳池池底为1块（22×25m）。图9-4-4、图9-4-5为50m泳池及跳台泳池的平面以及剖面图。

活动池底由结构框架和推出式混凝土板构成，平常浸泡在水中，所以从耐腐蚀性的角度考虑采用了不锈钢作为结构材料。同时，采用了多组水压千斤顶构成升降系统。

活动池底由I字形格子桁架与立柱一体化形成框架结构。图9-4-3展示了结构框架的现场施工状况。

根据使用功能，游泳池使用期间垂直荷载由水压千斤顶承受。水平荷载由立柱承受。同时，作为体育馆使用时，垂直荷载和水平荷载由立柱和游泳池两端池壁上设置的支承装置（50m泳池每块活动板6个支承点，跳台泳池10个支承点）承受（参见图9-4-6）。格子桁架框架为焊接H型钢，立柱为方钢管。主要的构件如下：

大梁：BH-500×300×8×19

　　　BH-500×250×8×16

　　　BH-400×200×6×9

立柱：□-350×350×9

　　　□-250×250×9

框架和立柱的连接采用M24的不锈钢高强度螺栓（10T-SUS）。

结构构件保持No.1加工方法的外观（轧制后退火以及酸洗处理），混凝土板的地面一侧贴面砖。

图9-4-1　50m泳池全景

图9-4-2　跳台泳池全景

图9-4-3　结构框架施工状况

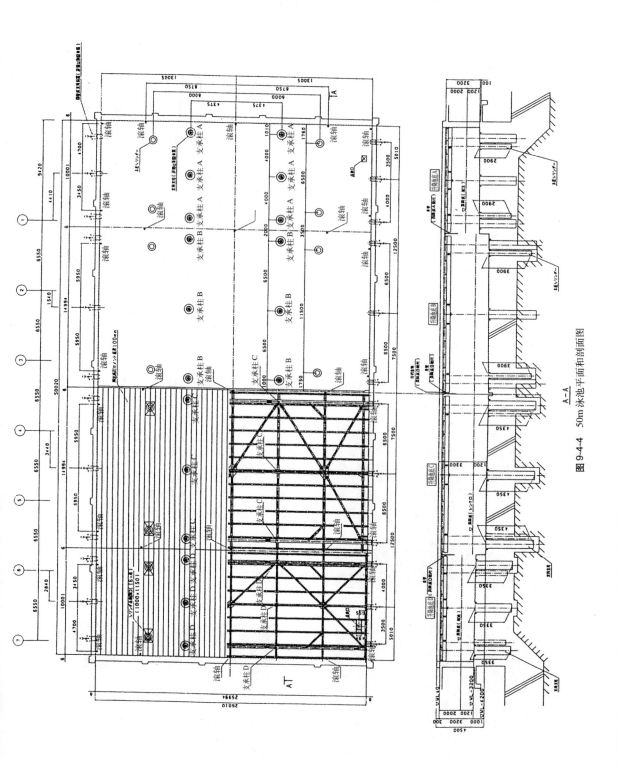

图 9-4-4　50m 泳池平面和剖面图

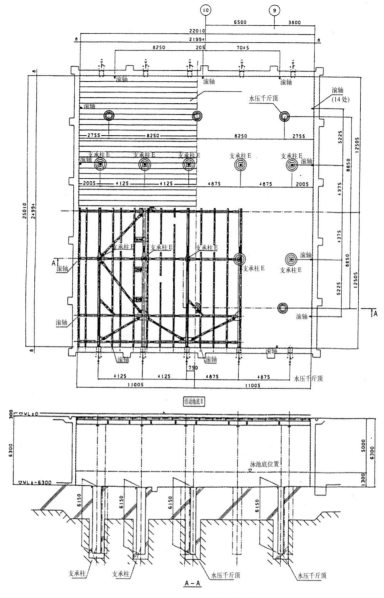

图 9-4-5 跳台泳池平面和剖面图

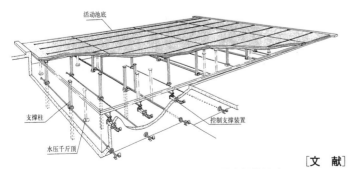

图 9-4-6 活动池底的支承状态(作为体育馆使用时)

[文 献]

1) 土井：八幡屋プール可変床設備，ステンレス建築 No. 3，1996. 6

5 明石站前广场巴士站棚

[建筑物概要]

业　　主：明石市

设计、结构：（株）大场

施　　工：明石土建工业（株）

制　　作：近畿车辆（株）

建筑面积：226.1m²

高　　度：3.35m

　　明石站前环状交叉路口设置的巴士站棚为细长形的结构物，分为沿东侧长126.5m，沿西侧长139.6m两段，考虑到抗腐蚀性的要求采用了不锈钢材料，设计上充分利用了不锈钢材料本身的美观特点。棚顶面积3m×6m的标准单元由跨度为

5m的2榀格构柱支承，由多个标准单元组成连续的构筑物。基础为RC的独立基础（参见图9-5-1）。

　　棚顶由聚碳酸酯槽沟板和H型钢构成。立柱的2根主钢管由支杆钢管连接，并用螺栓与工厂制作的棚顶在现场连接组装。图9-5-2、图9-5-3以及图9-5-4展示顶棚平面图、侧面图以及侧面详图。

　　主要构件有：

立柱：　　　φ-101.6×4

顶棚支承：　φ-248.6×3

梁：　　　　BH-100×60×6×8

表面处理：　拉丝（一部分镜面处理）

图 9-5-1　巴士站棚外观

9. 不锈钢建筑

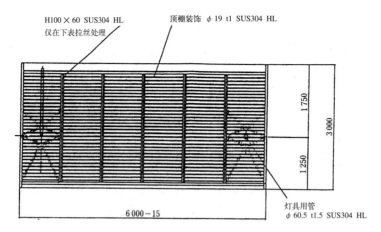

H100×60 SUS304 HL
仅在下表拉丝处理

顶棚装饰 φ19 t1 SUS304 HL

1750

3000

1250

6000−15

灯具用管
φ60.5 t1.5 SUS304 HL

图 9-5-2 顶棚平面图

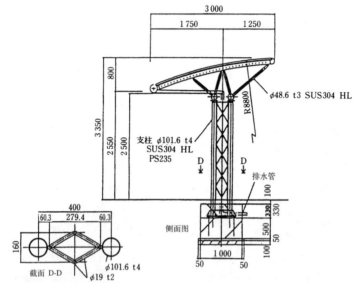

3000

1750　　1250

800

3350

2550

2500

2500

φ48.6 t3 SUS304 HL

R8800

支柱 φ101.6 t4
SUS304 HL
PS235

D　　D

排水管

100

330

500

50

侧面图

1000

50　　50

400

60.3　279.4　60.3

160

截面 D-D

φ101.6 t4

φ19 t2

图 9-5-3 侧面图

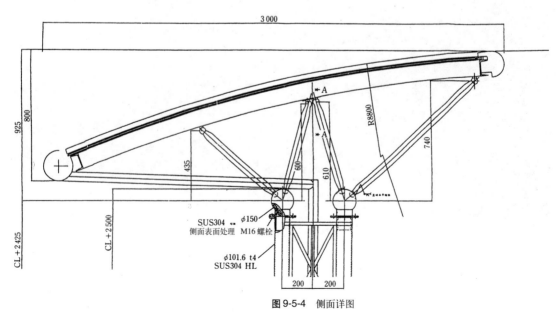

3000

925

800

R8800

A

A

435

600

610

740

CL＋2425

CL＋2500

SUS304
侧面表面处理

φ150

M16 螺栓

φ101.6 t4
SUS304 HL

200　　200

图 9-5-4 侧面详图

6 东京国际展览馆美狄亚塔

[建筑物概要]

业　　主: 东京都

设计、结构: 东京都财务局营缮部国际设施建
　　　　　设室，（株）佐藤综合规划

施　　工: 间、青木、日本国土、新井、松
　　　　　井、不动、今西、东海建设企业
　　　　　联合体

制　　作: 菊川工业（株）

建 筑 面 积: 85.6m²

高　　度: 10.0m

江东区有明地区建造的东京国际展览馆的美
狄亚塔（广告塔）为由4根中央RC立柱支承的不
锈钢结构的空间网架。图9-6-1为美狄亚塔的全
景。

由方型截面钢管（□-50×50×3mm）构成
的空间网架外周为1.8m×5跨、内周为1.8m×4
跨的正方形网格，两者之间间距0.7m，由圆形钢
管（φ-48.6×3mm）为腹杆连接构成四面体网架
单元（参见图9-6-2以及图9-6-3）。外周网格上全
部或者部分张拉广告膜布。由于距离海岸较近，
故在钢材表面涂刷氟化树脂涂料。

图9-6-1　美狄亚塔全景

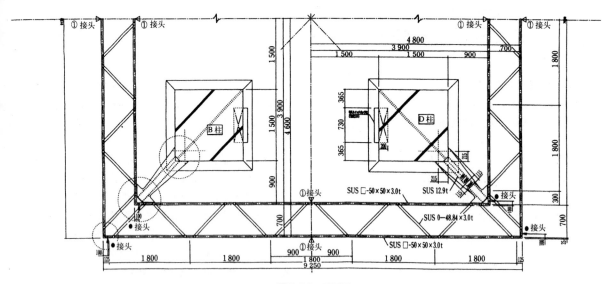

图 9-6-2 平面图

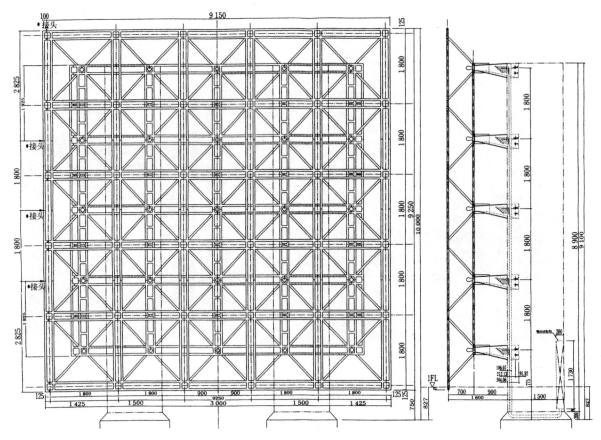

图 9-6-3 立面图、剖面图

7　大同特殊钢知多工厂标志塔

[建筑物概要]

业　　　主：大同特殊钢（株）

设计、结构：太阳工业（株）

施　　　工：太阳工业（株）

制　　　作：太阳工业（株）

高　　　度：16.8m

大同特殊钢（株）知多工厂标志塔位于爱知县东海市该工厂入口处，兼做路标指示塔，为不锈钢空间桁架结构的纪念构造物（参见图9-7-1）。

塔身由长2.2m的管材构件为边长的正三角形八面体单元组合而成，其顶部为安装了密孔金属板的星状标志物（参见图9-7-2以及图9-7-3）。

桁架构件钢管尺寸为 ϕ 76.3×3~ ϕ 139.8×4mm，使用了不锈钢SUS630（相当于9T）的M20~M36螺栓。

不锈钢表面均做了镜面处理。

图 9-7-1　标志塔

9. 不锈钢建筑

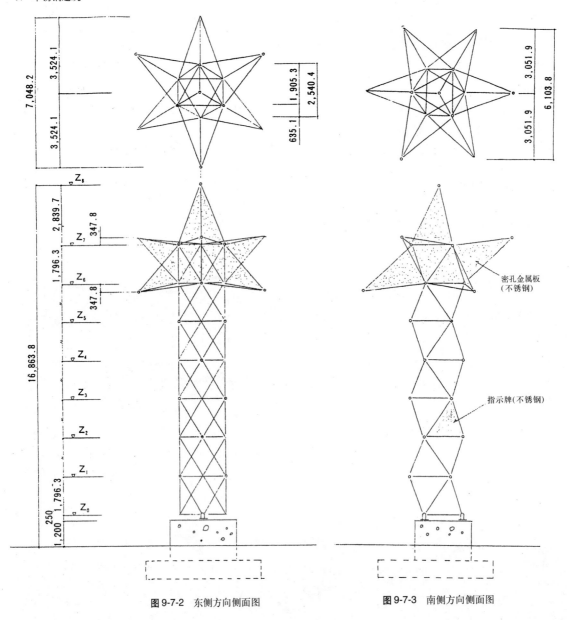

图 9-7-2　东侧方向侧面图　　　　　图 9-7-3　南侧方向侧面图

密孔金属板
（不锈钢）

指示牌(不锈钢)

［文　献］
1）珠久，奥原：ステンレス TM トラスの実績と今後の展開，
ステンレス建築 No. 3，1996. 6

[10] 制振结构

1 SONIC 城办公楼

[建筑概要]

所　在　地: 埼玉县大宫市
业　　　主: 日本生命保险相互会社, (株)藤田公司
建 筑 设 计: 日建设计（株）
结 构 设 计: 日建设计（株）
施　　　工: （株）藤田公司
建 筑 面 积: 105 060m²
层　　　数: 地下4层、地上31层、塔楼1层
用　　　途: 办公楼
高　　　度: 140m
钢结构加工: （株）宫地铁工所松本工厂，川崎重工业（株）町田工厂、驹井铁工（株）东京工厂，川岸工业（株）千叶第1工厂
竣　　　工: 1987年3月

[结构概要]

结 构 类 别: 基础　现场灌注钢筋混凝土桩
　　　　　　 结构　地上　钢结构
　　　　　　 　　　 地下　SRC结构与RC结构

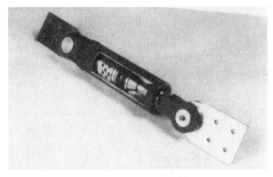

图10-1-1　摩擦型阻尼器

图10-1-2　建筑物外观

1. 建筑物结构概况

本建筑为办公楼，如图 10-1-3 所示，在中央设置了核心筒。由图 10-1-4 可见，整个建筑由办公楼和旅店两部分组成，地上结构中设置抗震缝，成为两栋互相独立的楼房。办公楼自地上 1 层起为钢结构。图 10-1-5 为柱网。抗侧构件如图 10-1-6 示，配置钢板墙，保证抗震所需的刚度和承载力。

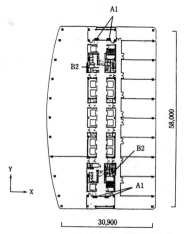

图 10-1-3 标准层平面

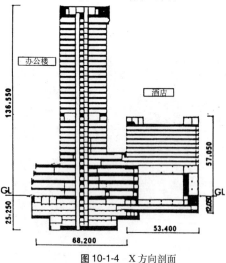

图 10-1-4 X 方向剖面

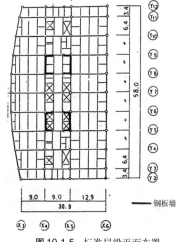

图 10-1-5 标准层梁平面布置

2. 摩擦型阻尼器的构造

摩擦型阻尼器的构造示于图 10-1-8。摩擦力为 10t。阻尼器由钢棒、穿过钢棒的螺母，蝶型弹簧、楔形内筒和楔形外筒形成的滑动部分以及钢制外管组成。

通过蝶型弹簧将楔形内筒推向螺母一侧，利用楔子效应使沿圆周方向分为三等分的楔形外筒向钢制外管的内壁挤压从而产生摩擦力。摩擦力的大小由螺母的拧紧扭矩调节。

楔形外筒与钢制外管的接触部位的滑动部分能形成稳定的摩擦力。为了防止滑动时产生噪音，使用了掺有石墨的合金铜。

图 10-1-7 是摩擦型阻尼器的恢复力特性随振动速度变化的情况。实验结果显示，恢复力特性曲线由长方形渐变为水平线略有收缩的图形，但其耗能能力与振动速度、加速度的次数无关，但与阻尼器滑动部分的温度有一定联系（图10-1-8,

图 10-1-6 摩擦型阻尼器机构

(a)频率一定(f=0.33Hz)　(b)振幅一定(δ =20mm)

图 10-1-7 加振速度对恢复力特性的影响

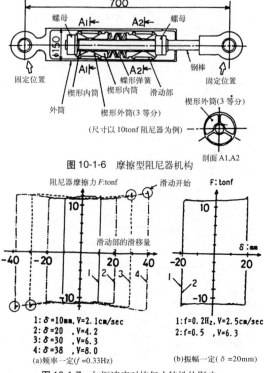

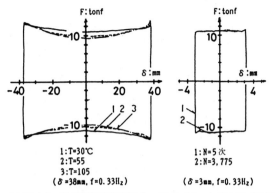

图 10-1-8 滑动部温度对恢复力　　图 10-1-9 加振次数对恢复力
　　　　　　特性的影响　　　　　　　　　　　　特性的影响

图 10-1-9），与滑动部分的滑移量大约成正比。

3. 阻尼器设置

如图-10所示，阻尼器设在预制墙板和大梁之间，利用地震或者风作用时建筑物的层间变形使阻尼器作动。阻尼器对称地布置在图 10-1-3 所示的核心筒的周边，各层沿 X 方向设 4 台（A1 型），沿 Y 方向 2 台 1 组设 2 处（B2 型），均为 10t 的阻尼器。

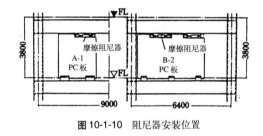

图 10-1-10 阻尼器安装位置

4. 阻尼器的刚度

摩擦型阻尼器的恢复力特征为刚-滑移型，解析分析有一定困难，通过实验，将阻尼器和框架结构联系在一起，其整体恢复力特性能按双线性模型考虑(笔者对比了阻尼器单体与阻尼器-框架共同工作两类实验)。为了计算有阻尼器存在时框架结构的刚度，将预制墙体置换为杆件，用相当于设计荷载1/10的水平力作用时阻尼器负担的剪力与层间变形确定等效水平刚度。

5. 动态分析

振动分析模型为建筑物地上部分32质点的剪切型模型。结构的恢复力模型采用三线型，其中包含阻尼器在内的预制墙板采用双线型模型。振动模型的固有周期如表 10-1-1 所示，由于阻尼器的存在，初期刚度增大，与无阻尼器的情况相比固有周期约缩短 1/10。地震输入采用 El Centro 1940 NS 波。输入地震的强度，设定为预期的中小到大地震，如表 10-1-2 所示的 5 种等级。建筑物的阻尼比采用刚性比例假定，中小地震时，对应结构的第一周期，阻尼比为 0.01；建筑中心高层评定要求的25cm/sec、50cm/sec等级地震时，阻尼比设定为 0.02。中小地震的最大加速度为 50~150gal，反应结果如图 10-1-11 所示。从中可以得到如下结论：

1）无论是否设置阻尼器，反应值的分布模式相似。

2）建筑物整体的反应值由于阻尼器作用可以减少20%。

地面运动最大速度 25cm/sec，50cm/sec 时的反应结果示于图 10-1-12，从中得到如下结论：

1）无论是否设置阻尼器，反应值的分布模式相似。

2）地震等级为25cm/sec时由于阻尼器效应使建筑物整体反应值降低 10% 左右。

3）地震等级为50cm/sec时阻尼器作用较小，反应值基本上没有变化。

6. 结语

本文介绍了以适应中小地震和风作用时提高房屋舒适度为目的而开发的摩擦型阻尼器的概况，并报告了超高层建筑中应用的实例。

表 10-1-1　固有周期　　　　　（s）

		1 次	2 次	3 次
X 方向	无阻尼器	3.12	1.17	0.77
	有阻尼器	2.88	1.07	0.71
Y 方向	无阻尼器	3.06	1.12	0.73
	有阻尼器	2.76	1.02	0.66

表 10-1-2　输入地震

地震等级	加速度 (gal)	结构阻尼比 (%)	反应时间 (sec)
中小地震	50	1.0	20.0
中小地震	100	1.0	20.0
中小地震	150	1.0	20.0
25cm/sec	259	2.0	20.0
50cm/sec	518	2.0	20.0

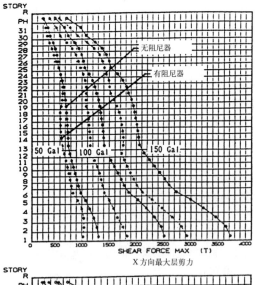

X 方向最大层剪力

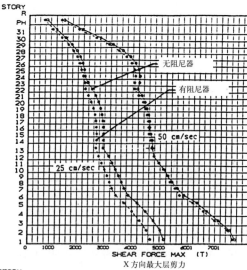

X 方向最大层剪力

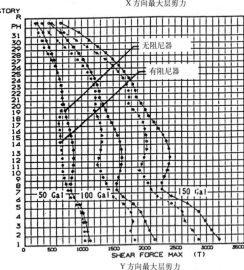

Y 方向最大层剪力

图 10-1-11　中小地震时的反应结果

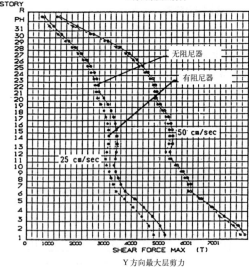

Y 方向最大层剪力

图 10-1-12　25cm/sec 和 50cm/sec 时的反应结果

图 10-1-13　摩擦阻尼器安装中

2 阪急茶城町大厦

[建筑概要]

所　在　地: 大阪市北区茶屋町10-1

业　　　主: 阪急不动产（株）

建筑设计: （株）竹中工务店

结构设计: （株）竹中工务店

施　　　工: （株）竹中工务店

建筑面积: 96 586m²

层　　　数: 地下3层、地上34层、塔楼3层

用　　　途: 酒店、办公楼、剧场、商场

高　　　度: 161.1m

钢结构加工: 川田工业(株)、川崎重工业(株)、
　　　　　　驹井铁工(株)、正和制作厂、高
　　　　　　田机工(株)、松尾桥梁(株)

竣　　　工: 1992年11月

[结构概要]

结构类别: 基础　现场灌注钢筋混凝土扩
　　　　　　　　底桩
　　　　　结构　地上7层以上钢结构
　　　　　　　　地面6层以下SRC结构

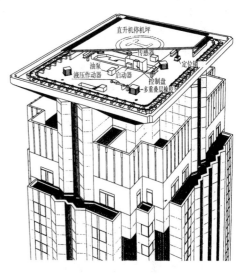

图 10-2-2 制振装置配置图

图 10-2-1 建筑物全景

1. 建筑方案

本建筑位于日本国铁（JR）大阪站东部的茶屋町开发区中心，是都市型复合设施。高度为161m的建筑处在东西130m、南北105m的矩形基地的中央。从9层到23层是具备智能型建筑功能的办公楼，24层为设备房，25层为餐厅，26层以上是高级宾馆。顶部设有为紧急撤离时着陆时用的直升机停机坪。低层部的西侧有酒店宴会厅、饮食设施，东侧设两个剧场，南侧31m高处穹顶状玻璃屋顶下是一个店铺和观光平台。各种设施展示都市风情。

2. 结构方案

标准层为东西34m、南北45m的长方形平面，其低层部分（办公楼）中央为核心筒，高层部分（酒店）中央为中庭，客房围绕中庭布置。低层部和高层部分别根据建筑平面布置设置抗震、抗风构件，上下两部分通过设备房的斜柱、支撑、巨型桁架连接起来。通过将水平荷载引起的柱子轴力分散到下部结构的做法以达到结构整体减小弯曲变形的目的。下部结构的平面形状稍有些复杂，设定梁柱截面时考虑和柱子负担的轴力相对应的

水平刚度及强度，以减少偏心，并保证下部结构具有合理的刚度和承载力。

3. 制振装置

3.1 开发原因

本建筑物中高等级酒店客房全部集中在26层以上，为此必须保证客房的居住舒适度。这样采取可以降低建筑摇晃的制振结构是最有效的。另一方面，市政府要求在屋顶设置紧急时可供着陆用的直升机停机坪。该停机坪重480t，相当于高层楼房对应第一周期的有效质量的3.5%，可以用作为可动质量。而本建筑具有规则的平面，短边、长边具有相同的自振特性，可以将停机坪用于两个方向的制振体系。

3.2 制振目标

制振是为了提高强风及地震时的舒适度，其适用范围为：大阪5年一遇的风（顶部平均风速为30cm/s）以及中等强度地震（相当日本划分的震度为IV）。作为性能指标，风作用时结构的晃动减低1/3，地震时建筑物摇晃的时间大幅度减小。

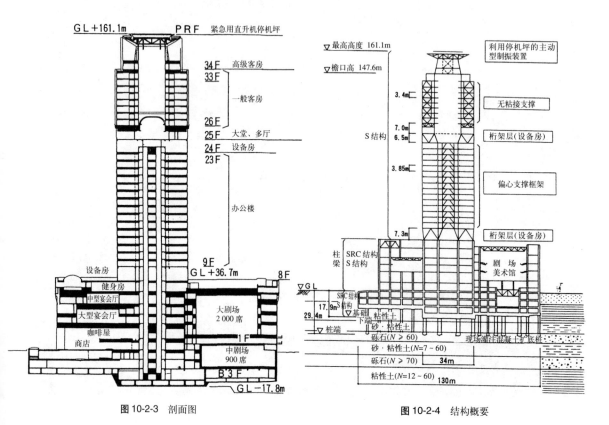

图 10-2-3 剖面图

图 10-2-4 结构概要

3.3 制振方法

制振装置大类有：避免建筑物与外界作用发生共振的质量阻尼（TMD）和利用外部能量驱动可动质量块抑制建筑物振动（AMD）。TMD以最优同步为前提，但小震时建筑物的周期受到非结构构件的影响，与设计值并不相同，并且又随地震作用而有变动。本建筑物采用TMD、AMD并用的系统以追随建筑物的周期变化，而停机坪系统的共振控制力一部分由TMD机构的弹簧力补充。

3.4 制振装置构成

本制振系统的设备配置如图10-2-2所示。基本要素及设备规格列于表10-2-1。主要设备有：停机坪及支承停机坪的叠层橡胶，测量建筑物和质量块位移的传感器，计算最佳控制指令的控制器，

表10-2-1 制振装置基本要素及设备规格

① 质量块（停机坪）
重量480t
允许水平位移：±30cm
② 叠层橡胶（6台）
额定荷载：80t/台
竖向刚度：380t/cm
水平刚度：245kg/cm
水平固有周期：3.6s
最大允许变位：40cm
③ 液压作动器（两方向各2台）
最大推力：5t/台
制动力：12t/台
冲程：±35cm
控制范围：0—±15cm
制动范围：±15—±35cm
④ 油压设备（两方向各1台）
使用压力：105kg/cm²
油泵能力：64l/分（最大）
电机动力：11kW×4P
油库容量：150l/台

图10-2-5 多重叠层橡胶

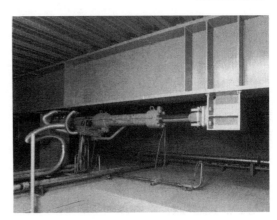

图10-2-6 液压作动器

执行控制指令的液压作动器。液压作动器沿两个方向各布置2台，同方向作动时步调一致。

3.5 制振机制

本系统的控制方式采用最佳调节理论，反馈的状态变量为建筑物顶部的位移、速度以及停机坪和建筑物之间的相对位移和速度。AMD从0.5cm/s开始动作，质量块移动范围在±15cm内可控制动作，超出后即制动。研究包括大地震在内的各种情况，停机坪的可移动范围确定在±30cm，超出后将停机坪用锁舌固定在建筑物上。

4. 制振效果

4.1 振动实验结果

将AMD装置作为加振器，对建筑物施加第一周期的正弦波，对比非制振（自由振动）和制振状态下的反应。图10-2-7是实验结果。建筑物自身与第一周期对应的阻尼比约1.4%，用AMD制振时阻尼比提高到10.6%。根据这一数据求得风速和反应加速度的关系，顶部平均风速为

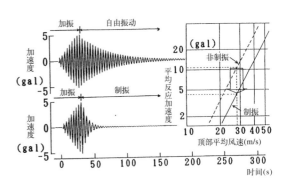

图10-2-7 加振实验结果

30m/s 时，建筑物平均反应加速度非制振时为 11cm/sec²，制振时约为4cm/sec²。基本达到目标值。这种状况下实测的建筑物第一周期，短边方向为3.4s（设计值4.84s），长边方向为3.8s（设计值4.67s）。

4.2 强风时的观测结果

1993年9月观测到的建筑物在13号台风作用下的振动纪录如图10-2-8所示。制振、非制振状态每隔10分钟交替并纪录。制振效果采用RD法将相当于自由振动的波形计算出来。分析时采用20分钟的制振纪录数据，30分钟的非制振纪录数据。图10-2-9为其结果。从中求得等效阻尼比。非制振时该值约为2%，制振时为6%~15%。从上述结果求出傅立叶谱示于图10-2-10，从中可以看出制振效果显著，与实验结论相同。

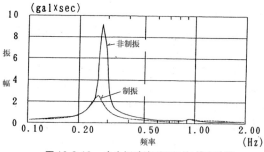

图 10-2-10　自由振动波形(RD法)傅立叶谱

5. 结语

高层建筑防灾用的屋顶直升机停机坪，作为制振装置的可动质量块，位置恰当，且有足够的重量。通过激振实验和强风观测，表明利用其作为主动控制制振装置的效果，能够达到期望的目标要求。实际建筑物上的AMD的有效性得到证明。

本制振系统的开发，得到竹中工务店和Kayaba工业的共同研究，特此致谢。

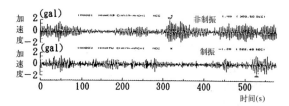

图 10-2-8　强风时观测记录(1993年9月台风13号)

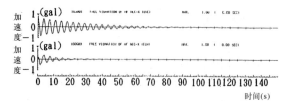

图 10-2-9　采用RD法的自由振动波形

［文　献］
1) 相沢ほか：アクティブマスダンパに関する実験的研究（その1～3），日本建築学会学術講演梗概集（近畿），1987.10
2) 相沢ほか：2方向制御アクティブマスダンパの開発（その1～4），日本建築学会学術講演梗概集（九州），1989.10
3) 相沢ほか：2方向制御アクティブマスダンパの開発（その5～7），日本建築学会学術講演梗概集（中国），1990.10
4) 羽生田ほか：高層ビル用制振装置のための油圧制御，日本機械学会第69期全国大会講論文集（C），1991.10
5) 福山ほか：屋上ヘリポートを可動マスとしたアクティブ型マスダンパ，日本機械学会第3回「運動と振動の制御」シンポジウム講演論文集，1993

3 安东锦町大厦

[建筑概要]

所 在 地：东京都千代田区神田锦町 3-23

业　　主：（株）安东商店

建筑设计：Kajima Design

结构设计：Kajima Design

制振设计：鹿岛建设（株）、小堀研究室

施　　工：鹿岛建设（株）东京支店

建筑面积：4 928.3m²

层　　数：地下 2 层、地上 14 层

用　　途：办公楼、住宅

高　　度：檐高 53.55m，最高处 68.1m

竣　　工：1993 年 7 月

[结构概要]

结构类别：基础　现场灌注钢筋混凝土桩
　　　　　结构　地上钢结构,地下 SRC 结构

地上结构重量：约 2 600t

第一周期：南北方向 1.46s，东西方向 1.44s
　　　　　（设计时）

[制振装置简况]

形　　式：主动型双重动力减振器（DUOX）
　　　　　水平两方向同时控制，全天候

附加质量：AMD 2t × 2，TMD 18t

行　　程：AMD 50cm，TMD 15cm

驱动方式：AC 伺服式电机 7.5kW × 2
　　　　　圆头螺栓支承

阻尼机构　中空叠层橡胶，油阻尼器

运转方式：强风、地震时由触发机构引发运转

安全装置：自动诊断、自动复位

图 10-3-1　建筑物外观

图 10-3-2　主动型双重动力减振器(DUOX)

1. 序言

由小堀倡导制振结构实用化开发10年以来，一些开发、设计者以高层建筑为中心推进这一事业。而阪神地震以后，对抗震安全性以及建筑物功能保持的意识越发强烈，制振、隔振结构正在更多地增加。

这里回顾制振结构技术在实际建筑物中的应用，将其中作为主动型制振系统加以实用化的混合式主动型双重动力减振器予以介绍。

2. 制振结构的现状

图10-3-3是根据笔者的调查，将制振结构按年代顺序予以排列。图中将主动型和被动型的应用实绩随时间的推移分开表示，从结构方案看则大体按如下两类加以区别：以中小型规模地震和强风时减轻振动为目的的技术，主要采用附加重锤型的制振装置AMD、HMD、TMD、TLD等；以提高大地震时的安全性的技术，主要采用各种阻尼器。

根据这种方式划分的制振装置的应用业绩表示于图10-3-4。以附加重锤型的HMD、AMD为主的制振装置主要用在超高层建筑中，其应用的建筑物在1994年达到高峰，其后随着建设需求的下降而几乎绝迹。但是主动型制振结构的目标，其实不论外部作用的类型或大小，是要将结构保

持在弹性范围内（对风作用而言，则是使居住者处在无感觉的状态），现在也可以与被动控制进行组合，如可变阻尼、主动型支撑系统等对大地震有效的系统的实用化正在研究开发之中。

再考察一下利用各种阻尼器作为被动控制装置的情况，其中利用钢制阻尼器的占了大多数。利用这种阻尼器的塑性发展可以制成弯曲型、剪切型、扭转型等各种样式，材料的屈服点较低、变形伸长能力大，也即能量吸收的能力很大，已经进到实用化的阶段。特别是钢制阻尼器单位耗能能力的造价低，在阻尼器中得到迅速的发展。另外，其也适用于45m高度以下的建筑，今后的应用将更加普及。

从以上各种类型的制振装置中，本文介绍的实例是独特的混合式HMD主动型双重动力减振器，以及应用该制振系统的实际工程—安东锦町大厦。

3. 安东锦町大厦

3.1 建筑方案

安装有主动型双重减振器（DUOX）的安东锦町大厦位于东京都千代田区，于1993年7月建成，是一栋办公楼-住宅建筑。本建筑是采用4根大柱的非常简单的体系，也是一栋标志性的建筑。这一"4根柱"的概念，其实是建筑空间的出发点之一，渗透着日本传统建筑的精神。

3.2 结构方案

采用4根柱子的框架，设计上如何保证结构的刚度是最重要的事项之一。要提高结构刚度，可以采取如增大构件截面，设置支撑、剪力墙等方法。但建筑上要求形成具有向四方延伸的透明感、开放感的效果，最合适的只有纯框架结构的形式。最后标准层采用具有较大刚度的双梁与直径达1000mm的4根钢管形成边长为12.6m×14.0m的平面。四个方向楼板都向外挑出，创造出开放式的办公空间。

3.3 制振方案

主动型双重动力减振器DUOX非常适合于这一建筑、结构方案相当独特的房屋，也即与建筑、结构整体方案互相融合，满足居住空间的静音要求。制振装置安装在屋顶差不多中心（重心）的地方，可以减小地震、强风时的振动，而制振时的机械振动则不向下部结构传递。

由于建筑物平面接近正方形，制振装置可以在两个水平方向起控制作用。由此可以控制水平方向的晃动。

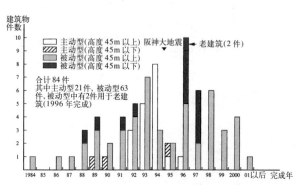

图10-3-3 制振结构的年代分布(完成或预定完成)

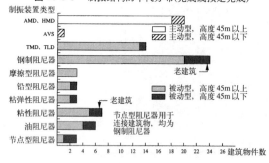

图10-3-4 制振结构制振装置类别分布(包括预定完成)

制振目标是：对于不超过震度 V 的地震，以及重现期为20年的强风，建筑的反应值与非控制的情况相比要降低到1/3以下。

4. 制振体系

主动型双重动力减振器 DUOX 是附加质量型的制振装置，在被动型的减振器上方装载 AMD 作为主动装置以获取较大的振动控制效果，成为混合式制振装置。动力减振器部分的重量为20t，约是建筑物重量（约2 600t）的0.8%，而 AMD 的重量又是动力减振器的1/10，只有2t，相当于建筑物重量的0.08%。动力减振器由油阻尼器组成，设在中空叠合橡胶上，叠合橡胶既作为竖向支承，又作为水平弹簧机构。AMD 由7.5kW 的 AC 伺服式电机和圆头螺栓驱动。接受建筑物屋顶上安放的传感器发出的信号后，控制计算机根据分析结果作出控制指令。本系统采用的控制程式参照文献2。

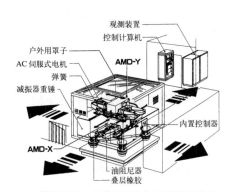

AMD-Y
户外用罩子
AC 伺服式电机
弹簧
减振器重锤
内置控制器
AMD-X
油阻尼器
叠层橡胶

图 10-3-5　主动型双重动力减振器的构成

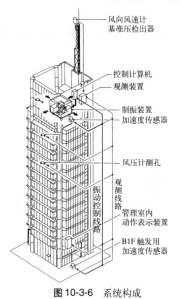

风向风速计
基准压力检测器
控制计算机
观测装置
制振装置
加速度传感器
风压计测孔
观测线路
振动控制线路
管理室内动作表示装置
B1F触发用加速度传感器

图 10-3-6　系统构成

控制计算机备有自动诊断和自动复位功能。万一自动诊断发现有异常现象、或停电后再供电时设备会自行启动。装置仅在建筑物摇动时才由触发机构引发运转，可以节省能源。整个装置用铝合金框玻璃罩覆盖，是全天候工作型的，可以看作是一个"能移动的小屋"。装置的构成见图10-3-5，系统的构成见图 10-3-6。

5. 地震、强风观测

5.1　观测系统

为了确认安东锦町大厦上安装的 DUOX 装置的动力制振效果，设置了观测系统。观测系统的构成如图 10-3-7 所示。观测系统由传感器、记录器、传输器等组成，以观测、传递建筑物反应和制振装置的反应。

观测记录利用中心的电话线收集。利用这些记录来检验制振装置的有效性。

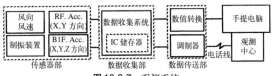

| 风向风速 | RF. Acc.(X、Y 方向) | 数据收集系统 | 数值转换 | 手提电脑 |
| 制振装置 | B1F. Acc.(X、Y、Z 方向) | IC 储存器 | 调制器 | 观测中心 |

传感器部　数据收集部　数据传送部　电话线

图 10-3-7　观测系统

5.2　观测记录与制振效果

表 10-3-1、表 10-3-2 是 1993 年建筑物竣工以来主要的观测记录的概览。选取其中地震、强风作用时有代表性的记录，与数值分析进行比较后说明加以说明。

图 10-3-8 是 1994 年 10 月 4 日发生北海道东方冲地震（M8.1，东京震度 III）时的记录。图中的控制值是记录数据，非控制值是根据记录得到的地震加速度进行数值分析的结果。从对比可知，因远方地震引发的建筑物最上层的摇动约降低了1/2。

图 10-3-9 是 1995 年 9 月 17 日 12 号台风时的记录。图中非控制值是根据制振装置的作用力经

表 10-3-1　地震观测记录一览

日期	地震名称	M	东京震度	地面加速度 gal		建筑物加速度 gal	
				EW	NS	EW	NS
94.05.27	东京都东部	4.0	III	6.02	5.60	8.53	9.08
94.06.29	千叶南方冲	5.3	III	11.97	9.33	16.13	12.64
94.07.22	Ura冲	7.8	III	3.65	7.20	11.33	12.53
94.10.04	北海道东方冲	8.1	III	6.58	10.26	19.63	21.37
94.12.28	三陆遥冲	7.5		3.54	4.45	24.48	18.36
95.01.01	东京湾	4.8		2.52	4.03	5.63	9.62
95.01.07	岩手冲	6.9		3.87	3.44	14.02	17.42
95.03.23	茨城西南部	5.2		10.84	7.05	19.96	21.49
95.07.03	相模湾	5.6		7.20	1.75	11.87	37.89
96.09.11	茨城冲	6.6	III	7.33	9.70	18.64	25.92

表 10-3-2　强风观测记录一览

日期	风速(m/s)		风向	建筑物加速度 gal		备注
	最大	平均		EW	NS	
93.08.27	16.0	9.9	北 - 西北	2.23	1.74	11 号台风
93.08.30	24.3	12.7	南 - 西南	1.19	1.19	
93.12.01	23.5	12.2	南 - 西南	1.53	1.10	
94.01.17	24.2	12.3	南 - 西南	1.50	1.54	
94.02.09	24.0	14.3	西南	1.53	1.65	春 1 号
94.02.10	27.2	13.2	西北	2.20	1.74	季节风
94.02.21	26.2	12.7	西北	1.98	1.65	低气压过
95.03.17	25.7	13.2	南 - 西南	1.34	2.00	春 1 号
95.04.23	30.6	16.7	南 - 西南	2.27	2.48	低气压通过
95.07.03	28.6	16.4	南 - 西南	1.65	2.11	低气压通过
95.09.17	33.5	16.6	北	3.70	2.60	12 号台风
95.11.08	34.1	13.0	北 - 西南	2.02	3.08	低气压通过
96.08.22	43.5	20.5	北 - 西北	7.38	3.70	17 号台风

计算得到的。这一建筑物的反应加速度如果达到 2gal, 则可以为人体感知, 该值作为振感阈值。从图中可知, 当非制振时, 加速度超过人体感觉的

阈值, 而利用双重动力减振器可以将其降低到该阈值之下, 从而达到了制振效果。

6. 结语

笔者于 1987 年首次将 AMD 系统作为主动振动控制技术加以实用化, 这里介绍的实例是将此加以改造的更加实用化的系统。经地震、强风观测确认了这种改良后系统的效果, 其目的就是开发更加合理的体系。今后的制振技术将与已经普及化的被动型制振技术结合, 成为创建安全、舒适的建筑物不可或缺的技术。

[文　献]

1) 小堀鐸二, 他：耐震構造の新しい展開—ダイナミックなインテリジェントビルの試み—, 日本建築学会大会学術講演梗概集, 1986.8

2) 西村　功, 他：アクティブ二重動吸振器の開発・実用化に関する研究, 第 9 回日本地震工学シンポジウム, 1994

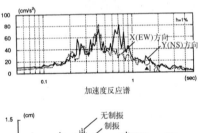

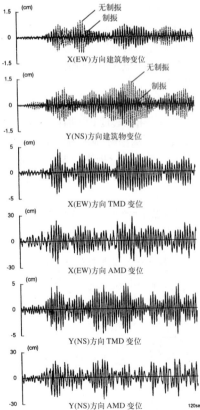

图 10-3-8　地震观测记录(北海道东方冲地震)

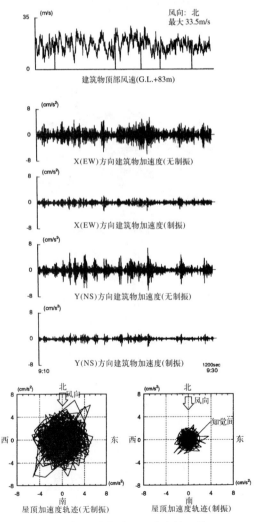

图 10-3-9　强风观测记录(1995 年台风 12 号)

4 静冈传媒楼

[建筑概况]

所 在 地: 静冈县静冈市坛马町8-6

业   主: （株）静冈传媒楼电视

建筑设计: （株）田中忠雄建筑设计事务所

结构设计: （株）住友建设
            一级建筑士事务所

施   工: 住友、木内、平井、市川建设企业
            联合体

基地面积: 1 752.370 m²

占地面积: 1 025.618m²

建筑面积: 11 520.634 m²

层   数: 地下2层，地上14层，塔顶2层

地块用途: 商业地块，准防火区域
            基本容积率600%
            基本建筑率（得房率）70%

主要用途: 商店、饭店、剧场、宴会厅等综合
            建筑

建筑高度: SGL+64.735m（救助空间梁顶端）

竣   工: 1994年10月

[结构概况]

基   础: 现场打入式混凝土桩

结   构: B2F~1F梁RC结构
            （一部分SRC结构）
            1F柱以上S结构

图10-4-2　粘性阻尼装置"制振墙"

图10-4-1　建筑物外观

图10-4-3　结构透视

1. 前言

本建筑位于JR（日本铁路）静冈站北面约400m与静冈铁道新静冈站连接的连线上，属静冈市中心的商业区建筑。

静冈电视株式会社为振兴本地区大众媒体事业努力了25周年，作为纪念活动的一部分，将本项目作为静冈市的文化、情报的发展基地及市民交流的核心商业设施，以促进地区发展。

本建筑物将具有各种不同功能的楼层组合在一起，形成综合性的设施楼。因此

- 层高及楼层荷载差异大
- 底层部分和中层部分有大面积的挑空

等对于结构设计带来困难的地方，由于基地位于可能会有大地震发生的静冈市，因此采用粘性阻尼装置的制振墙作为制振结构。

采用制振墙的制振结构，结构体系弹性范围的阻尼系数为20%~30%，在大地震作用下，结构体系的最大反应只限于弹性范围。可以确定包括建筑内部的设施都不会发生震害，满足其抗震性能。

2. 结构体系概况

图10-4-4表示的是制振墙布置的结构概要，图10-4-5表示的是其详图。制振墙在X方向有80道，Y方向90道，共170道。

结构体系采用4榀主框架以井字形布置在建筑中央的挑空部分，为减少扭转振动主框架尽可能对称布置，结构体系的变形模态以剪切型为主，为减少建筑物整体的弯曲变形，避免采用核心筒或筒体结构，而采用纯框架的结构体系，弯曲变形的成份仅占全部变形的3%~9%左右。

本工程因为有多层挑空，为了保证楼层平面内的刚性假定能够成立，设计时注意确保模板面内刚度和承载能力，同时，注意在各层层高不同情况下使各层刚度均衡，在层高特别大的地方加大梁的高度以调整梁的刚度和增大柱的刚域。

为保证以剪切型水平振动为主的模态，需控制地震时的转动振动，为此结构的地下部分尽可能增大重量，平面也比地上部分大，利用底座效应达到稳定的效果。

制振墙的设置按以下原则进行。

- 平面布置：为避免受建筑物外部温度的直接影响，建筑物的外圈不设置制振墙，但为抑制建筑物的扭转振动，制振墙又是沿外周设置为好，因此，主要沿4榀井字形的框架设置制振墙。
- 立面布置：为减少与制振墙连接的梁和相

邻柱子承受的反力，同时为保持制振墙起作用时的结构保持剪切型水平振动为主，大致以棋盘状布置制振墙。

- 施工性的考虑：制震墙的设置，除了关系到建筑的使用性，建筑方案的调整，管道、通风

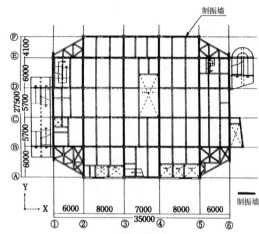

低层部4层平面

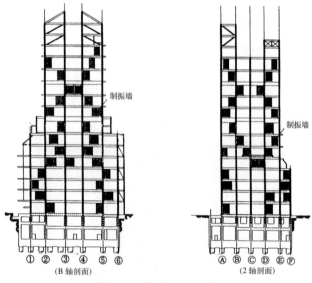

图10-4-4 制振墙配置示意图

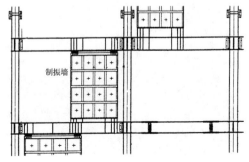

图10-4-5 制振墙安装详图

系统的设备方案的调整外，还要考虑其安装方法、施工顺序等的施工性能。

3. 制振墙概况

3.1 制振墙的构成

制振墙是外观与普通墙相同但装有粘性阻尼器的墙，其主要部分为双重墙体，由以下 3 要素组成：

① 下层固定上端开口的箱形状外墙

② 上层固定并插入在①内的内墙，内外墙间有一定空隙。

③ 空隙间填充高粘性流体

要素③使用的是碳氢化和物高分子材料。设计时，制振墙外侧表面为常用的隔热、防火材料，通过 1 小时和 2 小时的耐火性能实验，检验了实际制振墙的耐火和隔热性能。

3.2 制振墙的工作原理

制振墙将建筑物上下层的相对速度差，转化为面对面的内外墙钢板的相对速度差，使得两者间的粘性流体的速度梯度产生粘性抵抗力（牛顿粘滞法则），图10-4-6表示的是其基本原理，其性能可根据建筑条件和设计目标作相应调整，根据以下几点很容易改变其性能。

① 粘性流体的粘度

② 内外墙钢板的间隙量

③ 墙板的面积

3.3 制振墙的力学性能

图10-4-7表示的是实际制振墙性能试验情况，图10-4-8是性能轨迹图的一例，制振墙有以下力学特点

● 随着振幅（速度）等级的提高，对应的抵抗力也相应增长，为了吸收更大的能量，从微小的振动到强烈的振动都能够发挥一定的阻尼效果。

● 由于没有静力的刚度（恢复力），无论原点的位置处在何处，都能发挥同样的动力性能，并且也没有产生残余变形的因素。

● 其名义上的动力刚度，振幅小时相当高，随着振幅的增大急速下降，从粘弹性型转变为接近纯粘性的性能。

● 吸收了的能量转换成热量，但制振墙中的温度上升非常有限，在一次地震中的温度变化可以忽略。

实验证明在实际的使用条件下，足尺的制振墙在达到1/100位移时，平面外变形角也能正常发挥作用。此外还进行了30分钟~8小时的长时间

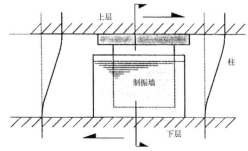

（上下层间相对运动转化为制振墙内外钢板间的相对运动）

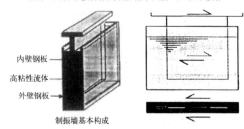

内壁钢板
高粘性流体
外壁钢板

制振墙基本构成

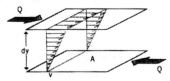

粘性抵抗力：$Q = \mu \cdot (dv/dy) \cdot A$

（Newton的粘性法则：1685，"Principia"）

图 10-4-6 制振墙基本原理

图 10-4-7 制振墙及试验机

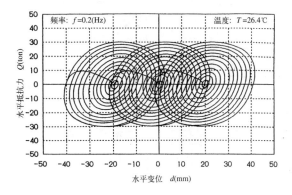

图 10-4-8 制振墙滞回曲线

连续振动试验,在超过设定的容许位移的情况下,进行了将制振墙作为钢板抗震墙使用时的极限承载力试验等。

4. 地震反应分析

分析模型是以地下2层基础位置作为固定端的弹塑性19质点模型,各层结构由框架的恢复力特性和阻尼性能(刚度比例型,假定$h=1\%$)及制振墙的刚度和阻尼性能共4要素构成。

由于实际采用的高分子材料粘性流体的阻尼性能依赖于速度,反应分析时,设制振墙的阻尼效应与速度的α次有关。

$$[M](\ddot{x})+[C](\dot{x})+[Cw](\dot{x}^{\alpha})+[K](x)=-[M](\ddot{z})$$

图10-4-10~图10-4-13表示的是分析结果,图10-4-10是表示楼层的反应轨迹,可以看出由于制振墙的存在,结构体系在弹性范围内就可以吸收较大的能量。图10-4-11,图10-4-12表示的是有无制振墙最大反应的差异。

图10-4-13是将最大层间位移标注在结构体系上的骨架曲线,地震力输入后,也没有发生塑性铰,还停留在弹性范围内,其最大的反应加速度

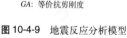

K_f: 上部建筑等价抗剪刚度
C_f: 上部建筑阻尼
K_w: 制振墙刚度
C_w: 制振墙阻尼
K_f: 制振墙刚度
EI: 等价抗弯刚度
GA: 等价抗剪刚度

图10-4-9 地震反应分析模型

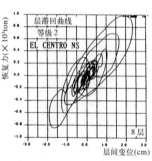

图10-4-10 滞回曲线反应值

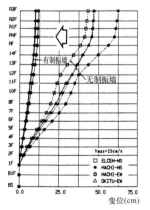

图10-4-11 最大反应变位

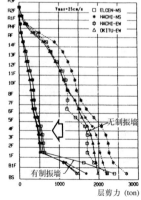

图10-4-12 最大层剪力反应

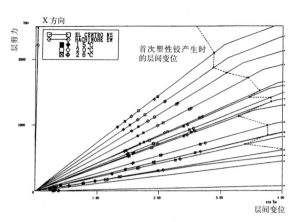

图10-4-13 骨架曲线上最大层间变位

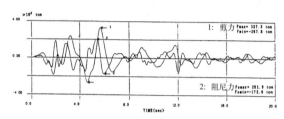

图10-4-14 层剪力和层阻尼力的时程曲线

在200cm/s²以下,对于建筑物和内部设施两者都具有较高的抗震安全性。

本建筑物的反应由于结构框架的楼层剪力和制振墙的阻尼力相互作用(图10-4-14)而得到抑制。框架结构在最大层剪力发生时,阻尼装置的阻尼力一定是0,但阻尼装置的最大阻尼力发生时,楼层剪力不一定是0。可以确认框架结构对两者的合力而言是安全的。

对建筑物反应所产生的局部应力,根据最大抵抗力时的FEM分析,将各部位最大主应力控制在钢材的屈服应力以下,考虑内部钢板墙固定处的应力集中进行了端部补强,并确认了对平面外变形时的应力状态。

5. 结束语

静冈传媒楼采用了粘性阻尼装置制振墙结构,结构体系在弹性范围内具有20%以上的阻尼。

本建筑物对于等级2的地震动,反应分析表明结构体系均仍处在弹性范围内,可以确认建筑物和其内部设施具有地震时几乎不会发生破坏的抗震性能。

[文 献]
1) 日本建築学会:免震構造設計指針,pp.255~272
2) 宮崎,光阪他:粘性減衰壁を使用した高層建物,ビルディングレター,pp.1~14, 1992. 2

5 青叶大道广场

[建筑概况]

所　在　地：宫城县仙台市青叶区中央3丁目

业　　　主：（株）清水地所
　　　　　　日产生命保险相互会社
　　　　　　安田忠子
　　　　　　（株）秋田银行

设　　　计：（株）清水建设一级建筑士事务所

施　　　工：（株）清水建设

占 地 面 积：24 472.22m²

层　　　数：地下1层，地上14层，塔楼1层

用　　　途：办公楼

建 筑 高 度：58.2m

钢结构加工：（株）东京铁骨桥梁制作所，
　　　　　　（株）片山结构技术，
　　　　　　（株）日立造船
　　　　　　（株）东北铁骨桥梁

竣　　　工：1996年8月

[结构概况]

基　　　础：直接基础

结　　　构：地上　钢结构（柱：CFT结构）
　　　　　　地下　钢筋混凝土结构

图 10-5-2　钢阻尼器

图 10-5-1　建筑物外观

1. 前言

本建筑面对仙台市主要大街青叶大道，是由16m跨度的办公空间和10m跨度核心墙组成的办公楼。

为提高建筑物的居住性能，提高抗震安全性，并考虑缩短工期的因素，在设计时，不仅根据以往的经验，还引进了多种新开发的技术。

这里对已采用的开发技术中的钢阻尼器进行详细的介绍。

2. 结构体系概况

2.1 地上部分

地上部分的结构构架是钢梁和混凝土填充的钢管柱（CFT柱）组成的框架结构，沿跨度方向，设置采用极低屈服钢的阻尼器。

CFT柱通过在钢管内填充混凝土可以增加建筑物的水平刚度，地震时、暴风雨时的舒适性得以提高。钢管内的混凝土受到四周的约束，具有能够用较薄的钢管承受非常高的轴向力的优点。同时，因为CFT柱填充混凝土的热容量大，火灾时抑制了钢管的温度上升。本设计中参考了建设省的防火综合项目开发的防火设计法进行验算，6层以上（一部分8层以上）的柱没有防火涂层。

2.2 地下部分

基础是直接（天然）基础，GL-7m以下是以新第3纪鲜新世的仙台层群岩为持力层，地下部分的结构体系为钢筋混凝土抗震墙带框架结构。

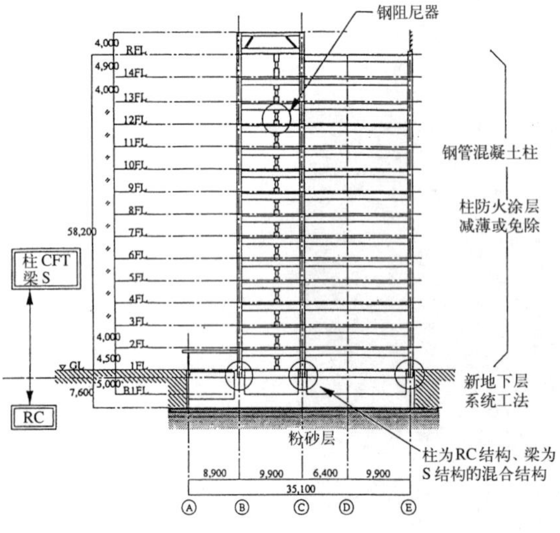

地上部分的钢结构和地下部分的混凝土结构的结合部采用的是RCSS结构体系（柱RC，梁S的混合结构）。从上部CFT柱传来的轴力，由混凝土部分直接承担，钢结构部分通过节点处的连接板向地下部分的混凝土柱传力，弯矩通过节点板处的承压力和地下一层柱钢筋的拉力形成的力偶向地下1层的柱传递。

另外，作为地下结构体系的工法，先施工1层的结构体（板，梁），采用了"清水新地下层体系工法"，与以往的逆作法不同，地下的柱，混凝土部分的墙能顺序作业，使分批浇捣的接口部分不会产生问题，避免了危险，能够保证结构的高质量。

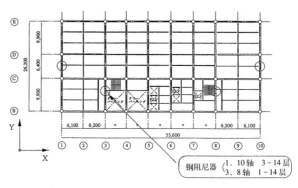

图 10-5-4 标准层平面图

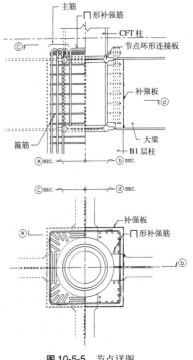

图 10-5-3 剖面图

图 10-5-5 节点详图

3. 钢阻尼器

3.1 钢阻尼器概况

如图10-5-6所表示钢阻尼器是由T型基座,极低屈服点的钢管,连杆,轴承,受轴压的基座组成。T型基座,极低屈服点的钢管,连杆,轴承连为一体与上部受弯柱相连,受轴力的基座与下部受弯柱连接,轴承穿过U型基槽。阻尼器的宽度比通常梁宽要窄,宽幅为300mm,是非常紧凑的结构。

地震时如图10-5-7所示的阻尼器能够转动,适应层间位移的变化,这时候,由于在轴承和受

轴力的基座之间以及面外存在空隙,阻尼器不会受到轴力和面外力的影响。

极低屈服点钢材的屈服强度约是40kg级钢材的1/2,本建筑物的钢材的屈服强度在100~150N/mm² 范围内,T型基座,连杆,轴承,受轴压的基座都是铸钢(SCW550)。

3.2 钢阻尼器设计原则

中小型地震中,使钢阻尼器开始就屈服并吸收振动能量,但在风荷载作用时不屈服。并且,在等级2地震作用(50cm/s)时,阻尼器上下受弯柱及相连接的大梁节点周围保证在弹性范围内。

3.3 钢阻尼器特点

建筑物在地震作用时,层间位移通过上部弯曲柱经T型基座,极低屈服点的钢管,连杆,轴承,受轴压的基座向下部受弯柱传力,这时由极低屈服点钢材制作的圆钢管产生扭矩,钢管受扭屈服并吸收地震时的振动能量。

钢阻尼器为扭转屈服型的,地震时结构产生的水平位移引起钢管的扭矩,钢管全截面产生同样的剪力,因此屈服域遍及钢管全域,具有吸收更多地震振动能量的优点。

极低屈服点钢材的屈服强度低,延伸能力大,中小地震时钢管较早屈服,建筑物的地震反应降低,大地震时也能产生稳定的变形,发挥较大的耗能能力。

关于阻尼器的性能,进行了下列的实验予以确认

1)反复弯曲加载实验,掌握极低屈服点钢材的低周循环疲劳特性。

2)根据足尺模型在给定位移下,低周循环反复加载的实验,掌握耗能能力和塑性变形特性。

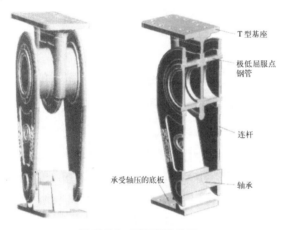

图10-5-6 钢阻尼器概念图

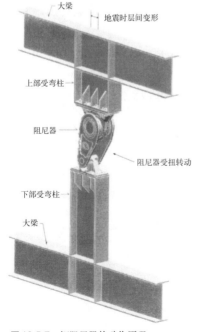

图10-5-7 钢阻尼器的动作原理

图10-5-8 实验装置

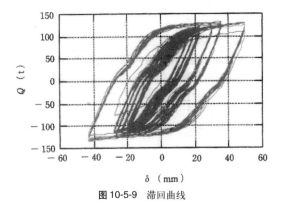

图 10-5-9 滞回曲线

钢阻尼器的足尺实验装置如图 10-5-8 表示，反应曲线由图 10-5-9 表示。

3.4 设置钢阻尼器的结构的模型化

设置钢阻尼器的整体结构抗震安全性，通过反应分析预以确认。根据空间结构静力荷载增量分析结果，用双线型的阻尼器"柱"和无阻尼器的三线型框架结构分别建立恢复力模型。

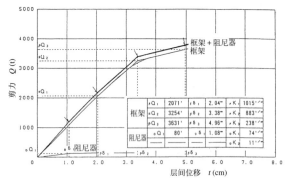

图 10-5-10 恢复力特性一例

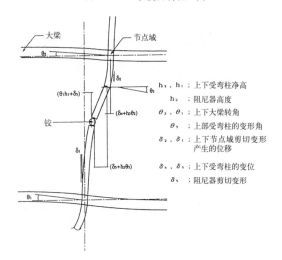

图 10-5-11 阻尼器"柱"的层间变形概念图

恢复力特性由图 10-5-10 所示，阻尼器"柱"的层间位移示意如图 10-5-11 所示。

3.5 钢阻尼器的安全性

阻尼器的抗震安全性的准则设定为：在建筑物的使用年限中，受到 2 次等级 1 地震作用（25cm/s），1 次等级 2 地震作用（50cm/s）后，根据 Miner 法则，对于累积塑性能量的吸收，阻尼器的累积损伤度为 1.0 以下。

在本工程中，以等级 2 地震反应最大的 ELCENTRO-NS 波输入时 3~6 层为代表，用 Manson 系数确定低周循环疲劳特性，该系数由足尺模型加载实验获得，验算 Miner 法则。结果，累计损伤最大为 0.88，无论哪一层都在 1.0 以下，可以确认是十分安全的。

从实验结果得到的位移曲线和循环数的关系由图 10-5-12 表示。

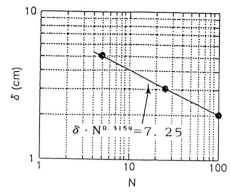

$$\delta \cdot N^{0.3159} = 7.25$$

图 10-5-12 变位振幅与循环次数的关系

4. 结语

这里介绍使用极低屈服钢阻尼器的建筑物，阪神、淡路大地震以后，对抗震安全性高度重视，制振结构是一种有效的手段。

［文 献］
日本建築学会大会学術講演梗概集：鋼管の捩れ降伏を利用した弾塑性ダンパーに関する研究（その1．弾塑性ダンパーの低サイクル疲労特性，その2．モデル建屋の弾塑性応答解析，その3．改良型弾塑性ダンパーの低サイクル疲労特性，その4．改良型弾塑性ダンパーの低サイクル疲労特性Ⅱ），1993 年，1994 年，1995 年

6 神户时尚广场

[建筑概况]

所　在　地: 神户市东滩区向洋町2-9-2

业　　　主: 神户时尚广场

建　筑　设　计: 昭和设计，大成建设企业联合体

结　构　设　计: 昭和设计，大成建设企业联合体

施　　　工: （株）大成建设

建　筑　面　积: 91 627m²

层　　　数: 地下2层，地上19层

用　　　途: 美术馆，商场，酒店

建　筑　高　度: 81.55m

钢结构加工: （株）川田工业

竣　　　工: 1997年3月

[结构概况]

基础: 现场打入钢筋混凝土桩

结构: 地下柱、基础梁　SRC结构

　　　B1，1层大梁　　S结构

　　　地上层　　　　S结构

　　　12~17层　　　制振墙柱

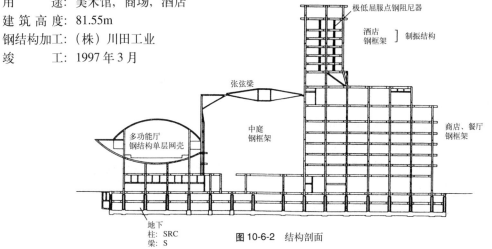

图10-6-2　结构剖面

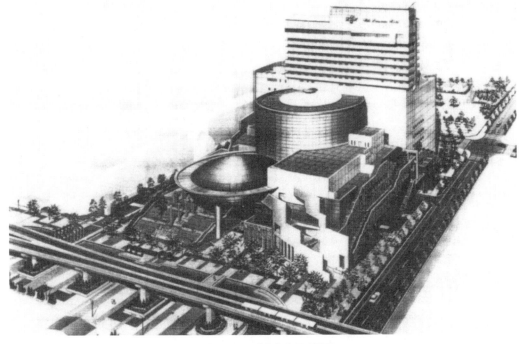

图10-6-1　建筑物外观透视图

1. 前言

本建筑物位于六甲岛中央附近，其构成为东、西两块，西侧是神户市时尚中心，地上7层为展览室，收藏库等，5、6层是以为UFO作造型的多功能厅。东侧为地上19层，10层以下是商场、影院等，12~18层是酒店。这东西两部分的中央是设计为直径50m，7层挑空的中庭，其特色是可以将各块的功能分别连接起来。

2. 结构方案

本建筑物地下部分为钢骨混凝土结构柱，钢梁，地上部分全部是钢结构。

高层部分是以酒店为主，为提高结构的刚度，在结构框架面内设置墙柱，这种墙柱的腹板采用极低屈服点的钢材作为制振系统，达到降低地震力的目的。

3. 制振系统

本建筑物采用的制振系统是一种简单的东西，即用极低屈服点钢材作为H形钢的腹板设计成墙柱，系统的特征如下所述。

3.1 制振系统的特点

1）利用滞回性能的制振系统

利用极低屈服点的钢材，高滞回阻尼性能吸收能量，减少大、中型地震时的地震反应。

2）简单的墙柱形式的制振系统

H形截面的墙柱，上下2处设置连接点，上下短柱及中央部分的翼缘采用一般的钢材，仅中央部分的腹板采用极低屈服点的钢材。

3）剪切屈服形的稳定滞回特性

与弯曲屈服形式相比，剪切屈服的塑性性质比较稳定。

4）制振系统空间最小化

只要柱、梁结构面内有设置H形截面的墙柱的空隙就行，对平面布置的影响小，经济性好。

3.2 极低屈服点钢材的特性

1）屈服强度低于100~130(MPa)，伸长率大于50%，是屈强比小的钢材（参照图10-6-5）。

2）极力减少添加元素，接近纯铁成份，焊接性能和一般的钢材相同。

3）塑性状态稳定，疲劳性优越的钢材（图10-6-6）。

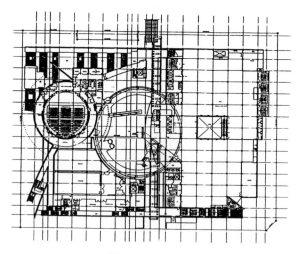

图 10-6-3　1层平面

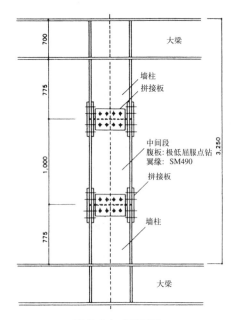

图 10-6-4　制振系统

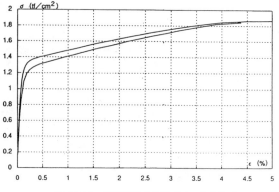

图 10-6-5　极低屈服点钢的应力-应变关系

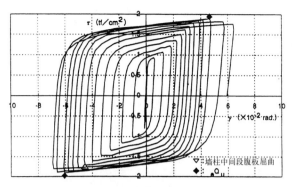

图 10-6-6 静力荷载时平均剪力 τ - 剪切变形 γ 关系

3.3 制振构件的设计条件

1) 不承受垂直荷载

原则上不负担长期作用的竖向荷载，地震时作为可动的阻尼器构件，恒荷载作用时，墙柱下部短柱和中部的节点处的螺栓不拧紧，以使墙柱不受力。

2) 风荷载作用下墙柱处于弹性状态

根据建筑基准法计算的风荷载约为地震荷载的 1/3 以下，因此风荷载作用时墙柱构件处于弹性状态。

3) 等级 1 地震荷载作用时允许屈服

等级 1 地震荷载作用时，允许墙柱屈服，腹板部分极低屈服点钢材的剪切变形塑性率为 10 左右。

4) 无需维修

制振墙柱采用可以替换的构造形式，在建筑物的使用年限以内可以不用替换。遭遇等级 1 地震荷载作用后，构件屈服，需进行疲劳计算，确认建筑物使用年限以内屈服构件的安全。

3.4 制振效果

在与采用一般钢材的墙柱进行分析比较后，对制振效果进行确认，本制振系统利用墙柱材料滞回性能吸收能量，考虑构件屈服越早，制振效果越好，对腹板厚度的宽厚比进行分析。

分析模型为 21 质点的等值剪切模型，根据静力增量分析 P-δ 关系，按滞回吸收能量相等的原则设定恢复力模型，在有制振墙柱的层上，将墙柱和框架柱设为两个剪切弹簧。模型由图 10-6-7 表示。

图 10-6-8 分别表示了制振墙柱和一般钢柱的剪切变形在等级 1 地震（20cm/s）和等级 2 地震

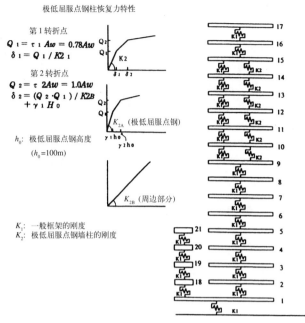

极低屈服点钢柱恢复力特性

第 1 转折点
$Q_1 = \tau_1 Aw = 0.78Aw$
$\delta_1 = Q_1 / K21$

第 2 转折点
$Q_2 = \tau_2 Aw = 1.0Aw$
$\delta_2 = (Q_2 \cdot Q_1) / K2B$
$+ \gamma_1 H_0$

h_0: 极低屈服点钢高度
（$h_0 = 100m$）

K_{2A}（极低屈服点钢）

K_{2B}（周边部分）

K_1: 一般框架的刚度
K_2: 极低屈服点钢墙柱的刚度

图 10-6-7 分析模型

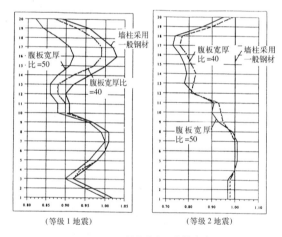

墙柱采用一般钢材

腹板宽厚比=50

腹板宽厚比=40

墙柱采用一般钢材

腹板宽厚比=40

腹板宽厚比=50

（等级 1 地震）　　　　（等级 2 地震）

图 10-6-8 最大剪力反应值分布

（40cm/s）的比较结果，输入的地震波是 EL CENTRO NS，根据结果，设置了制振墙柱的楼层在等级 1 阶段的制振效果最大为 5% 左右，等级 2 阶段的制振效果最大为 20% 左右。

4. 制振系统安全性确认

本制振系统中，为允许墙柱在等级 1 地震时屈服，根据低周循环疲劳对钢材的损伤度进行验算，确认其安全性。

4.1 预测制震间柱低循环疲劳寿命

为预测制振墙柱材料的疲劳寿命，进行固定

位移振幅的反复加载试验。

图 10-6-9 根据固定位移振幅反复加载试验求塑性构件的转角幅（γ_{pa}）和功能极限的循环次数（N_{cr}）的关系。

塑性构件转角幅（γ_{pa}）为正负加载时产生的残余变形平均值的1/2除以构件长，功能极限的循环加载次数（N_{cr}）以中间腹板屈曲的循环次数和峰值荷载蜕化为最大荷载95%左右时循环次数等2种类型为对象。对求得的 γ_{pa} 和 N_{cr} 采用 Manson-Coffin 法则（$\gamma_{pa} \cdot N_{cr}{}^k = C$）作出图 10-6-9。

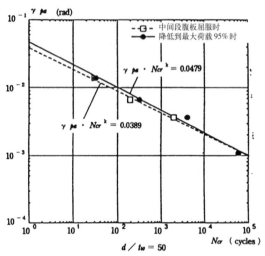

图 10-6-9　塑性剪切变形单侧幅值与功能极限循环次数的关系

4.2 安全性的确认

根据振动反应分析结果求得制振墙柱构件的反应曲线（τ-γ）进行疲劳损伤度计算，这里 τ 为腹板的平均剪应力，γ 为腹板的塑性变形振幅（σ_{pa}），据此求得功能极限循环次数（N_{cr}）。累积疲劳损伤度 D 根据 Meiner 公式求得

累积疲劳损伤度 $D = (1/N_{cr})$

表 10-6-1 是累积疲劳损伤度一览表，相对地震等级1、等级2的功能极限寿命，损伤度的比值是

等级 1=1/1 185（Y 方向：EL CENTRO）

等级 2=1/3.61（Y 方向：HACHINOHE）

等级 1 地震时进入塑性但对低周循环疲劳影响极小，和在使用年限中等级 2 地震有可能会出现 1 次进行综合考虑，也具有充分的疲劳强度。

表 10-6-1 中还表示了制振墙柱腹板部分的塑性率，在等级 1 地震时最大塑性率 5.38，等级 2 是33.8，可以确认本系统具有充分的承载力和韧性。

表 10-6-1　累积疲劳损伤度及塑性率一揽

外力级别	输入地震波	累积疲劳损伤度		塑性率	
		X 方向	Y 方向	X 方向	Y 方向
等级 1	EL CENTRO	1/357 000	1/1 185	2.00	5.38
	HACHINOHE	弹性	1/123 500	0.00	1.84
等级 2	EL CENTRO	1/15.8	1/3.81	27.7	26.8
	HACHINOHE	1/9.09	1/3.61	33.8	26.7

图 10-6-10　实验状况

图 10-6-11　施工状况

7 日生冈山下石井大楼

[建筑概况]

所 在 地: 冈山县冈山下石井2丁目

业 　 主: 日本生命保险相互会社

建筑设计:（株）大林组

结构设计:（株）大林组

施 　 工:（株）大林组，其他

建筑面积: 14 938.67m²

层 　 数: 地下1层，地上14层，塔顶1层

用 　 途: 办公楼

建筑高度: 59.54m

竣 　 工: 1997年10月

[结构概况]

基 　 础: 现场打入钢筋混凝土桩，钢筋混凝
土基础

结 　 构: 1~13层柱　填充型钢管混凝土

14层以上柱　钢结构

2层以上梁　钢结构

1~13层　使用Y形支撑减震器

图 10-7-1　建筑物外观透视

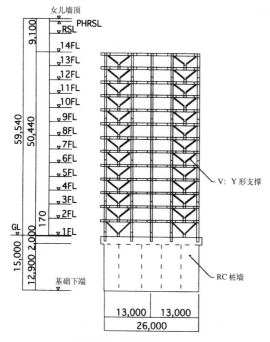

图 10-7-2　标准剖面

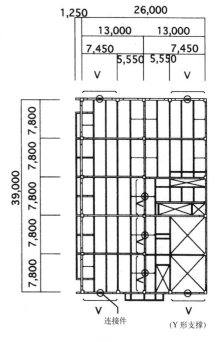

图 10-7-3　标准层平面图

1. 前言

阪神、淡路大地震中遭遇到远远超过现行设计所预想的地震，产生了许多破坏。钢结构建筑物虽然避免了倒塌，但修复困难的梁以及隔墙、外墙PC板等非结构构件产生大量损伤，如果要继续使用，也要经过较长修复时间和花费较大修复费用。从中加以反省，今后的设计需要考虑下列内容：

● 遇到超过现行法规规定的地震力，考虑建筑物用途、经济性也需提高安全性。

● 建造遭受震灾后容易修复的建筑，可以快速恢复建筑物的功能。

作为满足以上要求的一种设计方法，介绍使用制振阻尼器的工程实例。

2. 使用制振阻尼器的结构方案

2.1 制振阻尼器

制振阻尼器，在等级1的中规模地震中装置的一部分进入塑性，依靠吸收能量的阻尼效果，降低建筑柱、梁的损伤。本设计中采用的制振阻尼器是形状为Y形的支撑阻尼器，图10-7-4为其概况。

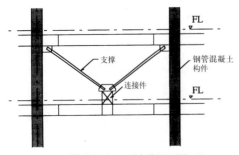

图 10-7-4 Y形支撑阻尼器概况

这是一种在支撑的交点和梁的之间插入连接件的偏心支撑，在作为抗震构件承受水平力的同时，连接件发挥耗能作用来降低输入反应。为使连接件受支撑约束，先于柱、梁屈服，变形量可达建筑物层间位移角的3~5倍，连接件采用离散性小，延性好，屈服强度低的BT-LY235钢材（新日铁制造）。

2.2 设计用的恢复力特性

为保证Y形支撑阻尼器实现剪切屈服的实用设计目的，进行了薄钢板剪切实验[1],[2]，根据结构实验的综合判断，连接件的设计为"保证构件变形角至1/20为稳定的滞回曲线，并能确保变形能力超过上述限值"，为此考虑采用LTP235、宽

厚比（D/tw）50以下的钢板，同时其恢复力特性的骨架曲线和滞回曲线的模型由图10-7-5，图10-7-6表示。其中，G_1 =810t/cm², G_2 =0.01G_1, G_3 =0, τ_1 =$F/\sqrt{3}$, τ_2 是屈曲应力，根据文献1）求得。

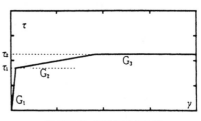

图 10-7-5 设计用骨架曲线

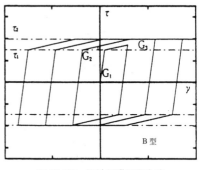

图 10-7-6 设计用滞回环曲线

2.3 Y形支撑的设置

图10-7-3表示的是标准层平面图，Y形支撑阻尼器沿X方向设置3个，Y方向设置4个，配合建筑设计，避免在门洞等处的配置。为提高阻尼器的效果，在研究与框架结构刚度比的同时，使得连接件屈服后不产生扭转振动等，在平面和立面都均衡地设置阻尼器。

3. 设计准则

根据采用的阻尼材料，相比以往的设计以减小结构变形、防止非结构构件的损伤为设计目标。同时，等级2地震时梁不产生塑性铰，从上述目标出发，与地震时的变形、承载力相关的设计原则确定如下：

● 等级1地震时（20cm/s）
  层间位移≤1/200
  框架结构≤弹性强度

● 等级2地震时（40cm/s）
  层间位移≤1/150
  框架结构≤弹性强度

● 大地震时（63cm/s）
  层间位移≤1/100

框架结构≤水平承载力极限强度

进行等级1、等级2地震计算时，采用的地震波是标准波形的EL-CENTRO波，TAFT波，八户波及兵库县南部地震时场地附近纪录的波形。为验证阻尼器构件变形性能及塑性变形较大时结构体系的稳定性，根据一维重复反射理论得到大地震时的模拟地震动，工程基础处输入的波形为神户大学记录的NS方向的波形。

4. 分析结果

4.1 固有值分析结果

建筑物的固有周期（s）如下

	X方向	Y方向
第1周期	1.66	1.60
第2周期	0.61	0.60

4.2 反应分析结果

图10-7-7为分析时采用的骨架曲线反应结果，图10-7-8是等级2地震时的最大层间位移角，由于X方向、Y方向的反应结果基本相同，仅用Y方向表示。

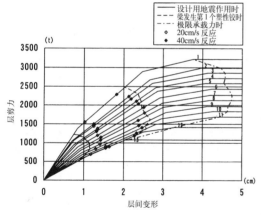

图 10-7-7　设计用骨架曲线与反应结果

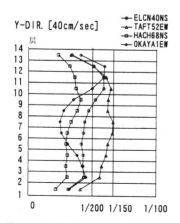

图 10-7-8　等级2时最大层间变形角反应值

骨架曲线上，第一折点处阻尼器屈服，第二折点对应框架结构的梁端约半数处发生塑性铰的状态。根据图示，连接件在低于等级1地震时屈服，等级2地震时梁、柱为弹性。

4.3 连接件的损伤、疲劳寿命的评价

Y形支撑阻尼器的损伤评价是根据构件模型的地震反应分析进行的，由连接件的剪力-变形的滞回关系，应用Conffin-Manson公式和Miner公式。

Conffin-Manson 公式（系数是裂缝发生时的实验值）

$$\gamma \cdot N^k = C \tag{1}$$

其中，k：0.428（D/tw =30）~0.442（D/tw =50）

　　　　C：0.222（D/tw =30）~0.105（D/tw =50）

　　　　γ：剪切变形角

　　　　N：至寿命（破坏）的反复次数

Miner 公式（线形累积损伤公式）

$$D = \sum (ni/Ni) \tag{2}$$

D =1.0时判定破坏

其中，ni：i级别的产生变形振幅的次数

Ni：i级别时由公式（1）确定的变形振幅的循环数。

取大地震下的最大损伤为研究对象，本建筑物连接件的构件变形角反应最大值是在6层，连接件的滞回曲线由图10-7-9所示，γ是最大剪切变形角，n是在主要地震动持续时间内设建筑物振动次数为10，作为偏安全的评价，2、6、10层的结果见表10-7-1。

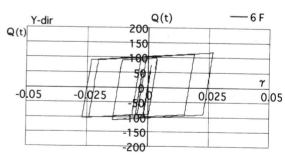

图 10-7-9　极大地震时连接件的荷载-变形角滞回曲线

表 10-7-1　连接件损伤、疲劳寿命的评价

	层	γ_{max}	n_i	D
X方向	10	2.2/100	10	0.20＜1
	6	2.3/100	10	0.10＜1
	2	1.9/100	10	0.09＜1
Y方向	10	2.7/100	10	0.09＜1
	6	2.7/100	10	0.25＜1
	2	2.5/100	10	0.10＜1

构件变形角限值设为 $\gamma=8/100$，反应变形角约为该值的1/3，根据Miner公式累积损伤度 D 在大地震后非常小，吸收能量的能力没有损失。

4.4 阻尼器效果的评价

从地震动主要持续时间内建筑物的吸收能量对阻尼系数进行评价。图10-7-10是等级2地震动时，TAFT地震波的计算结果。根据建筑物粘性阻尼（阻尼系数 $h=2\%$）对阻尼器的滞回耗能进行

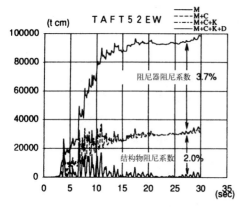

图10-7-10 等级2地震时建筑物能量反应

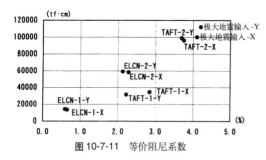

图10-7-11 等价阻尼系数

比较，算出阻尼器等效阻尼系数为3.7%，针对其他的地震级别及地震波形，同样求得的阻尼系数由图10-7-11表示。

5. 可替换的构造

本设计中，如图10-7-12所示，连接件是用螺栓与梁连接的，受灾后必要的情况下这部分可以替换，抗震性能可以恢复到建筑物的初期状态。

施工阶段在楼板混凝土浇筑以后再拧紧这部分螺栓，连接件部分实现了纯剪状态，如设计要求的那样由于不承受竖向荷载。因此也省去了防火涂料。地震后，可以直接进行查看，根据连接件调查，可以推断结构体系的损伤状态。

6. 综述

以上是建筑物采用低屈服强度钢材制成Y形支撑制振器的设计实例。在本工程中，各层、各方向设置3~4个阻尼器，建筑物的粘性阻尼效果约增加2倍（4%）。与相同规模、相同抗震性能的建筑物比较，钢结构的用量降低，达到经济设计的目的。

1）在结构体系中设置了制振装置，地震损伤能够按设计要求集中在指定部位。

2）主要结构体系的柱、梁的损伤限制在最小范围内。

3）受到损伤的阻尼器设备可以替换，恢复结构抗震性能。

4）不仅确保了建筑物的安全，也降低了资产损失。

作为实现控制损伤设计基本方法的设备，Y形支撑阻尼器是有效的。

［文 献］

1）品部祐児，高橋泰彦：せん断抵抗型耐震要素の復元力特性のモデル化に関する実験的研究（（その1）単調せん断加力実験によるスケルトンカーブのモデル化，（その2）繰り返しせん断加力実験による履歴性状のモデル化），日本建築学会大会学術講演梗概集C-1, pp. 469~472, 1995.9

2）関根誠司，品部祐児，高橋泰彦：せん断抵抗型耐震要素の復元力特性のモデル化に関する実験的研究（（その3）低降伏点鋼のせん断低サイクル疲労について），日本建築学会大会学術講演梗概集C-1, pp. 807~808, 1996.9

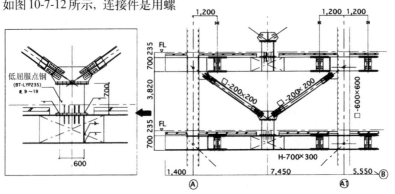

图10-7-12 Y形支撑阻尼器详图

[11] 使用特殊施工法的建筑

1 东京国际空港西侧机库

[建筑物的概要]

所　在　地: 东京都大田区羽田

业　　　主: 空港设施（株）

设计、监理: （株）梓设计

施　　　工: 鹿岛＋东急＋日航

总建筑面积: 24 897m²(包含附属建筑)

层　　　数: 单层

用　　　途: 飞机库

高　　　度: 檐口高度38.8m

　　　　　　最高高度42.02m

主 要 跨 度: 193.2m×96.6m

外 墙 材 料: 单波折板

屋 面 材 料: 双波折板

钢构件加工: 横河桥梁（株），IHI，（株）樱田，

　　　　　　松尾桥梁（株）。三井造船（株），

　　　　　　巴组铁工所（株）

竣 工 年 月: 1993年7月

[结构概要]

结 构 类 别: 基础　SL涂覆钢管桩

　　　　　　屋顶结构　钢结构

图 11-1-2　施工中建筑物内部写真

图 11-1-1　建筑物鸟瞰

1. 序

该建筑物应日益增加的航空旅客之需，作为羽田东京国际空港的海岸工程的一部分，为新起飞跑道 A 的配套建筑，建设能够同时容纳 3 架巨型喷气式客机的大型飞机库。

在空港以及周边地区为保证飞机安全飞行对建筑物有高度限制，施工中使用吊车等等临时设施时则可以在规定使用时间的条件下得到特别许可。这里，介绍在高度限制非常严格的起飞跑道附近，改善施工环境以及以提高质量、经济性、生产性为目的而开发的大跨度建筑施工的顶升施工方法。

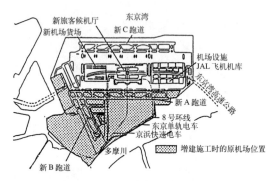

图 11-1-3 羽田海岸开发规划图

2. 屋顶结构

本机库可以同时停放 3 架巨型飞机，其进口宽度约 200m，进深约 100m，最高高度为 42m，位于距羽田空港西侧建设区域中的新起飞跑道 A 约 310m 的位置。

屋架为沿对角线方向的正交斜放双层网架结构，网架网格高度为 10.5m，正方形网格平面尺寸为 9.76m，网架由 6 处 V 字型结构柱支承，其中网架后侧有 4 个、前侧有 2 个。

同时，前侧 V 字型柱的柱脚推力采用预应力方法通过基础梁予以平衡。

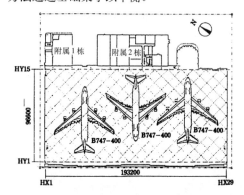

图 11-1-4 机库平面图

抗震、抗风设计如图 11-1-5 所示，进口方向在机库前后两面设置 2 道框架结构，进深方向在两山墙上设置支撑结构。

关于基础结构，由于是填海地基，有持续的地基的压密和下沉，所以采用了长约 75m，直径为 800mm 的钢管支承桩，钢管上涂抹了沥青混合物。机库地面均为结构地面。

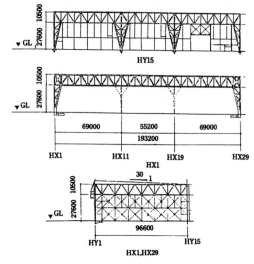

图 11-1-5 机库框架图

3. 施工方法

3.1 施工方法和特征

在这个机库屋顶的施工计划方案之外，对以下两点予以了特别的考虑。

（1）在航空法上，对新起飞跑道 A 上空的移动范围和水平面有高度限制，特别对移动范围的限制更严（参见图 11-1-6）。

（2）用满堂脚手方法时，同时施工的机库在距离 10m 处将两墙面相连，施工控制比较难。

为了解决这些问题，本工程中如图 11-1-6 所示，在软土地基上桩基础支承的结构板上进行大跨钢网架、屋面以及外墙装修、设备管道等等的施工，然后采用高度较小的顶升台架、并利用主体柱子使顶升台架逐渐爬升进行大跨度屋顶的整体顶升。

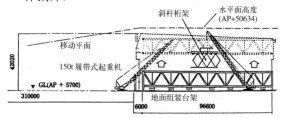

图 11-1-6 施工方法计划概念图

大跨度屋顶总重量约为6 000t。支承其重量并能在垂直方向上导向爬升的顶升台架配置如图11-1-7所示，其高度大约为7m。施工时，在机库前后分别布置4台顶升台架，共计8台，并由结构基础支承。

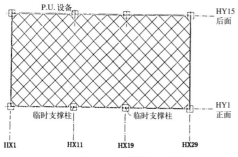

图11-1-7 顶升台架配置

作为顶升支点的主体柱为箱形截面，机库后面4处的截面为800×800，机库前面两端处为800×1 000，机库前面中部两处为临时柱，由2根1 000mm×500mm的焊接H型钢组合而成。

关于施工中抗风的安全性，本工程经过风洞实验，并根据风场观测记录进行了安全评价，对于施工过程中出现预想不到的暴风风险，采用了沿机库进深方向随时加设支撑的方法以保证有双重的安全性。

3.2 顶升机构

各顶升台架的立柱如图11-1-8所示，由高度7m的台架上悬挂的4根吊杆支承台架。

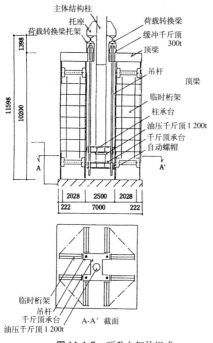

图11-1-8 顶升台架的组成

为了使顶升用的千斤顶机构简单化经济化，采用了单一千斤顶方式，上下的荷载承台之间设置了行程为250mm的高压千斤顶，构成反复向上下承台交替传递荷载的机构。

荷载通过自锁方式向吊杆传递，顶升过程中柱的承台通过自锁装置保证千斤顶万一发生故障的时候对支承机构不构成影响。

各台架的支承反力稍有不同，在600~950t之间，为了使顶升同步，千斤顶的承载能力均为1 200t，并将顶升速度控制在3cm/分。

另外，高抗拉强度铬钼钢的吊杆从支承台架顶部通过300t缓冲千斤顶下悬，以防止发生过大的拉力。

3.3 大跨度屋顶工程和顶升工程

与本施工方法有关的部分工程进度如图11-1-9所示。

实际的钢结构地面组装约4个月，地面组装和屋面装修以及网架上的折板外装修工程、屋顶内部设备安装工程完成以后进入顶升工程阶段。

顶升工程如图11-1-10所示，分为地面滑动控制、4阶段的顶升、以及最后的千斤顶卸载诸工序。施工期包括了正月休假在内总计三个月。

大跨度屋盖离地时，桁架下弦平面的伸长引起支承点的水平位移由拉杆的摆动吸收，最终仍然使拉杆恢复到垂直状态。实际上，施工结果中各支承点在进深方向的位移达15mm~49mm。

大跨度屋盖离地后的各顶升阶段中，每天完成30次千斤顶顶升行程。这样的4个阶段就可以使屋面达到预定的高度。

每个顶升阶段间隔时间约为2周，在此之间，用临时支承台架承受屋面，进行柱子节段的安装，并进行现场焊接，同时进行外墙周围的钢结构等等的安装。

同时，机库前面的临时中柱进行千斤顶卸载

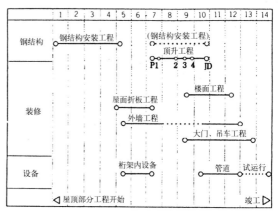

图11-1-9 大跨屋盖工程进度表

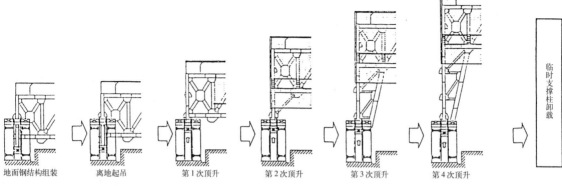

| 地面钢结构组装 | 离地起吊 | 第1次顶升 | 第2次顶升 | 第3次顶升 | 第4次顶升 | 临时支撑柱卸载 |

图 11-1-10 顶升工程

时，前侧桁架在离地过程中，反方向将产生较大的平面外变形，所以支承点的大水平位移要通过拉杆的摆动吸收。

3.4 控制和监测管理

千斤顶的控制以及安全管理所需要的屋面结构的应力、变形、台架反力、拉杆的拉力以及风速等等的自动连续监测管理均在中央控制室进行。

屋盖位移、变形的测量采用多转绝对型轮转编码器，拉杆的拉力平衡和台架反力分布的显示器与缓冲千斤顶和主千斤顶的油压显示共用。

工程管理上重要的顶升量、台架反力以及拉杆的拉力，如图 11-1-11 所示通过计算机进行连续观测。

对台架支撑力的平衡有很大影响的各台架的顶升量即使在千斤顶行程保持一致的情况下也会出现误差，所以规定了水平差的控制值为50mm，根据对台架反力的不断观察结果，在10个千斤顶行程左右进行一次水平修正。

另外，顶升量的差主要是承台上发生的微小变形随着千斤顶的反复顶升积累而产生的。

各台架拉杆的拉力平衡受拉杆的形心和荷载重心、承台的刚度、自锁装置和承台的接触程度等等影响。从施工结果来看，拉力的离散度平均在 ±15% 以内，不会产生安全问题。

此外，机库前面框架柱脚的推力通过临时中柱的水平度调整进行控制，根据斜柱的轴向应力测量结果来看，基本上达到推力的设计值。

顶升全过程中通过三维光波测定系统监测对大跨屋盖的水平方向进行位置管理，基本上没有到达必须进行修正的水平位移量控制值20mm，即使在柱顶高度相对于设计值也只有 −24~+6mm 的离散。所以，这样规模的建筑物能够保证外装

修以及管道设备所需要的精度，不必再进行调整。

为了保证施工的安全，规定了风速8m以下施工条件。但是顶升过程中在风速5m/sec左右对大跨屋盖的水平位移非常微小，仅为 1~2mm。

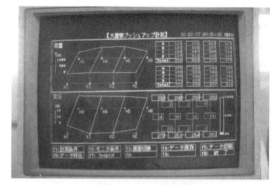

图 11-1-11 显示器画面

4. 结束语

以上叙述了采用顶升施工方法的飞机库施工计划和结果的要点，这个以地面低高度为主的施工方法除了克服了高度限制以外，提高了屋盖的组装效率以及精度、改善了前期屋盖施工环境、提高了施工的安全性，并大大地减少了临时施工材料的消耗。

这个施工方法在限制条件苛刻的空港施工中开发并实施，对于一般的大空间设施、有施工高度限制的都市区建筑物的施工，或者从机械化、省工化方面的技术观点出发，也具有实用的可能性。

2 福井太阳穹顶

[建筑物的概要]

所 在 地: 福井市武生市瓜生町

业 主: 福井县

设 计 监 督: 建筑 福井大学教授 冈崎甚幸
结构 法政大学教授 川口 卫

设 计 监 理: 协同组合福井县建筑设计监理协会

施 工: 熊谷 + 鹿岛 + 前田

总建筑面积: 21 418m²

层 数: 地下1层, 地面4层 附带塔顶层

用 途: 展览馆以及多功能大厅

高 度: 54.8m

钢构件加工: 新日本制铁（株）若松海洋中心,
（株）巴协作, 福木铁工所（株）

竣 工 年 月: 1995年3月

[结构概要]

结 构 类 别: 基础 预制混凝土桩基础
PRC, PHC ϕ 300~ ϕ 800
构架 B1F, 1F, 2F RC 结构
3F以上 S 结构
空间网架结构
屋顶 耐候钢板 t =3.2mm

图 11-2-2 建筑物内部

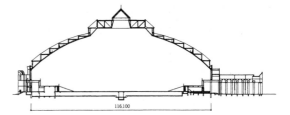

图 11-2-3 建筑物剖面图

图 11-2-1 建筑物外观

1. 序

福井太阳穹顶是福井县作为地方产业振兴的核心设施所建设的多功能大空间建筑，可以满足不同产业振兴的需要举行多种活动，比如说商品展示、集会、讲演会等等，还可以举办音乐会，各种国际比赛等等。1995年10月在这里举办了世界体操锦标赛。

该建筑物为直径116m的圆形建筑物，地下1层到地面2层为钢筋混凝土结构，3层楼面开始采用了法政大学川口卫教授"攀达穹顶"式空间网架结构。这里，主要介绍空间构架的结构方案以及其施工情况。

2. 结构方案

2.1 设计理念

该建筑物最高高度为地面标高以上+54.8m，为直径116m的圆形平面的钢结构穹顶，除了直径85.6m的比赛场地外还可以容纳8 000名观众。

该建筑物所在的福井县有过大地震灾害的经历，同时，也是我国少有的大雪地区之一，所以屋面积雪的处理方法也是一个重要的问题。该穹顶除了要能够承受苛刻的自然条件以外，为了充分发挥空间网架结构的结构合理性和经济性，依据以下方针进行设计。

(1) 寻求积雪条件下穹顶的合理性与造型
(2) 开发适合内部空间建筑设计的铸钢节点
(3) 不产生温度应力，能够抵抗风和地震力的合理的外部结构
(4) "攀达穹顶"结构的施工方法
(5) 不使用二次构件，开发应力蒙皮结构的斗形屋面板。

2.2 空间网架的构成

福井太阳穹顶由图11-2-4所示的外圈结构、外圈穹顶和中央天窗三部分构成。外圈结构由支撑屋盖的64根柱子以及32组64根撑杆和拉力环组成。对大跨度结构物来说，为了避免温度应力引起的问题，对温度变形不予以约束，其关键是使结构物具有能够"呼吸"的细部构造。本建筑物的处理方法是在柱顶和柱脚设有铰机构（第2、第3铰，同时在穹顶沿放射展开方向用滚轴支撑。这样，对温度应力所产生的变形没有约束，使之对结构不会产生不利的影响。同时，这些铰机构还可以在"攀达穹顶"的施工方法中予以利用。其他一些水平力则通过支撑杆件传递到下部结构。拉力环是处理穹顶推力的最重要的构件，在本结

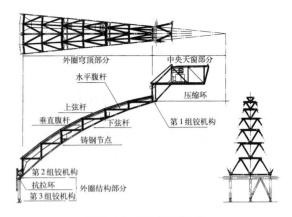

图11-2-4 空间框架的构成

构中还充当支承穹顶的外圈结构的大梁。

外圈穹顶为空间网架结构，以四面体网格作为基本单元，即在一组斜杆内形成垂直面和水平面，屋面板则沿斜杆以及上弦布置。构成网格的下弦杆件采用钢管，上弦和斜杆采用H型钢，下弦杆件汇交点采用铸钢节点。

中央天窗主要作为设备空间使用，其最外圈设置了压缩环。中央天窗的上下弦以及大部分斜杆为H型钢，一部分斜杆采用了高强度钢棒。

2.3 "攀达穹顶"施工方法

该穹顶所采用的"攀达穹顶"施工方法，不仅在我国，在巴塞罗那奥运竞技场等等国际上也有应用，为一种新的有效的结构体系。其并不是一种简单的施工方法，而是合理应用了三维机构的施工方法所得到的一种新的结构体系。与全脚手架施工方法以及以往的提升施工方法比较，具有以下的优点。

(1) 地面组装，外装修以及设备工程的大部分可以在距地面较小的高度上施工，所以具有以下的优点。

1. 与以往的施工方法比较大幅度减少临时脚手架

2. 大幅度提高施工精度、作业的安全性以及施工效率

3. 缩短工期

(2) 提升过程中仅为垂直方向的运动，容易控制。

(3) 提升过程中即使遇到强风或者地震，由于构架本身的空间效应，形式完整的抵抗机构，不需要特别的预防措施。

这个施工方法的大概流程参见图11-2-5。

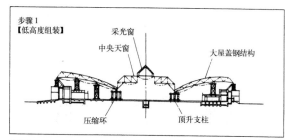

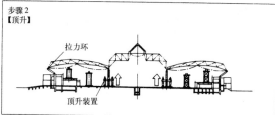

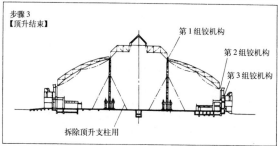

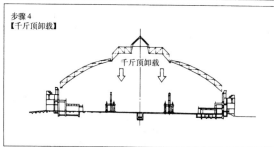

图 11-2-5　提升施工法

1. 地面组装阶段（参见步骤 1）

利用三组铰机构，并将外圈穹顶圆周构件的一部分先行取下，这样就可以使穹顶发生形状变化而不改变构件的长度。利用这个性质，除了结构主体工程以外，还可以尽可能地将构造装修、设备工程组装的工作在离地面较低位置进行。

2. 顶升阶段（参见步骤 2）

借助于油压千斤顶进行顶升。

3. 顶升完成阶段（参见步骤 3）

顶升到形成穹顶最终形状的高度。

4. 完成阶段（参见步骤 4）

先安装原先取下的外圈环箍构件稳定穹顶，在剩下的装修、设备工程完成后将千斤顶卸载。

2.4　细部设计

福井太阳穹顶的细部特征之一是"攀达穹顶"施工方法所具有的 3 组铰机构。第一组铰机构在压缩环附近，第二组铰机构在拉力环附近，而第三组铰机构则设置在柱脚上（参照图 11-2-6~ 图 11-2-8）。施工时铰机构作为"攀达穹顶"施工方

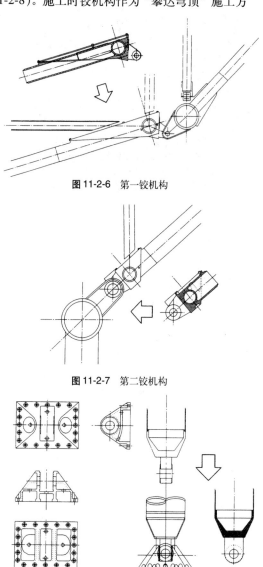

图 11-2-6　第一铰机构

图 11-2-7　第二铰机构

图 11-2-8　第三铰机构

法使用，完成后铰机构成了使穹顶能够"呼吸"的关键，从而避免大跨度结构的温度应力问题。

还有一个特征是较多地使用了铸钢节点。一般来说铸钢节点在装配钢结构中利用了形状的任意性，一个节点可以集中多根构件并能够顺畅地

传递节点力。这个建筑物中利用铸钢节点还能够进一步表现内部空间的设计要素。从这个意图出发，确定下弦交点的铸钢节点形状如图11-2-9所示，考虑了与顶棚膜外表形状的一体化。

图 11-2-9　拉力环与铸钢节点

3.　钢构件、铸钢件的制作

钢结构构架以"攀达穹顶"施工方法为前提，整个屋盖分割为16块。为了保证提升机构的形成，第1~第3铰机构分别在各自区块中保持直线关系，同时在地面组装时要保证一定精度下的平行。

在外圈穹顶中铸钢制品有7种，柱和支撑根部有3种，各有64个，合计640个（总重量540t，材料为SM 490），所有种类均进行了试制作，并对试制品进行了外观、尺寸、非破坏检查，然后投入正式产品生产。制作管理上留意了以下几点。

（1）作为结构构件的节点，为了能够安全地传递构件的内力，不允许有缺陷。

（2）对建筑设计而言的重要部位，不得损害铸钢的表面状态以及形状、美观。

（3）交货时期与钢结构制作工期相对应。

4.　提升工程

提升工程中使用了8根提升支柱，每根支柱中安装了4台自锁千斤顶。提升重量为4 000t，其中直接由提升支柱承担的重量估计约为2 500t，通过连接短柱的方法，提升高度为27.6m。提升完成以后分割成16区块的大跨屋顶钢结构之间安装了闭合构件，闭合构件中最重要的拉力环全部为现场实测以后制作，通过现场焊接进行连接，测定检验结果表明，误差为+14~－17mm，平均为+1.25mm（16处）。

图 11-2-10　提升景象 - 外观1

图 11-2-11　提升景象 - 外观2

图 11-2-12　提升景象 - 外观3

闭合工程完成后穹顶屋面的水平、垂直杆件以及上弦上铺设斗状（四角锥台）屋面板，屋面板由厚3.2mm的耐候钢制作，同时进行内部装修以及设备安装，完成后对千斤顶进行卸载。

5.　结束语

主要介绍了福井太阳穹顶的结构特点。该穹顶是融结构和建筑为一体的大跨度空间建筑，并且采用了没有先例的"攀达穹顶"施工法。

3 东京国际展览馆展示大厅

[建筑物的概要]

所 在 地: 东京都江东区有明 3-12

业　　 主: 东京都劳动经济局商工计划部

设计监理: 东京都财务局营缮部国际设施建设室、（株）佐藤综合计划

施　　 工: 清水、前田、东急、长谷工、大日本、村本、东亚、北野、共立、不二企业联合体

基地面积: 112 104.61m²

占地建筑面积: 72 270.46m²

建筑面积: 105 388.24m²

层　　 数: 地下 1 层，地面 3 层

用　　 途: 展览设施

高　　 度: 35.83m（最高部）

工　　 期: 1992 年 10~1995 年 10 月

[结构概要]

结构类别: 基础　桩基础(SC 管以及 PHC 管)

结构: 展览栋 S 结构
其中一部分 SRC 结构

玻璃天棚: RC 结构，其中一部分 S 结构

1. 序

建筑物由A~E六个展览大厅和连接各大厅的玻璃天棚组成。展览大厅纵横90m×90m，屋顶中央高为35.85m。结构上，屋顶钢结构的龙骨梁由称为核心柱的8根SRC的叠层箱体支承。龙骨梁间为球节点的空间网架结构。

一般的钢结构工程需要架设脚手架，利用大型建筑机械施工的时候，一个大厅就需要10万m³以上的辅助材料，其架设、拆除所需要的时间、工日、材料非常庞大。这里，建议6栋展览厅依次进行施工，这样可以重复使用辅助材料，而且由于各栋屋顶结构分别提升，可以缩短工期、确保安全、省工省料。

2. 系统概要

2.1 施工方法的特征

屋顶由叠层箱体柱内侧柱顶支承，如果以此状态进行提升施工，就必须截断龙骨桁架。

为此，叠层箱体的内侧柱留待以后施工，先在主体柱中设置一部分临时柱肢、梁以及支撑，依靠这样一个叠层箱体提升完整的屋面。由于能够采用提升施工方法，支承柱以及脚手架仅为一般施工方法的1/4，而且减少了高空作业，仅留下与相临大厅结合部位的屋面外装、设备工程的衔接部分工作。

图 11-3-1　建筑物外观

11. 使用特殊施工法的建筑

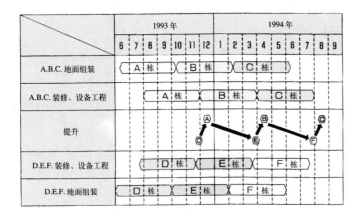

	1993 年							1994 年									
	6	7	8	9	10	11	12	1	2	3	4	5	6	7	8	9
A.B.C. 地面组装	⟨A 栋⟩				⟨B 栋⟩					⟨C 栋⟩						
A.B.C. 装修、设备工程			⟨A 栋⟩					⟨B 栋⟩				⟨C 栋⟩				
提升							Ⓐ/Ⓓ				Ⓑ/Ⓔ				Ⓒ/Ⓕ	
D.E.F. 装修、设备工程			⟨D 栋⟩					⟨E 栋⟩				⟨F 栋⟩				
D.E.F. 地面组装			⟨D 栋⟩			⟨E 栋⟩				⟨F 栋⟩						

提升施工顺序

图 11-3-2 提升工程工序表

- ○ 屋顶提升重量　2 000t
- ○ 屋顶提升面积　90m×90m
- ○ 屋顶提升高度　16.250m
- ○ 自锁千斤顶组　12 套
- ○ 阶段吊杆　4 根×12 处

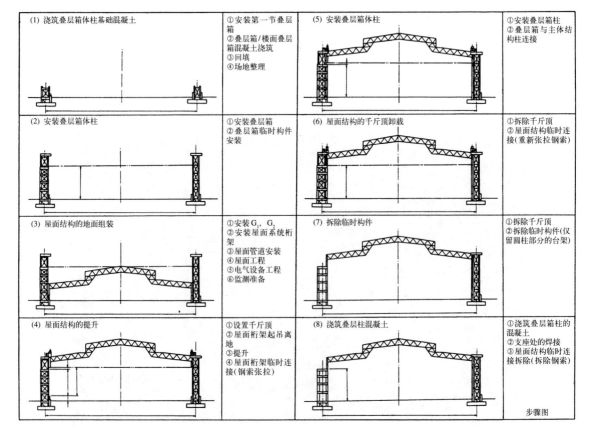

(1) 浇筑叠层箱体柱基础混凝土	①安装第一节叠层箱 ②叠层箱/楼面叠层箱混凝土浇筑 ③回填 ④场地整理	(5) 安装叠层箱体柱	①安装叠层箱柱 ②叠层箱与主体结构柱连接
(2) 安装叠层箱体柱	①安装叠层箱 ②叠层箱临时构件安装	(6) 屋面结构的千斤顶卸载	①拆除千斤顶 ②屋面结构临时连接(重新张拉钢索)
(3) 屋面结构的地面组装	①安装 G₁，G₂ ②安装屋面系统桁架 ③屋面管道安装 ④屋面工程 ⑤电气设备工程 ⑥监测准备	(7) 拆除临时构件	①拆除千斤顶 ②拆除临时构件(仅留圆柱部分的台架)
(4) 屋面结构的提升	①设置千斤顶 ②屋面桁架起吊离地 ③提升 ④屋面桁架临时连接(钢索张拉)	(8) 浇筑叠层柱混凝土	①浇筑叠层箱柱的混凝土 ②支座处的焊接 ③屋面结构临时连接拆除(拆除钢索) 步骤图

图 11-3-3 提升施工顺序图

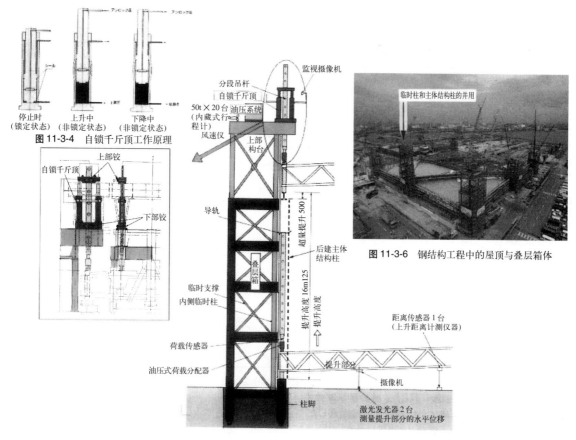

图 11-3-4 自锁千斤顶工作原理

图 11-3-6 钢结构工程中的屋顶与叠层箱体

图 11-3-5 提升机构图

2.2 提升机构

本工程中提升施工的特征是：龙骨提升后进行支承点下方的结构柱的施工，千斤顶卸载后，叠层箱体和屋顶龙骨必须一体化。

千斤顶本身要求有微小的回缩功能，所以提升机构中采用了自锁装置。自锁千斤顶是利用油缸与油缸壁之间的摩擦形成自锁。油压升高的时候油缸壁产生弹性变形，使得自锁解除，油缸开始动作。当油压控制出现故障引起压力下降，油缸变形恢复，自锁功能动作。有了这样机理的自锁装置，可以在任意位置上实施长时间的自锁，同时也可以自由地升降，这最适合于本工程。

整个系统中，150t 的自锁千斤顶 2 台为一组，共使用了 12 组。按照四个角部位置各一组，各边中央各 2 组配置。

提升物体包括各种设备约 2 000t 左右，千斤顶的提升能力为 3 600t。这是因为约 20% 的屋顶重量作用在各边中央，需要 4 台 150t 的千斤顶，所有的千斤顶提升能力均一致，这样容易控制并且

有富余度。

吊杆为分段式，根据设计采用与千斤顶能力相一致的 SM490 钢材。每一个阶段与千斤顶的行程 700mm 相一致，考虑到栓销 20mm 的间隙，所以取为 680mm。

3. 屋面钢结构工程

由于采用提升施工方法，在屋盖离开地面的时候叠层箱体钢结构、屋顶钢结构同时产生变形，屋盖钢结构中央挠度约 100mm 左右，外侧变形约为 10mm 左右，同时外圈龙骨的下部有向外侧张开的趋势。

叠层箱形体向内侧偏斜十几毫米，这个偏斜事先根据计算预测，提升方案确定时考虑其最终能够到达设计位置。

4. 屋盖提升工程

提升的高度为 16.25m，包括了 500mm 的超量提升，这是为了在提升后的主体柱的施工。这个提升量在一天之中完成。这样重复 6 次，完成了

步骤1	步骤2	步骤3	步骤4	步骤5	步骤6	步骤7	步骤7'
①下部夹具插销承受荷载(油缸处于下限位置,上部夹具插销处于未插入状态)	②上部夹具插销插入	③油缸上升(上部夹具插销承荷,下部夹具插销处于自由位置) ④下部夹具插销放松	⑤油缸上升至上限位置(行程700mm)	⑥下部夹具插销插入	⑦油缸下降(下部夹具插销承荷,上部夹具插销处于自由位置) ⑧上部夹具插销放松	⑨油缸下降到下限位置(与STEP1处于同样的状态)	处于连接位置的情况时 ⑨与STEP7相同 ⑩节点插销放松 ⑪拆除吊杆

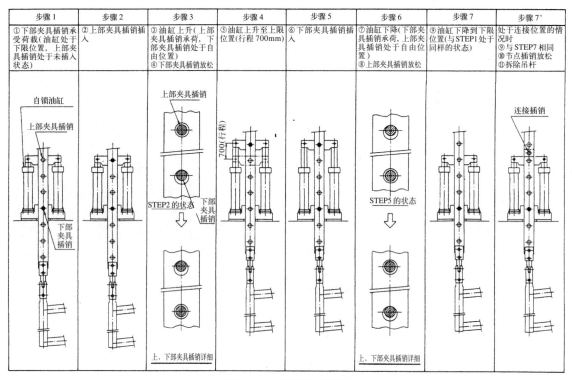

图 11-3-7　提升装置动作工程图

6栋屋盖工程。提升时,进行了下列的观测控制。

(1)提升重量:在所有阶段吊杆上安装了荷载传感器。

(2)提升量:油压千斤顶的行程计和9处编码器。

(3)主要构件的应力:龙骨桁架主要部位上贴布应变片。

(4)屋面的水平移动:激光位移计。

以上这些都是通过计算机自动显示,在集中控制室进行实时监视。

除此以外,通过经纬仪监测,确认离地时屋盖结构的变形、叠层箱体的变形在允许误差范围之内。

本工程中,2 000t的大跨屋盖通过6次反复提升,合计有12 000t的施工量,完成了世界最大级的东展览大厅施工。

图 11-3-8　提升现场

4 东京国际展览馆会议塔楼

图 11-4-1 建筑物外观

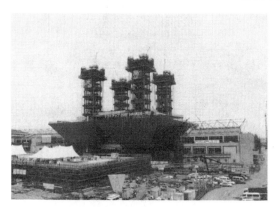

图 11-4-2 提升之前

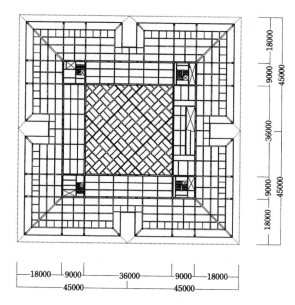

图 11-4-3 7 层平面图

[建筑物的概要]

所 在 地: 东京都江东区有明
业 主: 东京都劳动经济局
设 计 管 理: 东京都财务局营缮部
　　　　　　（株）佐藤综合计划
　　　　　　织本匠结构设计研究所
施 工: 间、清木、日本国土、新井、不
　　　　　动、今西、东海
总建筑面积: 230 873.07m²
层 数: 地下 1 层，地面 8 层
高 度: 58.2m
钢结构制作: （株）巴协同小山工厂
　　　　　　川田工业（株）枥木工厂
　　　　　　（株）横河桥梁千叶工厂
工 期: 1992 年 10~1995 年 10 月

[结构概要]

结 构 类 别: 基础　预制桩基础
　　　　　　结构: B1F、1F　SRC 结构
　　　　　　　　　2F 以上　S 结构
　　　　　　　　　上部结构

1. 序

东京国际展览馆是临海副都心有明地区所建设的未来型集会中心。

作为本建筑标志的会议塔楼，给人以漂浮都市的感觉，高 58m，由四根超大型柱举起 3 层结构的巨大建筑。

空中漂浮的倒四角锥结构，先在低高度位置进行钢结构组装，然后采用了能够提高安全性、施工性以及质量的提升工法，将结构提升到设计高度。以下简要介绍施工概要。

2. 结构方案

地上部分的平面设计, 方形柱子的边长9m, 柱距为边长45m的正方形, 四个角部配置电梯以及自动扶楼梯。如此巨大型柱 (巨型柱) 从地面开始一直通到最上层。上部从巨型柱斜向挑出45°的倒四角锥形状, 形成高8层边长为90m的正方形, 上部三层的各层上设置与巨型柱相连接的巨大梁 (巨型梁), 形成巨型框架 (图11-4-4)。

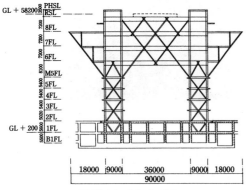

图 11-4-4 框架立面图

3. 提升概要

3.1 提升施工方法

提升过程中以最高高度约为65m的建筑物内部的4根巨型柱作为支承, 提升对象为从6层到屋顶的三层四个楼面, 采用柱与楼面分离方式。所以, 提升千斤顶安装在柱顶, 并下悬吊杆与提升对象的起吊点连接。起吊点位置设置在主体构件等不会产生过大的应力和变形的8层上, 与巨型柱边缘相距2.8m。同时, 考虑到构件的施工、定位方便以及提升时的可施工性, 柱与提升结构物连接采用高强度螺栓连接方案, 分离的连接节点处相互之间净空为20mm。连接节点共156个 (图11-4-5)。

3.2 提升施工顺序

施工顺序为在2层SRC结构主体完成以后进行巨型柱和提升对象的钢结构拼装, 然后进行提升设备安装, 提升构架的拼装完成后, 进行第一次提升 (离地提升)。确认了离地时的重量、变形等之后, 进行外装修和屋面工程。按照事先的计划完成预备工程后再进行提升施工 (图11-4-6, 表11-4-1)。

3.3 提升千斤顶系统

本次提升施工工程的特征如下:

(1) 提升对象为边长90m, 重量6 500t的庞然大物。

(2) 提升对象和提升反力结构之间净距离仅为20mm, 在狭窄的提升空间中必须控制提升对象的摆动。

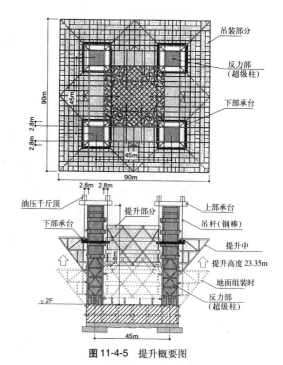

图 11-4-5 提升概要图

```
┌─────────────────────────┐
│ B1层、1层主体完成          │
├─────────────────────────┤
│ 6层为止超级柱的钢结构安装   │
├─────────────────────────┤
│ 提升部分内部钢结构的安装    │
├─────────────────────────┤
│ 顶层为止超级柱的钢结构安装   │
├─────────────────────────┤
│ 提升设备器材的设置          │
├─────────────────────────┤
│ 提升部分外围的钢结构安装     │
├─────────────────────────┤
│ 超级柱、提升部分构架的完成   │
├─────────────────────────┤
│ 千斤顶、阶段吊杆受力开始     │
├─────────────────────────┤
│ 第一次提升(离地工程)       │
│ 提升高度0.15m             │
├─────────────────────────┤
│ 屋顶、屋面、外装修提前工程   │
├─────────────────────────┤
│ 提升                       │
│ 提升高度23.20m            │
├─────────────────────────┤
│ 最终固定                   │
└─────────────────────────┘
```

图 11-4-6 提升工程流程

表 11-4-1 提升规模

步骤	部位	层数	行程	总面积	总重量
离地	6~R 层	3	0.15m	18 000m²	约 5 200t
提升			23.20m		约 6 500t

(3)柱与提升结构物的连接固定部位多达156个。

为了满足这些条件, 考虑采用了分段吊杆千斤顶法。千斤顶的主要特征如下:

(1) 由于能够配置高起吊能力的千斤顶群使得巨大重量结构物能均衡提升。

（2）分段吊杆的上、下套爪需能够保持可靠、持久的支承。

（3）150mm分段的高精度提升和千斤顶群的高精度同步可以提高提升精度。

系统中全部千斤顶群的行程差控制在20mm以内，避免了过大的变形和应力。

同时，进行了千斤顶群的承载平衡控制，吊杆的荷载尽量保持垂直（最大容许倾斜度1°），使之保证只有轴向力作用。

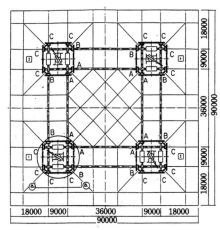

A：200型千斤顶 B：150型千斤顶 C：80型千斤顶

图11-4-7 千斤顶布置图

3.4 加固概况

在巨型柱和起吊物之间狭窄的间距状况下，要确实保证提升的安全，则在保证与柱分离的起吊结构物安全性的同时必须控制变形在极小的范围内。通过对施工阶段的力学分析确定了加固方法。以下介绍其概要。

（1）对受起吊荷载作用的最上层，加大梁和柱的尺寸。

（2）各层的吊点位置设置垂直支撑。

（3）为了控制起吊结构物外圈的垂直方向位移，设置支撑结构。

（4）为了防止起吊结构物整体变形以及保证荷载的传递，在巨型柱和起吊结构物之间分离位置设置环状加固梁和水平支撑。

（5）提升后连接处的连接板的尺寸提高一个等级。

3.5 导轨和导轮

起吊状态下的起吊结构物近似于长22~46m的自由摆锤，在风或者地震等引起的水平力作用下会产生很大的横向牵引。提升施工中应该考虑的地震参考了东京过去有感地震发生次数，据此假设了地震的震度与加速度，并进行了计算分析，其结果最大水平位移为30mm~50mm。同时，根据建设场地附近过去的气象记录以及劳动生产安全卫生标准中限制风速所假定的风速进行的计算

结果表明，最大水平位移为150mm~260mm。所以，设置了能够调整起吊结构物的水平位移和位置的带有千斤顶的导轮。导轨安装在巨型柱的M5~8层上，导轮安装在起吊结构物8层的巨型梁上。

4. 钢结构工程

4.1 精度管理

构件制作根据JASS 6附则《钢构件精度检查标准》的管理误差进行，+侧容许误差控制在标准的1/2以内。

安装精度考虑到影响精度的主要因素是提升施工时提升结构物的变形，分析了巨型柱和起吊结构物之间间距20mm以内作为精度的可能性，并以此作为管理的目标值。

4.2 钢结构制作

做了结构整体以及复杂连接部位的模型，研究结构的安装顺序，能够反映实际的钢结构制作作成。同时，提升初期阶段中为了确保巨型柱和起吊结构物之间间距，采取了从高层到低层逐渐收分的方法，最上端的间距为50mm。

对45m柱距的巨型柱所包围的起吊结构物中央部分的变形，采用了钢结构制作时起拱的处理方法。起拱量考虑计算结果以及与施工相关的因素等，起吊结构物中央的起拱量各层均为110mm。考虑到梁的形状以及施工性，起拱形状采用了起吊结构物中央为最大值的直线形。

4.3 钢结构安装方法

巨型柱在起吊时向建筑物中心偏斜约4mm（8层），根据计算结果预测，温度变化引起的水平位移约为3mm。根据这些结果，钢结构安装时采取了向外侧倾斜5mm的安装方法。安装精度基本上满足了±5mm的目标值。

在2层楼面进行起吊结构物内部的安装，并在需要之处搭建临时脚手架。同时，为了确保精度，在巨型柱内安装了临时托座。起吊结构物外围部分从B1层的台架上方进行安装，在1楼层内设置了带有千斤顶的临时支柱，以支承重量和保证精度。由于外围部分为悬臂形式，所以预计会有20mm左右的垂直方向变形，其处理对策为向上抬高10mm。巨型柱周围的安装精度基本满足了±5mm的目标值（图11-4-8，图11-4-9）。

5. 提升工程

5.1 现场监测管理

监测计划是提升施工中能够实时定量把握结构的位移量以及结构间的距离、结构的应力和变形的系统。对提升的重量、提升高度、风向、风速等等也能进行自动监测。

同时，这些监测数据能够在指令室进行集中管理并给出输出显示（图11-4-10，表11-4-2）。

图 11-4-8 巨型柱的安装

图 11-4-9 起吊结构物外围部分的钢结构安装

表 11-4-2 监测概要

监测项目	监测方法	使用仪器	记号	数量
千斤顶规格以及行程	各巨型柱顶设置的 64 台千斤顶的荷载	压力转换器	▲	32
提升高度	2 层楼面上设置的仪器，测量与起吊结构物 6 层的垂直距离	距离传感器	■	4
水平位移（起吊结构物以及巨型柱）	(1) 起吊结构物…8 层外围部分 (2) 巨型柱…8 层内部的起吊结构物侧	电子水平仪（激光发光器） 电子标杆（激光受光器）	☆ □	10 14
间距（起吊结构物与巨型柱之间距离）	起吊结构物 8 层上设置的仪器，查看巨型柱侧导轨（M5~M8 层）	超声波测距仪	●	16
应变、应力（起吊结构物以及巨型柱）	(1) 起吊结构物…代表性位置（原设计的构件以及加固构件） (2) 巨型柱…代表性位置（原设计的构件） 考虑对称性取 1/8 区域	应变片（正交双轴防水应变片）	◎	231
风向、风速	巨型柱顶部设置的仪器	风向、风速仪	∞	1

然后开始实施提升工程。提升工程为 3 天工期，期间最大风速为 8.5m/s，按计划圆满完成。提升的重量约为 6 470t，基本上与计划一致，提升过程中起吊结构物的水平位移在 15mm 以内，表明了导轨和导轮的有效性。同时，在提升高度为 22.65m 位置上通过导轮调整了起吊结构物的位置，最终提升高度为止都没有出现碰撞情况，提升施工顺利。提升以后，根据实测的螺栓位置制作了连接板，用高强度螺栓进行了定位连接（图 11-4-11）。

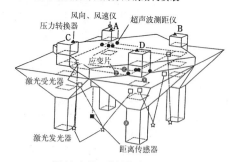

图 11-4-10 监测传感器的配置图

5.2 离地起吊

将钢结构地面组装时赖以支承荷载的临时台架以及支柱撤离，此时荷载将通过吊杆传至巨型柱顶的千斤顶。离地起吊的目的是：

（1）通过荷载转移把握起吊结构物和巨型柱的内力和变形情况，并与计算值相比较，这样就能够在事先确认提升施工方案的妥当性。

（2）在提升施工之前使起吊结构物产生变形，可以保证其后的外装修等等收尾工程的施工管理。

其结构，重量，变形，应力等等基本上可以按照事先的计算、计划予以确认。

5.3 提升施工实施结果

离地起吊以后，可以预先进行外装修、屋面、檐口的各种收尾工序以及防火喷涂、配管等工序，

图 11-4-11 提升后的状况

6. 结束语

概要介绍了 90m 见方、3 层总重约为 6 470t，具有悬挑部分的结构物提升工程，该提升方法利用巨型柱承受起吊反力，并采用了柱与楼面分离方式。

5 浪花穹顶(门真体育中心)

[建筑物的概要]

所 在 地：大阪府门真市大字三岛308-1外

业　　主：大阪府

设　　计：大阪府建筑部营缮室,(株)昭和
　　　　　设计

设计指导：法政大学教授 川口 卫 博士

监　　理：(财)大阪府建设监理协会,
　　　　　(株)昭和设计

建筑施工：竹中、鸿池、住友、东海企业联
　　　　　合体

基 地 面 积：45 795.38 m²

占 地 面 积：25 461.40m²

总建筑面积：37 660.81m²

最 高 高 度：SGL+42.65m

竣　　　工：1996年3月

[结构概要]

结构、规模：RC, S结构, 一部分 SRC/B1、3F

外 装 修：碳纤维强化水泥板。混凝土,不
　　　　　锈钢顶棚

图 11-5-1　建筑物外观

图 11-5-2　主赛场入口大厅

1. 序

本建筑物是以比赛用游泳池为主要用途的多功能大空间建筑。也是"浪花国度"的主要赛场。

主赛场为表面积 16 850m²、重 1 186t 的钢结构网架构成的椭球形穹顶,椭球沿长轴方向倾斜5°。

结构形式为钢管和球节点构成的空间网架,构件的拉力由球节点承受,压力则通过螺帽传递到球节点。

2. "攀达穹顶"施工方法

"攀达穹顶"施工方法在世界杯纪念馆中采用

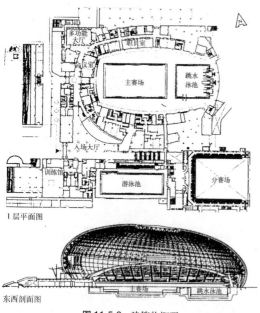

1 层平面图

东西剖面图

图 11-5-3 建筑物概要

以来已经有 4 个工程的业绩。但是,迄今为止穹顶的提升需要 1~2 周的时间。而本工程中开发了支柱收藏式的顶升施工方法,对"攀达穹顶"实施了连续顶升,一天之内就形成了穹顶的形状。

施工方法为在结构中设置铰机构,在低处进行结构的组装,由于在形成穹顶形状之前均由千斤顶等顶升,所以与以往的施工方法比较,具有安全、工期短的优点。

另外,"攀达穹顶"的名称是由该体系的机理类似于电车上的缩放式导电架(Pantograph)的英文译音而来。

3. 顶升概要

"攀达穹顶"的全部重量,包括装修材料和支承重量,达 1 729t。设计的顶升行程为 28.74m,考虑到穹顶闭合时候的固定工序,实际施工中为28.1m。

主赛场的网壳屋顶,根据"攀达穹顶"的分区,分割为作为拉环的赤道线以下部分、作为网壳结构的中央部分、中间部分以及外圈部分。其中,中间部分和外圈部分又各分割成 14 个部分,这样就形成了能够顺利顶升的机构。

3.1 顶升装置

顶升装置由顶升支承柱、油压千斤顶、间隔方向调整滑轮组成,在中央部分网壳周围均匀布置,共计 16 处。

支柱最大可以承受 111t 的垂直荷载以及倾斜不超过 5 度时由自重引起的弯矩。其为长度34m~40m,直径 558.8mm,壁厚 22mm 的钢管。

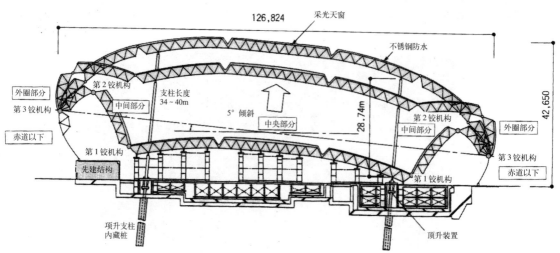

图 11-5-4 顶升概要

油压千斤顶采用了可以连续上升的VSL。这个系统通过支承柱最下部所固定的PC钢绞线提升支承柱从而使网壳结构上升。每根支承柱设2台千斤顶，共计32台千斤顶，采用自动控制方式运转。

调整间隔方向的滑轮是将排列在支承柱柱脚部的钢绞线圆滑地导引到VSL千斤顶内的机构。

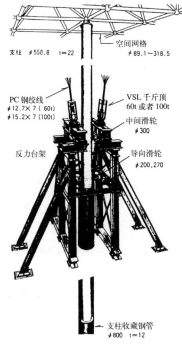

图 11-5-5 顶升装置

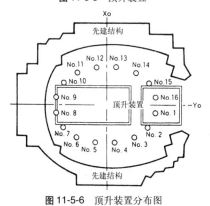

图 11-5-6 顶升装置分布图

3.2 顶升前的施工顺序

(1) 支柱收藏斜桩的施工

收藏支承柱的倾斜桩有16根，其中4根是临时桩，12根兼作结构桩。施工时为了保持斜桩的直线性，进行大口径混凝土现浇施工的同时，采用了刚度较大的套管。同时，为了确保精度，还

设置了导沟，倾斜度瞄准装置以及倾斜度测量装置。

(2) 支柱收藏

事先将有防锈涂料PC钢绞线临时固定在顶升支柱柱脚，然后用100t吊车将其插入装有导轮的收藏钢管内。

(3) 顶升装置的安装

顶升装置的安装按照反力台架的组装，导向滑轮、中间导轮的安装、油压千斤顶的固定，PC钢绞线的一次张拉、控制盘、油泵的设置，以及配线配管的顺序进行。

安装油压千斤顶时，要考虑离地起吊时的水平位移（平均8cm），要使位移发生时向支柱中心

图 11-5-7 外圈部地面组装

图 11-5-8 中间部地面组装

图 11-5-9 中间部和外圈部的连接

图 11-5-10　支承台架千斤顶

图 11-5-11　离地起吊情况

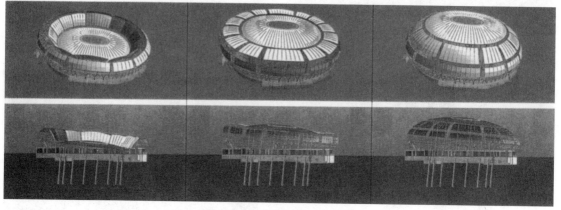

图 11-5-12　顶升过程的三个变化

方向偏移。

(4)　钢结构网壳的安装

钢结构网壳的安装，按照赤道以下部分、中央部分、中间部分和外圈部，将其分割成4部分进行。为了保证各部分组装的安全和高效，组装工作在地面进行。

赤道以下部分，即从网壳结构的支座到赤道之间，为2~3网格的单元。

中央部分，架设与穹顶形状一致的脚手架，用以支承钢结构网壳。中央部分的网壳分为38个单元进行安装。同时，顶灯等等装修工程也同时进行，取得了减少了高空作业的效果。

中间部分，在支承钢结构网壳的脚手架上进行单元的组装。到与外圈部分衔接处为止的范围内，同时进行防水、顶棚装修工程。

外圈部分在地面进行网壳的组装，并进行装修和设备安装工程。外圈部与赤道以下部分以及中间部分连接。

(5)　装修工程

顶升之前按照钢檩条、不锈钢防水、顶棚工程的顺序施工。

(6)　中央部分千斤顶卸载

中央部分网架的全部重量由周边50个支承台架支撑，安装时将所使用的82个支承台架的千斤顶进行卸载（千斤顶回缩量：最大116mm）。

(7)　离地起吊

将重量由周边支承台架转移到顶升支柱的作业通过16个顶升支柱的自动控制系统进行。离地时16根支柱上作用的荷载总计为1 254t（计算值为1 310t）（水平位移：最大93mm）。

(8)　顶升

上午8点顶升开始，以每分钟6cm的速度上升，下午4点28分顶升工作结束。

(9)　固定

根据施工状态下的应力分析计算结果采取了分段式的固定方法，即通过调整顶升，分5阶段固定。

4.　结束语

大规模倾斜"攀达穹顶"施工时，采用了支柱收藏式连续顶升施工方法，即使对于5°倾斜的特殊穹顶，在Q（质量）、C（经济）、D（工期）、S（安全）所有的方面都取得了很好的效果。

6 小田急相模大野车站大楼

[建筑物的概要]

所 在 地: 神奈川县相模原市上鹤间3510-12

业　　主: 小田急电铁（株）

建 筑 设 计: 竹中、小田急共同设计室

结 构 设 计: 竹中工务店

施　　工: 竹中＋鹿岛＋小田急

总建筑面积: 99 178m²

层　　数: 地下4层，地面14层，塔顶1层

用　　途: 店铺、饭店、车站、自由通路

高　　度: 56.7m

钢构件加工: 松尾桥梁（株）、川田工业（株）、
日本钢管（株）

竣　　工: 1996年10月

[结构概要]

结 构 类 别: 基础: 直接基础（筏基础）
现场灌注混凝土桩

结构: 地下　SRC 结构

地面　S 结构

巨型桁架结构

图 11-6-2　移动施工方法

表 11-6-1　建筑物的构成

建筑物名称	线路上空建筑				
	线路上空站舍	车站大楼A栋	车站大楼B栋	车站大楼低层栋	北广场地下停车场
规　模	F1, P1	B4, F9, P1	B4, F14, P1	B1, B2	B3, P2
用　途	车站	商店，车站	商店，旅店	商店，停车场	停车场
结构种类	S	SRC, RC, S	SRC, RC, S	RC, S	SRC, RC, S
总建筑面积	2 971m²	27 559m²	55 433m²	1 587m²	11 628m²
	99 178 m²				

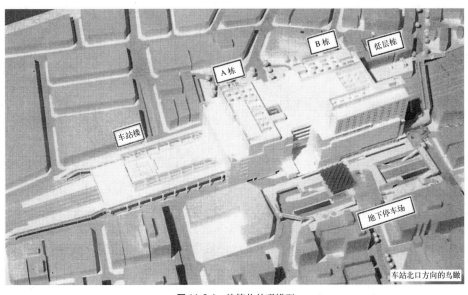

图 11-6-1　建筑物外观模型

1. 序

城市中心部建设用地变得越来越困难的今天,利用铁道线路上空已经作为一种解决方法受到重视。

以往在线路上空构筑结构物,由于线路上难以设置楼面柱,以及施工时间受到线路运行的时间限制等各种制约,采用一般的方法施工起来非常困难。竹中工务店发挥设计施工的综合优势,开发了横向牵引施工方法作为解决这个课题的技术手段。这里以小田急相模大野车站大楼为例介绍这个施工方法的应用。

本建筑物是小田急小田原线和江之岛线分岔口小田急相模大野车站,在重要车站的上方建设的14层建筑物,采用了巨型桁架结构和横向牵引施工方法,使之能够在不影响电车正常运行的条件下进行施工。

小田急相模大野车站大楼是如表11-6-1所示的大规模组合建筑物。其中有新宿方向的跨线桥上车站楼、车站大楼A栋、B栋三栋跨线大楼。图11-6-3、图11-6-4是三栋跨线大楼的建筑物和铁道线的位置,以及建筑物的剖面图。

2. 结构方案

车站大楼A栋尽管设有柱子,但是线路垂直方向的基础梁施工困难,所以基础采用了没有基础梁的1柱1桩基础。

B栋由于线路紧凑,不可能设置柱子。这里采用了跨度为46.4m的巨型框架,考虑到施工条件和电车的安全运行,结构方案以横向牵引施工法为设计前提。

线路两侧的框架在3层到5层设置高度为2个楼层的巨型桁架,这个巨型桁架的能够支承上部5层结构。考虑施工性、结构性能、空间的有效性、经济性等等,确定了桁架的最优形状。平行于线路方向的基本框架柱距为6.25m,巨型桁架则每两个柱距一道共设置6榀。巨型桁架上承受线路上方楼层的巨大拉力的梁采用了焊接H形截面,其他均为焊接方钢管截面,即使等级2(50cm/s)的地震响应分析中结构仍处于弹性阶段,图11-6-5为巨型框架的详图。

承受巨型桁架的3层部分柱子所采用钢材的

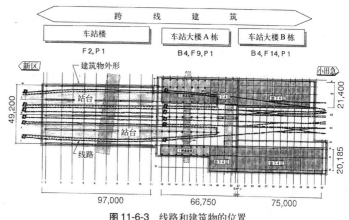

图 11-6-3　线路和建筑物的位置

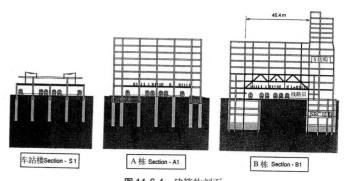

图 11-6-4　建筑物剖面

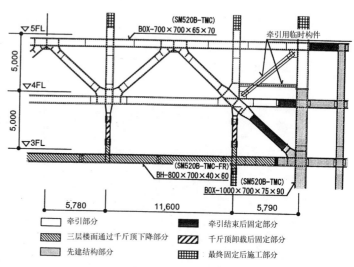

图 11-6-5　巨型桁架详图

最大板厚为90mm(SM 520B)。

另外,线路上方楼层的梁,施工阶段到竣工以后这段时期内,为了防止物体下落,采用了无需耐火覆盖的耐火钢材。耐火钢材的最大板厚为60mm(SM 520B)。

3. 横向牵引

3.1 多层横向牵引施工方法的概要

横向牵引施工方法是移动架设方法的一种，大跨度空间结构安装中无法使吊车覆盖整个施工现场、铁道线路上施工中对吊车作业有限制、建筑物周边无富裕的空地的情况下等等，都可以采用这个施工方法以解决以上问题。施工中将庞大的结构分割为几个部分，在楼面上一个一个进行组装，然后在两端设置的轨道上依次横向移动（牵引），这样就能完成没有柱子的大跨空间结构的施工。

首先，在有可能设置柱子的A栋的铁道线路上构筑主体楼面（3楼的楼面），作为组装巨型桁架的平台，然后在B栋线路两侧的结构上铺设轨道，进行巨型桁架的牵引。但是，由于在A栋3层楼面上进行B栋同高度结构体的组装，所以将4~5楼层的巨型桁架作为需要牵引的一个层单元，而3层的楼面预先吊挂在4层楼面下高于预定标高2m的高度，到达线路上空以后再逐步下落到预定位置（垂直移动），最后通过固定件定位即完成2层楼高的巨型桁架的施工。

总重量约3 000t，总移动量为81.25m的横向牵引工程在1994年6月的第一榀桁架开始组装到12月的桁架定位7个月内完成，取得了预计的成果。

3.2 横向牵引系统

桁架柱脚的支点位置和牵引装置的构成如图11-6-9所示。为了支承垂直荷载和安装牵引千斤顶，柱脚上设置了临时衬板。

(1) 牵引千斤顶

采用楔式夹具来保证水平承受油压千斤顶（拉压70t，行程1 700mm）的反力。根据滑靴的性能（滑移千斤顶的摩擦系数：0.006）和牵引机械的重量（3 000t）确定千斤顶的台数为4台。通过每个行程1 700mm的反复牵引，每日移动量为12.5m，进行了总移动量为81.25m的牵引。

(2) 滑移千斤顶

采用了使桁架有可能上下移动的千斤顶机构以及具有滑移功能的总计200t的滑移千斤顶。由于巨型桁架的轴力很大，所以每个柱子采用了2处连接千斤顶的机构，其左右平衡可以调整，也可以在滑靴发生故障时予以更换，柱子的焊根部保证8mm间隙，使牵引能够进行。同时，牵引过程中发生地震的情况下，立即将滑移千斤顶卸载，柱脚直接安放在轨道上并进行临时固定。

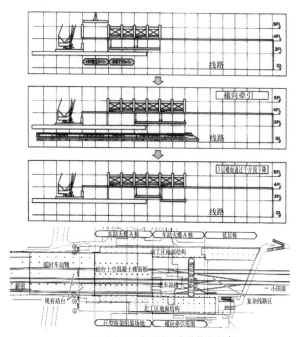

图11-6-6 牵引施工方法作业顺序

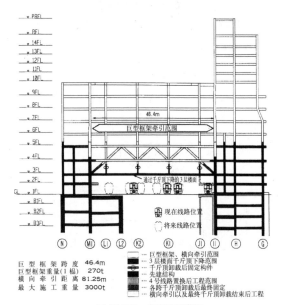

图11-6-7 牵引施工范围

巨型框架跨度 46.4m
巨型框架重量（1榀）270t
横向牵引量 81.25m
最大施工重量 3000t

图11-6-8 牵引中的巨型框架

（3） 反力装置

反力装置采用了能够在轨道上直接形成反力作用的H型钢夹具。通过中央控制室的操作，利用楔子原理将轨道轨条翼缘固定，即利用楔子的摩擦力产生反力的装置，而且能够在任意位置上产生反力。同时，轨道轨条是在结构大梁上临时安装的焊接T形截面梁，无须进行特别的加工。

3.3 千斤下降系统

千斤顶系统由利用楼面重量进行升降的50t中央带孔油压千斤顶、作为吊杆的全螺纹PC钢棒、反力支承、行程调节螺帽、管状座铁等等组成。1

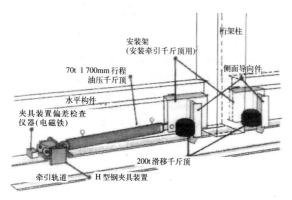

图 11-6-9 牵引装置的构成

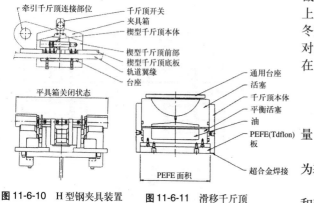

图 11-6-10 H型钢夹具装置　　**图 11-6-11 滑移千斤顶**

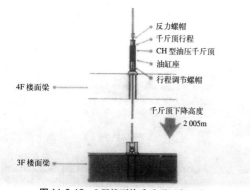

图 11-6-12 3层楼面的千斤顶下降系统

个行程为125mm，通过17次反复操作将三层楼面按照预定下降2 005mm。另外，这个系统中还有能够同步调节全部16个油压千斤顶下降量的装置（平衡器）。

3.4 安全装置

由于是在线路的上方进行施工作业，对于牵引过程中可能发生的不可预见的地震、要求有绝对保证巨型桁架不发生下落的安全对策。尽管滑移千斤顶是有效的安全装置，但是，还在支撑处设置了（1）防止侧移档板（侧面档板），（2）防止脱落档板。

3.5 集中管理系统

为了实时把握牵引、降落的动作情况，将（1）牵引荷载，（2）牵引移动量，（3）摩擦系数，（4）反力装置的动作状态，（5）起吊点荷载，（6）降落量等等数据，通过计算机的处理，用画面实时表示。通过观察这些数据，在中央控制室发布操作指示。

4. 有关巨型桁架制作的问题和对策

巨型桁架承受上部5层结构的荷载，这个荷载通过两侧的构架传入地面。所以必须对桁架的组装精度以及位置固定时的精度管理有非常严格的要求。桁架构件是最大板厚为70mm的方形钢管截面，现场的连接均为焊接。同时，从施工条件上来讲，组装时期正值夏天，牵引后位置固定在冬天。所以对以下几个方面进行了考察并采取了对策，在桁架定位固定时基本上满足了柱脚误差在目标值10mm以内的要求。

（1）进行桁架最后固定前的检查

（2）现场焊接方法的改良

（3）根据施工试验把握超厚钢材的焊接收缩量

（4）以最后定位固定的12月份钢构件温度10℃为基准温度，进行构件的尺寸管理

（5）根据定位固定的焊接顺序预测残余应力和变形

5. 结束语

铁道线附近的工程中从结构施工方法的角度来说有很多方面的制约，过去一般采用以夜间作业为前提的施工方法。

这次的车站大楼工程为线路上空的组合大楼，在2层高度的巨型桁架组装以后，采用了横向牵引施工方法，最下层的楼面采用了所谓楼面下降方法。通过充实安全装置和安全设备，本施工方法的安全性得到了肯定，实现了线路上空可以昼夜牵引的施工法。

[12] 使用全自动楼宇建造系统的建筑

1　十六银行名古屋大厦

[建筑物的概要]

所　在　地：名古屋市中区锦3丁目

业　　　主：（株）十六银行

设计、监理：（株）日建设计

施　　　工：清水建设（株）

地域、地区：商业地域、防火地域、停车场整备地区

基 地 面 积：2 016.55m²

占 地 面 积：1 348.52m²

总建筑面积：20 657.74 m²

层　　　数：地下2层，地面20层，塔顶1层

用　　　途：银行店铺、物业管理办公室、停车场

最高檐口高度：88m

工　　　期：1991年10月~1994年2月

[结构概要]

桩：现场浇筑混凝土桩

地 下 结 构：劲性钢筋混凝土

地 面 结 构：钢结构

1.　序

所谓现代化的施工系统是指在不受气象条件左右的舒适环境条件下，自动地进行办公楼等高层建筑从地下工程到主体结构，以及包括装修、设备安装在内的所有施工作业系统。这个系统的开发目标可以归结为以下四点。

（1）作业环境安全、整洁、舒适

（2）施工作业不受气候左右

（3）减少工时提高生产效率

（4）大幅度减少现场的建设废弃物

为了实现这些目标，通过用护帘覆盖屋顶以及建筑物外周，创造工厂内建造大楼的环境，在这个环境下，全面引进自动化技术以及计算机技术，大量采用构件预制化等工业化技术的施工方法。

2.　系统概要

2.1　系统的构成

系统的主要组成如图12-1-2所示，利用塔楼钢结构主体构成称之为"帽子架"的屋盖框架，以及支承"帽子架"的4根临时立柱，构成了系统的主要构架。屋盖框架平面上设置水平和垂直搬运装置，为了通过临时立柱抬升"帽子架"，每个立柱上安装了提升装置。"帽子架"顶面铺设透光性很好的护帘以保护屋面，在施工阶段，通过保护框架落放覆盖外围四周的网格状护帘。屋盖框架和外围保护网所包围的内部作业空间，给人以制造工厂的感觉，故称之为"施工工厂"。在这个"工厂"内部，按照楼面顺序组装大楼。"帽子架"和临时立柱构成"施工工厂"的主结构，取设计剪力系数 $k = 0.2$。施工阶段的建筑物主体结构

图 12-1-1　施工中的外观

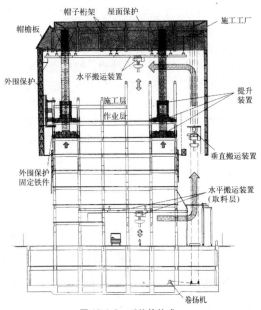

图 12-1-2　系统的构成

和"施工工厂"主结构之间相关模型的反应分析表明，能够确保安全性。同时，对于抗风性能，主结构、保护框架、护帘均按照基本风速 $V=35m/s$ 计算，风载系数通过风洞试验确认。图12-1-3为"施工工厂"内部的情况，"施工工厂"内光线以及通风良好，实现了不受气候条件限制的舒适的作业空间。

图12-1-3 "施工工厂"内部

2.2 施工顺序

地下工程完工以后，在地下一层安装4根临时立柱和提升装置，在地面一层安装"帽子架"，在"帽子架"底面安装水平搬运设备，并通过提升装置抬高"帽子架"，与临时立柱顶部连接固定。同时，在"帽子架"四周悬挂护帘，这样，就形成了"施工工厂"。

这个"施工工厂"每次提升1层，每次重复各层的主体结构、内装修，以及包括一部分设备在内的施工作业。1层的工期为5天。

顶层的施工完成后，进行"工厂"的拆除作业。外围保护框架为折叠结构，按照每个单元折叠后，通过运送装置送回地面。然后通过提升装置将"帽子架"下降定位，与主体钢结构连接固定，工程就完成了。在"帽子架"下降定位的同时，临时立柱按照从下到上的顺序依次拆除，同时也拆除水平搬运装置。图12-1-4为这个系统的施工顺序。

3. 系统的构成技术与特征

以下概述构成本系统的主要技术与其特征。

3.1 提升系统与叠层施工方法

提升系统是通过油压千斤顶将"施工工厂"整体抬升的装置，总重量为1 200t的"施工工厂"通过临时立柱上安装的提升装置同步动作，安全地在90分钟内上升约4m，相当于一个楼层的高度。类似于高层建筑施工中的爬升式塔吊方式，除了通过驱动油压千斤顶同步调整4根临时立柱支承的"施工工厂"的水平度以外，还通过控制臂梁的开、闭等等将"施工工厂"的荷载传到主体结构的大梁上。

由于每次提升高度为一个楼层，所以施工作业均在一个楼层的高度内进行，避免了高空作业的危险性。

3.2 材料自动搬运系统

钢构件以及楼面PC板、外壁墙板等等各种各样的建筑材料，在地面挂钩作业完了之后，按照预先登记在电脑内的记录，自动地直接搬运到安装位置。名古屋工程的情况，如图12-1-5所示，配置了垂直搬运装置和5台卷扬机以及10台水平移动导轨。这些机器，采用多通道信号传送方式，由计算机进行集中控制。

材料在堆放层挂钩以后，卷扬机将材料直接送入垂直搬运装置，直达施工楼层，计算机又将自动给出水平搬运路径和选择移动吊车，分别将材料送到目标点。材料脱钩后，卸载以后的卷扬机又根据计算机给出的路径，回到材料堆放层。

以往采用塔吊进行建筑物施工时，构件起吊到安装位置后，在吊钩回到地面之前，无法进行新的构件吊装。所以，安装工人经常处于待料状态。为此，本系统考虑了使用多台卷扬机，可以

①帽子桁架地面组装、逐渐提升

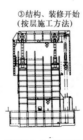
②施工工厂安装结束

③结构、装修开始（按层施工方法）

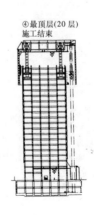
④最顶层（20层）施工结束

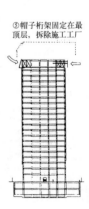
⑤帽子架固定在最顶层，拆除施工工厂

图12-1-4 施工顺序

进行如上所述的连续构件搬运，缩短了作业人员的待料时间，每天的吊装次数有了很大的增加。图12-1-6所示为自动搬运中的钢结构构件。

节点形状，考虑了同样的下降镶嵌方式，提高了施工效率和搬运效率。

另外，脱钩作业也实行了自动化，在控制室实行远距离操作，省去了人手，且安全省时。

柱子定位以后的定位精度调整，采用了新开发的激光自动测量装置。将激光发振仪器安装在楼面的基准线上，垂直发出的激光束由柱顶的光接收仪器接受，测得柱子的垂直度。施工人员只要观察数字显示器，可以在短时间内通过图12-1-7所示的调整螺栓调整垂直度。

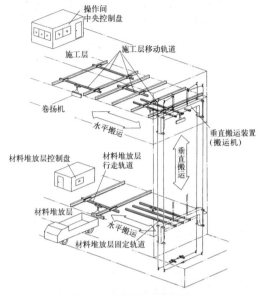

图 12-1-5　自动搬运系统的组成

图 12-1-6　自动搬运中的钢构件

3.3　钢结构拼装系统

钢结构柱以及梁运送并确定安装位置以后，安装时基本上不用人工进行定位，这是由于节点形状设计时进行了周密的考虑。图12-1-7是柱和柱的连接节点情况。下柱的顶部有榫式导板，即使上柱构件的位置有误差，或者构件发生晃动，只要构件缓慢下降就很容易准确安装，并不需要作很细致的调整。图12-1-8为其安装的情况。

这个导向机构从结构上来说具有保持构件安装定位的强度，所以定位后可以立即将构件与卷扬机脱钩，卷扬机可以随即离开，这也是缩短构件搬运循环时间的一个重要因素。对于柱和梁的

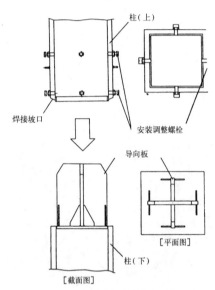

图 12-1-7　钢结构柱连接节点形状

图 12-1-8　钢结构柱子的安装

3.4 自动焊接系统

开发了柱与柱连接使用的横向多层焊缝的焊接机器人，实现了包括柱角部在内的全周连续自动焊接。图12-1-9为该焊接机器人的焊接作业情况。机器人本身为实行横向电弧焊的行走式小型机器人，为了能够判断焊接坡口，机器人装备了激光传感器。机器人沿着柱上安装的临时轨道先进行一周连续焊接，然后，反转方向进行重复焊接。保护气体采用二氧化碳气体或者MAG。该机器人根据不同的行走轨道，可以适用于方形、圆形截面形状柱，方钢管的场合，能够进行包含柱角部在内的全周连续焊接。同时，根据激光传感器所认识的坡口形状，机器人根据数据库的资料，自动设定焊炬的位置、焊接速度等等焊接条件。由于自动化程度高，所以1个焊工可以管理多个焊接机器人，能达到省工的效果。

柱和梁节点中，对于上翼缘采用了行走式俯焊机器人。

图 12-1-9　作业中的柱焊接机器人

3.5 预制化、单元化的大规模采用

楼面工程为安装在预制工厂中制作的大型楼面预应力板（PV板），板缝之间采用填充混凝土。入场的PC板在堆放楼层挂钩以后由自动搬运系统送达指定的安装位置进行安装。图12-1-10为搬运中的楼面PC板。

外墙工程为首先在工厂中安装好幕墙玻璃，调整好色彩，然后入场。在堆放楼层进一步安装好空调机，以单元化进行自动搬运和安装。单元中，采用了嵌入式的接触连接，简化了安装工序，基本上不需要安装后的调整。

关于设备工程和内装修工程，实行了管道和电气线路的单元化，采用了ALC隔墙的单元化等等，提高了施工效率。

本工程中，除了以上的单元化以及预制化以外，还全面实行了内装修材料的预切割以及包装材料的省略化，削减了现场建筑垃圾量。

图 12-1-10　搬运中的楼面 PC 板

4. 施工结果

本工程中取得的成果、以及所确认的系统效果总结如下。

4.1 施工环境的改善

根据全天候的概念，将以往的室外施工改变成室内施工，使施工人员避免了风雨以及冬天的寒冷、夏日的暴晒。同时，钢结构拼装和焊接等等大负荷的工作实现了自动化，由于工厂生产预制化减少了污染以及废弃物的搬出作业，实现了施工现场的清洁和舒适化。

4.2 不受天气变化所左右施工现场的实现

由于进行了全天候保护，作业的进程与天气变化无关，尽管恶劣天气占整个施工工期的20%左右，工程进行顺利，无休息日加班也无每日延长工作时间。

4.3 现场劳动工数的削减

作为自动化、预制化、单元化以及全天候化的综合效果，确认了高层栋地面工程的全部劳动工数约减少了30%。如果以本系统直接施工的内容计算，劳动工数的减少约为50%。

4.4 施工周期的缩短

1个楼面的施工周期最终为5天。以这个5天的施工周期为模型进行工期试算，可以认为取得了缩短工期20%以上的效果。

4.5 建筑垃圾的减少

材料的工业化、预切割化、捆包材料的减少等等的结果，建筑垃圾比以往减少了70%。

5. 今后的工作

本工程中系统的应用完成于1993年秋，作为第一次正式的现场应用，基本上实现了最初设想的目标。但是今后需要解决的问题还很多，本工程的应用不过是作为新生产技术走出的第一步。

今后，还要进一步应用于各种工程中，努力提高生产性和通用性，为新建筑生产系统的确立而努力。

2 世界文化社本社大厦

[建筑物的概要]

所　在　地：东京都千代田区九段北 4-2-29
业　　　主：（株）世界文化社
设计、监理：前田建设（株）
施　　　工：前田建设工业、中野协作建设共
　　　　　　同企业体
基 地 面 积：1 459.06 m²
占 地 面 积：613.30m²
总建筑面积：6 614.38m²
层　　　数：地下 2 层，地面 10 层 塔顶 1 层
用　　　途：写字楼
檐 口 高 度：44.75m, 最高高度 45.50m
桩 底 深 度：9.71m, 持力层：GL-24.60m
工　　　期：自 1992 年 6 月 1 日
　　　　　　至 1994 年 2 月 28 日

[结构概要]

结构类别：桩　现场浇筑混凝土桩
　　　　　地下结构　钢筋混凝土（B2F）
　　　　　　　　　　劲性钢筋混凝土结构
　　　　　　　　　　（B1F）
　　　　　地面结构　钢结构（1~10F）

图 12-2-1　世界文化社本社大厦工程

1. 序

全天候型自动大楼建设系统 MCCS（Mast Climbing Construction System）是新的现场施工方法之一（图 12-2-2）。

近几年来，为解决建筑业技术工人的绝对数量不足，高龄化等等问题，在以施工合理化为目标的施工系统机械化、自动化的研究开发方面投入了很大的精力。特别是近期内部由于产业空洞化等等引起的经济低迷，外部由于国际上的竞标需要，要求进一步提高建筑业的生产效率。为此，有必要借助于制造业中成熟的 CIM、CAD/CAM、FA 等等的计算机技术进行生产体系的开发。为了构筑信息化施工系统 1991 年开始了 MCCS 的项目开发。这个项目的开发计划分为 4 个阶段，第一阶段的开发成果应用在了 1992 年的世界文化社本社大厦工程中（图 12-2-1），第二阶段的开发成果应用在了 1996 年 10 月开工的三田公共大厦工程中。

2. 开发目的

MCCS 以中高层钢结构建筑为适用对象，先进行最高层的拼装，并在其上安装 MCCS 的装置，其下方作为施工工厂，是一种从底层开始依次顶升逐层施工的叠层施工方法。开发的主要目的如下。

（1）提高安全性

从底层开始逐层施工，每层都以楼面首先进行施工，降低了作业高度，提高了安全性。

（2）缩短工期

由于实现了全天候施工，所以施工作业可以不受天气条件的限制，施工工序的重复，使施工工人熟悉作业程序，提高了作业效率，装饰工程也能提前进行。同时，可以进行 24 小时不间断施工，缩短了工期。

（3）省工时

固定的施工工人实行多工种化，减少了施工工人人数，节省人工。

（4）改善环境

顶棚、全部采用预制楼面板等等，创造了一个整洁的施工环境，也能在施工中实现外观与周边环境的协调一致。

3. 系统的构成

MCCS 由 MCCS 生产管理系统为中心的爬升系统、搬运系统、拼装系统、测量系统五个子系统构成（图 12-2-3）。

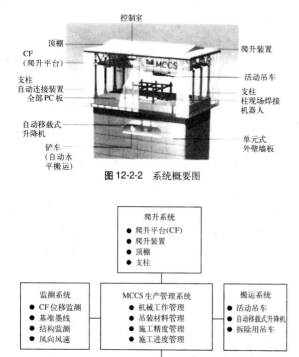

图 12-2-2　系统概要图

控制室
顶棚
CF（爬升平台）
支柱
自动连接装置
全部 PC 板
自动移载式升降机
铲车（自动水平搬运）
爬升装置
活动吊车
支柱柱现场焊接机器人
单元式外壁墙板

爬升系统
● 爬升平台(CF)
● 爬升装置
● 顶棚
● 支柱

监测系统
● CF 位移监测
● 基准墨线
● 结构监测
● 风向风速

MCCS 生产管理系统
● 机械工作管理
● 吊装材料管理
● 施工精度管理
● 施工进度管理

搬运系统
● 活动吊车
● 自动移载式升降机
● 拆除用吊车

安装系统
● 钢构件焊接机器人
● 支柱自动连接装置
● 装修材料安装机器人
● 柱子安装调整工具

图 12-2-3　系统的构成

3.1　MCCS 生产管理系统

本系统是使各装置高效、安全运行的总体控制系统。根据预先在计算机中输入的设计、施工信息和各装置位置信息，各装置之间连动的同时，对各机械进行运行指示、运行确认的管理，以及施工器材的吊装管理、建筑物全体施工精度管理，工程进度管理。

3.2　爬升系统

（1）　爬升平台　CF（Climbing Floor）

CF 由结构主体最上层的构架和临时加强构件构成，并设置了爬升装置、活动吊车、测量装置和控制室。

（2）　爬升装置

在上部框架、中间框架、下部框架的主柱子上设置爬升装置，上、中框架由 2 个千斤顶连接，与上、中框架的锁栓连动，尺蠖状沿着柱子上升或下降（图 12-2-5）。

（3）　顶棚

顶棚是 CF 和下部空间的外部防护结构，在保护各种装置不受风雨侵袭的同时，也作为不受气候影响的舒适施工空间，设有施工器材搬运入口的电动开闭门。

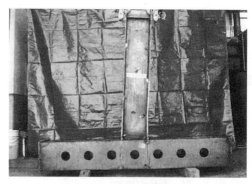

图 12-2-4　柱开孔节点域实验

图 12-2-5　爬升装置

（4）　支柱和自动连接装置

采用建筑物框架柱作为支柱，以支承 CF 全体的重量。CF 的升、降以柱子为导向。柱子上以一定间距留有锁栓孔。关于这个柱子梁柱节点的带孔节点域，曾以实际节点尺寸的 1/2 模型实验确认了梁在节点塑性化之前先行达到塑性强度。

3.3　搬运系统

（1）　活动吊车

该吊车为回转吊杆的悬挂式吊车，具有上升、降落、纵行、横行、回转、俯仰等功能。可以将地面的构件垂直以及水平搬运到指定的位置，并能够在结构拼装施工中所涉及的所有范围内快速移动。吊车运转由控制室操作，根据搬运计划自动进行搬运。

图 12-2-6　活动吊车

(2)　自动移载式升降机和铲车

该升降机主要用于装修材料以及设备器材的垂直搬运，实现从指定的楼层到施工楼层的自动搬运。同时，由搬运设备中的滑动平台还能进行货物的自动装卸。同时具有材料的管理能力，根据通过输入记号或者条形码进行入场管理。铲车则将垂直搬运后的材料设备自动地水平移动至指定的位置（图12-2-7）。

图12-2-7　自动移载式升降机

(3)　解体吊车

该吊车是在第二阶段新开发的，用于MCCS的装置解体以及安装最顶层外围维护材料等等。在建筑物最后的框架拼装之前，利用活动吊车进行组装，能够沿着吊车的伸臂在屋面自动行走。该吊车在三田共同大厦工程中得到了应用。

3.4　拼装系统

(1)　现场柱子焊接机器人

柱子上装有五金件用于机器人的定位，能够适用于一般的工地现场。除了清渣和最后清除安装五金件以外，机器人能够连续进行多层焊接。已经开发成功1号机、2号机，并从三田共同大厦工程开始实用（图12-2-8）。

图12-2-8　现场柱子焊接机器人

(2)　支柱自动连接装置

支承CF的支柱下部与建筑物框架柱的连接装置。通过这个装置，CF的水平、垂直荷载通过支柱传入框架柱，以保证CF的安全。从三田共同大厦工程开始实用（图12-2-9）。

3.5　测量系统

该测量系统是由地面的测量原点上设置的激光垂直计和光波距离计，CF上设置的光接收仪

图12-2-9　支柱自动连接装置

器，将测量原点转移到施工楼层的系统。一般可以根据光接受仪器上的数据对CF进行水平位移的管理，同时以转移到楼层上后的测量原点为基准，采用三维测量仪器控制柱子的安装，并在柱子上弹下墨线，然后进行外壁墙板的安装等等。

4.　工程概要

4.1　临时工程计划

在建筑材料进出场规划中，由于场地狭窄进行了临时堆场的设计。从临时工程总体设计图中可以看到，只有在主建筑物前面有一块场地可以供结构和装饰材料同时进场，所以本工程中堆场的规划是一个重点（图12-2-10）。

起重设备位置设计中除了MCCS的活动吊车和自动移载式升降机以外，还使用了以下的起吊设备。

● 起重车(各种)：安装和拆除、辅助作业

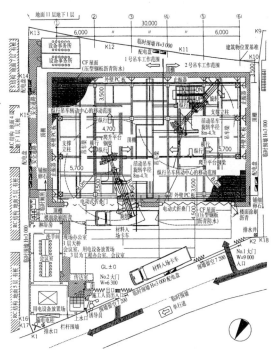

图12-2-10　临时工程总体平面图

- 伸臂吊车(60t·m×1): 拆除、工程补漏用
- 人货两用升降机(×1台): 施工人员专用

4.2 施工工序

(1) MCCS系统安装工程

这个系统的安装工程从1992年12月中旬开始到1993年1月下旬结束, 在地下工程完成后的1层楼面上进行组装, 其大致的工作流程由图12-2-11所示。

系统安装工程的工期, 除去年末年初实际的工日为50天。但是, 这期间还包括了作为CF的10层以及1层的钢结构施工工日。

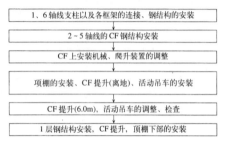

图12-2-11 MCCS安装工序流程

(2) 提升周期

本工程中利用MCCS进行施工的是建筑物主体工程。其他附属工程与以往的工程相同, 随着系统的爬升同步进行。由于顶棚的存在可以进行全天候施工, 能够使装饰工程的工期提前。最初计划提升周期为10天, 2层施工完成以后将周期调整为9天。

(3) 拆除工程

利用MCCS进行的施工完成以后, 接着要进行各装置的拆除、CF的固定、临时构件和结构构件的替换等等一系列的工作, 主要的拆除作业如图12-2-12所示。

本工程的拆除工期从1993年6月开始到7月为止实际工期为49天。

图12-2-12 拆除工程流程

4.3 MCCS系统的效果

本系统的效果可以举例如下。

- 顶棚下构成了舒适的工作环境, 可以风雨无阻地进行施工作业, 也能按照预定计划进行工程管理、器材调拨管理。
- 本系统自1993年2月开工到1993年5月份9层主体施工完成为止, 也遭遇了采用以往施工方法所不能进行施工的强风 (10m/s以上)、大雨 (10mm以上), 但是由于本系统的全天候性, 施工没有中断。
- 在主体施工楼层的2个楼层以下就可以进行装饰工程, 缩短了工期。
- 采用依层进行的叠层施工方法, 减少了劳动强度, 特别是能够安全地进行钢结构安装。节省了大量的脚手架、安全网等临时性建筑材料。

5. 今后的展望

从开发计划第一阶段的各个基本装置的实用化角度来说, 具备预定的性能, 达到了预期的目标。但是还存在种种问题, 也可以罗列出今后需要解决的课题等等。以下简述今后的对策及计划要点 (◆表示在三田共同大厦工程中应用)。

5.1 MCCS装置的安装与解体

该装置的安装和解体是以往的施工方法中所没有的, 是工程的关键, 必须大幅度缩短工期。为了在顶层设置解体用的吊车, 需要采用大型吊车。

◇地下工程采用逆作方法, 所以MCCS的安装工期要脱离总工期进度表。

◆装置的轻量和小型化, 配线、管道的集约化以及节点碰撞连接, 可以缩短安装的工期。

◆顶棚结构的索结构化, 可以缩短安装和解体的工期。

◆顶层具有自爬式功能的解体吊车利用活动吊车进行安装。

5.2 提升工程

三田共同大厦工程中预定的提升周期为8天, 为了缩短工期, 考虑到双休日的利用, 将提升周期修改为5天。

◆改善爬升装置的性能, 提高爬升速度。

◇外壁墙板的安装从提升工程中分离, 在施工楼层的下层进行。

◆支柱和框架柱的螺栓连接采用接触式。

5.3 施工效率

全天候化改善了施工环境, 提高了施工效率, 但是施工人员每天需要多次改变工作工种, 影响了施工效率。

◆培养掌握多工种技术的施工人员。

3 三菱重工横滨大厦

[建筑物的概要]

所 在 地: 横滨市西区未来港 3-3-1

业 主: 三菱重工业（株）

建 筑 设 计: 三菱重工业（株）建设开发本部一级建筑士事务所、三菱地所（株）一级建筑士事务所、大成建设（株）一级建筑士事务所

结 构 设 计: 同上

施 工: 大成、鹿岛、大林、竹中、清水、熊谷、户田、佐藤、飞鸟、西松、FUJITA、不动、间、三菱、关东菱重兴产

总建筑面积: 110 918m²

层 数: 地下2层，地面33层（法定34层）

用 途: 写字楼、文化设施、店铺

高 度: 145.3m

钢构件加工: 驹井铁工、住友金属工业、一铁铁工所、艾摩托、日立造船、堺重工业、白川、九州钢铁中心、久保工业、大成工业

竣 工 年 月: 1994年3月

[结构概要]

结 构 类 别: 基础 无桩筏式基础(厚度4m)

结构 地下SRC结构

地面 S结构

1. 序

综合机械化高层建筑的施工体系（T-UP施工工法，以下简称本施工体系）是高层建筑施工现场实现生产工厂化，建筑生产的硬件、软件技术朝着机械化转变，以实现缩短工期、改善施工环境以及提高安全性。本施工体系于1988年开始进行基本概念以及系统的开发研究，在1992年4月开工1994年竣工的横滨未来港地区的"三菱重工横滨大厦1期工程"中初次使用。这里介绍该工程中实施的情况[1]。

2. 本施工体系的概要

2.1 本施工体系的构成要素

本施工体系为，建筑物结构主体建筑平面的中央部分（核心部分）先于外周部分进行施工，然后在地面构筑全部重量约2 000t的生产平台（帽

图 12-3-1 施工状况

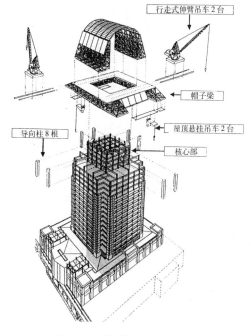

图 12-3-2 体系构成要素的配置

子梁=建筑物最顶层的结构部分），并以核心部分作为支承体系，通过帽子梁上下的吊车群，依次逐层顶升完成建筑物施工。

图 12-3-1 为施工的状况，图 12-3-2 为体系构成要素的配置情况。

2.2　生产平台（帽子梁）

帽子梁是建筑物完成状态的34层下弦和屋顶层下弦的大梁构成的桁架结构，平面尺寸为51.2m×73.2m，桁架的高为5.5m（构件中心线之间的距离）。

帽子梁内设有中央操作室，其中包括帽子梁本身顶升所需要的供电系统、控制装置、梁柱焊接的焊机、焊接气体供给装置、帽子梁力学性能测量装置、钢结构安装激光自动测量装置。帽子梁上部有2台起吊和安装核心部钢构件用的15t行走式伸臂吊车，以及全天候屋顶，防止施工时日晒以及风雨的影响。帽子梁下部有2台10t悬挂吊车，用以吊装核心部以外的主体结构钢构件、外壁墙板、单元楼面板。这些设备是施工的常用设备，在结构施工完成之前不予替换。同时，由于有帽子梁的存在，对核心部以外的部分而言类似于一个大伞，避免了下雨的影响。

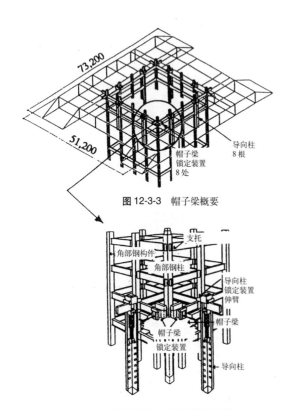

图 12-3-3　帽子梁概要

图 12-3-4　核心部和导向柱

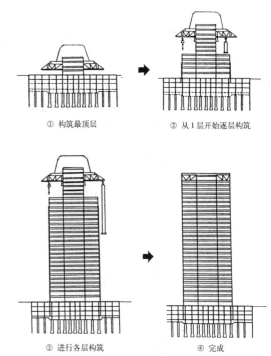

① 构筑最顶层　　② 从1层开始逐层构筑

③ 进行各层构筑　　④ 完成

图 12-3-5　主体结构安装顺序

帽子梁以及设备的总重量为2 000t，其中包括1 200t钢结构的重量、190t全天候屋顶的重量、440t两种类型4台吊车的重量以及170t其他设备的重量。图 12-3-3 为帽子梁的概要，图 12-3-4 为帽子梁和核心部的关系。

图 12-3-5 表示了通过帽子梁内安装的吊车群进行的主体结构安装顺序。

3.　体系的操作

3.1　监测管理

为了确认本施工体系全体的工作状态，施工中的环境信息以及帽子梁的应力状态、变形等的自动测量持续了8个月[2]。帽子梁内的中央操作室实时把握监测数据。

从帽子梁离地起吊开始到最顶层封顶为止，进行了34次顶升和1次下降作业。1个楼层高度的顶升需要90分钟。

3.2　环境信息

风向、风速对焊接作业和安装作业影响很大，施工人员必须常时了解风向和风速信息。施工期间，最低温度为0℃，最高温度为31℃，最大积雪4cm，最大风速13.9m/s，最大瞬间风速28m/s。1993年5月还经历了震级为4的中震。另外，帽子梁的设计风速为60m/s，全天候屋顶为45m/s，设计用震度 k =0.2。

图 12-3-6 为风向和风速的显示。

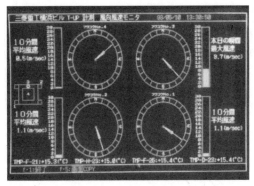

图 12-3-6　风向和风速显示

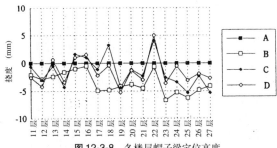

图 12-3-8　各楼层帽子梁定位高度

3.3　帽子梁的定位精度

在 N 楼层定位的帽子梁，在该楼层的主体结构施工完成之后上升到 N+1 层。在上升过程中 8 根导向柱支承帽子梁重量，而在结构安装过程中帽子梁重量由另外的 8 处锁定装置承受（参见图 12-3-3、图 12-3-4）。这时，支承帽子梁锁定装置的是建筑物结构核心 4 个角部钢结构柱上所焊接的 8 处支托。帽子梁锁定装置通过垫板在定位于支托上，帽子梁的定位高度尽量不要受支托高度误差的影响。本次工程中，定位前的核心 4 个角部支托高度误差的控制值定为 5mm，根据这个误差进行高度控制。

帽子梁的挠度监测，采用了激光水准仪和电子标杆（参见图 12-3-7）。其中一台激光水准仪作为基准原点（A），各测点测得的值与基准原点的数值之差即为相对高度。另外，核心部相同一根钢结构柱上焊接的相邻支托的高度差，在工厂制作时控制值为 2mm 以内。

图 12-3-8 是 11 层到 27 层帽子梁定位后各层的帽子梁 4 处锁定部位的定位高度测量结果，各测量点的高度误差基本上控制在了 5mm 以内。18 层的高度误差为 8mm，稍微偏大，这可能是由于定

位时核心部 4 角的钢结构柱压缩量的离散值有 3~4mm 等的原因。这个情况在核心柱的轴向刚度比较小的高层部位数次出现，最大值达 9mm。另外，没有观察到帽子梁定位高度的误差对帽子梁上弦、下弦 16 处的轴力测量值的影响。

3.4　帽子梁定位时以及提升时挠度的变化

如果基准原点和 3 个基准点不在一个水平面内，则帽子梁挠度的测量值就包括了帽子梁的高度误差。比如说，基准点的高度误差为数个 mm，则帽子梁端的挠度就可能有十几个 mm 的误差。考虑到这个明显的高度误差，以基准原点（A）和 3 个基准点（B、C、D）的总误差最小，假定了一个挠度测量的平面，对这个平面所得到的实测结果和计算结果进行了比较。

图 12-3-9 是根据假定平面通过监测得到的在各楼层定位以后的帽子梁挠度。这个图表中实心图标为计算值，空心图标为实测值，表示了 4 个测点（E、F、G、H）的结果。34 次反复上升，8 个测点（E、F、G、H、I、J、K、L）的实测值和计算值的比值平均约为 93%，各楼层挠度的标准偏差为 1mm~4mm。为此，在各楼层帽子梁定位时的挠度基本上没有差别，确认了良好的再现性。图 12-3-10 中表示了挠度随时间变化的显示画面。

图 12-3-11 表示了在同样的假定平面中帽子梁上升过程中挠度变化的实测结果。这个图表中实心图标为计算值，空心图标为实测值，表示了 4 个测点的结果。34 次反复上升，8 个测点（E、F、G、H、I、J、K、L）的实测值和计算值的比值平均约

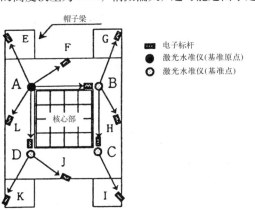

图 12-3-7　测量仪器的布置

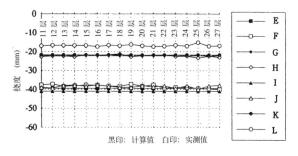

黑印：计算值　白印：实测值

图 12-3-9　各楼层定位后帽子梁的挠度

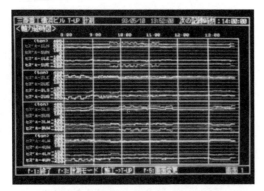

图 12-3-10　挠度随时间变化的显示画面

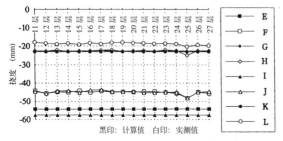

黑印：计算值　白印：实测值

图 12-3-11　各楼层帽子梁上升过程中的挠度

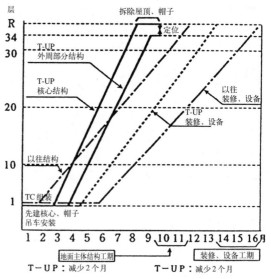

图 12-3-12　与以往的施工方法工期的比较

为84%，各楼层挠度的标准偏差为1mm~3mm。为此，帽子梁在上升过程中的挠度基本上没有差别，确认了良好的再现性。

但是，定位时与上升过程中梁端E、G的挠度差达5mm~8mm。这是由于定位时与上升过程帽子梁荷载的支承位置不同。从以上的监测结果中可以看出，各顶升作业中帽子梁的挠度实测值具有非常高的再现性，反复提升过程中各楼层的挠度误差基本上在几个mm以内。所以，各楼层帽子梁的垂直方向位移基本保持不变，可以确认帽子梁以稳定的状态上升、定位。

4.　结束语

在这次三菱重工横滨大厦1期工程中，采用本施工体系达到了减少工时和提高生产效率的目标，与以往的施工方法相比，工期缩短了3个月（图12-3-12）。但是尽管结构主体拼装周期以3天/层

的高速度进行，帽子梁的地面组装、全天候屋顶的架设、机械装置的安装和调整为期约2个月，帽子梁在顶层固定后，机械装置、临时设备的拆除也需要约2个月的工期。如果能确立这些工序的合理施工方法，还能进一步缩短施工工期。

从帽子梁的离地起吊到最顶层帽子梁固定，在各个楼层高度的上升和定位中，帽子梁的反复应力状态以及垂直方向变形等等基本上处于一个稳定的状态。在其他众多的软件、硬件方面也积累了一定的经验。

今后，需要更进一步努力削减工时数、提高生产效率、全部工程的自动化程度以及信息化，以进一步提高和完善本施工体系。

［文　献］
1) 徳田義治，坂本　成：綜合機械化高層ビル施工システムの適応，第8回建築施工ロボットシンポジウム予稿集，pp. 25～32，1994
2) 竹野雅博：高層ビル建設と油圧（T-UP法），日本油空圧学会誌，pp. 45～50，1994
3) 坂本　成ほか：建築鉄骨用現場溶接ロボットの作業効率に関する基礎的研究，日本建築学会技術論文報告集，1995

4 河畔墨田单身宿舍

[建筑物的概要]

所　在　地: 东京都墨田区河堤路 1-19-9

业　　　主: 大林不动产（株）

建 筑 设 计: （株）大林组东京本社

结 构 设 计: （株）大林组东京本社

施　　　工: （株）大林组东京本社

总建筑面积: 10 226m²

层　　　数: 地下 2 层，地面 10 层，塔顶 1 层

用　　　途: 单身宿舍

高　　　度: 40.5m

钢结构制作: 泉工业（株）

竣 工 年 月: 1994 年 4 月

[结构概要]

结 构 类 别: 基础　现场浇筑桩基础（OWS）

　　　　　　　结构　S 结构

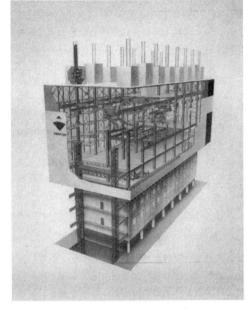

图 12-4-2　ABCS 施工方法概念图

图 12-4-1　建筑物外观摄影

图 12-4-3　施工中建筑物外观摄影

1. 序

ABCS(Automated Building Construction System 全自动大楼建设系统)是根据施工现场 FA（工厂化、自动化）的想法，对传统的施工概念和施工方法赋予全新内容的系统，1989 年明确了该系统的构想。

这个构想并不仅仅局限于实现施工现场的机器人化、自动化，而是从策划、设计开始的一系列生产过程中硬件、软件技术的综合所形成的"新建筑生产系统 O-SICS"的一环。

2. 施工方法概要

这个施工方法的特征表示在图 12-4-4 所示施工顺序中。首先在地面利用最顶层的结构构架拼装"施工厂房"（SCF/Super Construction Factory），将其作为工厂。在其内部具有从底层开始依层拼装上升的机构。最早进行拼装的最顶层的结构构架，在临时器材的解体拆除以后，与下部结构连接成为主体结构的一部分。

这个系统的目的是创造一个不受气候左右的良好的施工环境，保证工程施工的平稳性，并通过自动化达到省力省工，提高生产效率和质量。

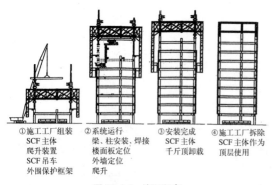

① 施工工厂组装
　SCF 主体
　爬升装置
　SCF 吊车
　外围保护框架
② 系统运行
　梁、柱安装、焊接
　楼面板定位
　外墙定位
　爬升
③ 安装完成
　SCF 主体
　千斤顶卸载
④ 施工工厂拆除
　SCF 主体作为
　顶层使用

图 12-4-4　施工顺序

3. 系统的构成要素

这个系统的构成要素，即子系统，如表 12-4-1 和图 12-4-5 所示。

3.1　SCF

施工工厂的核心，构架的主要部分利用主体结构最上部的 2 层。外围安装墙板或者顶部设置屋顶，形成全天候的空间。SCF 是由主体结构柱上临时安装的支撑柱（爬升柱）完全支撑的机构。在数量为全部主体柱一半的支撑柱的支撑下，对另一半主体柱进行上部柱子安装，并利用完成安装的这一半主体柱传递荷载进行一层楼面高度的爬升，然后对另外一半处于自由的主体柱进行上部柱子的安装，以如此方式依次上升。

表 12-4-1　系统构成要素

构成要素	子系统
(1) SCF (SUPER CONSTRUCTION FACTORY)	
(2) SCF 爬升装置	
(3) 搬运系统	(1) 货物升降机 (2) SCF 吊车 起吊夹具(用于梁、柱、楼板、外维护墙体)
(4) 焊接机器人	(1) 柱子用 (2) 梁用
(5) 中央控制室	
(6) 工业化技术	(1) 楼面全体 PC 板 (2) 高效连接接头
(7) 多技能组合团体	
(8) 监测管理系统	
(9) 工程管理、设备控制系统	

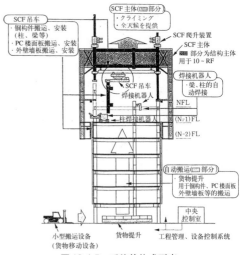

图 12-4-5　系统的构成要素

内部屋顶顶棚下设有安装用的天车（SCF 吊车）。

3.2　爬升装置

机构上，采用齿条齿轮传动方式。爬升支柱上部安装齿条，SCF 上安装齿轮。图 12-4-6 展示了其概要。

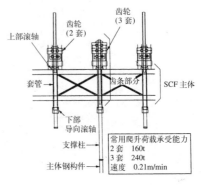

图 12-4-6　爬升装置

3.3　搬运系统

除了 SCF 的支撑机构以及爬升机构以外，SBCS 的特征之一是具有"器材搬运系统"。对于垂直搬运和水平搬运有不同的 2 条路径，分别设置专用设备。

(1)　货物升降机

具有大型承荷台，能提升梁、柱等的长构件以及楼面等的大宽度构件，起重能力大，速度快。随着 SCF 的抬升，按照楼层高度增加升降机立柱的高度。

图 12-4-7　货物升降机

(2)　SCF 吊车

将由货物升降机起吊至施工楼层的构件进行水平搬运和安装。一般在旋转伸臂的范围内作业，也可以超越该范围作业。运行操作，基本上是根据各构件的 ID 号码，由管理计算机根据输入的信息进行自动控制。

图 12-4-8　SCF 吊车

3.4　焊接机器人

钢结构焊接时，柱和梁分别采用不同类型的机器人。梁在柱子表面形成与柱子的连接（无托座型）情况下，梁的焊接机器人能够在梁定位状态下进行梁上下翼缘以及正交梁的左右上翼缘和下翼缘的正面焊接，是一种断焊比较少的类型。

图 12-4-9　柱自动焊接装置　　图 12-4-10　梁自动焊接装置

3.5　中央控制室

通过摄像机对现场操作的屏幕显示、各种监测仪器对施工情况的把握等等进行 SCF 的爬升、SCF 吊车操作的工程管理。

图 12-4-11　中央控制室　　图 12-4-12　高效连接接头

3.6　工业化施工法

(1)　楼面 PC 板

楼面改变了以往在压型钢板上现浇混凝土的方法，采用了预制的 PC 板方式。定位后可以直接作为施工楼面使用，所以取得了一个良好的施工环境。

(2)　高效连接接头

改变了以往的外围维护墙安装方法，为了提高效率，采用了高效连接接头。同时，SCF 吊车在施工中的使用也提高了施工效率。

3.7　多技能组合团体

ABCS 以全部自动化为目标，但现阶段由于受技术和经济性的限制，能够实行自动化的部分还有限，其他部分还是采用了施工工人的手工作业或者工程机械的遥控等等方式。这种自动化施工方法和以往的工种同时进行的时候，工种间的损耗很大，要达到省工时的目的还有困难。这里作为新的工种，采取了以多技能组合团体为核心的劳动用工形态。即不是个人具备多种技能的所谓"多能工"，而是以小组形式的具备多种技能的集团来承担除了需要岗位证书如钢结构焊接以及吊车操作等特殊工种以外的工作。

3.8　监测管理系统

对 SCF 的位置、爬升支撑柱承受的荷载、爬升时候的行程、以及气象、环境数据等进行监测，通过控制室显示器进行管理的方式。

3.9　工程管理、设备控制系统

图 12-4-13 表示基本的工程管理、设备控制系统的组成。ABCS 的运行系统，首先是工程管理

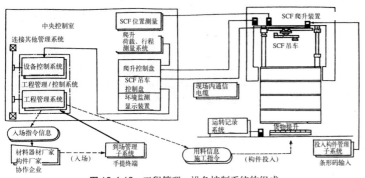

图 12-4-13　工程管理、设备控制系统的组成

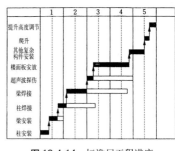

图 12-4-14　标准层工程进度

工程管理、设备控制系统的基本功能
工程管理系统
①工程计划 ②器材管理 ③业绩管理 ④进度管理
设备控制系统
①作业管理 ②动作监视 ③业绩管理 ④运转数据传送

系统，其次是设备控制系统，各种机械的操作盘均在其内。监测管理系统则具有表示各种监测的结果、确认ITV摄象机显示器下的安全和施工状况，以及辅助运行操作的功能。

4. 施工

1993年8月，在河畔墨田单身宿舍新建工程中初次采用，主要的概念基本上得到了确认。以下介绍适用概要以及取得的成果。

4.1 系统概要

使用的系统概要如表12-4-2所示。

表 12-4-2　系统概要

(1)SCF	宽 20m×进深 55m 高 20m（外周裙边） 总重量（包含机械设备）约 1 200t
(2)爬升装置	16组（柱 16根）总能力 2 880t （4 齿轮12组，6 齿轮4组）
(3)搬运系统	(1)货物升降机：1台 5t 40m/m 　　承荷台（2.5×8.0m） (2)SCF吊车：1台 10t
(4)焊接机器人	(1)柱子用：2台1组 (2)梁用：1台
(5)中央控制室	设置于建筑物侧面地面
(6)工业化技术	(1)楼面全 PC 板（跨度板） (2)高效连接接头

4.2 工程、工期

地下工程结束后的1993年2月，从SCF组装为标志的ABCS开始，7月份到达最顶层，在拆除爬升装置等等的机械设备以及临时构件后，将SCF钢结构柱与主体结构柱相连接，图12-4-14表示1个标准层工程进度。

4.3 成果

(1) 劳动用工数的减少

采用ABCS的建筑物与采用以往施工方法的同一地块内基本相同的建筑物新建工程同时进行。两者之间的实际数据比较结果由图12-4-15表示。主体工程的劳动用工数，从以往施工方法的0.44人/m² 减少到0.18 人/m²，削减了约60%。

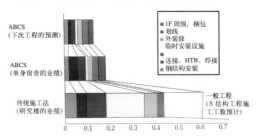

图 12-4-15　施工工数的比较

(2) 施工环境

避免了日照、雨淋、风吹的气候影响，得到了一个良好的施工环境。图12-4-16展示了与以往的S结构施工现场不同的全新环境。

图 12-4-16　SCF 内部

6. 结束语

ABCS的概念发表以来，开展了应用于实际工程的各种研究开发，在一定范围内进行了工程应用。这里介绍了其中一部分情况。另外，爬升装置、SCF吊车、柱焊接机器人由日立造船（株）、梁焊接机器人由（株）共同开发。

5 同和火灾名古屋大厦

[建筑物的概要]

所 在 地: 名古屋市西区名车站2-2201他5笔

业 主: 同和火灾海上保险（株）

设 计 施 工: （株）竹中工务店名古屋支店

基 地 面 积: 1 434.95m²

占 地 面 积: 816.10m²

总建筑面积: 11 880.43m²

层 数: 地下2层，地面14层，塔顶2层

用 途: 写字楼

高 度: GL+68.5m

基 础 底 面: GL-12.2m

工 期: 1993年10月29日~1995年5月
31日

[结构概要]

结 构 类 别: 地面部分 S结构
地下部分 SRC结构以及RC结
构

桩 基: 现场浇筑混凝土扩底桩

外 装 修: 花岗岩镶嵌预制板

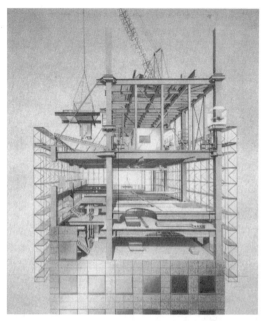

图 12-5-2

图 12-5-1 建筑物外观（施工中）

1. 序

屋顶顶升施工方法是中高层大楼的建设中，先拼装最顶层部分，采用千斤顶装置逐渐顶升并进行逐层施工的方法。

该施工方法最初在1990年实际应用于名古屋的柳桥三井大厦，在全天候施工以及提高施工的安全性等方面得到良好的效果。

其后，进行了施工方法的改善，扩大了施工范围以及开发施工装置等等，接着在1994年的同和火灾名古屋大厦的工程中进行了实际应用。这个工程中，进一步提高了施工安全性和省工化，施工的全天候化以及最顶层顶升作业进一步提高了施工的附加值。

2. 施工方法的目的和组成

本施工方法的目的是"安全地，快速地，愉快地，少人数地"进行大楼的施工建设。

为了提高作业的安全性，着重于减少高空作业。为了缩短工期，将设备工程溶入主体工程中并采用平行施工作业。为了达到省工时的目的，将工程周期中各个施工日的施工工人人数平均化，人员固定化，实行工人多技能化。

本施工方法如图12-5-3所示，首先拼装屋顶楼层部分，其中集约化安装千斤顶装置和起重机械等等生产设备。然后，在外围覆盖保护材料以形成顶层屋面下部的施工作业空间，确保不受气候影响的施工作业环境，利用屋顶楼层上设置的生产设备依楼层顺序逐层进行施工。

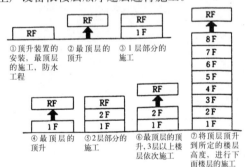

图 12-5-3　施工方法的基本构想

3. 施工方法概要

同和火灾名古屋大厦中，首先如图12-5-4所示在3层施工楼面上，构筑由屋顶楼层以及PR层所组成的驱动楼层，通过3个楼层高度为一个柱安装长度单元的主体结构柱承受荷载，将驱动楼层顶升后形成施工作业空间。然后，利用如图12-5-6所示的顶层楼面下安装的导轨吊车将钢构件在离3层施工楼面约1m的高度上进行拼装，并铺

设半PCa板、梁的防火涂层，以及进行楼面内的设备机械、配管等等的设备工程。通过这样的改善，从结构主体的施工到机械设备的安装、管道安装等等就不必在楼面上搭设临时脚手架。

上述的施工作业完成以后，将安装有机械设备的梁、楼面板与驱动层的吊杆连接固定，通过驱动层的上升，将楼面上升至预定的高度，并通过梁、柱的现场焊接，将楼层定位固定。另外，结构柱以3个楼层高度为一个安装长度，由驱动层上的行走吊车吊装。

在各楼层重复以上施工作业构筑建筑物。

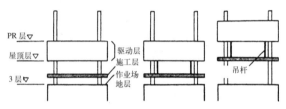

图 12-5-4　施工方法概要

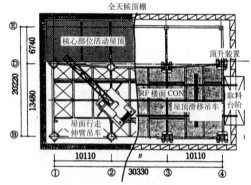

图 12-5-5　驱动层平面图

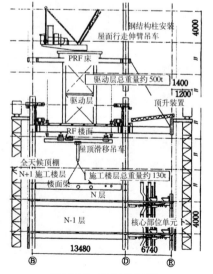

图 12-5-6　驱动层剖面图

4. 施工方法的实施以及结构验算

4.1 施工过程的分析

本施工方法的特征是驱动层结构有效地利用了主体结构的顶层和屋面（PR 层）。

驱动层的总重量约 500t，驱动层的下面，施工楼层的楼面构件总重量约为 130t，合计约 630t，这个重量由主体结构柱承受，并通过主体结构柱进行顶升。

为了确认施工过程中的安全性，进行了考虑吊车等的移动荷载的驱动层立体结构的分析，千斤顶周围的支承机构的分析，各施工阶段的地震响应分析所得到的设计用地震荷载的确定，上升过程中下部结构的验算等等。

计算分析时考虑的主要竖向荷载如表 12-5-1

表 12-5-1　竖向荷载项目

种 类	名 　 称
自重	钢构件、楼面混凝土、外围维护材料、吊车行走轨道、卸荷台架
活荷载	顶升装置等的机器重量、顶层临时物品
施工楼层荷载	钢构件、栓销式半 Pca 板
起重机荷载	屋面上行走吊车自重、顶棚导轨式吊车自重、起吊荷载重量

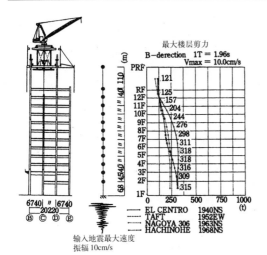

图 12-5-7　响应分析模型和响应剪力图

表 12-5-2　计算用风荷载

项目	平均风速 （m/s）	平均风压 （kg/m²）	设计 风荷载 （kg/m²）
结构主体用	28.6	50.0	140.0
屋顶覆盖用	19.3	23.3	70.0

（注）对于屋顶覆盖规定了在台风时采取加固措施的条件。

所示，反映施工阶段的响应分析模型和分析结果如图 12-5-7 所示，根据建筑学会荷载规程以及名古屋气象台过去 25 年的风速观测数据所确定的风荷载如表 12-5-2 所示。

4.2 千斤顶周围的传力机构设计

本工程中，采用上下两个高度千斤顶固定框上的挂钩交替悬挂在焊接于主体结构柱的传力板上，以承受荷载。根据计算分析，承受最大 60t 的垂直荷载需要的传力板厚度为 40mm，除了顶面以外，反力板在柱子上采取三边贴角焊接，将垂直荷载作为长期荷载进行焊缝长度的计算。每榀柱子上设置能力为 60t 的两台油压千斤顶，提升时柱间位移差的控制值为 10mm 以下（梁构件转角 1/1 000 以下）。图 12-5-8 表示了千斤顶侧面图以及传力部位详细。

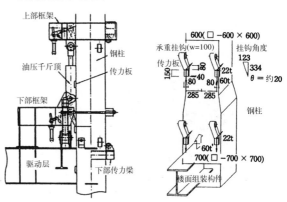

图 12-5-8　千斤顶侧面图、传力部位详图

4.3 无安装夹板施工方法

本施工中采用将上柱下端插入下柱顶端的方法，免去了柱子连接中通常采用的安装夹板等等。无安装夹板的施工方法要通过柱子内部事先插入的铁件实现。

下柱的顶端安装凸形铁件，上柱下端安装开孔铁板，形成配套组件，从上部将柱子插入时能

图 12-5-9　柱安装情况
（无安装夹板施工方法）

图 12-5-10　柱安装情况
（无安装夹板施工方法）

够自动调整水平方向的位置，同时还能防止上下柱脱开。另外，上柱侧面的开孔铁板端部所安装的螺栓，除了承受钢柱的自重以外还能够调节上下高度。

柱-柱的连接处为了方便安装调整和避免第一层焊接金属产生气孔，采用有内衬板的开口坡口现场焊接。

图12-5-9，图12-5-10表示了柱子的安装情况。

5. 现场焊接的自动化

5.1 柱-柱的机器人焊接

柱子连接处的焊接采用能够用接触式传感器测量坡口形状，而且能够自动设定焊接条件的3维控制多层焊接型的全自动焊接机器人。

方形钢管柱角部的焊接，采用陶瓷引弧板和进行台阶处理后实施合掌焊接，不需要刨边。图12-5-11表示现场焊接的情况。

图 12-5-11　柱-柱的现场焊接情况

5.2 梁-柱的机器人焊接

通常梁的焊接仅限于翼缘的俯焊。本次则是针对梁下翼缘进行仰焊的情况，开发了能连续进行上下翼缘以及腹板焊接作业的机器人，并进行了实际应用。

焊接机器人通过对移动式多层电弧焊机器人的驱动部分进行改良，使其在曲率很小的柱角部位也可以走行。另外，在下翼缘的仰焊时为了防止起弧时候的焊接金属溅落，机器人中安装了软件，使机器人走行开始的一定时间后才开始起弧。

图12-5-12展示了现场焊接情况。

图 12-5-12　梁-柱现场焊接情况

6. 应用成果

（1）采用本施工方法不必对主要结构构件进行加固，同时。结构主体构件可以有效地作为一般的临时构件使用。

（2）对于安全性，由于采用了利用下一层楼面作为钢结构安装、防火材料的铺装、设备的先期安装施工等等，大幅度提高了施工的安全性。

（3）对于工期，该施工方法的采用使全部工期缩短了2个月，周期工程实现了6天一个楼层，如果采用干式施工方法等等预计今后可以将周期工程减少到5天一个楼层。

（4）对于节省工时，由于实现了外壁PCa墙板的安装、关连设备吊装等等施工作业的多技能化，以及设备的单元化，预先安装楼面的施工方法等等平行施工，这个工程中实施本社所推行的综合化施工方法，施工工时削减了大约10%。

（5）关于施工环境，由于屋顶设置了全天候顶棚，创造了不受气候影响的舒适的施工环境，提高了施工效率（参照图12-5-13）。同时受到了对周围环境的影响和施工噪音小的良好评价。

图 12-5-13　半Pca板的铺设情况

7. 结束语

今后，在进一步致力于自动化、预制装配化以及信息化技术等等关键技术水平提高的同时，需要探讨能够适用于各种各样工程的通用施工方法以及对施工方法予以进一步的完善。

[文　献]
1) 萩原忠治ほか4名：ルーフプッシュアップ工法，同和火災名古屋ビル「施工」，No. 365，pp. 93〜114，1996. 3
2) 藤井卓美ほか3名：ルーフプッシュアップ工法の適用に関する技術的検討，第9回建築施工ロボットシンポジウム予稿集，pp. 25〜32，1995. 1
3) 菅田昌宏ほか8名：ロボットによる現場鉄骨溶接，第5回建設ロボットシンポジウム論文集，pp. 433〜438，1995. 7